LE NÂCÉRÎ.

LE NÂCÉRI.

LA PERFECTION DES DEUX ARTS

OU

TRAITÉ COMPLET

D'HIPPOLOGIE ET D'HIPPIATRIE

ARABES;

ouvrage publié par ordre et sous les auspices du Ministère de l'agriculture,
du commerce et des travaux publics.

TRADUIT DE L'ARABE

D'ABOU BEKR IBN BEDR,

PAR M. PERRON,

CHEVALIER DE LA LÉGION D'HONNEUR, ANCIEN DIRECTEUR DE L'ÉCOLE DE MÉDECINE DU KAIRE,
EX-MÉDECIN SANITAIRE DE FRANCE A ALEXANDRIE,
DIRECTEUR DU COLLÉGE IMPÉRIAL ARABE-FRANÇAIS A ALGER, MEMBRE DE LA SOCIÉTÉ ASIATIQUE DE PARIS,
DE LA SOCIÉTÉ ASIATIQUE DE LEIPSICK, ETC.

Fortes creantur fortibus et bonis.

DEUXIÈME PARTIE.

PREMIÈRE DIVISION.

HIPPOLOGIE.

II.

PARIS,

IMPRIMERIE ET LIBRAIRIE D'AGRICULTURE ET D'HORTICULTURE
DE Mme Ve BOUCHARD-HUZARD,
5, RUE DE L'ÉPERON.

1859

INDICATIONS.

I.

Le traité d'hippologie et d'hippiatrie arabes nommé EL-NÂ-
ĊÉRÎ, le Nâċérî, est d'Abou Bekr ibn Bedr, écuyer et médecin
vétérinaire du sultan d'Égypte El-Nâċer fils de Ḳalâoûn , et fut
composé pour la bibliothèque de ce prince. Ce livre comprend
deux parties ou divisions capitales : Hippologie et Hippiatrie :
et l'ensemble est distribué en neuf subdivisions que l'auteur a
appelées Maḳâlah, c'est-à-dire dissertations, expositions, dont
chacune a plus ou moins de chapitres.

L'œuvre d'Abou Bekr fils de Bedr, de même que tout livre
de composition musulmane ou seulement de main musulmane ,
a son introduction propitiatoire, sorte de consécration qui ,
avant tout, met le travail de l'*écrivain* sous la protection divine,
donne à tout écrit, pour première pensée, une pensée religieuse, pour première parole une parole pieuse, une sainte al-

locution. Il est à remarquer , comme trait caractéristique , que plus les livres sont anciens de naissance, plus l'introduction ou allocution dévote (ḳotbah) qui leur sert d'ouverture est limitée et brève. Il y a là une mesure d'âge, d'antiquité. Ainsi, le livre arabe connu sous le nom de Edeb el-Kâteb, l'instruction de l'écrivain, c'est-à-dire manuel de l'écrivain, de l'homme de lettres, et qui est un guide pour les sens propres de termes spéciaux et les principes de la composition littéraire, n'a que ces mots d'introduction : « Or sus, gloire à Dieu dans toutes ses magnificences et merveilles ! Louange à Dieu, le Seigneur de toute louange ! Bénédiction sur le saint (Prophète), orné de tous les dons, et sur sa famille ! » Cet ouvrage, auquel nous emprunterons quelques indications descriptives du cheval, est d'Ibn Ḳoteïbah, qui mourut en 270 de l'hégire (883-884 de J. C.).

Le Nâċérî, qui date du premier tiers du huitième siècle de l'hégire (ou premier tiers du quatorzième siècle de l'ère chrétienne), c'est-à-dire de près de cinq cents ans plus tard que l'époque d'Ibn Ḳoteïbah, a une introduction propitiatoire beaucoup plus étendue. Dans les livres et les manuscrits récents , cette allocution initiale prend des proportions beaucoup plus longues; elle est, pour l'auteur, une occasion d'arranger et d'étaler un morceau de rhétorique, une ou deux grandes pages de style, de subtilités même, ou traits d'esprit.

Le Nâċérî présente , après son introduction , — l'éloge du prince pour lequel il a été composé, — le but et l'intention de l'auteur , — l'aperçu général des matières traitées plus *in extenso* et des matières ou questions nouvelles admises dans le cadre de l'ouvrage, — enfin la division générale du travail. Cet ensemble ainsi agencé est la forme arabe ordinaire de ce que nous entendons, dans nos livres , par avant-propos , préface , prolégomènes, etc.

II.

Nous conservons, dans notre traduction, la physionomie, la disposition matérielle et générale de l'original arabe. Mais nous tranchons plus nettement les deux divisions capitales : Hippologie proprement dite et Hippiatrie proprement dite; elles ne sont indiquées dans l'original que par le sens des questions. Car, en surplus des quatre premiers makâlah ou expositions qui sont d'hippologie pure, la première division, dans le texte arabe, renferme le cinquième makâlah qui entre dans les descriptions des maladies. Nous avons reporté ce cinquième makâlah dans l'hippiatrie. Cette modification, comme on le voit, est peu importante d'ailleurs; il en résulte seulement que notre première division n'a que quatre makâlah au lieu de cinq, et que nous distribuons ce travail d'après l'exigence scientifique, non, comme l'auteur arabe, d'après le chiffre ou nombre des expositions qu'il faut pour faire un volume aussi gros que l'autre.

Il est un autre changement un peu plus grave, que nous avons introduit. Dans l'hippiatrie, notre auteur signale, à part, les maladies, leurs symptômes principaux, parfois des causes ; et d'autres expositions contiennent les moyens thérapeutiques. Par là même, les questions se trouvent scindées; la partie thérapeutique est rejetée à grande distance de la partie pathologique. De plus, ces deux parties ont autant de chapitres que de maladies et que de traitements de chaque espèce de maladies ; ce qui multiplie jusqu'à un très-grand nombre les chapitres et répand, selon moi, de la diffusion et de la gêne pour l'étude et la physionomie de cette partie nosologique du livre. J'ai supprimé beaucoup de ces séparations minutieuses par chapitres ;

je n'ai gardé que les subdivisions qui présentent la nosographie par régions ou systèmes d'organes ; après le tracé des symptômes, je place immédiatement les traitements et j'en forme le complément de chacun des chapitres. Le maniement et l'étude du livre m'ont semblé devenir ainsi un peu plus commodes. Rien, d'ailleurs, n'est retranché du texte. La conséquence matérielle de ces transpositions est que se trouvent réunies, comme en une seule, les cinquième, sixième, septième et huitième expositions du manuscrit original.

Nous avons dû aussi modifier le titre. Nous l'avons réduit à une forme simple, dépouillée de la prolixité de l'original. Voici, du reste, la traduction littérale de ce titre. « Ceci est un livre, béni soit-il, s'il plaît à Dieu Très-Haut ! qui renferme : — les principes utiles et spéciaux à la science chevaline et à l'acquisition de cette science, à la science des maladies et des lésions pathologiques des chevaux, à la connaissance des âges des chevaux depuis la première jeunesse jusqu'à la vieillesse ; — ce qui concerne la pratique chirurgicale vétérinaire ; — ce que le cavalier et écuyer doit posséder en science hippique et en faculté d'appréciation des chevaux de race et autres. N'a encore nulle part sur la terre été composé de livre semblable à celui-ci ; et celui-ci l'a été sous les auspices et pour la bibliothèque de notre Maître le sultan heureux, célèbre, Seîf el-dîn wa el-douniâ (le glaive de la religion et du monde), Moḥammed fils de Ḳalâoûn, que Dieu en éternise le règne ! J'ai appelé ce livre : « Le Découvreur des importances des maux, relativement à la « connaissance des maladies des chevaux. » — Et Dieu est celui qui fait arriver au but. »

Dans ces deux dernières lignes nous faisons, avec intention, rimer « chevaux » et « maux, » afin de rendre ainsi l'assonance qui existe dans la phrase arabe. Les assonances ou allittérations sont , pour ainsi dire, de rigueur pour l'arrangement du titre d'un livre arabe.

Ce qui paraît étrange au premier coup d'œil, c'est que, dans l'intitulé de l'ouvrage, Abou Bekr ibn Bedr ne donne point le terme El-Nâċérî, ni les mots Kâmel el-Sana a teïn, le parfait des deux arts ou la perfection des deux arts, c'est-à-dire Traité complet des deux arts, hippologie et hippiatrie. Et cependant, en maint endroit, le texte porte : « Le Traité complet des deux « arts , connu sous le nom d'El-Nâċérî. » Il y a à conclure de là que la réputation du livre s'est propagée et conservée sous le titre d'El-Nâċérî et que ce nom est devenu de fait, puis d'habitude, le caractère distinctif et , en même temps, honorifique de l'œuvre d'Abou Bekr ibn Bedr.

L'auteur ne s'est point nommé dans le long titre dont il a garni la première page de son livre. C'est que , de tout temps, parmi les Arabes il n'y a jamais eu exubérance d'auteurs, d'écrivains; et il semble que les individus qui copiaient pour eux-mêmes ou se faisaient copier les livres , se chargeaient de conserver la mémoire des auteurs en en inscrivant les noms sur leurs copies manuscrites.

III.

En matière d'hippologie et d'hippiatrie, le Nâċérî est, je crois, l'ouvrage le mieux ordonné , le plus complet que l'on ait aujourd'hui des Arabes. Je possède un autre traité d'hippologie et d'hippiatrie plus ancien d'un siècle que le Nâċérî, et qui m'a été donné par mon ancien maître l'excellent M. Caussin de Perceval, professeur d'arabe au collége de France et à l'école des langues orientales vivantes , à Paris. Le traité dont m'a fait

présent M. Caussin de Perceval est acéphale ; il y manque les
deux ou trois premières pages , et par conséquent il n'a pas
de titre et de nom d'auteur. Mais l'âge de ce livre est inscrit
dans cette observation placée par le copiste à la fin du manuscrit : « La copie du manuscrit original (de ce traité) a été terminée dans la Ville du salut , Bagdad , que Dieu la protége !
pendant le courant du mois de ramadân (ou neuvième mois)
de l'année 605 de l'hégire (1208-1209 de J. C.) ; et moi, j'ai
achevé cette copie-ci à la fin du mois de djoumâda el-awel (ou
cinquième mois) de l'année 1114 (1702-1703 de J. C.).

Ces quelques lignes engagent à croire que l'auteur du livre
était de Bagdad , ou au moins a écrit son livre à Bagdad. Cette
circonstance, pour le résultat de mon travail, a une importance
précieuse et qui me semble justifiée par les observations de
l'auteur et par la tournure qu'elles présentent. Les aperçus sont
pris dans une localité assez éloignée de l'Égypte; ils peuvent
donc être , souvent, curieux et utiles. Du reste , le style a une
allure beaucoup plus sévère, une couleur bien plus archaïque
que le style du Nâcéri. Celui-ci, au moins dans le manuscrit
qui me sert, n'est pas irréprochable, et la grammaire y est trop
souvent frondée et méconnue. Mon *manuscrit de Bagdad*, c'est
ainsi que je l'appellerai , est, en général , composé sous une
forme qui se rapproche plus du récit par réflexion, et l'autre
est plus rapproché de la manière didactique. Le premier est un
peu confus dans la disposition des questions et de leurs détails,
l'autre est plus homogène dans toutes ses parties, mieux agencé,
bien qu'il y ait quelques reproches à lui adresser. Mais un ouvrage arabe qui serait bien ordonné est chose impossible et
introuvable, y compris même le Koran.

Afin de donner à mon travail toute l'utilité, la curiosité et
l'intérêt désirables, j'ai ajouté aux questions traitées par le Nâ-

céri ce que mon manuscrit de Bagdad et un autre manuscrit
appelé Kitâb el-aḳouâl el-kâfiah wa el-fouçoùl el-châfiah contiennent de particulier sur ces mêmes questions, mais
seulement lorsque les observations et les réflexions de ces deux
manuscrits ont des différences intéressantes ou des indications
que n'a pas le Nâcérî. Les adjonctions que j'extrais du manuscrit de Bagdad, je les enferme entre deux crochets disposés
ainsi [ ]. Les extraits retirés du Kitâb el-aḳoùal sont précédés
et suivis d'un astérisque. Ce qu'il m'a paru à propos d'interca-
ler, de ma part, comme explications de mots ou de choses, ou
comme réflexions, ou comme citations, etc., je l'enferme toujours entre parenthèses. J'ai mis encore à contribution un
autre ouvrage arabe, manuscrit de la bibliothèque impériale
catalogué sous le numéro 993, suppl. ar., et intitulé Kitâb fî
ilm siâcîat el-ḳaîl, Livre sur la science de diriger et traiter
les chevaux, ou la science hippique, par Wahb fils de Mounebbih. Ce manuscrit a été apporté d'Égypte par le général Menou
et déposé par lui à la bibliothèque nationale le 18 ventôse an XI.
C'est un traité abrégé, en vers, avec notes et commentaires
en arabe. Il m'a servi surtout pour l'élucidation de quelques
termes techniques soit d'hippologie, soit d'hippiatrique.

Ce petit poëme aurait été récité en présence de Salâḥ el-dîn
(Saladin), des Grands de la cour, des écuyers du prince, etc.,
et le récitateur aurait donné alors ses gloses et commentaires
qui ensuite auraient été réunis de manière à former l'espèce
de traité plus explicite dont il est question. Le prince, après
avoir entendu le récitateur, le complimenta, le fit asseoir et lui
dit : « Je le jure par la matinée et par la nuit, tu es le plus
capable de surveiller et de connaître des chevaux. Sois, désormais, le chef inspecteur de mes chevaux; et sois aussi l'intime
de ma personne. » Puis le prince lui fit revêtir de riches vête-

ments, lui assigna des émoluments magnifiques. Notre homme baisa la terre en signe de soumission ; et il se retira comblé de bienfaits.

« Lorsqu'il quitta sa fonction (dit le collecteur du livre), il disparut pour vivre à l'écart. Je cherchai à le revoir. Comme je l'espérais, je le rencontrai dans une ville. Il était vieux alors. Je lui serrai la main , je la serrai avec effusion. Je fixai mon œil sur son œil , et l'y fixai avec effusion. Puis je me mis à lui dire : « Quand donc as-tu appris et si bien acquis l'art de connaître et dresser les chevaux ? Comment as-tu quitté le domaine des sciences pour passer à l'étude des animaux ? — Mon Dieu! me répondit-il , je ne me suis livré aux études et à l'art hippiques, d'abord, que pour chercher à me préciser les mérites et les caractères des chevaux de haute course... » Et , peu après, les deux amis se séparèrent satisfaits. Le vieux amateur avait gardé comme une prestance de roi. »

Le Kitâb el-aḳouâl el-kâfiah wa el-fouçoûl el-châfiah , ou Livre des dissertations suffisantes et des sections satisfaisantes, est un manuscrit de la bibliothèque impériale portant le numéro d'inscription 996, suppl. arabe. Ce traité est sans nom d'auteur , et la copie, ayant 194 pages d'une écriture serrée, en fut terminée le dimanche 28 du mois de zoûl-heddjeh (ou douzième mois) de l'année 909 de l'hégire (11 ou 12 juin 1503 de J. C.). Le Kitâb el-aḳouâl est l'œuvre d'un enthousiaste amateur de chevaux , et est divisé en six parties ou dissertations subdivisées elles-mêmes en sections. « J'ai, dit l'auteur , ajouté à ce traité des observations sur les mulets, les ânes, parce qu'ils sont compris dans l'ensemble des jouissances et embellissements que Dieu a destinés aux hommes sur la terre et parce qu'il les a cités dans son livre sublime (le Koran), à ces mots (du XVI° chap., vers. 4 à 9, et surtout

verset 9) : « Il a créé pour vous les chevaux, les mulets, les
ânes, afin qu'ils vous servent de montures et d'apparat. » J'ai
joint à cela encore un court exposé sur les chameaux, les bêtes
de charge, parce qu'ils sont spéciaux aux arabes et que les rois
recherchent et choisissent les meilleurs de ces animaux. »
Quelques pages sont consacrées aussi à ce qui concerne les éléphants et même les bœufs et les bêtes ovines. Je donnerai, dans
une exposition supplémentaire, ce que renferment ces dissertations particulières. La production et l'élève des chameaux, des
mulets, des ânes, peuvent nous être d'un haut avantage, surtout pour notre Algérie.

IV.

Il m'a semblé à propos d'introduire ici quelques renseigne-
ments sur l'Yémen. Ils serviront pour les détails que je consignerai au chapitre IV, Du cheval pur sang, lorsque je parlerai
des célébrités hippiques de l'Yémen qui appartinrent surtout à
la dynastie des raçoûlides ou descendants d'un appelé Raçoûl
qui régnèrent dans le sud-ouest de l'Arabie.

L'auteur du Livre des dissertations, ai-je déjà dit, est inconnu. Mais, d'après plusieurs passages, cet auteur était de la
famille régnante, c'est-à-dire de ce qu'il appelle le gouvernement ou la royauté ou le kalifat des raçoûlides. Il y aurait
même lieu de supposer que cet auteur arriva à la souveraineté ;
car, en parlant de ce qu'il eut en chevaux de race, il cite
des vers d'un poëte « qui, dit-il, était un poëte de notre
royaume. » Ce qui est certain, c'est que notre auteur vivait au
commencement du VIII° siècle de l'hégire, en **728** (**1327-1328**
de J. C.), époque à laquelle éclata, sur les chevaux de l'Yémen,

une épizootie terrible dont la description est rapidement tracée dans le Kitâb el-akouâl.

Les quelques indications que je vais exposer me sont fournies surtout par le Historiæ iemanæ è codice manuscripto arabico..... concinnato, quam edidit Carol. Theodorus Johannsen, holsatus. Bonnæ, apud Marcum..... anno MDCCCXXVIII.

L'Yémen ou Arabie Heureuse confine au golfe Arabique, à l'Océan, à la province du Ḥadramaût, au Ḥédjâz, et est naturellement divisé en deux parties : l'une, à l'est, abondante en hautes montagnes et appelée, à cause de cela, Djibâl (les montagnes); l'autre, à l'ouest, limitée par le golfe Arabique et appelée Tihâmah ou Téhâïm, c'est-à-dire pays bas et riverain de la mer. De ces dispositions naturelles résultent encore les dénominations de haut Yémen et de bas Yémen, ou Yémen supérieur et Yémen inférieur. Quelques cours d'eau ou wâdî, le Wâdî Zébîd, le Wâdî Kébîr, le Wâdî Mektân, etc., sillonnent cette contrée.

Je ne dirai rien de ce que fut l'Yémen avant l'islamisme; ce serait une longue histoire.

Dès le temps de Mahomet, l'Yémen accepta facilement la foi musulmane. Il fut dès lors régi par des préfets ou gouverneurs qu'y envoyaient les kalifes. Cet état de choses continua jusqu'à l'époque de Mâmoûn, au commencement du iiiᵉ siècle de l'hégire. De ce moment, il s'institua une sorte de dynastie; ce fut celle des ziâdides ou gouverneurs de la descendance de Ziâd, que Moâwiah avait honoré et anobli. La forme dynastique du gouvernement de l'Yémen persista depuis. Les ziâdides eurent l'autorité pendant deux cent quatre ans, de 203 de l'hégire (818 de J. C.) à 407. Ce fut en 203 que le kalife Mâmoûn, le fils de Hâroûn el-Rachîd, envoya pour administrer le Djibâl et le Tihâmah, Mohammed fils d'Abd Allah fils de Ziâd l'oméiade.

Le kalife avait enjoint à ce Mohammed de construire une ville dans l'Yémen; et la ville de Zébîd fut fondée en 204 , sur le cours d'eau auquel elle donna son nom. Un autre cours d'eau, le Rama, la traverse. Les ziâdides se montrèrent d'abord soumis aux kalifes; puis ils s'arrogèrent une autorité souveraine et ils se bornèrent à faire les prières publiques au nom des kalifes qui, du reste, marchaient à leur déclin.

Aux ziâdides se substituèrent lesg ouverneurs ou rois abyssins. La rivalité de deux esclaves haut placés dans l'État , Nafîs et Nadjâh, entraîna un bouleversement qui aboutit à la mort du dernier ziâdide encore enfant et à la déroute et la mort de Nafîs. Nadjâh fut confirmé souverain de l'Yémen par le kalife, en 412 de l'hégire. Dix-sept ans après, c'est-à-dire en 429 de l'hégire, Ali fils de Mohammed le solaïhide ou de la famille de Solaïh commença de combiner les moyens de remplacer Nadjâh, de soulever les provinces, et réussit, en 452, à le faire empoisonner. Ali s'empara du pouvoir. Ali, roi et poëte, réunit sous son autorité tout le pays depuis la Mekke jusqu'au Hadramaût et établit le siége de l'État à Sanâ. En 473 , Ali partit en grand cortége pour le pèlerinage. Saïd el-Ahwal, un des fils de Nadjâh qui s'étaient enfuis en Abyssinie, épiait le moment de se venger. Il passa subitement la mer Rouge avec cinq mille hommes, aborda à Mouhaddjam ou Mahdjam, ville située jadis à trois jours de marche de Zébîd , et dont aujourd'hui il reste à peine quelques traces. Saïd courut à la rencontre d'Ali, en attaqua le camp à l'improviste , au milieu du jour, heure à laquelle toute la troupe était endormie. Le roi et presque tous ceux qui l'accompagnaient furent égorgés. Saïd, avec un butin considérable, entra dans Zébîd. Un an après , il fut attaqué par Mokarram fils d'Ali, fut battu, et fut forcé de repasser la mer Rouge. Cette lutte se poursuivit avec des succès variés, et les Abyssins revinrent enfin au pouvoir. Leur dynastie régna, malgré les agitations intestines, jusqu'en 551, époque à laquelle la royauté fut prise par Alì fils de Mahdî, qui fut la souche de la dynastie des mahdides.

En 569, la dynastie des aïoûbides se substitua à elle par suite d'une victoire signalée que remporta un kurde, Yoûçouf fils d'Aïoûb, frère de Fakr el-dìn Taûrân Châh. Ce Yoûçouf était surnommé Salâh el-dìn. L'Yémen fut gouverné par les aïoûbides pendant soixante et un ans.

En 630 de l'hégire, Manśoûr Noûr el-dìn Ọmar fils d'Alì fils de Raçoûl, resté maître du pouvoir, prit enfin les insignes de la royauté. Il inaugura ainsi une nouvelle dynastie, celle des rois raçoûlides de l'Yémen. El-Mélik el-Ậdil qui gouvernait l'Égypte, irrité des succès de Manśoûr, envoya des troupes à la Mekke afin de le déposséder. C'était en 635. Les Égyptiens, dès qu'ils apprirent que Manśoûr approchait, abandonnèrent la ville. Manśoûr s'en empara. Il distribua des présents et témoigna de la bonté et de la déférence aux chefs égyptiens qui se confièrent à lui. Manśoûr régna en paix et se distingua par de nombreuses constructions, par ses qualités, par la faveur qu'il accorda aux études. Il fut assassiné en 647 par des esclaves auxquels il avait accordé sa confiance. Il avait gouverné tout le pays depuis la Mekke jusqu'au Hadramaût.

L'autorité passa à Abou Bekr fils de Haçan; ce Haçan était frère de Manśoûr. Mais El-Mélik el-Mouzaffar fils de Manśoûr, aidé secrètement par les esclaves mêmes qui avaient assassiné son père, s'empara de Haçan et entra à Zébîd, en 647. Après quarante-sept ans de règne, El-Mouzaffâr, dont le nom entier est El-Mélik el-Mouzaffar Chems el-dìn Yoûçouf fils d'El-Mélik el-Manśoûr Ọmar ibn Alì ibn Raçoûl, céda la royauté à son fils El-Achraf Ọmar, et mourut quelques mois après (en 694). El-

Achraf Omar mourut deux ans plus tard et eut pour successeur
son fils El-Moûéïied. Ce dernier gouverna pendant vingt-cinq
ans et laissa l'autorité à son fils unique El-Moudjâhed. Après
un règne assez agité même par l'ambition de deux de ses fils,
El-Moudjâhed mourut en 764 (1362 de J. C.). Son fils El-Afdal
lui succéda. El-Afdal eut un règne glorieux, quoique tourmenté
par des troubles, par l'insurrection de son frère El-Moużaffar.
Il mourut en 778 à Zébîd et laissa la royauté ou kalifat à son
fils El-Achraf Ismaïl. Celui-ci conserva l'autorité jusqu'à sa mort
(en 803 de l'hégire). Il eut pour successeur son fils le sultan
El-Mélik el-Nâċer Ahmed.

Je ne poursuivrai pas plus loin l'analyse des mutations qui
continuèrent la royauté des raçoûlides, laquelle se prolongea
jusqu'en 855 et fut remplacée par celle des tâhérides ou descendants de Tâher. Ce que j'ai esquissé de cette histoire assez
confuse d'ailleurs de l'Yémen servira de base, de *stratum* aux
données que nous fournira le Kitâb el-aķouâl, à propos des
illustrations chevalines de l'Yémen.

V.

L'auteur du Nâċérî indique un peu vaguement les sources où
il a puisé les aperçus principaux qui l'ont guidé ou éclairé
pour la composition de son œuvre. Il semble vouloir y enregistrer surtout son propre savoir et celui de Bedr son père,
produire les résultats du contrôle de leur expérience à tous
deux, à l'endroit des connaissances acquises jusqu'à leur époque. A peine Abou Bekr ibn Bedr cite-t-il deux ou trois noms
d'auteurs qui, précédemment, avaient écrit sur la science che-

valine, c'est-à-dire — l'hippologie et l'art d'élever , de dresser
et dompter les chevaux , — et la médecine vétérinaire. Il
nomme seulement les hippologues vétérinaires Abou Yoûcef
et Mohammed fils d'Aki Hizâm le djébélide ou de la tribu des
Béni Djébélah.

Je n'ai trouvé aucune indication ou notice sur cet Abou
Yoûcef. Quant à Mohammed le djébélide, il est appelé par
d'Herbelot (voyez le mot *kétab* dans la Bibliothèque orientale) :
« Abou Aki Harâm Mohammed fils d'Ya'koûb. » Hizâm ,
comme nous le verrons au chapitre XXII, vol. III, en parlant
de la castration , vivait sous le kalife El-Moutawakkel , au milieu du IXe siècle de l'hégire ou milieu du XVe siècle de notre
ère.

Deux autres auteurs arabes, hippologues anciens, sont connus aussi. L'un est Abou Dja'far Mohammed ibn (ou fils de)
Habib el-bardâdi ou le bagdadien ; il mourut en 245 de l'hégire. L'autre est Abou Mahlem Mohammed ibn Hichâm ; il
mourut aussi en 245 (ou 859-860 de J. C.).

Un autre, plus récent, Mohammed ibn Radouân , mourut en 657 de l'hégire (1258 de l'ère chrétienne), c'est-à-
dire un demi-siècle avant l'installation définitive du sultan
El-Mélik el-Nâcer Mohammed fils de Kalâoûn sur le trône
d'Égypte.

Le Kitâb el-feroûciah ou Traité de l'art de l'équitation, d'élever et de dresser les chevaux, date du VIe siècle de
l'hégire et est dû à Abou l-Faradj Ali el-Rahman ibn el-
Djaûzi. Abou l-Faradj mourut en 598 de l'hégire (1201-1202
de J. C.).

Plusieurs auteurs d'origine égyptienne ont écrit des Traités
d'hippologie et d'hippiatrie. Du reste , les traités sur ces ma-

tières sont très-nombreux chez les Arabes; mais il en est peu
qui embrassent toute la science comme le fait le Nâċérî. Nous
aurons occasion de nommer encore les Traités d'Abou Ọbéïdah
et d'El-Asmaï, qui tous deux vécurent sous le ḳalifat de Hâroûn
el-Rachîd.

PERRON.

LE NÀCÉRÎ.

LA PERFECTION DES DEUX ARTS

ou

TRAITÉ COMPLET

D'HIPPOLOGIE ET D'HIPPIATRIE ARABES.

SECONDE PARTIE.

PREMIÈRE DIVISION.

HIPPOLOGIE.

INTRODUCTION PROPITIATOIRE. — AVANT-PROPOS. — BUT DE L'AUTEUR.

Au nom de Dieu clément et miséricordieux, de Dieu dont nous invoquons le secours !

I.

Louange à Dieu, le Seigneur des mondes, le Dieu aux immenses bienfaits, à la protection généreuse, le Dieu de bienveillance et de justice immuable, de sévérité et de mansuétude, de splendeur et de durée, de majesté et de grandeur, de perfection et de gloire, le Dieu de tous les noms sublimes (1). Je rends hommage à sa toute-puissance qui a établi l'ordre du monde et fixé les destinées des choses, qui a posé le facile et le difficile, donné la douceur et l'amertume. Je le remercie de la magnificence de ses dons; je le proclame l'unique dans son incomparable munificence; je lui demande sa grâce, de peur de me laisser surprendre par la vanité. Je l'invoque, car il est le seul refuge; je mets en lui ma confiance, car il est l'infini en bienfaits.

Et j'appelle ses faveurs éternelles sur son Prophète, l'élu céleste, son Envoyé, le modèle des vertus, qui nous a fait passer des ténèbres de l'erreur à la voie droite, la voie de la vérité.

Que Dieu couvre de sa bienveillance — Abou Bekr le juste, le plus juste des justes, — Ọmar, fils d'El-Ḳattâb, le protecteur de la veuve et de l'orphelin, le protecteur des malheureux dans la misère et la souffrance, — Ọtmân (Osmân), fils d'Aﬀân, le prince des martyrs, — Alî, fils d'Abou Tâleb, le héros des batailles, — Ḥaçan et Ḥuceïn, les princes des jeunes élus du paradis, les modèles de piété et de sainteté, — tous les autres compagnons (ou disciples directs) du Prophète, — tous les disciples des disciples du saint révélateur, — que Dieu, dis-je, les couvre de sa bienveillance, tant que les armées des ténèbres et de l'ignorance susciteront les soldats de la lumière et de la foi (2).

II.

Et ensuite :

Le Très-Haut a complété et assuré la puissance et la fortune de notre maître, le sultan, le noble souverain, le roi des rois du temps, l'arbitre du cou des nations, l'incomparable des rois arabes et non arabes, le génie qui réunit la gloire des armes et la gloire des lettres, qui pénètre et découvre les lois et les principes auxquels le Dieu éternel a soumis la vie des peuples, l'âme que les grandes inspirations conduisent aux grandes œuvres, notre maître et notre souverain, le sultan El-Mélik el-Nâċer (le roi vainqueur), vainqueur du monde, triomphe de la religion, fils de Ḳalâoûn, que Dieu en éternise la puissance par

les œuvres de sa sagesse gouvernementale , par la supériorité
de son courage , par son amour de générosité et de bienveillance ! Il a la grandeur du pouvoir, l'élévation imposante de
la gloire , la justesse de la pensée , la noblesse des œuvres , le
brillant des qualités et des vertus, l'éclat des mérites, l'étendue
de l'esprit, la richesse de l'imagination, l'équité de la conduite,
la perfection de la dignité, le relief de la renommée, la finesse
de la sagacité, la beauté du caractère, la profondeur des vues ,
la hauteur de la position. En lui sont rassemblées les perfections, et il les a ornées et embellies par ce qu'il a d'amour de
la science et de la sagesse , d'amour pour les hommes de lumières et de savoir. Il a la passion des chevaux, l'insatiable
ardeur des occupations et des observations hippiques ; car il a
la libéralité, il récompense noblement les efforts (a); il sait
comment, dans notre saint Livre (le Koran), Dieu recommande
et dépeint le coursier des batailles; il sait ce que les traditions
et ce que les souvenirs de l'antiquité ont conservé de célébrités
hippiques.

Le Kesra (ou Kosroës) Anouchirwân disait : « Lorsque Dieu
veut faire le bonheur d'une nation , il donne aux princes qui
la gouvernent la science et la sagesse (3). »

III.

Moi , lorsque je vis que les vétérinaires , et les médecins, et
les zourâtiḳah ou dresseurs de chevaux (4), et les philosophes,
et les savants, tels que, dans l'antiquité, Aristoûtâlis (Aristote),
Hermès (5), Djâleînous (Galien), Boukrât (Hippocrate), et, dans
les âges modernes, Abou Yoûcef, et Mohammed ibn Akî Hizâm
le djébélide, avaient écrit sur la science vétérinaire ou science
du maréchal-hippiâtre , sur l'art de soigner , dresser et manier
les chevaux, sur la thérapeutique vétérinaire , mais que toutes

(a) Nous avons dit, vol. 1, page 65, section V, quels soins El-Nâĉer mettait
à l'élève des chevaux, etc.

ces œuvres du passé ne donnaient que peu ou point de lumières sur un bon nombre de questions relatives à l'étiologie et à la séméiologie des maladies, aux variétés de pelages ou robes, aux taches ou couleurs en opposition avec la couleur dominante du cheval, à la thérapeutique rationnelle et expérimentale, aux avantages à espérer des médications, ne retraçaient qu'une nosologie incomplète, ne distinguaient pas les causes et circonstances nuisibles ou pernicieuses des circonstances et causes louables et favorables, ne signalaient pas toutes les couleurs du pelage des mulets et mules, les incidences contrastantes ou taches de ces pelages, ne décrivaient pas exactement les qualités et les caractères auxquels on reconnaît les chevaux de race supérieure, n'indiquaient pas toutes les formes des fers, des clous, les règles et principes de la ferrure, ne dessinaient pas les traits des maladies auxquelles sont sujets les chevaux et leurs produits, — je me suis décidé à réunir, pour la bibliothèque du Prince, les matériaux d'un Traité complet, pratique, qui à tout individu désireux d'apprendre offrît la science vétérinaire, l'art d'élever et de dresser les chevaux, de les monter et de les gouverner, l'art de l'écuyer.

Je n'ai rien omis ou négligé pour atteindre à mon but. J'ai rassemblé dans ce travail les données acquises dans le domaine des observations de premier ordre, dans les sciences, dans les questions obscures ou ambiguës, dans la thérapeutique, toutes choses que n'avaient point assez précisées la plupart des hommes d'études et de savoir. Ce que les Arabes se sont fait de connaissances qui n'existaient pas en matière de nosologie et d'observations pathologiques, d'étiologie, de filiations généalogiques, de déterminations descriptives, de désignations de pelages, de taches (a o u d â h) ou changements accidentels de couleurs sur la robe, de (c h i ï â t ou) taches blanches naturelles et en contraste avec la couleur dominante de l'animal, j'ai eu soin de l'enregistrer, de l'expliquer, de l'élucider. Les secrets (c'est-à-dire les pratiques ou observations personnelles et particulières) des vétérinaires, des dresseurs de chevaux, des maquignons ou naḳḳâs, des écuyers, j'ai eu soin aussi de les si-

gnaler, de les préciser , de les faire connaître, de les mettre en
lumière.

IV.

Sans avoir aucunement la prétention de me placer au même
degré de science , d'intelligence , de sagacité , que les hommes
éminents dont je parlais tout à l'heure, j'ai traité des questions
qu'ils ont examinées et posées, des applications que, sur la parole et l'autorité de ces savants, on a admises et expérimentées.
J'ai consigné ici nombre d'observations et de faits que j'ai re-
cueillis des vétérinaires, des dresseurs de chevaux , ou que j'ai
reçus de mon père Bedr el-Dìn, Dieu l'ait en grâce ! ou de pra-
ticiens en Égypte et en Syrie, observations et faits transmis par
la bouche d'hommes de conscience et de bonne foi, ou vus et
remarqués directement ou consacrés par la pratique opératoire
chirurgicale.

Du tout, j'ai coordonné un ensemble que j'ai disposé en
neuf makâlah ou Expositions, et j'ai affecté à chacune d'elles
un genre de matière qui la distingue, en telle sorte que si tout
d'abord, et sans qu'il soit besoin de lire l'ouvrage en entier, on
veut savoir en quel lieu du livre telle question est traitée , on
arrive facilement où elle se trouve et que l'on aille la chercher
à sa place.

PREMIÈRE EXPOSITION.

La première Exposition du Traité de la perfection des deux arts, à savoir : l'art vétérinaire et l'art de connaître, dresser et manier les chevaux, traité connu sous le nom d'El-Nâċérî, composé par le maréchal-vétérinaire Abou Bekr, fils de Bedr, pour la bibliothèque du prince glorieux, le sultan sublime, El-Mélik El-Nâċer, que Dieu perpétue son règne ! — comprend vingt chapitres dont voici les motifs : — la guerre sainte ; — les races chevalines ; — analogies entre le cheval et l'homme ; — différences entre l'un et l'autre ; — des produits chevalins ; — durée de l'existence du cheval ; — les dentitions ; — les vaisseaux à saigner ; — des os du cheval ; — des articulations ; — instincts et penchants vicieux ; — du cheval de course ; — de l'extérieur ; — dressage et éducation ; — entraînement ; — proportions des diverses parties du corps ; — nourriture, entretien et soins du cheval ; — harnais et harnachement ; — signes du pelage, et marques blanches ; — balzanes ; — allures ; — marques ou empreintes.

CHAPITRE PREMIER.

De la guerre sainte aux yeux de Dieu. — Avantages méritoires qu'elle procure au point de vue religieux. — Supériorité et excellence du cheval. — Considération et attention pour le cheval. — Quelques vers à propos des chevaux. — De l'excellence du cheval ; comment on le doit aimer ; le préférer à tout. — Abou Obeïdah et El-Asmaï, à propos de leurs travaux hippiques. — Cheval de Dieu ; cheval de l'homme ; cheval du diable ; ce que l'on entend par ces désignations. — Le cheval créé arabe.

I.

Le Dieu très-haut a dit dans son saint Livre (le Koran) :

« O vous qui avez la foi, vous enseignerai-je une forme de transaction qui vous sauve des redoutables tourments (de l'enfer) ? »

« C'est que vous croyiez en Dieu et à son envoyé, et que vous souteniez la guerre sainte, dans la voie de Dieu, par le sacrifice de vos biens et par le sacrifice de vos personnes; à ce prix est votre bonheur. Ah ! si vous compreniez bien ! »

« Dieu, pour cela, vous pardonnera vos péchés ; il vous introduira dans des jardins que parcourent des fleuves, dans des demeures de délices, dans les jardins de l'Éden; c'est là qu'est votre félicité suprême.» (Koran, chap. LXI, intitulé : Ordre de bataille, versets 10, 11, 12).

Ailleurs (chap. IX, L'immunité ou le repentir, versets 89 et 112), Dieu a dit :

« Mais l'Envoyé (Mahomet) et ceux qui ont cru avec lui soutiennent la guerre sainte et de leurs richesses et de leurs personnes. C'est à ceux-là que sont réservées les délices éternelles; ce sont ceux-là qui sont sur la voie du bonheur. »

« Oui , Dieu a acheté des vrais croyants leurs richesses et leurs personnes, à la condition de donner en retour les joies du paradis. Ils combattront dans la voie de Dieu; ils tueront, ils seront tués. Telle est la promesse que Dieu a faite, la vérité qu'il a manifestée dans (les révélations annoncées par) le Pentateuque, l'Évangile et le Koran. Et qui serait plus fidèle à sa parole que Dieu ! Réjouissez-vous donc du marché que vous avez passé avec lui; c'est un pacte de bonheur ineffable. »

Le Très-Haut a dit encore (dans le Koran , chap. VIII , Le butin , verset 62), en parlant des forces à mettre en action contre nos ennemis, hommes d'avilissement, et que le Seigneur soit mon secours et mon refuge contre Satan le maudit ! le Très-Haut a dit : « Tenez toujours prêt contre vos ennemis tout ce que vous pourrez réunir contre eux de force, de réserves de chevaux..... » (6). Cette expression « force, » il est déclaré positivement dans les commentaires des paroles recueillies du Prophète, sur lui soient les grâces et faveurs célestes ! qu'il l'a expliquée par « l'action de lancer » (c'est-à-dire l'emploi de tout arme qui se lance). On a induit de là que la principale force en guerre consiste en armes à lancer. L'expression « ribât el-ḳail , réserves de chevaux » est dans son sens ordinaire et simple. (On entend par là des points d'observation ou de défense établis sur les frontières , sur les côtes maritimes , des postes militaires où l'on tient un nombre quelconque de gens armés et prêts à donner l'alerte en cas d'attaque , ou de surprise, ou d'invasion , ou de révolte. Consacrer un cheval au service d'un ribât, c'est le consacrer pour les besoins de la guerre, c'est-à-dire toujours de la guerre sainte. C'est donc une œuvre méritoire, et Dieu la récompensera par d'abondantes bénédictions.) Le premier musulman qui consacra un cheval pour les ribât au service de la guerre sainte, fut Sa'd, fils de Maâz.

II.

Quant à ce qu'il faut entendre par œuvres de bien , œuvres

méritoires , on rapporte, d'après le dire d'Abou Zarr, que Dieu
veuille l'avoir en grâce (7) ! qu'un jour on demanda au Prophète ce qu'il y avait de meilleur en fait de devoir, et que le
Prophète répondit : « La foi et la confiance en Dieu, la guerre
sainte, le pèlerinage saintement accompli. »

Une tradition transmise par Abd el-Rahman, fils de Djobeïr ,
apprend que le Prophète de Dieu a dit : « Ceux de mon peuple
qui, pour les expéditions de guerre, reçoivent un bénéfice convenu sont l'analogue de la mère de Moïse , laquelle, pour être
la nourrice de son fils, recevait une rémunération (8). »

El-Mohtéra dit : « Nous partîmes en expédition sur le territoire des Roûm (Romains et Grecs d'Orient). Un cavalier monté
sur son cheval passa près de la chapelle d'un moine. Le moine
appela notre homme : « Cavalier, lui dit-il, es-tu volontaire,
soldat libre ? ou bien es-tu des milices enrôlées au divan (9) ?
Car nous autres, nous voyons dans certains de nos livres que
les milices enrôlées sont l'armée de Dieu, les milices de la foi. »

Des traditions montrent quelle est l'importance (sociale et
religieuse) des chevaux, quels soins et quelle considération ils
méritent (de la part de l'homme , combien de bénédictions ,
c'est-à-dire d'avantages et de bienfaits sont attachés à leur possession et à leur éducation). Ainsi, Djérîr, fils d'Abd Allah (10),
le badjalide (ou Arabe de la tribu des Béni Badjilah), que Dieu
lui donne miséricorde ! a dit : « J'ai vu le Prophète passer la
main et la repasser dans les crins du toupet de son cheval ; et
le Prophète prononçait ces mots : « Oui , pour jusqu'au jour
du jugement dernier, sont noués aux crins qui flottent au front
des chevaux la prospérité , les succès , les dépouilles opimes.
[Et le cavalier a son secours , sa défense , sur le dos de son
cheval. Certes, dépenser les richesses pour les chevaux équivaut
en mérite à jeter les aumônes à pleines mains.] » D'après
Atâ, le Prophète a dit : « Ne conduisez point les chevaux en
les tenant au toupet; c'est leur faire outrage, c'est les humi-
lier (11). »

Abd Allah, fils d'Abbâs, que Dieu leur donne ses grâces !
affirme que ces paroles révélées dans le Koran (chap. II ,

vers. 275) : « Ceux qui, la nuit, le jour, en secret, en public
dépensent en bonnes œuvres ce qu'ils possèdent » ont trait à
l'entretien et à la nourriture des animaux de montures (et surtout du cheval) (12).

D'après Abou Horeïrah, que Dieu lui fasse miséricorde (13) !
une tradition dit : « Il n'y a pas de nuit qu'il ne descende du
ciel un ange qui vienne passer la main sur le cou des coursiers
fatigués de combattre, excepté ceux qui ont au cou une clo-
chette ou un grelot. »

Moudjâhed (14) raconta l'anecdote que voici. « Un jour le
Prophète, sur qui soient les bénédictions et les bienfaits célestes! vit un homme avec un cheval; cet homme frappait le
cheval sur la face, l'accablait d'injures. » Et le Prophète de s'é-
crier : « Cela et puis cela, ces coups et ces injures, te condui-
ront au feu de l'enfer, à moins que tu ne combattes sur ce
cheval, dans la voie de Dieu. » L'homme se voua à la guerre
sainte. Sur son cheval, il chargeait les ennemis; et il fit ainsi
jusqu'à ce que l'animal fût devenu vieux et n'eût plus la force
de servir. Alors l'homme en appelait aux musulmans et disait :
« Tous, vous tous, soyez mes témoins, témoignez pour moi, au
dernier jour. »

III.

De tout temps, les poëtes arabes ont célébré les mérites et
les qualités du cheval. Ainsi, Âmir, fils de Tofaîl, fils de Aûf
(voy. vol. 1, pages 372, 373), a dit ces vers :

    « Non, quelque pauvre que je puisse être, rien ne
séparera de moi

    « Mon coursier, lui l'autruche rapide et allongée des
déserts,

    « Ou mon coursier, à la face noire, dont les pieds
vigoureux ne faillent jamais;

    « Que l'on réserve pour le prodiguer aux jours de la
terreur des batailles. »

Le poëte Ka'b (15), fils de Mâlek, l'ansâride (c'est-à-dire qui était des Ansâr ou auxiliaires dévoués de Mahomet), a dit :

« Nous tenons prêts contre l'ennemi tous nos coursiers aux longs membres vigoureux,

« Aux pelages alezan clair, aux jambes balzanées,
aux robes pies.

« Dieu ordonne que l'on consacre et dresse les chevaux pour culbuter ses ennemis

« Dans les combats; certes ! Dieu est le meilleur
guide dans la voie du succès.

« Nos chevaux sont le dépit de l'ennemi, la garde et
le salut

« De nos demeures, pour toutes les fois que les escadrons des infidèles nous viendront attaquer. »

Alkamah, fils d'Âmir, le mâzinide ou de la tribu des Béni
Mâzin, dit les vers suivants :

« Jamais je n'ai dépensé mes biens pour avoir des
chamelles que je laisserais errer

« Au sommet d'une vallée où elles auraient une eau
bourbeuse.

« Les chevaux, au contraire, sont une ressource
dans la guerre; Dieu commande de les posséder.

« Mais Dieu ne commande point de planter des jardins.

« Que de cités d'audacieux géants où les chevaux
ont pénétré,

« Et dont ils ont mis les hautes demeures comme
une plaine rase ! »

Le poëte Lébìd, fils de Rabìah, a dit (16) :

« Les forces et défenses auxquelles nous nous con-
fions,

« Ce sont les coursiers issus du noble sang d'A'wadj,
et les lames des sabres. »

Nous nous bornons à ce que, grâce au Dieu de gloire et de
grandeur, la source de tout succès ! nous venons de dire sur
les mérites de la guerre sainte et des fidèles qui combattent
pour Dieu, et sur la supériorité des chevaux.

(Au point de vue , pour ainsi dire , moral , sentimental et social, les Arabes ont encore exprimé leur appréciation du cheval et l'ont tracée sous des traits pittoresques. Ainsi , le **Kitâb el-akouâl** donne les réflexions suivantes dans ses premières pages.)

IV.

* J'ai examiné avec l'œil du cœur, avec la lumière de l'intelligence , tout ce que Dieu a dispensé à ses serviteurs en libéralités abondantes, en faveurs limpides , ce qu'il a prodigué de surplus à certains hommes , en dons que nulle reconnaissance ne saurait égaler , que toute langue se fatiguerait à énumérer , et j'ai vu que les chevaux sont des plus brillants bienfaits , des plus éclatantes magnificences dont l'Éternel a gratifié ceux qu'il a voulu de ses serviteurs , sont la gloire et la force des fidèles qui combattent dans les voies de la foi aux jours de la guerre sainte , sont les moyens de terreur pour les impies qui osent , les armes à la main , résister à Dieu et à son Prophète..... Dieu a fait le cheval la plus noble des créatures après les enfants des hommes, le plus distingué des quadrupèdes, l'animal le plus admirable de nature et de beauté , la parure la plus attrayante des parures.

Dieu a donné, comme priviléges à l'homme, des entraînements d'amour. Il a l'amour passionné des femmes , de ses enfants, des quintaux entassés d'or et d'argent, des chevaux précieux , des troupeaux , des cultures. Ces six choses-là sont les hauts bienfaits dans ce monde , sont les grandes choses de la vie terrestre aux yeux de l'homme , les choses les plus aimées de son cœur, les plus désirées de son âme. Et nous voyons que l'homme chez lequel se trouvent réunies ces six sortes de choses qui sourient à ses affections les plus vives, lorsqu'il monte à cheval , oublie tout le reste , ne rencontre rien qui le puisse distraire de ses chevaux. Bien plus , il se plaît à dépenser son or , son argent, à prodiguer pour les chevaux ce qu'il possède. Il ira même à poursuivre les travaux de culture , à se procurer du bétail en vue de leur entretien, pour les nourrir, pour avoir à leur donner du lait, etc.

Quant aux femmes, nous voyons que l'homme qui les aime, qui est passionné pour elles, se contente d'une seule, se laisse dominer par l'amour d'une seule à l'exclusion des autres. Et si la passion pour elle l'obsède et le remplit, si l'amour en lui est puissant et profond, il ne donnera pas même un regard à une autre, il n'aura et ne voudra avoir de plaisir et de jouissance qu'avec elle. Puis, quand il a vécu avec elle un assez long temps, il s'en fatigue, il s'en ennuie, et il la quitte. Mais les chevaux, l'homme ne s'en ennuie point, fussent-ils chez lui par milliers; l'un ne le distrait pas d'un autre; plus ils sont nombreux chez lui, plus augmente son enthousiasme, plus il les soigne avec attention, plus il est empressé à veiller à eux et à les conserver.

Les plaisirs avec la femme sont limités à des plaisirs d'une heure, d'un moment; puis vient la satiété, l'ennui. Les parures d'une femme sont pour le regard et le spectacle de son mari seul; aucun autre ne s'en enorgueillit; nul autre homme que lui ne la contemple en ses atours. Mais à l'endroit des chevaux, les plaisirs que l'on trouve par eux et avec eux se multiplient et se diversifient en mille manières; on en est fier; on lutte et dispute de supériorité; on met à bout et renverse des adversaires; on va prendre un talion; on épouvante des ennemis; on se protége soi et ce que l'on aime; on a la force des guerres. D'autres jouissances encore : par exemple, le plaisir de la chasse, le plaisir des courses et joutes. N'avez-vous pas vu un homme lorsque son cheval est vainqueur à une grande course? N'avez-vous pas vu ce que cet homme laisse éclater de joie, d'enthousiasme, qu'il ne peut ni contenir ni dissimuler ?

Les fils d'un homme sont les fruits de son cœur, de son être. Et cependant un de ces fils vient-il à demander à son père un des chevaux que celui-ci possède, et ces chevaux sont nombreux, le père répugne à ce don, à cette générosité; pourtant il donnerait alors ce qu'il a de plus précieux dans ses biens ; il en donnerait plusieurs fois le double de ce que vaut le cheval.

Moi qui ai au cœur tant d'amour pour les chevaux, tant d'admiration et d'enthousiasme pour leurs beautés et leurs mérites, moi qui mets tant d'attention à choisir leurs qualités, à rechercher en eux la pureté du sang, qui ai appris à distinguer ce qu'ils sont, qui aime à les monter sans cesse, moi j'en ai toujours en ma demeure, j'en fais les amis intimes de ma vie, je surveille et soigne moi-même leur nourriture, leurs séjours, j'aide à leur élève, à leur éducation, à leur dressage, à leur instruction, je combine et j'étudie ce qui leur convient le mieux en harnachement, je veille aux changements et à l'adaptation de leurs freins, à leurs selles, mors, brides et têtières; et tout cela est dans mes préoccupations, la nuit, le jour, en résidence, en voyage, depuis le jeune âge du poulain, depuis sa naissance. Chaque nouvelle journée accroît sans cesse mon amour pour mes chevaux, et je dis à mon cœur enivré de joie : « Es-tu satisfait ? — N'y a-t-il donc pas encore à augmenter ? » me répond-il *.

V.

* Et puis il faut l'expérience, l'étude, la lecture. Voici ce que rapporte El-Asmaï (il vivait sous Hâroûn el-Rachîd). « J'entrai un jour avec Abou Obeïdah chez El-Fadl, fils de Rabî'. (El-Fadl était vizir tout-puissant du kalife Amîn, fils de Hâroûn el-Rachîd). « Asmaï, me dit El-Fadl, combien ton livre sur le cheval a-t-il de volumes ? — Un seul, » répondis-je. El-Fadl adressa la même question à Abou Obeïdah, et celui-ci répondit : « Cinquante volumes. » El-Fadl demanda qu'on apportât les deux ouvrages, fit ensuite amener un cheval de race, et dit, après cela, à Abou Obeïdah : « Abou Obeïdah, lis-nous ton livre lettre par lettre, et, au fur et à mesure, pose la main, place par place, sur tout ce que tu nommeras du cheval. — Que Dieu te donne grandeur et éclat ! reprit Abou Obeïdah ; je ne suis point un maréchal ferrant. Ce que contient ce livre, ce sont toutes choses que j'ai empruntées aux Arabes, et j'en ai composé ce travail. — Voyons, Asmaï, me dit El-Fadl, à toi. Et mets la

main , place par place , sur tout ce que tu nommeras du cheval. » Alors je dégageai mon bras de dedans mon vêtement , je
me levai , et je commençai par parler des oreilles, puis du toupet du cheval, et je me mis à les décrire et les caractériser dans
tous leurs accidents les plus détaillés; je poursuivis mes indications et détails descriptifs des chevaux jusqu'à ce que j'en vins
aux sabots. El-Fadl me fit alors cadeau du cheval. De ce jour-
là , lorsque je voulais remuer la mauvaise humeur d'Abou
Obeïdah, je montais le cheval et j'allais chez Abou Obeïdah.

Le Prophète a dit : « Il y a trois catégories de chevaux, pour
l'usage : le cheval de Dieu , le cheval de l'homme , et le cheval
du diable. » Le premier est celui que l'on consacre et réserve
pour la guerre sainte; le second est celui que l'on tient chez
soi et que l'on garde pour en avoir les produits; c'est ainsi une
garantie contre la pauvreté. Le troisième est celui que l'on destine et fait servir aux courses aléatoires , en vue de paris à ga-
gner. « Le jour de l'abreuvement , a dit encore le Prophète ,
commencez par mener boire le cheval; qu'il boive avant les
chameaux et les autres troupeaux. »

C'est avec juste raison que les Arabes ont le cheval en si
haute estime , en sont si fiers , et qu'ils dépassent en cela tous
les autres hommes. Le motif en est dans ces paroles que Dieu
dit au cheval après l'avoir formé : « Je t'ai créé arabe, » et qui
sont une preuve évidente que l'Éternel a attribué spécialement
aux Arabes la supériorité dans l'art hippique, dans la connaissance du cheval et de ses qualités, dans la manière de l'élever,
de le dompter , de le dresser , dans l'amour , l'affection , l'atta-
chement pour ce noble animal. Après les femmes, le Prophète
n'aimait rien plus que le cheval. Et certes ce que Dieu aime,
ce qu'aimait le Prophète de Dieu, est bien digne d'être aimé et
honoré des hommes *.

CHAPITRE II.

I.

On a reconnu et déterminé dix races chevalines différentes.

La première est la race hédjâzî ou hédjâzienne ou du Hédjâz, et est la plus noble.

La deuxième est la race nedjdî ou nedjdienne ou du Nedjd, qui est la plus sûre et la plus docile.

La troisième est la race yéménî ou yéménienne ou de l'Yémen ; c'est la plus dure à la fatigue, la plus patiente.

La quatrième est la race châmî ou syrienne ou de Syrie ; elle est la plus belle en poil.

La cinquième, ou djezîrî ou mésopotamienne ou de Mésopotamie, est la plus belle en taille et en constitution.

La sixième est la race barkî ou barcéenne ou du Barkah ; c'est la plus disgracieuse et la plus grossière d'extérieur.

La septième est la race maṡrî ou miṡrî ou égyptienne, la plus rapide à la marche.

La huitième, ou la kafâdjî ou kafâdjienne ou race des Arabes Kafâdjah (qui sont une branche des Béni Âmir), est celle du plus pur sang.

La neuvième ou race marrabi ou marrébine (ou magrébine, barbe, berbère, brèbe) ou du magreb, excelle par ses produits.

La dixième est la race afrendjî ou franque ou européenne qui est la plus molle et la plus mauvaise.

Quant aux rouwaïbî, aux damkî, aux zarwâtî, et aux fârah, ce ne sont que des familles ou tribus secondaires.

Telles sont les divisions et races, bien tranchées, admises dans l'espèce chevaline.

(Voici une autre division.)

** La race est au-dessous de l'espèce. Ainsi, l'homme fait une race dans l'espèce animale; de même, chaque sorte d'animal. Il vous importe de connaître les races chevalines et ce qui les concerne, les notions qui sont passées dans le domaine des connaissances publiques. Car il peut avenir que l'on vous questionne à ce sujet, et alors vous saurez répondre. Quand vous aurez appris ce qu'était tel cheval, vous saurez dire : il était fils de tel fils de tel dans telle lignée ou race. Il y a donc en fait de races :

1° Les toraïfî ou race toraïfî ou toraïfîde. Le toraïfî est, dit-on, celui qui a, à l'encolure, sous la crinière, dans les crins, une longue ligne tracée que l'on nomme la poignée de lance et où sont des ronds comme ombiliqués.

2° Le heïkalî, race arabe dans le Barkâ. Ce cheval est puissant de volume (heïkal), a les membres épais, les sabots très-développés. Il a quatre reins.

3° Le korâçânî ou cheval du Korâçân. Ce cheval est vigoureux, beau d'extérieur, mais il est court des parties de l'avant-main. Il a le sabot dur et solide, la queue et le toupet touffus et longs.

4° Le hédjâzî ou hédjâzien. Ce cheval a les formes arrondies, les membres courts, les sabots durs et solides. Il supporte facilement la soif et la marche pendant la chaleur et à travers les pierres, par la raison qu'il est élevé et dressé dans des contrées pierreuses. Plein de résistance, il se fatigue et il fatigue.

5° L'a'wadjî ou descendant d'A'wadj, est le cheval de taille haute, de corps alongé, de force remarquable. On l'a qualifié a'wadjî à cause de sa corpulence, tout comme Aûdj fils d'Onok (17) a été nommé Aûdj à cause de son énorme stature, de sa longueur et de son ampleur. (C'est une singulière erreur que d'attribuer le sens ou la dérivation du terme a'wadjî à une comparaison avec le nom d'Aûdj. Il paraît même que notre auteur prononce, à tort, Awadj au lieu de Aûdj. Nous avons déjà vu et nous verrons encore que les a'wadjî sont les descendants du célèbre cheval A'wadj. Voy. vol. I, page 389.)

6° Le b i k â i ou campagnard, ou cheval des campagnes, est de corps massif, arrondi, et ne convient point aux Grands et aux princes, à cause de sa conformation.

7° Le h i n d î ou indien, ou cheval de l'Inde, a l'encolure, le corps et les membres alongés; il a l'œil beau et brillant.

8° Le r o û m î ou grec d'Europe, ou européen, a rarement quelque caractère de noblesse.

9° Le b a ḥ r î ou marin. On raconte que des chevaux sortirent de la mer et donnèrent une descendance. On a dit que les chevaux du Baḥreîn (Deux-Mers), province de l'Arabie sur le golfe Persique, étaient issus de Kaṭîf vers la même province. Les chroniques ou légendes rapportent que lorsque Soleïmân (Salomon) fut roi, un djinn ou génie lui parla des chevaux marins. Salomon lui ordonna de lui en amener. Quoique fluets, minces et longs, ils plurent d'abord à Soleïmân; puis il n'en tint plus compte et les envoya à quelqu'un pour les faire périr. — Du reste, les chevaux marins ou baḥrî, dit-on, ont des ailes. Et moi je dis : « Je n'ai rien trouvé de pareil chez les chevaux marins et ce ne peut point exister, parce que, si ces chevaux avaient des ailes, ils auraient des plumes et ils voleraient comme les autres volatiles d'eau. Mais Dieu sait ce qu'il en est véritablement. » (Réflexion d'une candide naïveté !)

10° Le t a t a r î ou tatâr est le cheval des gens de cortége et des pages ou serviteurs des cours. Rarement le cheval tatâr a du caractère de noblesse.

Il est à remarquer que les tribus de l'Arabie, plus que toutes les autres populations, possédaient et dressaient les chevaux;

car presque sans cesse les Arabes étaient en incursions les uns
contre les autres. Plusieurs élevaient le cheval comme moyen
d'existence et comme moyen de pouvoir approcher et se faire
bien venir des rois dont ils avaient ou pensaient avoir besoin
de capter la faveur ou la bienveillance. Parmi les Arabes on se
donnait aussi des chevaux en présent. Car il y avait l'envie de
se faire un relief d'honneur, de réputation, de position sociale,
de piquer les désirs ; et l'amateur alors ouvrait une main facile
aux dépenses pour arriver à avoir les produits des nobles familles chevalines, et par suite à avoir le bonheur de s'en glo-
rifier au milieu des possesseurs des plus beaux coursiers. De là
tant d'illustrations chevalines **.

II.

Ali (le quatrième kalife), que Dieu lui environne la face de
gloire ! disait : « Après que le cheval fut créé, Dieu prit une
poignée de vent qu'il lui plaça dans les flots de la crinière, entre
les épaules, et au toupet. Le Créateur lui départit la fierté et la
richesse, et lui soumit les autres animaux domestiques comme
serviteurs appelés à lui fournir, par leur travail, sa nourriture.
Dieu voulut que le dos du cheval fût le siége des rois, l'orgueil
du cavalier; que le cheval eût la vigueur et la force, fût la ressource de salut devant l'ennemi. »

« Il m'a été affirmé, dit Wahb fils de Mounebbih (18), qu'au
moment où la Majesté divine voulut créer le cheval, elle appela
le vent du midi : « Je veux, lui dit-elle, créer de ta substance
une créature nouvelle que je destine à être la puissance et la
gloire de mes saints sur la terre, l'humiliation de mes ennemis,
l'orgueil de ceux qui me serviront. » Dieu prit alors une poignée de vent et en créa le cheval, auquel ensuite il adressa ces
paroles : « Je te nomme cheval (et je t'ai créé arabe); je t'établis une des gloires de la terre. Le bien-être et les succès sont
noués et attachés à la crinière qui ombrage ton cou; les butins
sont rassemblés sur ton dos; les richesses seront partout où tu
seras; je te donne pour te nourrir plus que je n'ai donné à tout

autre des animaux domestiques; je t'établis leur chef, leur roi;
je te donne le vol sans ailes; tu seras pour l'attaque et tu seras
pour la fuite. Un jour je placerai sur ton dos des hommes qui
exalteront ma Majesté, exalte-moi avec eux, qui célébreront ma
grandeur, magnifie-moi avec eux. » Soudain le cheval fit retentir son hennissement . « Va, ajouta Dieu, je te bénis. Par ton
hennissement sonore effraye les infidèles, étourdis leurs oreilles,
épouvante leurs cœurs, humilie leurs têtes. »

Après que le premier homme fut créé, le Très-Haut lui fit
passer devant les yeux tous les êtres de la création, lui en apprit
les noms et ajouta : « Adam, choisis, pour ta gloire sur la
terre, celle de mes créatures que tu veux. » Adam choisit le
cheval. « En vérité, je te le dis, reprit le Très-Haut, tu as choisi
ce qui sera véritablement ta gloire à toi et la gloire de tes enfants à tout jamais, tant qu'ils habiteront la terre. Ma bénédiction est sur toi et sur ta postérité. »

« Aucune voix d'homme à cheval , continue Wahb fils de
Mounebbih, ne prononce la formule d'exaltation du nom de
Dieu , ou la formule de glorification , ou la formule de la pro-
fession de l'unité divine, ou les mots : Dieu est grand ! sans
que le cheval n'entende ces paroles saintes, et, dans son intérieur, ne reproduise les mêmes paroles. »

D'après une tradition transmise par El-Wâkédî , recueillie
d'abord par Abd Allah fils de Yézîd le hilâlide ou Arabe de la
tribu des Béni-Hilâl, tradition dont la mention originelle remonte à Mouslim fils de Djoundoub, le premier qui, de la postérité d'Adam, monta des chevaux, fut Ismâîl le fils d'Abraham.
Depuis la création, les chevaux vécurent à l'état sauvage, libres
et indomptés, jusqu'aux temps où ils furent soumis à Ismâîl ou
Ismaël. Les chevaux qu'il monta étaient des chevaux arabes.
« Nous les avons mis à sa discrétion, dit le Seigneur; montez-
les aussi, ces chevaux de noble race; ayez confiance en eux, car
ils le méritent; ils sont l'héritage que vous a laissé votre père ,
Ismaël le fils d'Abraham. »

Voici un récit analogue à ce qui précède, conservé par Ibn
Abbâs. « Les chevaux vivaient à l'état sauvage comme tous les

autres animaux qui ne sont point destinés à servir en domesticité auprès de l'homme. Or, lorsque Dieu permit à Ibrâhîm ou Abraham et à Ismâîl ou Ismaël, sur tous deux soit la bénédiction divine ! de reconstruire la maison sainte ou sanctuaire de la Mekke sur ses anciennes bases, Dieu dit à ses deux serviteurs : « Je veux vous donner un trésor que, depuis des siècles, je vous réserve : » Et Dieu fit entendre intérieurement à l'esprit d'Ismaël ces mots : « Sors et va appeler ce trésor. » Ismaël partit, gravit des hauteurs, s'y arrêta; mais il ne savait qui interpeller, quel était ce trésor à appeler. Le Très-Haut éclaira le fils d'Abraham, lui indiqua ce qu'il fallait appeler; et il n'y eut pas sur la terre un cheval arabe qui n'accourût à la voix d'Ismaël et ne lui mît les crins du toupet sous la main (a). »

III.

Après la bataille de Ḥonaîn , disent les traditions historiques (voy. vol. I, note 31, pag. 471), le Prophète assigna à chaque cheval deux parts du butin pris sur l'ennemi, et une part au cavalier. De cette manière, chaque homme avec son cheval eut, comme bénéfice de victoire, trois lots.

Un jour que le Prophète était dehors, il essuya avec la manche de sa chemise la face, les yeux et les narines de son cheval. On s'étonna : « Quoi ! dit-on alors au Prophète; quoi ! avec la manche de ta chemise ! — Eh bien ! répondit-il; mon ami l'ange Gabriel m'a recommandé (pendant toute la nuit) de traiter honorablement les chevaux. »

El-Kelbî raconte que le Très-Haut fit sortir de la mer , pour le divin prophète Soleïmân (Salomon fils de David), cent chevaux de race, que ces chevaux avaient des ailes , et qu'on leur avait donné le nom : Bien, bénédiction *. Cette dénomination ou désignation , qui fut conservée et usitée parmi les Arabes , démontre ce que le cheval a de noblesse de nature, ce qu'il

(a) Les deux alinéa précédents sont, dans le texte arabe , après les deux alinéa qui vont suivre.

mérite d'égards et de considération, ce qu'il porte avec lui de bénédiction *.

Une autre légende merveilleuse est rapportée par Abou Dâoûd dans son traité Des bases et voies de l'instruction. Le récit est dû à Mohammed fils d'Ibrâhîm qui le donne d'après Abou Selmah lequel le fait remonter à Aïchah (la femme bien-aimée du Prophète), que Dieu la comble de bienfaits ! Voici ce qu'a raconté Aïchah. « Le fait eut lieu, lorsque le Prophète, dit-elle, à son retour de l'expédition de Taboûk (19) ou de Keïbar, rentra à notre demeure..» Un rideau fermait la fenêtre d'Aïchah. Un souffle de vent agita le rideau, en souleva un coin, et laissa voir des filles (ou esclaves?) d'Aïchah qui jouaient et folâtraient entre elles. « Qu'est-ce que cela, ma chère Aïchah? s'écria le Prophète. — Prophète, ce sont mes filles. » Et le Prophète aperçut parmi elles un cheval ayant deux ailes marquées de blanc et de noir. « Que vois-je là parmi elles, au milieu d'elles? demanda le Prophète. — Mais, dit Aïchah d'une voix douce et simple, c'est un cheval. — Et qu'a-t-il donc là sur lui ? — Quoi ! ce sont deux ailes. — Comment ! un cheval avec deux ailes ! — Certainement; n'as-tu pas ouï dire que Salomon a eu des chevaux ailés ? » Et le Prophète de sourire jusqu'à laisser apercevoir ses premières dents molaires... Dieu sait la vérité.

<h3 style="text-align:center">IV.</h3>

(Nous avons déjà signalé (vol. I, chap. I, paragraphe III) de ces croyances aux choses merveilleuses, de ces sortes de récits imprégnés d'une couleur religieuse, de ces espèces de mythes, qui portent l'appréciation des mérites du cheval jusque dans les régions des miracles, dans les données du surnaturel. Nous avons dit alors de quelle manière il faut entendre ces excentricités. On a voulu ranger le cheval dans la ligne la plus élevée de la création après l'homme. Par cette haute importance et par cette dignité accordées au cheval dans la hiérarchie des êtres terrestres, on a rehaussé le cheval, on l'a constitué l'utilité première et l'ami principal de l'Arabe dans la voie des choses du monde et dans la voie des choses du ciel. En pareille situation sociale, le cheval marche presque de pair avec l'homme ; il a toujours été, pour ainsi dire, le second Bédouin, le second Arabe de l'Arabie.

Et puis, l'esprit arabe a toujours aimé le genre descriptif, la métaphore poussée dans tous les sens, et, par un autre genre de trope, le nombre surabondant de qualifications comme richesse de style. Ainsi, un cheval de prix fut donné en cadeau à un Arabe homme de lettres; le remercîment fut quelques vers que voici.

    « J'ai pour souverain, pour maître un prince qu'enveloppe

    « Un double manteau de royauté , un prince à la main généreuse ,

    « Un prince sans aucune tache d'ignorance, que les demandes n'importunent jamais,

    « Dont la face jamais ne s'assombrit, que jamais n'agite la colère ;

    « Prince généreux, j'ai reçu de sa main libérale un coursier ayant blanche étoile au front,

    « Coursier dont le sabot a pour fers le vent du nord et le vent du midi,

    « Coursier docile , ne résistant jamais au maître qui va le monter, ne cherchant jamais par ses tournoiements à démonter son cavalier,

    « Jamais n'allant par bonds et saccades, jamais ne pensant à se cabrer. »)

V.

(Dans l'énumération des dix races hippiques admises par les Arabes, l'auteur du Nâcéri qualifie une de ces races sous le terme de kafâdjienne, c'est-à-dire race de Kafâdjah. Rien n'indique si l'auteur veut spécifier une race dont le nom rappelle celui qui l'a créée, ou le nom d'une tribu à laquelle elle est due; car il y avait dans la haute Arabie septentrionale les Béni-Ḳafâdjah branche de la tribu des Âmirides ou Béni-Âmir.

Quant aux appellations des quatre familles chevalines qualifiées de — rouwaîbî ou famille rouwaîbyenne, — damḳî ou famille damḳyenne, — zarwâtî ou famille zarwâtyenne, — et fârah ou famille fâratyenne, elles veulent évidemment caractériser quatre groupes qûi rentrent dans les dix races admises généralement. Mais il est bien difficile de préciser, aujourd'hui, ce que sont ces subdivisions, quelle est leur valeur dans la classification hippologique. Je ne trouve rien qui me puisse servir à localiser ces quatre familles, à présumer leur patrie, et encore moins à spécifier quelques traits de leur conformation. Notre auteur se borne à nommer ces familles, sans autre désignation; ce qui donne à croire qu'il ne les avait pas en grande estime. Il n'en reparle plus dans tout le cours de son livre. Je ne rencontre de noms qui sembleraient, à peu près, être les bases des qualifications dont nous voulons parler, que les suivants.

Raûb et raûba qui pourraient bien être le point de dérivation de rouwaîbî, sont — le premier, le nom d'une localité ou ville dans la contrée de Balḳ ou de la Bactriane, — le second, le nom d'une localité, ville ou bourg, dans la contrée de Barḍâd ou Bagdad.

Zawâta, si l'on osait donner ce mot comme origine de l'adjectif zarwâtî ou zawâtî, est le nom d'un lieu ou pays situé entre Wâcit et Baśrah.

Quant au mot damḳî, je ne lui trouve aucune origine.

Fârah ne rappelle que quelques noms d'hommes en Arabie, en Chaldée et en Espagne. On n'ose pas penser que ce soit une imitation ou une altération dérivée de Forât, qui est le nom de l'Euphrate.

Tout cela, comme on le voit, ne pose que sur des conjectures, des suppositions trop hasardées.)

CHAPITRE III.

I.

Le cheval et l'homme ont des analogies ou caractères communs, — dans les organes de la vie sensitive, — dans les organes de la vie purement animale, — dans les organes complexes ou composés, — et dans les organes de nature similaire.

Les organes de la vie sensitive sont, par exemple, les fosses nasales, la trachée-artère, les poumons, le cœur. — Les organes de la vie animale sont, par exemple, la tête, le foie, la vessie, les reins, les testicules, la verge. — Les organes complexes ou composés sont, par exemple, les mains, les pieds, le cerveau. (Il importe de ne pas oublier que les Arabes distinguent les quatre membres des animaux par les mêmes noms que les quatre membres de l'homme. Il n'y a donc pas véritablement et rigoureusement, pour les Arabes, de quadrupèdes, ni de quadrumanes, ni de polypodes. Les deux membres les plus rapprochés de la tête sont toujours deux mains, surtout chez les animaux que nous appelons zoologiquement soit quadrupèdes, soit quadrumanes. Nous conserverons et emploierons la dénomination arabe comme étant plus brève et plus simple, et aussi pour figurer l'idée première. Toutefois nous ne nous interdisons pas les termes de bipède antérieur, bipède latéral, etc.) — Les organes de nature rapprochée ou conforme sont, par exemple , les os et les cartilages , les nerfs et les tendons , les liens (aponévroses et ligaments) et les muscles , la peau et le pileux (poils, crins, cheveux).

Les points de similitudes animales entre le cheval et l'homme, sous le rapport des forces ou facultés de relations, sont au nombre de cinq, tout comme les cinq sens chez l'homme : ce sont la force ou faculté d'audition, la faculté d'olfaction, la faculté du goût, la faculté visuelle, la faculté de souvenir. Cette dernière est telle, que le cheval, a-t-on dit, court sans hésitation au milieu d'épais brouillards. A ce sujet, on raconte que, lorsque Alexandre le bicorne (20) voulut s'avancer dans les ténèbres, il consulta ses hommes de sciences et leur adressa ces demandes : « Quelle est, parmi les espèces des animaux domestiques, celle qui voit le mieux dans les ténèbres ? — Ce sont les chevaux, répondit-on à Alexandre. — Mais, dans l'espèce chevaline, qui voit le mieux ? qui a le regard le plus sûr ? — Ce sont les femelles. — Parmi les femelles ou juments, quelles sont celles qui ont l'œil le plus perçant ? — Ce sont les juments vierges. » Alors Alexandre choisit six cents poulines et, avec cette cavalerie, il s'avança dans les ténèbres.

II.

Le cheval a aussi ses rapports de similitude avec l'homme par les maladies. Les animaux des classes élevées sont, d'ailleurs, exposés à une foule d'affections pathologiques qui se manifestent dans l'homme. Tels sont, parmi ces maladies, l'albugo, le coup d'air blépharique ou catarrhe ophthalmique, l'œdème chémosique, le ptérygion, la surdité, l'épistaxis, la gengivite, la vésanie, l'étisie, l'hydropisie, la mélanie, la glaucosie, le feu, les verrues, les grappes ou mûres colorées, les furoncles, le spasme cervical, l'alopécie.

Le cheval a encore ses similitudes avec l'homme sous le rapport de la médication ou thérapeutique des maladies. Ainsi, on emploie pour le cheval tout ce que l'on emploie pour l'homme, en fait de laxatifs et de purgatifs, d'astringents, de collyres secs ou non secs, de saignées, d'affusions, d'emplâtres, d'onctions et liniments, de ponctions ou ouvertures (avec l'instrument tranchant ou piquant), de cautérisations, de clystères, de suppositoires vulvaires ou farzadjah, d'onguents, de poudres, de moyens contentifs, de bandages.

Toutes ces choses, spécialement employées pour l'homme, sont d'usage aussi pour les animaux. On saigne l'homme aux tempes, aux veines des bras connues sous les noms de .basilique et de médiane, aux veines du métatarse. Nous, nous saignons le cheval aux deux bâzirenk ou veines oculaires (c'est-à-dire sous-orbitaires), au lieu de le saigner aux tempes. Nous le saignons aux deux saphènes (sàfen) connues sous le nom de veines internes, au lieu de la saignée à la basilique et à la médiane chez l'homme. Nous saignons le cheval aux veines appelées les internes et qui sont les deux veines situées sur le côté des régions carpiennes et tarsiennes du cheval; la saignée de ces veines remplace la saignée des veines situées à la région métacarpienne et à la région métatarsienne de l'homme.

Réfléchissez et comprenez.

III.

(Nous venons de voir, dans le paragraphe qui précède, le mot farzadjah que j'ai traduit par : suppositoire vulvaire. Voici l'explication que Dâoùd en donne dans son *Tezkéreh*, codex-formulaire ou exposé de matière médicale.

« Le farzadjah s'applique uniquement aux parties génitales de la femme, soit contre les douleurs de ces organes, soit dans le but d'entretenir cet appareil organique dans un état sain et normal, en le préservant du froid et de l'humide, en en conservant les proportions et la régularité virtuelle, et l'équilibre fonctionnel, soit pour favoriser la conception, et aussi pour provoquer l'expulsion des produits de la gestation.

« Les farzadjah ont leur utilité. Socrate dit que ce sont des préparations magistrales. Je les ai vues mentionnées dans les traités de pharmacie que les Grecs ont laissés. L'emploi de ces

préparations est soumis aux mêmes principes que les fetîlah,
ou suppositoires de l'anus, ou mèches.

« Farzadjah antihémorragique, faisant aussi disparaître
les ulcérations et ulcères, les maléolences, les écoulements d'hu-
midités. Préparation : balaustes, alun, sulfure natif d'antimoine, papier brûlé, cumin, bol d'Arménie, digérés dans du
vinaigre, parties égales. On pétrit ou malaxe le tout avec de
l'eau de saule égyptien (salix ægyptiaca), ou de l'eau de coriandre, si les parties sont irritées; sinon, on pétrit avec de
l'eau dans laquelle a bouilli de la noix de galle. »)

CHAPITRE IV.

I.

La différence de constitution organique entre le cheval et
l'homme tient à la différence de la masse corporelle de l'animal,
au tissu plus grossier et plus compacte de ses organes, à ce que
l'homme est de corps moins volumineux, d'organisme plus délicat.

La médication pour l'homme veut être conduite au moyen
de médicaments composés (qui se tempèrent mutuellement et
s'entr'aident), plutôt qu'à l'aide de substances simples et isolées.
La médication du cheval veut être dirigée, le plus généralement,
au moyen de substances simples (c'est-à-dire de médicaments
non composés ou moins composés), afin que leur action soit
plus énergique et leur manière d'être plus grossière et plus
brute que lorsqu'il s'agit de traiter l'homme, etc.

Ainsi, afin d'avoir un effet laxatif ou évacuant pour l'homme,
on a besoin de recourir , par exemple , à une préparation , par
coction, de fruits , d'agaricum, de rhubarbe et de fleurs de
violettes. Ces substances, alors, bien qu'elles soient, isolément,
douées de vertus bénignes, composent par leur réunion un pur-

gatif. Mais pour les chevaux, si nous sommes obligés de les purger, nous devons recourir à des substances qui, par leur propre nature, ont une vertu laxative spéciale, et cela en raison de la résistance et de la rudesse des organes des animaux. Ainsi, nous administrons au cheval, comme laxatifs, des feuilles de coloquinte, de l'aloès, de la coloquinte, de la pulpe de coloquinte, et autres, toutes substances de la catégorie spéciale des substances essentiellement purgatives.

Pour le traitement des taies ou taches albuginées des yeux chez l'homme, on emploie l'iḳlimiâ de l'or ou de l'argent, les perles, la malachite ou debnedj, et autres, tels que les collyria nobles et de premier ordre. Nous, pour combattre et dissiper les taies ou albugos développés sur les yeux des animaux, nous avons besoin de substances douées de ces mêmes propriétés; mais ces substances doivent être plus grossières, plus brutes, attendu la constitution physique plus grossière des organes des animaux. Ainsi, il nous faut employer le sel anderânî ou sel d'Ander, le natron, le sel ammoniac, le poivre, le stellion, la chauve-souris, la cendre du bois de ṭarfâ ou tamarix.

Après le reboutement ou la réduction d'une fracture d'un os, chez l'homme, on emploie et applique la terre d'Arménie, le sang-dragon, la farine de vesce ou orobe vulgaire, les noyaux de tamarin, l'aḳâḳiâ ou acacie. Après la réduction d'une fracture chez les animaux, nous employons une médication plus fortement astringente, plus puissamment active et tonique, plus expéditivement curative. Ainsi, nous faisons usage d'oliban au lieu de terre d'Arménie, d'encens au lieu d'aḳâḳiâ, d'une petite quantité de poix vierge au lieu de sang-dragon, d'ichrâs ou colle visqueuse végétale des cordonniers au lieu de farine d'orobe.

Pour les onctions et frictions sur les différentes parties du corps de l'homme, on emploie (des huiles délicates ou huiles aromatiques, telles que) l'huile de henné (lawsonia inermis), l'huile de narcisse, de violette, de rose. Nous, pour oindre et frictionner les organes souffrants dans les animaux, nous avons besoin de substances plus actives, plus puissantes, plus grossières de leur nature; telles sont, par exemple, l'huile de colza, la graisse vieille, la moelle extraite de l'os de la jambe de l'âne.

Les affusions et aspersions sont les mêmes pour le cheval que pour l'homme. Elles s'administrent avec de l'eau où a bouilli, par exemple, du mélilot, ou de la camomille, ou de la menthe des ruisseaux ou menthe aquatique, ou du harmala (ou ruta silvestris), ou de la rue odorante, ou du son, ou du barnoûf ou conyze odorante (conyza odora).

Sur ces aperçus, vous devez voir que la constitution ou nature organique diffère chez les animaux et chez l'homme, en raison de la masse matérielle et de la grossièreté et rigidité des tissus chez les animaux.

La réflexion fera comprendre tout cela, s'il plaît à Dieu.

II.

(Il y a dans ce chapitre certaines indications et certains termes qui me semblent exiger quelques explications. Je les emprunte, ces explications, au Tezkéreh de Dâoûd ou pharmacologie de Dâoûd.

Iḵlîmiâ. Les dictionnaires arabes latins traduisent ce mot par : fœx, vel fumus è liquato argento vel auro ascendens. Cette traduction me paraît inexacte; on traduit par *fumus* le mot zébèd qui, rigoureusement et en dehors de toute application spéciale, signifie *écume*, et que les auteurs arabes emploient pour expliquer ce que l'on doit entendre par iḵlîmiâ. Voici mot pour mot le sens du texte arabe : — « Ecume qui est sur le métal (en fusion) pour être coulé; — et aussi, dépôt ou résidu qui se précipite sous ce métal. Mais l'écume est préférable; elle a des propriétés plus louables que celles du précipité. L'écume de l'or est préférable à celle de l'argent. Celle du marḵachiṭâ doit être préférée dans les prurits. L'iḵlîmiâ de l'or et de l'argent s'emploie en collyre dans les maladies chroniques des yeux, et à beaucoup d'autres usages encore. » — Le marḵa-

chîtâ des Arabes est la marcassite, ou pyrite jaune d'or, à fa-
cettes brillantes.

« Le sel anderânî ou sel d'Ander, dit le Tezkéreh de Dâoûd,
est celui qui, à mesure que l'évaporation accélérée par une
température atmosphérique très-chaude emporte les eaux ré-
pandues momentanément sur les terres salines, se concrète sur
le sol en lames blanches cristallines. Ce sel est le plus pur des
sels *minéraux*, c'est-à-dire des sels gemmes, et est préférable
à tous les autres. Lorsque la température est moyenne et que
le sol et l'eau sont de nature ordinaire, le sel se concrète tant
en fragments qu'en une poussière, c'est alors le sel *en pâte*; et
ce sel, dissous ensuite dans l'eau, puis solidifié, est supérieur à
toutes les autres sortes de sel et peut les remplacer tous pour
quelque usage que ce soit. Lorsque le sol est sulfureux, le sel
se concrète en un corps noirâtre, mou, gras; c'est alors le sel
naftî ou asphalté, naphtisé. Si le sol est fangeux et la terre
rougeâtre, ou si l'eau est trop abondante comparativement à
la terre salsugineuse, le sel se concrète en fragments transpa-
rents et rougeâtres; c'est le sel indien. Si la chaleur est forte,
et qu'il y ait des exhalaisons maléolentes, le sel se concrète en
fragments purs de couleur, entre le blanc et le noirâtre, de
saveur assez âcre; c'est le sel appelé sel amer. Dans l'Yémen,
entre le pays des Badjîlah et Zahrân, on a un sel qui se rapproche du sel de l'Inde.

« Le nom de sel s'applique encore, comme appellation générale, — au tinkâr ou tinkal, c'est-à-dire la chrysocolle;
—au ḳalî (ou soude ou potasse naturelle; c'est ce mot dont nous
avons fait alkali, alcali, en gardant l'article arabe *al*); — au
boûrâḳ, borax; — au noûchâder, sel ammoniac natu-
rel, etc. »

La chrysocolle ou le chrysocolla des anciens est un borax sur-
saturé de soude, et servait à souder l'or; de là le nom de chrysocolle. Voici ce qu'Anthoine Collin, maître apothicaire juré de
la ville de Lyon, en dit dans son Histoire des drogves, espiceries
et médicaments simples, seconde édition, chap. XXXV, Lyon,
1619.

« Et d'autant que nous sommes tombés sur le propos du
Chrysocolla, il faut sçauoir que communément on l'appelle
Borrax, les Arabes et habitants de Guzarate, *Tincar* ou *Tin-
cal*. Et qu'il est de nature métallique, d'autant qu'on le tire
d'vne certaine montagne distante de Cambayete, d'enuiron
cent lieuës de Portugal. Il est en grand vsage par tout , pour
souder l'or, et autres métaux : les médecins des Indes rarement le mettent en besoigne, si ce n'est contre la galle. Nous
aussi n'en vsons guères : il entre seulement dans l'onguent
Citrin , dans le fard des dames, et dans les onguents pour la
roigne. »

Quant à la qualification de anderânî, elle signifie andérien,
c'est-à-dire d'Ander, ville de Syrie , éloignée d'Alep d'un jour
et d'une nuit de marche. Le terme anderânî signifie encore
très-blanc et se dit spécialement aussi du sel gemme blanc que
l'on retire d'un bourg à une distance d'un mille de la ville
d'Alep.

Akâkiâ. L'akâkiâ ou kakiâ, que je nommerai *acacie* , est le
suc extrait du karaż ou fruit siliqueux du mimosa acacia, mimosa nilotica. On appelle encore cet arbre el-chaûkah el-mas-
rîah ou le chaûkat égyptien parce qu'il est abondant en Égypte.
C'est du fruit , disons-nous , ou de la gousse longue , indéhis-
cente et contenant trois ou quatre petites graines très-espacées,
que l'on extrait par pression l'akâkiâ ou acacie. Si le fruit n'est
pas mûr, le suc est rubicond ; si le fruit est mûr , le suc est
noir. L'akâkiâ est astringent, antiseptique, et s'emploie à l'intérieur. Ses applications externes sont très-nombreuses.)

CHAPITRE V.

I.

Les produits des chevaux sont de trois sortes, ou classés
sous trois catégories : — 1° les produits des chevaux arabes,
proprement dits; — 2° les produits des hemlâdj ou hemladjah, c'est-à-dire des chevaux galopeurs ordinaires ou chevaux
de voyage, ayant le pas commode et bon; et les produits des
chevaux biḳâî ou campagnards, ou chevaux de gros service;
— 3° les produits des ânes, et les mulets de l'Arménie. Pour

le moment nous ne parlerons que des produits du cheval arabe;
plus loin, nous viendrons, je l'espère, à parler des autres.
[Les chevaux hemladjah ou hemlâdj, c'est-à-dire chevaux à
l'allure rapide de voyage, chevaux de galop, sont distingués en
quatre familles : — cheval persan; — cheval ķorâçânien ; —
cheval d'Égypte; — cheval roûmî ou européen. Nous verrons
la manière de les dresser, ou, selon l'expression arabe teķlî',
de les *dépouiller*, *dégrossir*, c'est-à-dire de les former aux allures diverses.]

II.

D'après El-Kelbî, les sâfinât pur sang qui furent passés en
revue par Soleïmân fils de Dâoûd (Salomon fils de David), sur
lui soient les bénédictions divines ! étaient au nombre de mille,
héritage du roi son père. Ce fut pour Soleïmân ou Salomon la
richesse la plus précieuse, la plus aimée. On croit que les chevaux arabes sont la descendance directe de ces chevaux du roi
magnifique. A propos de cette origine attribuée au cheval
arabe, voici ce que raconte El-Kelbî, d'après Abou Sâleḥ qui
lui-même donne son récit d'après Ibn Abbâs.

La circonstance à laquelle remonte la production du cheval
arabe fut celle-ci. Des Azdides ou Arabes de l'immense tribu
des Béni Azd, lesquels habitaient dans l'Omân, allèrent se présenter à Soleïmân fils de Dâoûd. C'était après que Soleïmân
était marié à Bilķîs la reine de Sabâ (21). Les Azdides deman-
dèrent à Salomon et en reçurent les instructions et préceptes
qu'ils désiraient pour leur conduite religieuse et pour leur vie
de ce monde. Lors donc qu'ils eurent terminé ce qu'ils voulaient, et qu'ils se disposaient à retourner dans l'Omân, ils
dirent à Salomon : « Prophète de Dieu, notre pays est bien
loin ; nos provisions de voyage sont insuffisantes ; donne-nous
un viatique qui nous puisse conduire jusqu'à notre pays. »
Alors Salomon leur donna un des chevaux dont il avait hérité
de son père, et dit en même temps à ces Azdides : « Voilà votre
viatique. A chaque étape, qu'un homme d'entre vous monte

ce cheval, prenne à la main un épieu (tout objet propre à frapper de près le gibier) , et aille chasser. Pendant l'absence du cavalier, ramassez de quoi brûler, et allumez le feu; vous n'aurez pas réuni votre combustible, vous n'aurez pas fait flamber votre feu, que déjà votre chasseur reviendra près de vous avec du gibier. »

Les Azdides partirent. A chaque endroit où ils stationnaient, un d'eux montait le cheval et prenait en main un épieu (ou *venabulum*) à frapper les grands gibiers. Pendant l'absence du chasseur , on ramassait de quoi allumer du feu (par exemple , des herbes desséchées , des fientes d'animaux desséchées , les plantes joncées qui croissent aux époques des pluies dans les vallées et les ravins, le long des flaques ou des réserves naturelles ou artificielles qui, à diverses distances , recueillent les eaux, servent de points de repère et de ressources à travers les déserts). A peine avait-on attendu un moment, que le chasseur reparaissait avec son gibier, gazelle, onagre, chèvre sauvage ou antilope. La troupe avait ainsi de quoi se suffire, se rassasier, et garder encore en provision jusqu'à la station suivante. Et les Azdides émerveillés s'écriaient : « Certes, il n'y a pas à donner à notre cheval d'autre nom que Zâd el-râkeb, le Viatique du cavalier. » Ce fut le nom assigné à ce cheval, à ce noble coursier qui devint la souche originelle de la race chevaline noble de l'Arabie. Zâd el-Râkeb fut donc le premier beau cheval qui répandit sa descendance parmi les Arabes.

On raconte sous une forme différente, en quelques détails, la circonstance qui apporta aux Arabes le cheval qui leur est spécial. Voici le récit. — Des Arabes allèrent trouver Salomon fils de David et le reconnurent comme Prophète. Lorsqu'ils furent décidés à repartir, ils dirent à Salomon : « Prophète de Dieu, approvisionne-nous pour notre route; car longue route nous avons à faire. » Le Prophète leur donna un cheval, coursier plein de feu et de courage , issu de produits nés de l'accouplement de chevaux marins et de chevaux terrestres. Et Salomon dit aux Arabes : « Tout ce que poursuivra pour vous ce cheval à la course alongée , deviendra votre proie. » Ce qu'avait annoncé et indiqué le fils de David, se vérifia ; et les Arabes nommèrent leur coursier Ẓâd el-Râkeb.

Ils firent saillir par ce cheval leurs juments qui d'ailleurs étaient sans race et sans noblesse, et elles améliorèrent (et perfectionnèrent la race). Le caractère spécial des produits de Ẓâd el-Râkeb fut qu'ils eurent, par la conformité des cavités nasales, un large conduit respiratoire. Ce cheval fut l'origine des chevaux de haute course. (En spécifiant que les descendants du sang de Ẓâd el-Râkeb avaient pour caractère dominant « un conduit respiratoire dans le nez, » car telle est l'expression exacte du texte, l'auteur a voulu dire, je pense, que les fosses nasales, parfaitement conformées et dégagées, largement ouvertes depuis l'extrémité des narines, fournissaient une ample voie à la respiration, et en harmonie avec une ample poitrine, avec une large disposition pulmonaire. Ces conditions sont, en effet, le privilége des fortes organisations chevalines et assurent les succès des grands coureurs.)

III.

Le meilleur cheval pour la reproduction, ont dit les Arabes, est le cheval aux membres fins et solides, à la taille haute et vigoureuse, à l'encolure alongée et droite, à la course rapide et légère. Il ne doit ni roidir la tête et résister ainsi à l'action des rênes, ni s'animer d'impatience, ou s'élancer ni s'emporter au moindre toucher de l'éperon, ni récalcitrer ou regimber. Ces vices sont des maladies qui, lorsqu'elles existent chez les pères, se transmettent à leurs enfants. Mais si l'étalon, de race pure, est atteint de quelque maladie occasionnelle, si, par exemple, il est glabre, ou s'il est borgne, ou s'il est kerd, c'est-à-dire s'il a le pas étroit et vacillant, ces défectuosités ne se communiquent pas aux produits, ne sont pas *contagieuses*. Ne faites donc flairer à la montre que le mâle exempt de défauts capables de passer à la progéniture. Si un produit mâle se trouve atteint d'un défaut, c'est que le père avait ce défaut. Soyez donc attentif à ce que l'étalon soit parfaitement sain.

Les Arabes ont posé cette maxime d'hippologie : « Prends l'étalon le plus irréprochable et fais-lui litière avec ce que tu voudras. Car les produits des animaux héritent davantage de leurs pères, leur ressemblent bien plus qu'ils ne ressemblent à leurs mères. »

Le plus convenable et le plus sage est de disposer pour chaque dix juments un seul étalon, plein de chair, fourni d'embonpoint. Ce rapport de nombre a été institué par les anciens. De même dans les douchâr ou haras on établit généralement un seul étalon pour chaque série de dix juments (22). Nous avons vu des individus destiner et laisser aux saillies d'un étalon un nombre considérable de juments. Bien plus, l'étalon était conduit tous les jours à la saillie et elle réussissait et fécondait.

La jument berzaûn ou commune, que l'on fait couvrir par un cheval de son espèce et de son sang hippique, est fécondée convenablement, selon sa nature. Mais si vous faites saillir cette jument par un cheval, non par un berzaûn, elle avortera, ou aura à subir des conséquences difficiles et chanceuses. Si, à l'inverse, vous faites saillir par un berzaûn une jument de race, arabe, il en résulte un cheval de rang élevé, vigoureux à la course. Car c'est de la mère que provient l'analogie du produit. L'ardeur ou la froideur du tempérament peut être en conformité avec celle du père.

IV.

La pouliche n'est bonne à recevoir le mâle que lorsqu'elle atteint l'âge de trois ans. Le signe qui décèle qu'elle est disposée à entrer en accouplement, est l'apparition de certaines matières ou *sordes* à la vulve. On reconnaît alors que la pouliche demande le mâle. On fait procéder à la saillie au commencement du jour; à ce moment elle est plus sûre de résultat. Une fois que la pouliche a été ainsi montée par le mâle, on ne renouvelle la saillie que le septième jour après. Si les *sordes* vulvaires reparaissent d'une manière évidente et se tarissent, attendez alors une durée de vingt jours. Après ce temps, si les *sordes* se renouvellent, reconduisez la pouliche à l'étalon. Car, telle jument reste en délitescence jusqu'à quarante jours, et telle autre jusqu'à deux mois ; puis elle redemande le mâle. Ramenez-la donc à l'étalon, et ramenez-la-lui encore, jusqu'à ce qu'elle ne manifeste plus le désir de l'accouplement ; aussi bien, ce n'est qu'alors qu'elle est fécondée, qu'elle *a retenu*.

L'époque annuelle des montes et saillies doit être le commencement du printemps, afin que les produits naissent dans le printemps suivant et dans l'été. La saison du froid donnera ensuite de la tonicité et de la force au corps du poulain.

Les saillies, comme nous l'avons déjà indiqué, doivent être opérées au commencement de la journée ; elles ont ainsi des résultats plus favorables et plus sûrs. Vingt jours après, vous renouvelez les présentations ou agaceries. Si la jument est fécondée, laissez-la, ne l'offrez plus à la saillie. Du reste, on reconnaît que la jument a conçu lorsqu'elle refuse ou repousse le mâle, lorsqu'elle se contracte, qu'elle resserre les lèvres de la vulve et que la vulve ne suinte plus. Outre cela, vous apercevez, chaque jour, une sorte de liquide blanchâtre, spermatoïde, s'échapper des parties génitales. — Ces indications sont des signes diagnostiques de la conception.

Un autre signe, comme preuve de la fécondation ou de la non-fécondation, est celui-ci. Après la saillie opérée, vous placez sous la jument de l'herbe verte, fraîche, et vous disposez cette herbe de manière que la jument urine dessus. Le lendemain matin, vous examinez l'herbe. Si elle est flétrie et ramollie, la fécondation a réussi ; si l'herbe n'est ni ramollie ni flétrie, la saillie a été sans résultat.

* Les roûm ou européens ont prétendu que les saillies accomplies quand le vent du nord souffle, donnent des produits mâles, et que les saillies opérées quand souffle le vent du sud, engendrent des produits femelles. Mais nulle part nous n'avons trouvé que les Arabes aient rien dit dans ce sens ; et cependant les Arabes ont une bien autre connaissance et une bien autre expérience que les roûm dans les choses et les pratiques hippiques. Les roûm ont encore avancé que lorsqu'on a fait saillir

une jument, si elle marche ensuite et qu'on l'arrête peu après
en un endroit poussiéreux, elle ne manque pas d'uriner. On
met aussitôt de l'herbe fraîche sur la place même où est tombée l'urine. On enlève cette herbe le lendemain matin ; si elle
est sèche, la jument a conçu ; si l'herbe est humide, la jument
n'a pas conçu *.

Dans les douchâr ou haras, on livre la pouliche au mâle
avant même qu'elle ait trois ans.

Le signe de la réussite de la fécondation paraît à la mamelle
droite, qui alors laisse échapper par le mamelon un lait clair ;
cela indique, de plus, que le fœtus est mâle.

Il est des juments qui ne désirent pas l'étalon ; celles-là sont
plus réfractaires à la conception. Lorsqu'on a fait saillir une
jument de cette nature, on considère qu'elle est fécondée à la
couleur jaunâtre et à la disposition ramassée des mamelles, à
l'ardeur avec laquelle la jument recherche l'approche du mâle.

La jument stérile ne désire et ne demande jamais le mâle.

Il y a des juments qui (bien qu'elles soient en rut) ne reçoivent la saillie de l'étalon que lorsqu'elles sont dans les entraves. Il est difficile de reconnaître alors, à cause des répugnances et des résistances de l'animal, si la jument a conçu.
Néanmoins, il y a comme signes diagnostiques la netteté des
bords des lèvres vulvaires, la netteté des poils, la vivacité du
regard, la construction et le resserrement de l'orifice de la vulve
lorsqu'on présente ou approche l'étalon.

* La jument qui ne se prête à recevoir l'accouplement que
lorsqu'elle est dans les entraves est qualifiée par le mot de chamoûs, récalcitrante. Il y a aussi des juments de nature crain-
tive, qui désirent l'étalon ; lorsqu'il approche d'une jument de
cette sorte, elle le déroute et lui fait en partie défaut. La jument est dite dégagée, ouverte, quand elle ne refuse pas la
saillie *.

V.

Une fois que la jument est pleine, il faut éloigner d'elle l'étalon , le cheval, afin d'éviter qu'il ne la couvre de nouveau et ne cause ainsi la mort du fœtus. Nous avons vu faire couvrir une jument qui était à son quatrième mois de gestation , et il n'en est rien résulté de fâcheux. Mais beaucoup de juments en avortent.

La jument qui a avorté ne revient guère à concevoir qu'après avoir été soumise à une médication, après l'application et l'usage des moyens convenables, après avoir été *lavée* et débarrassée, après qu'on lui a introduit de la laine dans le vagin ainsi que nous le dirons dans la partie thérapeutique de cet ouvrage, s'il plaît à Dieu (vol. III, chap. XX).

Aussitôt après que la jument vient d'être saillie, il ne faut pas la laisser immobile , en place. Promenez-la quelque peu , non à grands pas, ni à grands mouvements. Certaines personnes lui jettent de l'eau froide sur les parties génitales et sur les mamelles dès que l'accouplement est opéré; d'autres lui introduisent un peu de henné dans la vulve.

VI.

La jument, quand elle a conçu et est en état de gestation évidente, est qualifiée de aḵoûḵ, ou pleine, c'est-à-dire qu'elle ne désire et ne demande plus le mâle. Lorsqu'elle approche de l'époque de la parturition, elle est qualifiée de mouḵrib ou proche, c'est-à-dire près de mettre bas. Les mamelles alors prennent une teinte noirâtre, et si cette teinte devient prononcée, le produit sera mâle. Des observateurs prétendent que, lorsque le mamelon droit s'alongeant d'abord saille de la mamelle et laisse apparaître du lait (c'est-à-dire un liquide lactescent), on a droit d'espérer que, grâce à Dieu, le produit sera mâle. On a dit aussi que si le mamelon droit s'abaisse d'abord, puis le mamelon gauche, le produit de la parturition sera femelle.

Mais Dieu seul est la toute-science !

* Les Persans ont avancé que, lorsque le trayon droit de la mamelle s'alonge le premier chez la jument saillie , le produit

est mâle, et que lorsque le trayon gauche s'alonge le premier,
le produit est femelle. Les roûm ont prétendu que si l'étalon,
après le coït accompli, descend de dessus la jument par le côté
droit de celle-ci, le produit est mâle; si l'étalon est descendu
par le côté gauche, le produit est femelle *.

La jument est sujette à une menstruation analogue à celle
des femmes.

VII.

La gestation, chez la jument, dure onze mois (lunaires), et la
parturition s'accomplit dans le douzième. Il a été assuré qu'à
partir du jour de la fécondation jusqu'au jour de la mise bas,
il s'écoule une durée de onze mois et demi. Le minimum qui
ait été indiqué comme limite de la gestation, est huit mois.

La jument qui vient de mettre bas, doit être laissée en repos
parfait durant trois jours, pour qu'elle se débarrasse, en les
rejetant de son sein, de tous les débris de l'arrière-faix. Il a été
posé en principe ceci : après que le part est accompli, attendez et laissez la jument en repos pendant sept jours afin que
la matrice ait le temps de se débarrasser et se bien nettoyer
des *sordes* et débris qui y sont restés. Si ce travail d'expulsion
et de nettoiement s'achève avant que soit passé cet intervalle
de temps, sachez alors que la jument redemande l'étalon, et
faites procéder à une nouvelle monte.

Pendant les jours d'expectation ou temps de repos laissé à
la jument, certaines personnes font boire à l'animal du bouzlimâdj afin de provoquer l'évacuation complète et prompte de
ce dont l'utérus a à se débarrasser. Nous indiquerons ce moyen
lorsque nous parlerons de l'emploi des substances médicamen-
teuses. (Je ne trouve rien qui m'explique ce que c'est que le
bouzlimâdj. Peut-être est-ce la préparation que nous trouve-
rons signalée tout à l'heure et dans laquelle entre le momordica
elaterium. J'ai su seulement qu'aujourd'hui, à Tarsous et dans
les pays environnants, en Syrie, on appelle bouzlimâdj et
bezlamâdj, de l'eau dans laquelle on a mis de la graine concassée ou des sommités concassées de sainfoin, et que l'on donne

cette préparation médicamenteuse aux jeunes poulains, et aussi aux juments qui ont mis bas.)

Après le septième jour écoulé, on soumet de nouveau la jument à l'accouplement ; car à ce moment elle se montre plus disposée à recevoir l'étalon, elle conçoit plus facilement et plus sûrement. En principe, la jument dont l'utérus se déterge le plus vite, désire plus tôt l'approche de l'étalon ; quand l'utérus se déterge plus lentement, la jument retarde davantage à désirer le coït.

Quelquefois le part amène deux jumeaux ; mais rarement ils vivent.

Quelquefois aussi la jument prend en aversion son poulain et s'en éloigne, tant la parturition a été pénible et laborieuse. Ces mises bas (difficiles et douloureuses) s'observent chez les pouliches jeunes, ou chez les juments trop grasses. Les voies génitales sont alors plus rétrécies. Par suite, la mère prend en horreur la parturition et le petit qui vient de naître. En pareil cas, il faut séparer de la mère le petit et le nourrir au lait de chamelle. Ce lait lui est, de beaucoup, meilleur que le lait de vache ou de chèvre. Le poulain nourri au lait de vache ou de chèvre devient épais, lourd et mou.

Il y a de jeunes sujets qui s'attachent à deux juments. Cette particularité amène les plus favorables résultats pour les produits chevalins.

Et Dieu est la toute-science.

VIII.

[Quand la jument désire l'étalon, c'est qu'elle est en rut.

Lorsqu'elle a été saillie, le plus long temps qu'on attende pour renouveler l'accouplement, est une durée de sept jours, afin de voir si le rut est disparu et si la jument est fécondée. Ensuite on la laisse pendant vingt jours, puis on l'agace de nouveau par la montre de l'étalon. Si elle témoigne des dispositions à l'acte coïtal, on laisse saillir. Pour se prononcer sur la fécondation, il faut attendre quarante jours, ou, au maximum, deux mois. Après ce temps d'expectation, on agace encore la jument par la montre de l'étalon ; si la jument refuse l'approche, on a la preuve de la conception.

Lorsque le terme de la gestation est prochain , la jument devient plus triste ; elle aime être seule , être éloignée des gens.

Sept jours après la mise bas est le plus court espace de temps qu'il faille laisser passer pour renouveler l'accouplement et pour pouvoir espérer la conception.

Après une fécondation heureuse, le terme extrême de la gestation, à partir du jour où la saillie a eu lieu, est de onze mois. Si la gestation se manifeste d'abord par les signes à la mamelle droite, le fœtus est mâle ; si la mamelle gauche donne du lait (c'est-à-dire un liquide lactescent), le fœtus est femelle.....

Des juments n'acceptent l'approche de l'étalon qu'après qu'un traitement local convenable les a débarrassées des restes et débris de l'arrière-faix. Ce traitement est ainsi qu'il suit : on emploie le ḳiṭâ el-ḥimâr ou concombre d'âne (momordica elaterium), le natron, etc. Si ces moyens sont efficaces, on verse dans les parties génitales la préparation que voici : un dâneḳ de safran pulvérisé que l'on incorpore à deux onces d'huile de violettes pure. (Le dâneḳ vaut trois ḳîrât ou carats ; le ḳîrât égale un poids d'un grain d'orge.) Et on donne en ration, pendant une semaine ou sept jours, du ḳiṭâ el-ḥimâr ou momordica elaterium , sec , sans laisser goûter un grain d'orge à la jument. Après quoi, on la fait saillir par un cheval encore jeune. Si la conception manque, on fait saillir ensuite par un âne ; et si encore alors elle manque, rien ne réussira à la provoquer ; la jument est infécondable.

La difficulté ou rareté de la conception dépend parfois de l'excès d'embonpoint, lequel est un obstacle à ce que le liquide générateur du mâle pénètre jusque dans la matrice. Il convient, en tel état de choses, d'amoindrir la jument en retranchant quelque peu de ses aliments, de la réduire, de la fatiguer, afin de diminuer son embonpoint.

Les accouplements les plus nombreux et les mieux combinés s'opèrent pendant le printemps. On affecte un étalon au service et aux saillies de dix juments.

On doit choisir pour les montes, les chevaux ayant les quatre membres exempts de vice ou défectuosité, ayant le gosier bien ouvert et spacieux, le poitrail large, l'encolure élevée, forte et bien montée, le haut de la région laryngienne ou *égorgeoir* bien dégagé et fin. On choisit aussi les étalons de couleurs ou robes préférées. Bien entendu, on laisse le cheval moukrif ou né de mère arabe et de père non arabe ; on laisse aussi le cheval ablak ou robe pie.

On exclut du service de la monte le cheval marqué de taches de ladre ; cette dermatose se transmet par la génération. Il en est de même du nafak ou soufflure, vessigon, des choukâk ou gerçures, des melh ou fusées, osselets, chapelets, du charbah ou crapaudine, etc. Ces vices ou défectuosités, qui apparaissent et se développent aux membres des étalons d'âge, sont autant de maladies qui se transmettront héréditairement aux produits nés de ces étalons. Les résultats sont identiques de la part même d'un très-jeune cheval ; et la jument qu'il a saillie est exposée à être atteinte de la défectuosité constitutive qu'il porte. Ces conséquences sont à peu près inévitables. On prévient le mal si l'on introduit dans les parties génitales, jusqu'à la matrice, de jeunes chiens qui n'aient pas encore ouvert les paupières ; ils meurent dans le sein de la jument, se disgrégent et tombent en morceaux par l'ouverture vulvaire. Ce fait obtenu, on verse, c'est-à-dire on injecte, dans les parties génitales, de l'eau de rose camphrée, et il y a lieu d'espérer le rétablissement de la mère.

L'étalon de bonne nature doit être dans la fraîcheur de l'âge, et non dans la vieillesse. Le poulain provenant d'un père vieux et fatigué change, dans une seule année, ses premières dents, ses secondes dents, même ses dernières dents ; et il reste petit, chétif, sans promesse d'avenir, sans force.

Si vous voulez débarrasser et préparer l'intérieur (c'est-à-dire l'appareil génito-utérin) de la jument, prenez du kitâ el-himâr ou momordica elaterium ; faites-le sécher au soleil jusqu'à dessiccation parfaite ; puis pulvérisez-le et tamisez-le ; mêlez un peu de natron en poudre et jetez le tout sur du ḳitt desséché (ou fœnum burgundiacum ou trèfle sec) qui a bouilli dans de l'eau avec du sel. Ce médicament ne débarrasse la jument que si elle n'est pas pleine. Lorsqu'elle est pleine, il est sans effet. Dans le cas où la jument, à l'heure de la ration, ne mange pas ce mélange à cause de l'odeur qu'il exhale, jetez-y du sel, ou bien remplacez ce sel par du son. La jument se sentira alors plus disposée à manger cette préparation médicamenteuse. L'époque la plus propice pour cette sorte de traitement est le printemps et l'automne. On le répète trois fois, à distance d'une semaine entre chaque fois. Cette pratique a l'avantage de nettoyer et préparer l'utérus pour la conception.]

IX.

* Toute rétribution pour la monte ou saillie du mâle est prohibée par le Prophète.

La durée de la gestation, depuis le moment où la jument a reçu la liqueur spermatique de l'étalon jusqu'au moment du part, est de onze mois onze jours. La jument de bonne lignée, de race pure, porte quelquefois jusqu'à une année entière ; mais le fait est assez rare, et alors le produit est de premier mérite. Si la parturition a lieu avant le terme complet de la gestation, on dit : La jument a avancé (ḳadadj, c'est-à-dire a mis bas avant le terme un produit complet). Lorsque la jument a rejeté son fruit avant que le mouvement vital fût infusé au fœtus, on dit : Elle a laissé glisser (azlaḳ, elle a avorté).

Pour obtenir des produits distingués, il faut choisir les femelles de bonne origine, de race généreuse, de belle construction, de belle couleur. Même choix pour les étalons. Car, tel étalon peut avoir quelque défectuosité de nature, bien qu'il soit d'antique descendance paternelle et maternelle. On doit préférer que l'étalon et aussi la jument soient dans la quatrième année ou dans la cinquième. Ce sont des conditions de force pour le produit. Ne faites pas accoupler les sujets vieux, père et mère, ou bien ceux de trois ans. Un sujet âgé peut être mis à l'œuvre, s'il est sans reproche d'ailleurs.

Lorsque la matrice a retenu le sperme de l'étalon, on dit qu'elle est close, que la jument est close (mourtidj), resserrée. On dit qu'elle est fécondée, *engermée* (alakah), jusqu'à ce qu'elle ait atteint quarante jours complets. Le produit est dit zoroah, embryon, à partir de quarante jours jusqu'à ce qu'il soit entièrement formé. Quand il est formé, il est distinct et on le nomme sélîf, fœtus. Du moment qu'il est distinct dans les entrailles de la mère, elle est dite akoûk, *pleine*, et cela jusqu'à ce que la vie, c'est-à-dire le mouvement, ait été infusée au fœtus ; c'est à ce temps que le fœtus vient *poindre* (charak), ce qui a lieu vers cinq mois et demi depuis que le germe fé-condant est tombé dans l'utérus. Alors la mère est mourkid, *sentante*, c'est-à-dire qu'elle sent dans son flanc les mouvements de son fœtus. Deux mois après cette époque des mouvements, elle est moudrî', *mamillée*, les mamelles prennent du volume; deux mois ensuite elle est *approchante*, moukrib, elle approche de la parturition ; deux mois après, elle est mouriddj, *s'agitant*, inquiète, voisine de son terme de gestation. Quand elle ressent les premières douleurs du part, qu'elle aime être seule, éloignée de toute compagnie ou de tout être, elle est dite farik, s'isolant, se tenant à l'écart pour mettre bas. Si elle ne met pas bas, elle est kazoûl, retraitée, restée à part. Lorsque le fœtus est venu sous le coccyx ou kohkoh, et qu'elle soulève la queue, la jument est moudâïb, en travail, en peine.

On a dit : Si l'on veut obtenir telle couleur de pelage, on choisit un producteur qui ait cette couleur. Car les impressions agissent sur l'esprit de la jument lors de l'accouplement. Par suite, l'esprit fait que la liqueur séminale reçoit une influence, une sorte d'image que l'œil a perçue. Lorsque l'on veut avoir un poulain avec telle grande tache blanche différente de la couleur générale de la robe, ou avec des balzanes, on prend des chiffons blancs, ou du papier blanc, qu'on applique et que l'on colle sur une figure ou modèle de vache ou de tout autre animal qui plaît à la jument, et sur l'endroit même où l'on désire

que soit ou la tache ou telle balzane. On approche l'image
ainsi préparée ou une vache marquée de blanc, de la poulinière à saillir ; on laisse opérer l'accouplement ; et le produit
sera marqué comme l'image qu'on avait posée. Si l'on veut
avoir un poulain noir, ou alezan, ou isabelle, ou avec les signes
blancs au front, ou avec les balzanes, on habille, on arrange la
figure selon ce qu'on désire ; on approche l'étalon jusqu'à ce
qu'il hennisse et qu'il soit en disposition. La figure est à l'endroit où va s'accomplir la saillie et devant la jument ; l'étalon
avance par derrière et opère. La figure amènera un résultat
d'analogie.

Le produit du part est appelé selîl, fœtus, quand la jument
le met bas et que l'on ne sait pas encore s'il est mâle ou femelle. Ensuite on le nomme tifl, petit, petit poulain, petite
pouliche, pendant sept jours. Après ces sept jours, il est dit
châden, qui est grandelet, pendant sept autres jours. Après
ces derniers, il est djâdel, grandissant, pouvant suivre sa
mère ; ce nom lui est laissé pendant sept jours ; ses quatre
membres sont déjà remplis, ses os se sont déjà affermis.

Lorsque la poulinière est fécondée pendant ses couches
(ferâch), elle prend son petit en aversion. Cela a lieu parce
qu'il trouve un mauvais lait et qu'il en est mal nourri. La jument est ferîch ou au terme des couches après les sept jours
qui suivent le part, c'est-à-dire qu'elle peut être reconduite à la
saillie. D'après l'opinion générale, c'est le moment où la conception est le plus rapide.

La jument repousse-t-elle son poulain parce qu'elle est
pleine, on le sépare d'elle et le tient à l'écart ; on le nourrit
d'un lait autre que celui de sa mère. Si la jument n'est pas
pleine, on lui laisse son poulain, ce qui le sustente beaucoup
mieux et le prépare mieux aussi à son éducation. La limite
extrême de l'allaitement est d'un an lorsque l'on veut le garder
pour soi. Si l'on a l'intention de le vendre, ou de ne pas pro-
longer l'allaitement, on sépare avant ce terme la mère et le
poulain *.

CHAPITRE VI.

Durée de l'existence, et terme extrême de la vie du cheval.—Dentitions.—Noms
du poulain depuis un jusqu'à cinq ans. Des indications à déduire du changement de couleur des dents. — État des dents chez les sujets nés de parents
âgés. — Molaires alongées; couleurs des dents remplaçantes. — Monter le
poulain pour la première fois. — Dents de remplacement: — Noms de l'âge
après le remplacement des dents. — Du cheval devenu mâddj ou baveur,
par suite de l'âge. — Dents alongées. — Des signes d'un âge avancé. — Quarante ans est le terme du grand âge du cheval. — Ruse des maquignons
pour tromper à propos de l'âge avancé du cheval. — Des signes fournis par
les dents depuis l'âge de six ans à quarante ans. — Du cas où, à six ans, le
cheval n'a pas perdu de dents. — Idjẕâ' ou entrée dans la troisième année.
Des termes ṭénî, rabâï, ḳârch, mouzekkî. — Bel âge. — Compléter. — Cheval ḳaḥm, aûd. — Cheval maḳham ou hâtif quant aux dents, s'il est né de
parents vieux. —Jusqu'à quel âge on peut entraîner les chevaux. — Chevaux vifs ou endiablés. — Noms du cheval à ses divers âges de vieillesse. —
Nom générique du cheval, de la jument de race, de la jument sans race.

I.

Après avoir exposé ce qu'il est indispensable de savoir sur
la question de la reproduction des chevaux, nous passons à ce
qui a trait à la connaissance des différents degrés de l'âge de
ces animaux domestiques, depuis la naissance jusqu'à la somme
extrême d'années qu'ils peuvent atteindre. Cette connaissance
est de nécessité pour le beïtâr, c'est-à-dire l'hippiâtre, le maréchal vétérinaire, surtout lorsqu'il a à répondre sur la valeur
du cheval à propos duquel on le consulte.

Or, nous dirons :

Au premier temps de sa naissance, le cheval est désigné par
le nom de félou, poulain au lait.

Les premières dents qu'il pousse sont les incisives DOUBLES ou pinces. Elles sortent à partir des cinq premiers jours de la naissance jusqu'au septième jour. Parfois le poulain naît avec des dents incisives sorties.

Les incisives QUATERNAIRES ou mitoyennes poussent à partir du commencement du premier mois jusqu'à la fin du deuxième mois après la naissance.

Les incisives COMPLÉMENTAIRES ou coins, c'est-à-dire celles qu'on appelle sawârès, sortent pendant la durée qui va du septième au neuvième mois de la vie du poulain.

Les MOLAIRES ou broyantes poussent du huitième au dixième mois, et même en moins de temps.

(Il importe de se rappeler que l'Arabe ne compte le temps que par les mois lunaires, les uns de vingt-neuf, les autres de trente jours. Il y a au moins une différence de onze jours entre l'année cave ou lunaire et notre année solaire.)

Relativement à la caractérisation des poulains, on nomme mouhr ou petit poulain le sujet d'un an, tifl ou poulain le sujet de deux ans, soûd el-tenâïâ ou noirs des pinces les sujets prenant trois ans. Alors ils jettent leurs dents. A quatre ans accomplis, le cheval change les molaires (antérieures ou avant-molaires). Le cheval a terminé et complété son organisme à cinq ans; la jument, avant cinq ans accomplis.

Conformément au mot adopté par les anciens Arabes, le sujet qui a atteint une année se nomme haûlî, c'est-à-dire ayant un an ou ayant fait un an, et cela jusqu'à ce qu'il arrive à la fin de la seconde année. Lorsque les pinces prennent du noir, se distancent, s'isolent pour tomber, on dit que le poulain *scorbutise*, c'est-à-dire que les deux incisives premières se déchaussent, se modifient; ceci survient dans le commencement de la troisième année. Une fois que le poulain a changé ses deux premières (incisives ou ses pinces), il est qualifié *ténî*, c'est-à-dire venu à deux ou ayant *doublé*, ayant mis les deux pinces. Ce nom ou cette qualification lui reste jusqu'à complément de l'année. Dans l'année suivante, quand le sujet a jeté ses quaternaires ou incisives mitoyennes, c'est-à-dire au commencement de la quatrième année, il est nommé ou qualifié rabâi ou quaterné (c'est-à-dire ayant jeté ses quatre incisives mitoyennes et faisant quatre ans). Ce nom ou cette qualification lui reste jusqu'au terme complet de quatre ans. Lorsque le cheval a jeté ses incisives complémentaires ou ses coins, il est dit kâreh, complété, accompli ; il prend sa cinquième année.

Entre l'idjzâ' ou temps où le poulain atteint sa troisième année, et la pousse des canines ou crochets, il y a une durée de neuf mois à un an. Entre la pousse des canines et des quaternaires ou mitoyennes, il y a pareille durée de temps qu'entre la pousse des quaternaires et des complémentaires ou coins.

II.

Pour vous assurer qu'un poulain est né d'une mère et d'un père parvenus à un âge avancé, vous examinez si les dents que ce poulain a changées sont bien blanches, polies, lisses comme l'escargot. La dent remplaçante est-elle raboteuse, inégale, grande, jaune, marquée de stries ou de cannelures, le poulain a eu un père et une mère d'un âge avancé.

Il y a des chevaux dont les molaires sont fortes et longues. Lorsqu'une molaire de premier âge a été remplacée, la gencive, à l'endroit, est ramassée et abaissée et la molaire remplaçante paraît alors alongée et mince.

Relativement au remplacement des dents chez le cheval, vous serez conduit à savoir s'il y a eu, ou non, quelque dent remplacée, en examinant si elles sont blanches, d'un aspect conchylioïde, polies, lisses, petites. La dent remplaçante sera d'une couleur différente, virant au jaune, et sera sillonnée de cannelures comme des stries.

III.

Lorsque le poulain ou mouhr quitte les pâturages verts et que vous voulez le monter, accoutumez-le peu à peu à la selle et à la bride , faites-lui sentir faiblement la baguette , mais ne l'inquiétez pas. Quand vous l'avez enfourché ne faites pas d'effort sur le mors et laissez-lui la tête aisée. Guidez-le et conduisez-le , mais sans lui donner à sentir aucun mouvement de vos pieds. Entretenez son pas et sa marche jusqu'au moment de l'arrêter complétement; et, quand il est arrêté, maintenez-le en sentant les rênes.

Je vous recommande ces manières d'agir et j'insiste sur ma recommandation, afin que vous ne perdiez pas les dispositions du poulain et qu'il ne répugne pas à être monté. Autant que vous le pourrez, usez de douceur envers le poulain ; autant que vous le pourrez, tenez-lui la bride aisée et souple ; autant que vous le pourrez, conduisez-le dans la foule. Par là il deviendra docile et soumis.

IV.

Toute nouvelle dent qui remplace une dent caduque est plus forte et plus grosse que celle qui n'est pas remplacée. Exception pour les molaires; elles ne sont point remplacées, à moins de circonstances de nécessité. Lorsqu'une de ces molaires est tombée d'elle-même , elle ne se renouvelle pas ; il n'en pousse pas une autre en remplacement. Telle est l'opinion générale. Cependant quelques hippiâtres m'ont certifié qu'elles sont remplacées.

Lorsque le poulain est à un an après la sortie des incisives complémentaires, il est dit complet d'un an ; puis il est dit complet de deux ans , puis complet de trois ans , etc. , jusqu'à ce qu'il ait atteint huit ans au delà de l'apparition des incisives complémentaires; à partir de ce dernier âge , sa force à la course, sa puissance d'action et de service diminuent.

Certains individus de haute position dans les milices m'ont assuré que , parmi eux , le cheval de grand mérite et de pur sang ne perd de son énergie qu'après l'âge de trente ans. Parvenu à cet âge , le mâle est, d'après le dire d'Ibn akî Ḥizâm, appelé mâddj et la femelle est appelée mâddjah, baveur, baveuse. Le cheval mâddj est celui qui ne peut retenir sa salive à cause de son grand âge et de la flaccidité ou du relâchement de la lèvre. A cette époque de la vie, les dents s'alongent, les canines ou crochets s'abaissent et se cachent, l'œil s'enfonce dans l'orbite, le poil du corps s'en va.

Chez certains chevaux, les dents sont, naturellement, longues. Pour reconnaître cette disposition de nature, on se guide sur ce que le développement en longueur pour les dents, lorsqu'il est dû à l'âge, est accompagné de l'abaissement ou affaissement des crochets.

L'alongement apparent des dents peut avoir pour cause l'amaigrissement du cheval, et l'aspect peut donner à penser que l'animal est d'un âge avancé et est arrivé à une grande vieillesse, bien qu'il n'en soit pas ainsi. Mais alors les dents paraissent alongées parce que le tissu des gencives s'est resserré, attendu la diminution du volume des chairs dans les parties gengivales. Du reste, les signes de la vieillesse chez le cheval n'ont rien de rigoureusement spécial. Parfois, avant l'âge, l'animal grisonne à la face ou aux genoux, il perd ses mâchelières, etc.

V.

Les signes d'un grand âge chez le cheval sont les suivants. Il salive abondamment; il ne court plus par animation naturelle, de son gré; il laisse flasques et molles ses deux lèvres. Si vous saisissez et dérangez ces lèvres, vous observez qu'ensuite elles reviennent pendantes, flottantes, et ce n'est qu'après quelques instants qu'il les ramène et les rapproche. Ses crochets sont alongés; les molaires tombent, la face se grippe et se ride; l'œil s'alanguit et porte le regard en louchant sur ce qui l'approche ou l'entoure.

Tant que le noir (ou la marque) existe naturellement sur les dents incisives inférieures, est visible et persiste, le cheval est apte à rendre service; il est plus près de l'utilité que de l'âge avancé et de l'impuissance de la vieillesse. Les limites de longévité les plus ordinaires sont à quarante ans ; ce qui ne veut point dire qu'elles ne peuvent être dépassées. Des philosophes ou gens de science ont prétendu que le cheval d'Égypte, lorsqu'il a plus de sept ans, et qu'il n'est soumis à aucune dépense ou fatigue, peut atteindre quarante ans. Il est des juments qui prolongent leur vie jusqu'à un siècle.

Le Dieu Très-Haut est la toute-science.

VI.

(La partie qui , dans mon manuscrit de Bagdad , traite des dents du cheval, depuis le premier âge jusqu'à ce que l'animal soit arrivé à son développement complet et à la vieillesse, manque presque entièrement. Il n'en reste que les observations et indications que voici.)

[Parfois les maquignons (nakkâs) ont recours à la ruse pour la vente du cheval âgé et vieilli ; ils lui scient ou liment et usent les dents, afin de tromper l'acheteur inexpérimenté.

Ainsi que les anciens l'ont déjà consigné dans leurs écrits, lorsque le cheval est entré dans sa sixième année, il paraît, sur l'extrémité des pinces, des stries ou lignes noires et minces, alongées dans le sens de la longueur des dents. Dans la septième année, le même fait se produit sur les incisives mitoyennes. Ensuite ces lignes noires disparaissent des pinces quand l'animal prend sa huitième année ; ces lignes sont remplacées par d'autres d'une teinte de miel, entre le roux et le rouge, et elles ont une nuance rougeâtre jusqu'à la fin de la neuvième année. Ce même changement s'accomplit sur les quatre mitoyennes dans la dixième année. Puis, mêmes phénomènes sur les coins ou dents complémentaires à onze ans, et, jusqu'à la fin de la onzième année, cette coloration dentaire des coins ne disparaît pas. Lorsque l'animal est dans sa douzième année, les pinces ou incisives doubles prennent, jusqu'au complément des douze ans, des stries ou lignes jaunâtres. A quatorze ans, ces stries se tracent sur les coins ou dents complémentaires.

Dans la quinzième année, les stries des pinces sont remplacées par de petits points ressemblant à des grains de moutarde par leur forme arrondie et leur couleur. Même phénomène se montre sur les quaternaires ou mitoyennes, dans la dix-septième année et jusqu'à ce qu'elle soit entièrement écoulée. Aux petits points succèdent sur les pinces, dans la dix-huitième année et jusqu'à la fin de cette année, des taches comme des traces de mouches. Dans la dix-neuvième année, même apparition a lieu sur les quaternaires ou mitoyennes ; puis, jusqu'au terme de la vingtième année, même apparition sur les complémentaires.

Après cette période, il surgit sur les pinces, en place des signes précités, des marques ou *traces* blanches ayant la forme de noisettes, pointues à une extrémité, arrondies à l'autre. L'animal alors fait sa vingt et unième année. Cette année finie, ces mêmes signes se manifestent sur les quatre dents mitoyennes pendant la vingt-deuxième année, et ensuite sur les coins pendant la vingt-troisième année. (Quant aux signes qui apparaîtraient dans les trois années suivantes, le texte n'en donne aucune mention.)

Pendant la vingt-septième année, les incisives doubles ou pinces s'ébranlent. Pendant la vingt-huitième année, ce sont les mitoyennes qui, à leur tour, s'ébranlent, et pendant la vingt-neuvième année ce sont les complémentaires.

Enfin, dans la trentième année d'âge, les pinces tombent ; les mitoyennes dans la trente et unième année, les coins à la trente-deuxième année. Là est le terme que souvent peut atteindre la vie du cheval... Lorsque vous voyez qu'une des dents antérieures tombe, soyez sûr qu'il a dépassé trente ans ; lorsque quatre dents sont tombées, soyez sûr qu'il a dépassé quarante ans. Au delà de la quarantième année, vous ne reconnaissez plus l'âge du cheval....

Lorsque le cheval a pris sa cinquième année et qu'il arrive à la sixième sans avoir perdu encore une seule de ses dents, il les perdra dans sa septième, et les aura changées toutes à onze ans.]

VII.

*D'après des philologues arabes (dit le kitâb el-aḵouâl),
l'idjẓâ' commence au moment où l'animal complète entièrement ses deux ans et entre dans sa troisième année; le poulain
est alors djéẓa', c'est-à-dire jeune cheval, jusqu'au temps où
il *scorbutisera* ou déchaussera ses pinces, où, en d'autres termes,
ses pinces de lait s'ébranleront. On lui laisse le titre de jeune
cheval jusqu'à ce que les deux pinces soient tombées; et, lorsqu'elles sont poussées, il est dit ṭénî ou ayant changé ses deux
pinces. Ce nom de ṭénî lui reste jusqu'à ce qu'il déchausse ses
dents quaternaires, et, quand elles sont repoussées, il est
rabâï, ou ayant jeté ses quatre incisives mitoyennes. Entre
l'apparition des pinces et celle des quaternaires il se passe neuf
mois à un an; puis le renouvellement des coins s'opère de la
même manière.

Selon d'autres écrivains, l'animal reste djéẓa' pendant trente
mois. Après trois ans, ses pinces tombent et on le nomme alors
ṭénî; puis les quaternaires tombent dans la quatrième année,
et le cheval est, après cela, qualifié rabâï ou âgé de quatre ans.
C'est la plus belle époque de la vie du cheval. Ensuite, les coins
tombent pendant la cinquième année, et le cheval est dit
ḵâreḥ, complété; puis, complété d'un an, complété de deux
ans, complété de trois ans (ḵâreḥ âm, ḵâreḥ âmein, ḵâreḥ
ṭelâṭat awâm). Après huit retours annuels ou huit ans, il est dit
mouẓekkî. Car les périodes des remplacements dentaires
sont comptées par les chutes des dents, non par leurs pousses.
C'est pour cette raison qu'El-Asmaï s'est exprimé ainsi :
« Lorsque les deux pinces sont tombées, le poulain est ṭénî ou
a jeté les deux pinces. Lorsque les quaternaires sont tombées,
on dit : « il a *quaterné*; » ce qui ne signifie pas positivement :
il a quatre ans. Quand l'animal a jeté ses coins ou dents complémentaires ou dents les plus éloignées, on dit qu'il a complété. Compléter, c'est jeter les dents qui suivent les quaternaires; ce n'est point aux crochets que s'applique cette expres-

sion. L'idjzâ' ou djezoûah est la désignation d'une durée de temps et non la désignation de tel nombre d'années. »

Après la durée pendant laquelle le cheval est kâreh ou complété, il est qualifié mouzekki, et au pluriel mazàkî; cela veut dire : qui est au summum de ses forces et de ses ressources, à la fleur de l'âge, qui a terminé ses dents et dentitions (voy. vol. I, pag. 320, 321). Ensuite il est kahm ou vieux, et aûd ou âgé. (Ce mot aûd, qui, en Algérie et dans le Magreb, est usité pour dire cheval, ne signifie, en langage convenable et correct, qu'un vieux cheval, un cheval tournant à l'âge d'impotent.)

Lorsqu'un cheval pousse dent sur dent, lorsque, par exemple, il devient téní et quaterné dans une seule année, il est dit makham, ou, en francisant de là une sorte de mot, makhamisé, ou, si l'on veut, hâtif. Mais un cheval est ainsi lorsqu'il est de père et mère kahm ou vieux. Alors la vieillesse lui arrive hâtivement, et il se presse de se rapprocher de l'état de son père et de sa mère. Il n'y a pas avantage à garder en propriété un produit né de parents qui étaient vieux.

On ne déprécie point et ne dédaigne point un cheval qui sort de l'âge pendant lequel il est kâreh ou complété; et l'on n'exclut pas de l'*entraînement* un cheval de huit ans. Ceci concerne tous les chevaux en général; ceux qui sont de haut mérite et qui sont *endiablés* (cheyâtin, ardents et vifs) supportent aisément ces épreuves préparatoires. Jusqu'à dix ans au delà de l'âge dernier des kâreh ou complétés, le cheval ne diminue ni de puissance, ni de force, ni de vitesse. Il en est même qui, jusqu'à quinze ans après être complétés entièrement, demeurent irréprochables. Enfin on les exclut de l'entrainement, mais il leur reste encore des ressources.

Quand le cheval ne peut plus retenir sa salive, il est appelé mâddj ou baveur. Quand sa force est disparue, on le nomme vieux édenté, ébréché, alta'. Il est dit alka', vil, rosse, lorsque ses molaires sont tombées. Ensuite il est chârif, lourd d'années; on dit encore : « Il a tout dépensé, il est ruiné, usé. »

Faras est le nom générique cheval et s'applique au mâle et à la femelle. La femelle est appelée ḥadjr, ḥidjr, ḥidjrah. La jument du berzaûn ou cheval commun, cheval de trait, est spécialement appelée ramakah; ce dernier nom ne s'applique pas aux juments de race arabe *.

CHAPITRE VII.

I.

Les vaisseaux sanguins sur lesquels on pratique la saignée
sont au nombre de vingt et un.

Les vaisseaux sanguins partent du foie et forment deux catégories. Les uns sont les vaisseaux *battants*. Nous ne parlerons
ici que de ceux dont la connaissance nous importe pratiquement,
les vaisseaux non battants; ceux-là nous devons indiquer et
dire comment ils sont en communication et en rapport avec le
foie.

Les vaisseaux ou veines que nous avons à signaler ont leur
origine ou point de départ au foie. Ce sont ceux-là que nous
avons besoin surtout de connaître, parce que dans eux chemine le sang pour se rendre à tous les organes et leur porter
les éléments de nutrition. L'origine de la circulation sanguine
au foie est par deux gros vaisseaux, — l'un auquel on a donné le
nom de vaisseau porte ou veine porte, qui est du côté inégal
du foie, — l'autre nommé vaisseau creux ou veine cave, qui
est du côté plus extérieur du foie.

La veine porte, irk el-bâb, veine de la porte, se divise,

dans l'intérieur du foie et avant d'en sortir, en trois grosses
branches. Puis, la plus grande partie de ce vaisseau se rend à
l'estomac et lui transmet, du foie, les éléments de nutrition.
Ce transport se limite à l'estomac chez le cheval, car il n'a
qu'une cavité stomacale; il est privé du *feuillet* et des autres
estomacs, attendu qu'il ne rumine pas et que tout ruminant a
le feuillet et les autres estomacs.

La veine cave ou creuse, ou à grande cavité, se partage, à
partir du foie, en deux branches principales. Une d'elles, la
plus volumineuse, se dirige en bas, chemine sur les vertèbres
dorsales et va jusqu'à la dernière vertèbre. Nous en reparlerons
tout à l'heure. L'autre branche se dirige en haut. Nous allons
d'abord examiner cette dernière branche. Dans sa direction
ascendante elle marche jusqu'à ce qu'elle atteigne la membrane
qui se sépare en deux dans la poitrine. De là, la branche en
question se divise en quatre rameaux principaux.

II.

L'un d'eux va du côté de la région du foie, puis se divise en
deux autres rameaux secondaires qui passent sur le poitrail,
l'un à droite, l'autre à gauche, sur le côté des deux saillies ou
reliefs préthoraciques (formées chacune par un des deux grands
muscles pectoraux). Ce sont ces deux veines que l'on saigne
dans la saignée pectorale; elles se nomment les deux nâḥir
ou jugulantes ou *jugulières*.

III.

Le deuxième rameau principal prend une direction oblique,
passe sur les deux côtés du sternum et se porte vers les parois
charnues et molles du ventre. Sur l'une ou l'autre de ces deux
veines on pratique la saignée. Elles sont désignées sous le nom
de ḥâzim ou veines du passage de la sangle.

IV.

Le troisième rameau principal se bifurque aussi et les deux divisions qui en résultent montent chacune sur un côté du cou, chacune parallèlement au pharynx et au sommet de la trachée-artère. — L'une est plongée dans l'intérieur des chairs et n'est point apparente au dehors ; elle est connue sous le nom de ouadedj râïr ou jugulaire profonde ; c'est elle que les maréchaux vétérinaires nomment arnébî ou léporine. — L'autre est visible, superficielle, et c'est elle que le plus généralement on saigne. Cette veine est le ouadedj żâher ou jugulaire externe. Ensuite cette jugulaire externe se plonge dans la région maxillaire inférieure en se ramifiant. Elle fournit deux ramifications qui, de chaque côté, vont à la langue. On pratique la saignée à l'une ou à l'autre de ces deux ramifications, dans les cas de chaleur ou inflammation buccale, de soulâk ou stomatite fétide ou tuberculeuse, ou stomacace, de tâbek ou staphylite ou palatite membraneuse. Les deux ramifications veineuses dont il s'agit ont reçu le nom de azra' ou joignantes, ou se rejoignant. — La jugulaire profonde ou la léporine monte vers les oreilles, puis s'y divise en ramifications qui se portent à l'extérieur et que l'on voit sur les oreilles. La jugulaire profonde envoie encore un autre rameau qui descend obliquement du haut de l'œil, et cela de chaque côté de la face. On pratique aussi la saignée sur ces deux veines ; on les a appelées du nom persan bâzirink ; elles sont connues sous le nom de veines orbitaires, sous-orbitaires. Autour de l'œil se ramifient aussi d'autres subdivisions, dont une, partant d'au-dessous de l'orbite, descend le long du chanfrein ou os du nez, tout près de l'os lacrymal. C'est cette veine que l'on saigne dans les cas d'ophthalmies ; on l'appelle mahâdjer ou orbitaire.

V.

Le quatrième des quatre rameaux principaux qui se détachent à la région thoracique, s'en va à la partie inférieure du poitrail, puis se subdivise en deux ramifications, lesquelles continuent leur marche jusqu'à ce qu'elles arrivent chacune sous le bras ou bras court qui lui correspond et à la face interne. Arrivées là, ces deux ramifications se divisent chacune en nombre de subdivisions, desquelles deux, qui sont les plus fortes, s'avancent obliquement et vont aux genoux par la face interne du cubitus supérieur (c'est-à-dire de l'extrémité supérieure du cubitus). Ce sont ces deux subdivisions que l'on saigne; elles ont reçu le nom des deux veines internes et sont encore connues sous le nom des deux sâfen, saphènes. Par d'autres subdivisions, les deux ramifications (issues du quatrième rameau sus-indiqué) se portent en dehors du bras, sur le cubitus supérieur, puis vers l'extrémité arrondie qui termine la partie inférieure de cet os, et de là vers la partie externe et la partie interne du carpe. Ces deux subdivisions sont celles sur lesquelles on pratique la saignée dans les cas de fièvre. Elles sont connues sous le nom des deux veines externes.

Telles sont les veines fournies par une des deux grandes divisions originelles de la veine cave, laquelle, ainsi que nous l'avons dit, se partage, tout contre le foie, en deux branches, dont l'une se porte en haut.

VI.

La seconde branche, celle qui se dirige en bas, se partage, au sortir du foie, en deux rameaux. L'un se rend aux reins et est le moyen par lequel chaque rein attire à lui l'urine et la fait parvenir du côté des testicules. Quant au rameau qui se porte jusqu'à la dernière des vertèbres, il se divise, vers cette dernière vertèbre, en trois ramifications, dont l'une, qui est la médiane ou celle du milieu, marche en droite ligne vers la queue. C'est sur cette médiane que l'on pratique la saignée à la queue. Cette veine est l'ạdjiz ou veine sacrée, ou veine du sacrum. Les deux autres ramifications vont se rendre à la face interne des cuisses, c'est-à-dire des ilions, l'une à la cuisse droite, l'autre à la cuisse gauche. On saigne aussi à ces veines. Elles ont reçu le nom de veines internes des membres postérieurs ou des pieds. Lorsque chacune de ces deux ramifications est parvenue au-dessus et près du jarret qui lui correspond, elle se partage en nombreuses subdivisions ; puis elle passe sur l'os de la jambe à la partie interne et à la partie externe, et continue sa marche jusqu'au tarse. Ces dernières veines servent à la saignée ; elles ont le nom de veines externes des pieds, conformément à ce que nous avons déjà indiqué.

VII.

Tel est l'ensemble des veines sur lesquelles on peut saigner. Elles sont au nombre de vingt et une :
— Les deux orbitaires ;
— Les deux sous-orbitaires ;
— Les deux jugulaires externes ;
— Les deux joignantes ou linguales ;
— Les deux jugulières ;
— Les deux saphènes ;
— Les deux veines du passage des sangles ;
— Les deux veines internes des cuisses ;
— Les deux veines externes des mains ;
— Les deux veines externes des pieds ;
— La veine sacrée ou caudale.

Quant aux autres veines sur lesquelles on ne pratique pas de saignée, nous n'en parlerons pas, attendu que nous n'en avons nul besoin. Notre intention, en cela, est facile à comprendre.

VIII.

* Les vaisseaux du cheval sont au nombre de trois cent soixante-deux, non compris les vaisseaux fins comme des cheveux (ou vaisseaux capillaires).

Les vaisseaux que l'on saigne sont au nombre de trente-deux, savoir :
— Les quatre veines internes des mains et des pieds ; on

frappe ou saigne ces veines directement avec la main, au moyen de la lancette ou mibda'.

— Les deux veines du poitrail; on les frappe ou saigne avec le michḳâṡ ou grosse lancette en fer de flèche élargi.

— Les deux veines jugulaires; on les saigne ou frappe avec le michḳâṡ, après avoir serré, au moyen d'une corde et doucement, le cou de l'animal.

— Les deux sous-orbitaires à côté des yeux vers les tempes; on les frappe avec la lancette tenue à la main.

— Les deux veines du passage des sangles, vers les aisselles ou ars; on frappe, c'est-à-dire que l'on saigne ces deux veines avec la main, après avoir fortement sanglé le thorax avec une corde, afin de faire paraître plus en relief ces vaisseaux.

— Les deux veines sous-oculaires, que l'on *saigne*, dans les cas de larmoiement, au moyen d'une lancette petite, légère, effilée, différente de la lancette dont on se sert pour ouvrir les autres veines. On tient la lancette avec la main; on étreint le cou de l'animal pour faire mieux saillir les deux veines, et on les *saigne* toutes les deux; on laisse couler de chacune des deux une quantité de sang égale à plein le creux de la main.

— La veine sous-caudale, vers l'anus; on la saigne dans le cas de farcin, après que l'on a lié la queue et en la tenant soulevée.

— Les quatre veines situées à la partie interne des sabots des quatre membres, vers les nouçoûr ou nasr, fourchettes, à la partie postérieure des sabots.

— Les douze veines appelées kerdedjât, dont trois à chaque jambe, et de ces trois deux vont de chaque côté du sabot et l'autre en avant. Ces veines sont vers le velu qui surmonte les couronnes des cornes. Lorsque les sabots se dessoudent ou s'ulcèrent, on saigne ces veines directement avec la main au moyen d'une petite lancette.

— La veine testiculaire ou scrotale, petite veine située dans la dépression ou rainure que marque le relief des deux testicules, au dehors. On saigne cette veine, lorsque les testicules ou le scrotum sont enflés ou gonflés. On pratique cette saignée avec une lancette légère et déliée que l'on tient à la main de manière que la lame ne dépasse les deux doigts que d'une demi-longueur d'ongle humain.

Et Dieu est celui qui guérit *.

CHAPITRE VIII.

Des os du cheval. — Leur destination. — Leur nombre dans chaque région du corps. — Nombre des dents. — Des études anatomiques en Orient, en Égypte. — Ces études furent érigées en pratique scientifique en Égypte, dans ces derniers temps.

I.

Il est de première importance de connaître quels sont les os du cheval, quel en est le nombre, quelles en sont les destinations particulières.

Le cheval est pourvu d'os nombreux, doués d'une grande solidité, variés de formes. Leur destination est double.

1° Les os sont les soutiens de la machine animale, et ils se suppléent entre eux dans plusieurs cas d'accidents et de maladies (a). C'est pour cette dernière utilité que certains membres ou organes du corps ont deux os, que d'autres en ont trois et même sept. Dès lors, quand un des os est atteint d'une maladie, d'une fracture, l'autre os sert au besoin présent ; l'os resté intact supplée l'os fracturé, en remplit la fonction mécanique, le remplace, et par ainsi les services de l'animal ne sont pas toujours perdus.

Le grand nombre des os a pour but de favoriser et de multiplier les mouvements. Car l'animal a besoin de mouvoir tels membres ou telles parties du corps à l'exclusion de tels autres ; par exemple, le bipède antérieur, le bipède postérieur, la tête.

(a) Le texte ici est tronqué ; il y manque évidemment une ligne. Il me semble facile d'en deviner le sens. Je l'ai rétabli.

Si le tout était tenu à un appareil osseux d'un seul morceau, l'animal ne pourrait se mouvoir que d'une pièce, d'une seule masse.

Les os sont les organes les plus solides du corps, pour deux intentions, dont la principale a été de donner une base générale, des points d'appui pour les autres organes; car les os sont les supports et soutiens réels de la machine animale, et il fallait bien qu'ils fussent plus résistants, plus solides que ce qu'ils sont chargés de supporter.

2° Les os sont aussi un appareil de protection pour les organes qu'ils recouvrent et qu'ils tiennent par là à l'abri des lésions ou offenses venant de l'extérieur. Ainsi, les os du crâne, en raison de leur solidité, protègent le cerveau contre les violences ou lésions arrivant du dehors. De même les côtes, en tant que solides et dures, protègent le foie, et des intestins.

II.

Quant au nombre des os du cheval, il y a ceci.

Au crâne, onze os; sept pour sa partie antérieure, quatre pour la partie postérieure. Tous ces os se tiennent fortement entre eux.

À la face supérieure ou mâchoire supérieure, huit os; deux pour l'emplacement des yeux; deux pour les régions malaires ou les deux joues; deux pour le nez; un pour l'ouverture des deux narines; un dans lequel sont implantées les dents incisives ; cet os s'articule avec les os malaires ou zygomatiques, vers l'emplacement des crochets supérieurs.

Les dents, y compris les mâchelières, sont au nombre de quarante-quatre.

Deux os forment la mâchoire supérieure.

Les vertèbres du cou sont au nombre de sept; celles du dos, au nombre de douze; à la croupe, il y a trois os; à la queue, il y en a huit.

Les côtes dites thoraciques ou de la poitrine (c'est-à-dire

sternales) forment quatorze pièces osseuses, sept de chaque côté.

Les os du sternum proprement dit sont au nombre de huit.

Les côtes postérieures (ou asternales, ou fausses côtes) sont au nombre de dix.

L'os qui est au haut du cou, qui protége le cœur contre les atteintes du dehors, est connu sous le nom d'os du larynx. Il est seul.

Pour les épaules, il y a les deux omoplates.

A chaque bras-court ou bras, un os. A chaque avant-bras ou bras-haut, un os. A chaque portion cubitale ou canon, deux os.

Pour la composition des deux mains ou pieds antérieurs, vingt os qui portent le nom de karâdel ou sinapiformes, c'est-à-dire menus. Il en est de même pour les pieds postérieurs.

Pour les deux canons de derrière, quatre os.

Pour les deux jarrets ou parties du membre où sont les jarrets, quatre os.

Pour les deux jambes, deux os.

Pour les deux cuisses, également deux os.

Cette liste présente un total de cent quatre-vingt-huit os. (Elle en contient cent quatre-vingt-dix.)

(Il est à remarquer que les os du bassin ne sont pas indiqués dans cette énumération sommaire.)

III.

(Ces sortes de données d'anatomie pour ainsi dire abstraite ne sont pas énoncées au point de vue médical et thérapeutique, mais au point de vue d'appréciation générale, au point de vue d'extérieur. En Orient, les études d'anatomie animale et humaine sont restées les dernières à prendre un peu d'essor. Encore aujourd'hui elles répugnent à la religion d'abord, et conséquemment aux musulmans. Toucher, manier les cadavres souille les vivants..... Et sans aller si loin, quelle difficulté n'a-t-on pas en Angleterre par exemple, lorsqu'il s'agit de dissection humaine !

Il n'y a guère que trente ans que les études anatomiques ont commencé en Égypte, après décision juridique et religieuse du cheik de l'Islâm ou chef local de la religion. Ce cheik se nommait El-Attar; et il a fallu toute son intelligence, toute sa supériorité d'esprit pour émettre le fatwah ou décision légale et religieuse que voici : « Il est permis de disséquer le corps de l'homme mort, pour l'instruction et pour la conservation de l'homme vivant. »

Ce verdict fit froncer le sourcil à plus d'un uléma, à plus d'un musulman, en Égypte. Mais il fallut l'accepter et le mettre à exécution; Méhémet Ali le voulut. Les Européens qui approchaient le plus près de Son Altesse lui avaient montré l'utilité indispensable des études anatomiques pour le progrès des sciences médicales, pour la connaissance et la conservation de l'homme et des animaux utiles à l'homme. Méhémet Ali comprit, et ordonna. Nous en avons vu les excellents résultats et nous y avons personnellement coopéré. Aujourd'hui l'on en recueille encore les fruits.)

CHAPITRE IX.

Des articulations chez le cheval. — Du sens : articulation, en arabe. — Nombre
des articulations. — Dénominations appliquées aux diverses parties de l'extérieur du cheval. — Plusieurs parties ont des noms d'oiseaux et d'autres
animaux.

I.

(Ce que nous exprimons anatomiquement et physiologique-
ment par le mot articulation s'exprime en arabe par un mot
(mafśal) qui signifie séparation, solution de continuité, mais
sans éloignement des parties. Conséquemment à ce sens primitif
du mot, les Arabes n'entendent par articulations que les articulations mobiles ou diarthrodiales. Ils ne caractérisent comme
articulations que les jointures ou rencontres ou affrontations
osseuses qui permettent des mouvements visibles ou appré-
ciables, tels que ceux des parties des quatre membres, les mouvements de la tête, du cou, de l'échine, de la queue.)

II.

Les articulations du cheval sont au nombre de dix-huit.

A chaque membre (de chacun des bipèdes), il y a quatre
articulations.

Pour le membre antérieur ou la main, la première est le
koursoû' ou articulation du roummâneh ou grenade, c'est-
à-dire du boulet; la seconde est l'articulation du genou; la
troisième est celle du coude ou bras-court; la quatrième est
celle du bras ou humérus, ou articulation scapulaire.

Aux deux membres postérieurs ou pieds, la première est l'articulation de la grenade ou boulet, ainsi que nous venons de le dire pour les mains; la seconde est l'articulation du jarret ; la troisième est celle de la jambe; la quatrième est l'articulation coxale ou du creux ou cotyle (ou cavité cotyloïde) pour l'os de la cuisse.

De là, seize articulations pour les quatre membres (bipède antérieur, bipède postérieur), ayant chacun quatre articulations.

La dix-septième articulation est celle par laquelle la vertèbre cervicale supérieure s'articule avec le crâne, et par laquelle aussi la tête a ses mouvements à droite et à gauche, en haut et en bas. — La dix-huitième articulation est le double point de contact ou de jointure entre la mâchoire supérieure et la mâchoire inférieure. C'est par cette articulation que s'exécutent les mouvements qui ouvrent la bouche et qui la ferment.

Toutes ces choses sont aisées à comprendre.

III.

(Après les indications anatomiques qui composent ce dernier chapitre et les trois chapitres qui le précèdent, je consignerai ici les dénominations et les distinctions par lesquelles les Arabes spécialisent les différentes parties de la constitution extérieure du cheval. C'est, en quelque sorte, leur vocabulaire d'extérieur; ce sont les qualifications ou les noms par lesquels ils caractérisent leur cheval considéré dans le détail de ses formes, dans la manière dont ils divisent sa conformation apparente; ce sont les points qu'ils examinaient pour l'appréciation d'un cheval. Nous extrayons cette série de dénominations du livre arabe intitulé Edeb el-kâteb ou Instruction de l'écrivain, c'est-à-dire Guide ou Manuel de la langue arabe à l'usage de l'écrivain, par ibn Koteïbah. Nous aurons occasion de lui faire encore quelques emprunts. Nous les enfermerons entre deux traits perpendiculaires. Celui que nous allons traduire est pris d'une

Section ayant pour titre Ḳalḳ el-ḳaïl, Conformation extérieure des chevaux. Un manuscrit très-beau et très-correct de cet ouvrage m'a été donné par mon ancien maître M. Caussin de Perceval.)

‖ Le ḳaûnas est le sinciput, le vertex, le lieu d'implantation et de développement du toupet entre les deux oreilles.

Le ḳazâl est l'occiput, l'endroit sur lequel repose le haut de la têtière derrière le toupet.

Le fâïḳ est la nuque, le point où le cou s'unit à la tête. Lorsque le fâïḳ est long, le cou ou encolure est long.

L'oṣfoûr ou le passereau est l'os saillant qui proémine de chaque côté du front de l'animal.

Ḳalt, ou creux, cavité, est le nom de la dépression située en avant de la tempe. (C'est la salière.)

Les nawâheḳ ou crapauds sont les deux saillies osseuses au-dessous des deux yeux. (Ce sont les larmiers.)

Mersen ou sur-nez, ou sur-lien, désigne la place du nez ou chanfrein sur laquelle passe le recen ou *capistrum*, caveçon, ou licou. (Le recen ou caveçon est une corde ou une bande de cuir qui passe sur le bas du chanfrein et sert à conduire et modérer le cheval, à le tenir à l'attache.)

Les djaḥâfel ou lèvres du cheval sont les organes par lesquels il prend et amène dans sa bouche la nourriture. (Le singulier est djaḥfalah.)

Le feïd est la barbe qui se trouve sur la lèvre.

Le ma'rafeh ou sur-encolure est la masse charnue sur laquelle est implantée et pousse la crinière.

Orf se dit de l'ensemble des crins qui forment la crinière.

Le ḳaçarah est l'origine du cou.

Les deux ịlbâ ou lignes cervicales sont les saillies tendineuses et musculaires qui courent le long du sommet de l'encolure et entre lesquelles est placée la crinière.

Labân se dit de l'avant-thorax ou étendue transversale en avant du thorax sur laquelle passe le labâb ou (partie des harnais appelée) poitrail. (Ce poitrail est une bande en cuir ou en tissu de soie plus ou moins fort et épais et qui n'est qu'une parure. Le poitrail, en place, présente un arc de cercle et est appendu aux deux branches ou portions latérales de l'arçon antérieur de la selle. Des ornements très-variés sont souvent appliqués à cette pièce du harnachement.)

Le beldeh ou intervalle antéro-cervical est le creux du devant du cou ou creux de l'*égorgeoir*. (Chez l'homme, le beldeh est la dépression ou séparation qui existe entre les deux sourcils.)

Le soulb ou échine proprement dite est toute l'étendue que présente la série des (douze) vertèbres dorsales. (Ce sont le dos et les reins.)

Par hârek ou kâhel on désigne l'*interscapilium* ou l'entre-épaule ou garrot, entre les sommets des deux épaules.

Le mensedj ou plan supra-scapulaire est la partie inférieure au hârek.

Le kâṭibah ou surface ou plan antéro-scapulaire est la région ou portion antérieure du mensedj ou surface supra-scapulaire.

On a donné le nom de sourad ou pie-grièche piquée de blanc, ou piqueté blanc, à la tache blanchâtre que la pression habituelle du cavalier produit sur les régions dorsales ou rénales du cheval.

Le sahwah est le siége, ou l'*hédrique*, ἕδρα, c'est-à-dire l'endroit où siége le cavalier sur le dos du cheval.

Le katât ou ganga, est l'avant-croupe, l'endroit où siége l'individu en croupe; l'arrière-siége.

Les deux maadd ou les deux ʿgarnitures ou appareils sont les deux surfaces sur lesquelles posent étalés les deux quartiers de la selle chacun sur un côté du cheval. D'après une autre explication d'Abou Alî, les deux maadd sont les deux endroits correspondant, sur les côtés du cheval, aux deux pieds du cavalier. Ces deux endroits sont ainsi appelés, parce que c'est sur eux qu'agissent les pieds du cavalier pendant qu'il tient le cheval en course. (Ces deux endroits seraient alors à nommer les points ou surfaces d'animation.)

Les hadjabah ou harkafah sont les reliefs antérieurs ou saillies antérieures supérieures de l'aine. (C'est la hanche; ce sont les saillies que présente la cuisse contre le flanc ou partie latérale de l'abdomen.)

Par les deux maûḳif, ou hâriḳah, les deux reliefs coxaux, on désigne les saillies qu'offre la partie antérieure de la cuisse à l'aine. (Ce sont le grasset et l'autre relief situé au-dessous du grasset.)

Les deux djâịrah sont les deux endroits qui, à chaque fesse, correspondent à ceux qui, aux fesses de l'âne, ont les rayures transverses.

Oḳwah désigne l'origine de la queue et l'os de la queue.

L'aċib en est la peau, et le houlb en est la masse des crins.

Idjân est le nom du périnée, espace allant des bourses jusqu'à l'anus dans le mâle, et des mamelles jusqu'à la vulve chez la femelle.

Les deux fehdah ou saillies pectorales sont les deux masses charnues qui se dessinent sur le devant du poitrail comme deux pierres de volume au moins à garnir la main de l'homme.

Le mahzameh ou le sanglage est le passage des sangles.

Par merkal ou coup de talon est désigné l'endroit du flanc où tombe le talon du cavalier (ou bien où tombe l'angle postérieur de l'étrier à plateau). Selon Abou Ạlì, le merkal est le même que le maạdd, un sur chaque flanc. (Nous avons indiqué le maạdd.)

Le haċìr el-djenbeïn ou la natte des deux côtés est ce qui apparaît de la partie supérieure des côtes sur chaque face du dos.

Le maûḳif ou siége, le châkilah ou haut de la cuisse (c'est-à-dire la partie située en avant du haut de la cuisse), le ḳourb ou flanc ou partie molle du flanc, l'eïtal ou région de l'arrière des côtés, le haḳwoû ou les lombes, sont toutes parties ou places voisines l'une de l'autre et forment la *taille* ou région des flancs et environs immédiats.

Les deux hâleb ou émulgentes sont les deux veines qui avoisinent l'ombilic.

Par manḳab ou région paracentésique, en avant de l'ombilic, on entend l'espace dans lequel l'hippiâtre pratique la ponction ou paracentèse.

Le ķounb est le fourreau ou réceptacle de la verge.

Les deux ṭa'roûr ou petites éminences conoïdes sont les analogues de deux mamelons et avoisinent, en dehors, le fourreau.

Le śafan ou scrotum est l'enveloppe cutanée des testicules.

Le ķarf ou concrétion squalide, ou smegma, est ce que l'on voit comme hérissé et en fragments membranoïdes et crispés, sur le pénis évaginé.

Le ḥalaķ est le blanchâtre qui est au milieu de la verge.

Le darrah ou tetine est la masse charnue ou parenchyme des mamelles et a quatre mamelons.

Le ķeif est l'enveloppe cutanée des mamelles.

Iḥlil est le nom de l'orifice urétral, issue par laquelle s'échappent, au dehors, des excrétions, par exemple, le sperme et l'urine.

Le ķaûrân ou anus est le passage par où s'évacuent les stercora.

Le żabiah est la matrice.

A l'extrémité du cubitus est une saillie en pointe formée par le chażiïah ou os fragmentaire (ou un des os carpiens) accolé et appliqué contre l'os de l'avant-bras, mais dont il ne fait pas partie.

Le dâṛiçah ou os poplité est l'os de forme arrondie qui joue et meut à l'extrémité du genou; cet os est double.

Le ch'ażâ ou os isolé est (le péroné) attenant au genou. Lorsqu'il y a deux os isolés qui font relief, on dit : le cheval est *chazé*.

A l'intérieur de chaque genou, il y a le mâbid ou la double jointure sinueuse, c'est-à-dire les deux surfaces articulaires ou surfaces du pli du canon dans l'intérieur et en arrière du genou.

Sur le ważîf ou canon de la main, il y a le ķeîn ou double lien d'attache, c'est-à-dire la partie la plus inférieure et la plus mince du canon, sur laquelle se place habituellement le lien lorsqu'on attache le canon plié et rapproché sous l'avant-bras.

L'ichdja' est l'os ou tendon faisant saillie derrière le canon.

Odjâïah est le nom du *nerf* postérieur ou tendon situé derrière la main, et au-dessous duquel sont de petites productions comme de nature ongulaire et qui sont nommées sa'danât ou tubercules cornés (c'est-à-dire les ergots).

A l'extrémité et en arrière du canon est le ṭounnah, c'est-à-dire la touffe ou le fanon. La touffe est un assemblage (ou bouquet) de poils placé en arrière du métacarpe. Si la place où doit être le fanon est dénuée des poils qui le constituent, on dit : il est sans poils, il est glabre, il est ras (amrad, amraṭ, amạr).

En bas du canon est le ḥaûchab ou le loup; c'est, proprement dit, l'articulation du canon avec le métacarpe.

On appelle oumm el-ḳirdân ou mère aux ricins l'espace postérieur qui s'étend depuis la touffe jusqu'à la corne du pied. En langage vulgaire, cet espace est appelé sekerdjeh, ou soukourdjeh, c'est-à-dire le plat, l'assiette; c'est l'arrière-paturon. (Les ricins sont des insectes de l'ordre des parasites. Les ricins qui s'attachent au corps des animaux quadrupèdes et domestiques pullulent, en Orient, sur le chien, le cheval, le chameau, l'âne, les mulets et les mules, les bêtes ovines et bovines. Le ricin préfère, comme lien d'attache, les parties du corps du quadrupède dans lesquelles la peau est le moins compacte, le plus fine ou le plus souple. Ainsi, il se fixe plus généralement à la face intérieure de la conque de l'oreille, sur le cou, aux plis des jambes et des aines, autour de l'anus, au périnée, à l'arrière-paturon.)

Le sounbouk ou plan antérieur est la partie qui constitue le devant du sabot. (C'est la pince, mais en comprenant sous ce mot et la partie inférieure antérieure de la corne et ce qui surmonte cette partie jusqu'au bord supérieur du sabot.)

L'achạr ou le velu est le cercle de poils qui entoure le sommet du sabot et lui forme une couronne pileuse.

Par l'itâr ou le cercle on entend ce qu'entoure le velu ou couronne pileuse; c'est le bourrelet (ou partie couvrant le biseau).

Les deux ḥâmiah ou protecteurs ou parois protectrices sont (les quartiers) l'un à droite et l'autre à gauche de la pince ou sounbouk.

L'intérieur ou surface centrale du pied et de la main est nommé ṡaḥn, assiette. (C'est la sole.)

Au milieu de l'assiette est le nasr ou bec d'aigle, saillie qui est là comme un noyau, une sorte de caillou. (C'est la fourchette.)

L'âliah ou le gras, ou les protubérances du pied ou de la main, en est la partie postérieure ou les talons.

Par le mot kâden, le charnu ou le relief charnu, on désigne la proéminence charnue du haut de la cuisse.

Le djâirah ou coup du fouet (c'est-à-dire le lieu où tombe le coup de fouet) est le plan coxal ou l'endroit de la cuisse que le cheval se fouette avec la queue.

Fâïl, la fémorale, est le nom de la veine qui court à la face interne de la cuisse.

Néçâ, naçâ, la crurale, est le nom de la veine interne de la jambe.

Ḥamâh, ou le charnu crural, désigne la masse charnue ou le *sura* de la jambe.

Aux jarrets est l'ébreh, ibrah, l'aiguille, saillie qui est la limite postérieure externe du jarret proprement dit.

Au waẓîf du bipède postérieur est le tounboûb ou la corde tendue (c'est-à-dire la corde de la tente. C'est le tendon).

Le sîçâ, intervalle interscapulaire, est le garrot du cheval; chez l'âne, c'est le dos. ||

IV.

(L'auteur du Kitâb el-aḳouâl el-kâfiah indique qu'il y a dans le cheval vingt-cinq parties, organes et endroits du corps

dénommés par des noms d'oiseaux, et il cite une petite pièce
de vers d'El-Asmaï où ces noms sont cités exprès. Ces vers
valurent au poëte un cadeau du kalife Hâroûn el-Rachîd. C'é-
tait en 185 de l'hégire.

Nous parlerons de ces noms au chapitre **XI** de ce volume.)

CHAPITRE X.

I.

Les instincts et penchants vicieux du cheval sont classés en
douze catégories, et les mauvaises habitudes contractées par
lui-même, en sept catégories.

Voici les douze premières.

1° Le cheval rétif; c'est le plus difficile à redresser;

2° Le cheval mangeur, c'est-à-dire qui mord;

3° Le cheval peureux ou poltron, ombrageux;

4° Le cheval dandinant ou balançant, c'est-à-dire qui, lorsqu'il s'arrête, porte la tête à droite et à gauche;

5° Le cheval détournant ou qui se détourne, c'est-à-dire qui,
lorsqu'il est monté, cherche à se dérober de dessous son cavalier en se détournant à droite et à gauche;

6° Le cheval fuyant ou s'éloignant, c'est-à-dire qui s'éloigne
de son maître ou de toute autre personne : ce défaut est un résultat de mauvaise éducation, de coups trop répétés, ce qui
incite le cheval à fuir quiconque l'approche;

7° Le cheval regimbant, c'est-à-dire qui se refuse à avancer et qui regimbe;

8° Le cheval assaillant, c'est-à-dire qui se cabre pour porter les membres antérieurs sur ce qui est devant lui;

9° Le cheval piétinant, ou de pas étroit, c'est-à-dire qui ne veut pas avancer;

10° Le cheval *cabreur* ou se cabrant, c'est-à-dire qui se dresse sur le bipède postérieur et bat du bipède antérieur;

11° Le cheval criard , c'est-à-dire qui crie au moment où on le met à l'œuvre ou lorsqu'il sent ou flaire d'autres chevaux ;

12° Le cheval fuyant ou s'éloignant au bruit des tambourins (ou tambours , ou nacaires) , ou lorsqu'il s'agit de traverser l'eau.

Les sept autres catégories énoncent les habitudes mauvaises.

1° Le cheval qui sort la langue;

2° Le cheval qui frappe des lèvres et les fait claquer;

3° Le cheval qui se secoue ou fait frémir les flancs (en saccadant sa respiration);

4° Le cheval qui se frotte la verge contre le ventre ;

5° Le cheval qui mange son crottin ;

6° Le cheval qui se débarrasse de ses attaches ;

7° Le cheval qui reste en place (et résiste à sortir, à se mettre en marche ou avancer).

II.

Le cheval rétif, ḥaroûn, réfractaire, doit son indocilité à une mauvaise éducation, à la manière vicieuse dont il a été traité dans son premier âge, aux coups de fouet qui lui ont été prodigués, à l'habitude qu'on lui a donnée de rester trop long-temps dans les mêmes places ou auprès d'autres chevaux. Par suite, l'envie de s'arrêter le domine; alors on le frappe, et il s'accoutume aux coups, il n'en tient plus compte, et enfin il les reçoit comme chose ordinaire. Ce devient pour lui la plus funeste , la plus détestable habitude. Et, une fois que les habitudes ont pris leur empire sur les animaux, elles demeurent

presque rebelles à tout traitement. Aussi, certains livres d'art
vétérinaire et hippique déclarent que le cheval rétif, fût-il
soumis à l'action du feu, fût-il percé par des fers de lance qui
lui entrent dans les cuisses, ne quitte pas la place et n'en bouge
mais.

* Le cheval rétif, rebours, est la plus détestable monture. Ses
caprices sont, pour le cavalier en guerre, une cause de malheur.
Parfois on réussit à corriger ce défaut par des procédés de ré-
pression bien entendus. Un amateur qui se donnait pour expert
dans la connaissance des chevaux, m'a assuré qu'il abattait au
moyen des cordes ou entraves le cheval qui lui avait été rétif;
qu'ensuite il le frappait vigoureusement; le défaut disparaissait.
Je ne sais ce qu'il y a de vrai dans ce résultat. Mais, à mon gré,
le meilleur procédé pour corriger ce vice est de faire monter le
cheval par un écuyer habile, expérimenté, de faire conduire
l'animal dans des chemins fatigants, tous les jours ou *tous* les
deux jours, de le lasser à la chasse à courre *.

Lorsqu'un cheval se montre rétif et ne veut pas avancer,
mettez devant vous quelques personnes que vous faites marcher.
Le cheval alors marchera avec elles, puis prendra bientôt l'habitude d'avancer et de marcher, et dépouillera sa disposition
vicieuse.

Vous reconnaîtrez le cheval rétif par nature, aux indications
suivantes. Lorsque vous le frappez, il s'éloigne; de ses quatre
pieds il frappe le sol et recule. Celui-là est le rétif par excellence, le rétif que nul moyen ne corrigera. Une autre nature
de cheval que l'on qualifie aussi de rétif est celle du cheval qui
aime l'écurie, qui résiste, qui repousse toute excitation au dé-
placement. Cette sorte de cheval va par soubresauts. Il est des
chevaux qui aiment la compagnie des autres chevaux et qui,
pour rester avec eux, font les rétifs. Il y a tel cheval qui, si
vous le montez en société d'un certain nombre d'autres chevaux, fait le rétif lorsque son maître veut, à son tour, le
monter.

Le cheval que vous avez tenu éveillé, qui ne prend pas de
sommeil, si, par suite de cela, il se montre rétif, maintenez-le,

à l'endroit même, debout, sellé, bridé; faites-le monter par un individu, puis par un autre, jusqu'à ce que l'animal soit fatigué et excédé. Maintes fois, nous avons entrepris de redresser ainsi de ces sortes de chevaux rétifs, et ils sont restés corrigés. Maintes fois encore j'ai donné de ces chevaux à promener, à tenir en mouvement, jusqu'à ce qu'ils eussent oublié et perdu leur disposition vicieuse.

Lorsqu'un cheval monté est djafoûl, c'est-à-dire s'étonne, ou s'arrête, soit dans la marche, soit dans la course, l'individu inhabile ou ignorant s'imagine avoir un cheval rétif, et cependant il n'en est rien. Les chevaux du Ķorâçân ont ces manières d'arrêt et de mouvements; car, par nature et par tempérament, ils sont curieux, résolus et décidés. Il ne faut point monter à poil les ķorâçâniens. Lorsqu'on les monte ainsi, ils deviennent encore plus difficiles, plus indociles. C'est parce qu'on les monte à poil qu'ils contractent leurs habitudes d'arrêt. Pour les monter, mettez-leur sur le dos une couverture, ou une housse quelconque, et ils s'accoutumeront à se laisser conduire, quand même vous leur ceindrez et serrerez fermement les sangles.

Les chevaux qu'on laisse monter par des enfants qui les frappent, qui les conduisent maladroitement et sans expérience, deviennent rétifs.

[Les vices naturels ou acquis, les plus difficiles à vaincre et à détruire sont ceux que nous allons indiquer.

On parvient rarement à corriger :

Le cheval mordeur, ạdoûd, ou que son naturel entraîne avec force et partout à mordre ;

Le cheval charib ou toujours disposé à mal faire ;

Le cheval moutehaṡṡan ou qui est toujours en défense, impatient à tout contact ;

Le cheval zamoûḥ ou enclin à ruer. Le cheval enclin à ruer est toujours prêt à lancer la ruade ; il recule ; il alonge le coup contre tout ce qui se trouve derrière lui, contre tout être qu'il sent, cheval, ou mulet, ou âne, ou chameau, ou homme.

Le cheval rétif est dominé par son penchant à la résistance,

à l'indocilité, reste opiniâtrément en place. Qu'on le frappe,
qu'on le pointe avec une lance, il se détourne et se retire contre
les murs. Le rétif qualifié de ḥannân ou préoccupé, c'est-à-
dire pensant toujours à sa mangeoire, à sa demeure, est celui
qui, dès qu'il aperçoit une rue, un chemin, se dirige de manière à prendre du côté de son écurie. Si le cavalier s'oppose à
ce retour, l'animal s'arrête. Il en est ainsi toutes les fois que
se présente un chemin ; le cheval le suit afin de retourner au
lieu où il est habituellement attaché ; il n'a d'autre préoccupation que de s'y rendre ; il s'arrête et se tient coi.

III.

Le cheval djamoûḥ ou revêche et opiniâtre est celui qui ne
se laisse conduire, guider ou tourner sur rien, que la bride ne
peut régler ni commander.]

.* Le cheval revêche et opiniâtre *monte sa tête ; enfourche sa
tête* (iarkab râs-ho, equitat in capite suo, ascendit in suum
caput), c'est-à dire étend et pousse la tête en avant afin de se
précipiter ; alors il ne répond plus à la bride, il n'est plus retenu, il attaque avec les dents les branches du mors. Vulgairement on qualifie ce cheval par le terme de ḳaroût, revêche.
Vous n'êtes jamais sûr qu'un cheval de ce caractère ne vous
précipite pas aux plus grands dangers. Comme traitement, on
lui enlève les crochets. Si ce moyen ne réussit pas, on opère
la castration *.

[Le cheval audacieux, ou plutôt impudent, mo'taram, est
celui qui est le plus décidé et le plus opiniâtre à la défense, et
en même temps le plus libidineux. Il se dresse à tout animal
qu'il aperçoit, mâle ou femelle, mulet ou âne ; pour lui c'est
tout un. Le maître de ce cheval risque toujours, est toujours
en danger. Car, lorsqu'on le monte, on peut le trouver disposé
à résister, ou à mal faire, ou à ruer ; alors on le frappe et il
peut regimber, lutter, assaillir ; et on reçoit une ruade, on est
atteint aux mains, ou bien à la tête s'il se cabre sur vous .]

Le cheval devient aḍoûd, ou aḍdâd, mordeur, ou con-

tracte le penchant à mordre , — lorsqu'on le fait trop souvent
passer et repasser au milieu d'autres chevaux; — ou lorsque le
domestique ou le groom le frappe souvent; — ou lorsque l'animal habite un lieu trop resserré. Il y a des chevaux qui ont
une sorte de rage ou penchant violent à mordre , parce qu'ils
ont le sang vicié ou de mauvaise nature , ou parce qu'ils sont
sous l'influence d'une maladie bilieuse aiguë , ou de plusieurs
maladies réunies. Certains chevaux se sont accoutumés à
mordre parce que , lorsqu'ils étaient poulains , on les a frottés
trop rudement avec le tampon à nettoyer (ou frottoir avec lequel
on bouchonne et on étrille) et parce que l'on a ainsi continué.
L'habitude contractée a persisté. D'autres chevaux sont devenus
enclins à mordre , — parce qu'on a joué avec eux; — parce
qu'on les a agacés et piqués avec la main. Et ce défaut, une
fois contracté par l'animal , n'a fait que prendre plus de force
et croître avec l'âge.

[Lorsqu'un cheval est fortement enclin à mordre et qu'il
mord toutes les fois qu'il le peut , certains dresseurs veulent
qu'on lui brise les crochets ou dents canines avec des tenailles
à bec , mais seulement à ras de la gencive ; ils se gardent par
conséquent d'enlever la racine de la dent. Mais , à mon sens ,
ce conseil repose sur une idée mal raisonnée ; car l'animal ne
mord qu'avec les dents antérieures. Moi , j'ai fait l'expérience
d'un procédé qui m'a paru plus rationnel et mieux adapté à la
circonstance. J'ai pris un cheval accoutumé à mordre ; je l'ai
solidement entravé ; je l'ai abattu ; puis j'ai perforé les dents incisives ou pinces supérieures et inférieures , en perçant quatre
trous aux quatre incisives, un à chacune d'elles, me servant pour
cela d'un perçoir fin et délié que j'appliquai au milieu de la dent
et que je fis pénétrer jusqu'à l'autre face de la pince. Ces trous
sont aisément obturés par ce que mange ensuite le cheval et ne
laissent par conséquent apercevoir aucune trace ou difformité
qui déplaise à l'acheteur. A la suite de cette opération , la bête
appréhende de mordre et renonce à son penchant vicieux. S'il
s'agit d'un cheval de prix et qui ait la marche rapide et supérieure , on le soumet à la castration. Par là on le corrige.

IV.

Quant au cheval toujours disposé à mal faire ou à nuire, et au cheval impatient à tout et toujours en défense, on l'excite au moyen d'un mulet ou d'un autre animal, avec lequel il est attaché étant dans les entraves, et on le lie de compagnie avec d'autres animaux ou chevaux qui le forcent à avancer avec eux. On l'oblige à se laisser monter, à se fatiguer; et il finit par se corriger.

Si un cheval est colère et toujours prêt à ruer, on le monte, on le fait approcher d'une porte bien ferrée de clous nombreux et dont plusieurs sortent en saillie comme des noix. On tourne l'arrière-train du cheval du côté de la porte. Le cavalier tient à la main un épieu ou bâton muni, à l'extrémité, d'une pointe assez longue qu'il fait passer et repasser sur la croupe et les flancs du cheval afin de l'agacer, de l'exciter, jusqu'à ce qu'il lève la ruade; alors il frappe des deux pieds contre la porte. Peut être il sautera; en ce cas, on le frappe jusqu'à le blesser à vif. J'avais un cheval isabelle qui agissait ainsi. Maintenant le cavalier peut se lancer comme pour combattre, contre ce cheval, aller à lui avec des lances qu'il entre-choque entre les mains et qu'il casse; lors même qu'il porte un coup de pointe au cheval, celui-ci ne s'émeut et ne bouge.]

(Nous reviendrons sur les procédés suivis ou conseillés pour corriger les chevaux vicieux.)

Un cheval est devenu djafil ou djafoûl, peureux, ombrageux, parce que souvent, dans sa jeunesse, on l'a effrayé, on jetait devant lui différents objets, on lui soufflait à la face, on produisait devant lui des bruits de ronflements ou de grognements. Par suite, il a pris l'habitude de la peur et elle lui est restée. Pour remédier à ce défaut, conduisez le cheval, autant que possible, dans les rues ou passages resserrés; habituez-le à aller dans les rues étroites; mais alors ne le frappez jamais. Accoutumez-le aussi à traverser la foule, les endroits très-fréquentés; faites-le passer par des portes. Certains chevaux sont peureux par faiblesse de cœur, par timidité naturelle. Le cheval ombrageux qui est le plus gênant et le plus embarrassant, est celui qui a peur des chameaux.

Le cheval nawwâh ou dandinant (c'est-à-dire qui, en s'arrêtant, se porte et reporte à droite et à gauche). La cause de ce défaut est due à la disposition du lieu où l'on a tenu le poulain pendant son éducation et son dressage. Si l'aire de cet endroit n'est pas unie et égale, le poulain ne peut garder les mains dans la même place, il les porte d'un endroit à un autre. Ces changements dans les poses deviennent une habitude; et, lorsque l'animal a grandi, il s'imagine que l'on exige de lui ces mouvements toutes les fois qu'on l'arrête. De là l'agitation ou les déplacements dont nous voulons parler.

Le cheval zawaṛân ou détournant, ou qui se soustrait, ou qui s'éloigne de côté, contracte cette habitude vicieuse lorsqu'il a eu le dos blessé par la selle ou par les harnais et que l'on a monté l'animal avant qu'il ne fût guéri. Le poulain contracte ce défaut, lorsqu'on le monte trop jeune, lorsqu'il ne peut encore supporter sans peine le cavalier et que les premiers exercices de l'équitation sont encore pour lui trop pénibles, ou lorsque l'animal est toujours monté; il arrive à s'ennuyer, pour ainsi dire, d'être longtemps sous le cavalier, et il se détourne ou cherche à s'échapper de dessous celui qui le monte, à s'en débarrasser comme fait une personne qui se soustrait à une charge trop pesante, et il se rejette d'un côté à l'autre, fatigué et ennuyé qu'il est. Ces mêmes circonstances, en se renouvelant souvent, impriment au cheval une habitude qu'il conserve.

Le cheval naffâr ou fuyant, ou s'éloignant, refuse de se laisser ferrer. Cette disposition vicieuse vient de ce que dans les premières ferrures il a souffert de l'implantation des clous ou de ce que le fer lui a serré et gêné les pieds; par suite, le cheval s'imagine, à chaque fois qu'on se prépare à le ferrer, qu'il y a la même douleur ou la même gêne à éprouver; de là son empressement à s'éloigner.

Parfois le cheval se refuse à se laisser seller et brider. Cette

répugnance, a-t-on dit, a eu pour cause — des blessures produites sur le dos par la selle, et l'on a assujetti la selle et sanglé avant la guérison complète ; — ou bien les procédés mala-
droits ou mauvais du palefrenier ; — ou les coups trop souvent
répétés sur la tête du cheval, par suite il se trouble et s'inquiète toutes les fois qu'il voit le palefrenier s'approcher. L'a-
nimal s'éloigne, l'évite, toujours dans l'idée qu'il est menacé
de nouveaux coups. De là s'établit l'habitude de s'éloigner.
Quant au cheval qui se détourne pour ne pas recevoir la selle,
le meilleur mode pour le redresser, c'est, lorsque vous l'avez
monté et fait marcher, de l'arrêter quelques instants et ensuite
de le remettre en mouvement.

Le vice d'un cheval récalcitrant ou ramoûh, c'est-à-dire
qui résiste à la personne qui veut le faire avancer, est un vice
de nature.

Le cheval tamoûh ou assaillant est d'un tempérament
prompt et remuant; ou bien sa bride est trop légère; ou bien
les éperons (ou les étriers à plateau) sont trop piquants, trop
acérés; alors, chaque fois que le cavalier en fait sentir la pointe,
le coup est trop cuisant, trop pinçant, et le cheval s'imagine
qu'on lui demande de sauter ou porter les mains sur ce qu'il a
devant lui. Il agit en conséquence, et ce devient une habitude,
un vice qui persiste.

Le cheval piétinant ou trépidant, châlck ou djâlek, est de
nature vive et prompte, a le pas court, resserré et sautillant.
Toutes les fois que montant ce cheval, on lui demande de
prendre le pas régulier et qu'on lui fait l'invite nécessaire plus
ou moins ferme, on ne réussit pas à l'amener à l'allure voulue;
l'animal alors trépide sur ses membres par bonds courts et bas,
au lieu de prendre le pas qu'on lui demande.

Le cheval cabreur, chabchoûb, chaboûb, devient tel par
suite de mauvaise éducation, parce que d'ordinaire il a une
bride trop légère, ou parce que les montants de la têtière sont
trop courts. Par suite, toutes les fois qu'on l'arrête ou qu'on le
retient, il s'imagine qu'on lui demande d'élever les membres
antérieurs. Il y est, d'ailleurs, invité parce que les montants de

la bride sont courts. Ces circonstances, répétées souvent, créent l'habitude.

(Les observations relatives au cheval crieur, manquent dans le texte arabe. Il n'y a que ces derniers mots : « lorsqu'il flaire ou sent d'autres chevaux. » Ce fragment de phrase me paraît être la preuve d'une lacune de quelques lignes au manuscrit, car ce sont les mêmes mots qui terminent la catégorie onzième indiquée au premier paragraphe de ce chapitre.)

Tel cheval fuit le bruit des tambourins (voy. vol. I, note 8) ou des nacaires, ou s'éloigne ou recule lorsqu'il s'agit de traverser l'eau. Selon moi, ce vice est une imperfection naturelle, originelle dans l'animal, non un défaut communiqué par une mauvaise éducation, non une disposition due à quelque souffrance ou gêne endurée autrefois.

Le cheval qui se débarrasse de ses attaches ou liens, qui détache les chevaux qui l'avoisinent, arrive à acquérir ces défauts parce que son maître a voulu lui apprendre, tout à fait dans le premier âge de poulain, à porter la masse d'arme, ou le fouet (ou la baguette, ou la badine), etc., et a renoncé ensuite à cette petite manœuvre. Mais le souvenir en est demeuré dans la mémoire de l'animal ; chaque fois qu'il s'est vu débarrassé de ce qu'on lui plaçait sur lui, il en a gardé un souvenir. Par suite, il s'imagine que l'on veut qu'il se débarrasse, et il va volontiers s'attaquer à tout ce qu'il voit, le détache, le déplace, et cela par volonté décidée et aussi avec plaisir.

* Le cheval okkâl ou empêtré, c'est-à-dire au pied embarrassé et faible, a les pieds secs et de mauvais aplomb, mais non par vice congénial. On s'aperçoit du défaut lorsqu'on monte le cheval au sortir du lieu où il est tenu. Après une marche un peu prolongée, la claudication ou gêne disparaît. Mais il n'y a point à compter sur un cheval ainsi défectueux, ni pour échapper à une poursuite, ni pour réussir à atteindre un but, une prise.

Le chamoûs ou regimbant refuse de se laisser monter. Certains chevaux refusent tel cavalier et en acceptent un autre. C'est un souvenir de mauvaise impression par suite de quelque mal ou vexation de la part du cavalier refusé, tant les chevaux ont une nature digne et élevée.

Le ḳanoûs ou camard, c'est-à-dire fier, dédaigneux, se met en marche facilement, sans préoccupation, et, s'il vient à vous reconnaître incapable ou maladroit, il se *camarde*, agit de fierté dédaigneuse, c'est-à-dire il porte la tête vers le sol, puis se redresse et se rejette en arrière pour vous atteindre à la face. Alors le pommeau de la selle peut vous frapper contre le ventre, vous donner ainsi un coup dangereux et vous démonter.

Le broncheur ou aṭṭâr doit son défaut à sa mollesse générale, ou à une maladie du poitrail, maladie d'ailleurs toujours accidentelle et qui souvent se traite par la saignée *.

|| Le ḥaïoûs ou fuyant, détournant, est celui qui cherche à aller du côté opposé à la direction que veut lui faire suivre le cavalier.

Le ḳamoûs ou tourneur est le cheval qui tourne sur l'arrière-train, levant et abattant le bipède antérieur jusqu'à démonter le cavalier.

Le cheval qui avance par sauts est dit ḳatoûf, tardigrade, battant le sol. ||

V.

Quant aux habitudes proprement dites, telles que l'habitude de sortir la langue, de frapper des lèvres, l'habitude de se secouer ou faire frémir les flancs, de se frotter la verge contre le ventre, de manger le fumier, litière ou crottin, nous aurons, s'il plaît à Dieu, l'occasion d'en parler plus loin et d'indiquer, dans la partie thérapeutique de cet ouvrage, les moyens d'y remédier.

CHAPITRE XI.

I.

Les données consignées dans ce chapitre nous sont fournies par un travail dû à un vétérinaire hippologue, que Dieu l'ait en sa miséricorde !

Le cheval de haute course a les caractères suivants : — nez effilé, à tel point que l'animal boirait dans un koûz ou grand verre en fer-blanc (dont l'ouverture égale un cercle qu'embrasseraient les deux index et les deux pouces étendus et écartés à l'extrême possible) ; — naseaux évasés ; — front large ; — oreilles alongées ; — joues presque décharnées, sèches ; — œil saillant ; — trois choses noires : le tour extérieur de l'œil (c'est-à-dire ce que laisse voir le capuchon ou couverture de tête dont on couvre les chevaux), les lèvres, et les sabots ; — genoux lisses et polis ; — ventre et flancs dégagés et forts ; — tendon bien détaché ; — proéminence accentuée des deux aouzzah ou saillies charnues préthoraciques ; — coude assez court ; — trachée souple et fine ; — thorax ample et développé ; — racine caudale courte ; — queue longue ; — encolure longue ; — dos court ; — croupe ronde et pleine.

La qualification de kerd-kaûmî, courageux, appliquée au cheval de course ou de vitesse, est réservée au sujet qui a le cou haut, c'est-à-dire qui a le cou long et porté haut, jamais porté bas, et dont les bipèdes, dans la course, sont réunis et vont de pair.

Si vous voulez reconnaître le cheval supérieur pour les luttes de vitesse, appréciez jusqu'à quelle distance, dans la course ordinaire, il lance les membres antérieurs, et mesurez cette distance ou portée de chaque élan ou enjambée. Si cette portée est de six grandes coudées ou coudées bagdadiennes, le cheval est de premier titre ; si elle est restreinte à trois coudées et demie ou au-dessous, le cheval est mou. Examinez la trace que les quatre membres laissent sur le sol lors de la course. Si vous mesurez des intervalles de six coudées bagdadiennes, le cheval est excellent coureur; s'ils sont au delà de six coudées, le cheval est un coureur du plus haut degré. Si la distance des traces est de quatre ou de trois coudées, le cheval n'est qu'un coureur tardif, un *lambin*. Le coureur de mérite moyen laisse des traces frappées en distance de quatre à cinq coudées.

(Le Kitâb el-aḳouâl el-kâfiah donne les mêmes estimations, mais il les exprime aussi en pieds. Voici ce qu'il dit.)

* Le cheval qui, à la course, laisse entre la trace de ses mains et la trace de ses pieds une distance de six coudées est un fin coureur et un pur sang. La distance est-elle plus grande encore, le coureur est superfin, et son émule est presque introuvable. Le coureur moyen ne marque que des distances de quatre à cinq coudées; le coureur lent et retardataire, trois coudées et demie. En appréciant ces intervalles en pieds, il y aura douze pieds entre la trace de l'avant et celle de l'arrière bipède, pour le cheval fin coureur. Au delà de cette limite, c'est le terme suprême de vitesse et de mérite. Le coureur moyen laisse des distances qui varient de neuf jusqu'à onze pieds. Le lent coureur laisse des traces dont les distances restent au-dessous de neuf pieds. J'ai fait des épreuves et j'ai eu des chevaux qui ont laissé des traces distancées bien au delà des limites que je viens d'exposer *.

D'autres signes encore servent à reconnaître et juger le cheval bon coureur; ce sont : la puissance de la respiration, la vivacité et la beauté du regard, la largeur de l'espace qui sépare les deux yeux, la finesse des lèvres, l'ampleur des ouvertures nasales ou ampleur des naseaux, la sécheresse de la joue ou région sous-orbitaire de la face, la finesse du relief antérieur du cou, la saillie et le dégagé des jarrets, la brièveté des jambes, la petitesse des talons.

II.

Distinction et dénomination des rangs des coureurs sur le champ de course.

[Sur l'hippodrome ou le champ de course, chaque coureur, selon l'ordre et la place qu'il avait parmi les dix premiers concurrents lancés, se désignait par un terme qualificatif.]

(J'ai indiqué cette coutume ancienne, dans le Ier volume, page 323. — Le reste de ce paragraphe-ci est recueilli et résumé du manuscrit de Bagdad, de l'Edeb el-kâteb et du Kitâb el-akouâl el-kâfiah.)

Le coureur le premier ou en tête de tous ses rivaux était le sâbek ou devançant, ou bien le moudjella ou le découvert, le mis en évidence; — le second ou celui qui venait en second rang, était le mouçalla ou touchant la croupe, c'est-à-dire celui dont la tête suit tout près l'arrière-train ou les cuisses du coureur qui est en avant de tous. C'est par allusion à ce sens que l'on a dit en arabe : « Sabak Abou Bekr wa salla Omar, Abou Bekr devança, fut le premier, et Omar suivit tout après. »

On désignait chez les anciens Arabes la place des autres coureurs par le chiffre qui exprimait leur ordre dans la série, et cela jusqu'à neuf inclusivement. Le dixième était le sokkeït; et le dernier de tous les chevaux en course était le fouskoul. Les noms spéciaux donnés aux autres rangs, depuis deux à dix exclusivement, sont de création plus récente. Voici ces désignations ou qualifications.

Le troisième coureur ou celui qui tenait le troisième rang, était dit moucella, le consolant, comme s'il était, à ce rang, une consolation pour son maître. — Le quatrième était appelé tâlî ou le suivant, qui suit le consolant. — Le cinquième était le mourtah, le reposé, le tranquille, c'est-à-dire le tranquille sur ceux qui le suivaient. — Le sixième était le âtef ou bien-venu, comme s'il avait cependant encore la bienveillance de son maître. — Le septième était le ḥazî ou le bon, ou méritant encore de vaincre.—Le huitième était le mouèmmel, qui donnait des espérances à son maître. — Le neuvième était le latîm ou le souffleté.—Le dixième était le sokeît ou sokkeît, passé sous silence, dont le maître vient à lui sans mot dire.

Au delà du dixième rang on ne comptait plus. Le dernier de tous les chevaux engagés et lancés dans une course était dit le fiskil ou le fouskoul, le traînard, le resté en arrière sur le champ de course. Le vulgaire prononce fouchkal, au lieu de fiskil ou de fouskoul.

Plus anciennement, dit El-Djâḥeż, les Arabes n'avaient de dénominations qualificatives que pour les huit chevaux concurrents qui, sur le champ de course, avaient les premiers rangs. Au delà de ce nombre, on ne tenait plus compte des coureurs et on ne donnait plus rien. — Le premier était le sâbek ou le devançant. — Le second était le mouçalla ou tenant l'arrière-croupe. — Le troisième était le moukaffa ou le pressant, celui qui presse et tient la trace et les pas contre celui qui précède. — Le quatrième était le tâlî ou suivant de près. — Le cinquième était le âtef, le venant dessus, ou arrivant. — Le sixième était le mouzammir ou l'animant ou poursuivant la lutte. — Le septième était le bâré', le bon, le méritant encore. — Le huitième était le latîm ou le souffleté; on l'appelait ainsi parce qu'on lui appliquait un soufflet, ce cheval fût-il estimé comme étant de haut titre ou comme excellent coureur.

Le Prophète proposa une course et mit, pour prix, des vêtements rayés qui lui étaient parvenus de l'Yémen. La course eut lieu. Et le Prophète donna au sâbek, devançant ou vainqueur, trois de ces vêtements; au mouçalla, deux; au troisième, un. Au quatrième il donna un dînâr ou denier d'or; au cinquième, une drachme ou derhem ou pièce d'argent; au sixième, un kaçabah. Le Prophète ajouta ces paroles : « Que Dieu te donne sa bénédiction ; la donne à vous tous, au sâbek et au fouskoul » (au premier et au dernier ; vous êtes tous d'ex-

cellents coureurs). J'ignore (dit l'auteur arabe) ce que signifie ici ḳaçabah ; je ne lui ai pas trouvé de sens dans notre
langue.

III.

* Abou Ọbeïdah racontait qu'il avait entendu Abou Ṡâleḥ
dire ceci : « Lorsque j'ai questionné les Arabes à propos des
différences de conformation naturelles des chevaux, les uns
étant longs, les autres courts, et sur les nombreuses diversités
de développement qui peuvent cependant se concilier avec la
vitesse à la course, les Arabes m'ont répondu : « Est-ce que tu
n'as pas, par hasard, ouï ce dire des anciens : « La supériorité
de mérite est conciliable avec toute forme. » Il y a là une
exagération évidente à l'endroit des caractères qui distinguent
la pureté et la beauté du cheval. Un cheval, d'ailleurs, ne saurait avoir tous ces caractères. Mais pour être supérieur, et fin
coureur, il doit avoir quatre qualités, et s'il lui en manque une
il ne sera point vainqueur au champ de course. Deux de ces
qualités sont en dehors de tout artifice humain ; les deux autres
peuvent être modifiées ou presque données par moyens arti-
ficiels.

1° En quelque circonstance que soit le cheval de haut mérite, il lui faut la dureté ou patience courageuse. Car, par la
dureté, il met en œuvre et utilise toutes ses ressources. Sans
elle il manque de ce qu'il y a de meilleur. Cette qualité, aucun
artifice humain ne peut la procurer ou lui servir.

2° Le cheval, pour être supérieur, doit avoir une ample cavité pectorale, car c'est là que va et vient la respiration. Si la
poitrine est spacieuse, il trouve une respiration aisée. S'il ne
respire pas facilement, il bronchera, il n'aura pas une course
puissante. Encore ici, l'artifice humain ne peut rien donner de
ce qui manque ; cette qualité est un don de la nature. Le dégagé des flancs, de la poitrine, de la trachée-artère, de la cage
osseuse thoracique, tout cela se tient, et dépend aussi des
côtes ; c'est là que se rafraîchit alors la respiration.

3° Il faut de larges naseaux ; car c'est par là que le cheval aspire l'air et le rejette. Sans de larges naseaux , le cheval se fatigue du côté de la respiration ; elle ne trouve pas une issue assez ample, et l'animal , gêné, ne peut avoir alors une course vigoureuse. Ici , un moyen artificiel peut apporter quelque remède. Pour cela, on fend les deux narines, ou une seule, aussi grandement qu'on le juge à propos pour le passage facile et abondant de la respiration.

4° Il faut que les conduits du nez ou fosses nasales soient libres et bien ouverts ; car ce sont les voies de transport de l'air ; et par suite la course est aisée. Lorsqu'ils sont gênés, il en résulte de la souffrance. Le meilleur cheval, s'il a cette gêne ou s'il souffre, fait défaut à ses mérites supérieurs. Il y a pour ce cas une ressource artificielle. On assouplit et adoucit les parties au moyen de crottin frais de chameau et d'eau fraîche , le matin et le soir. On amène ainsi une flexibilité et une mollesse suffisantes, à moins que la gêne ne provienne de conduits nasaux trop resserrés ; alors il n'y a aucun moyen d'y remédier.

IV.

On apprécie l'extérieur ou la valeur physiognomonique du cheval par la vue, par l'expérience et par l'observation logique.

Lorsque la distance depuis et y compris le boulet de la main jusqu'au genou est plus longue que depuis le genou à l'épaule, c'est-à-dire l'extrémité supérieure du bras , le cheval est bon coureur, bon sauteur, léger. Cela se mesure à la saillie charnue et arrondie qui est au poitrail. Si les deux distances sont égales, on a un cheval de mérite. — Lorsque la distance du boulet du pied au jarret est plus courte que celle du jarret au grasset , et que la croupe est éloignée, on a un coureur excellent, un vainqueur pour les courses ; mais cette conformation est déplaisante à voir, a quelque chose de bas à l'aspect.

J'ai observé , comme garantie de vitesse et de vigueur à la course, deux qualités que voici : 1° le cheval à bas siége ou ar-

rière-train abaissé est celui dont l'avant-main est plus élevée
que l'arrière-main , et est utile surtout dans les lieux déclives.
Il a son modèle dans la conformation de l'hyène ; car l'hyène
a le train postérieur bas , et, dans les descentes, elle a une
force de course qu'elle n'a pas dans les montées. 2° Le cheval
dont l'avant et l'arrière-main sont de hauteur égale , dont les
membres sont dans des proportions similaires, dont les deux
pieds sont bien dressés, ont leur centre bien d'aplomb et sont
sans déviation , comme sont les pieds d'une gazelle, en telle
sorte que, quand l'animal marche, sa trace ressemble à une
étroite série de traces; ce cheval a alors les données et preuves
les plus positives de rapidité , de vitesse, de beauté. Ce caractère se montre encore spécialement dans la longueur de l'encolure. Mais lorsque l'arrière a plus de hauteur que l'avant ,
que la croupe est plus élevée que le garrot, il n'y a rien là qui
mérite éloge. Si l'une surpasse à peine l'autre en hauteur, il y
a quelque avantage à obtenir, par exemple, en franchissant les
montées.

Lorsque , du genou à l'épaule , il y a une distance parfaitement égale à celle qu'il y a du bout du nez jusqu'à l'œil, le
cheval est de pur sang, de race pure, de nature supérieure ;
c'est le cheval rare, qui n'a pas son semblable. Cette désignation mensurale est en grande considération chez les Indiens:
ils la discutent et raisonnent longuement , en font la base de
longues descriptions et appréciations de qualités.

Toutes les fois que, de la pointe crânienne ou lieu d'implantation du toupet jusqu'à l'extrémité de la base cervicale ou
terminaison inférieure de la crinière, il y a la même longueur
que depuis le garrot jusqu'à l'implantation de la queue, le cheval est de race , cheval parfait pour la charge sur l'adversaire ;
car le cou , chez le cheval , doit en être juste la moitié de la
longueur.

La meilleure longueur du dos chez le cheval, depuis la racine
de la queue jusqu'au-dessous du garrot, est de deux spithames
(ou espaces depuis l'extrémité du pouce à l'extrémité du petit
doigt éloignés à toute extension possible) et une longueur de

main, le cou ayant la même longueur. C'est alors le grand et
vigoureux cheval. Au delà de trois spithames , il ne vaut plus
rien ; le dos est alors trop long ; l'animal est au delà des proportions normales, il tient du bœuf *.

V.

* Les formes et les qualités physiques les plus importantes ,
les plus désirables, chez les chevaux de haut rang, sont les
suivantes ; nous n'en multiplierons pas le nombre ; nous n'en
exigeons que ce qu'il est possible , facile d'en rencontrer
réunies , car la perfection est introuvable. Ces formes, si le
cheval les possède, sont au moins suffisantes. En dehors d'elles,
il n'y a généralement aucun avantage à attendre. Voici cet
extérieur particulier.

Cheval haut à monter , long de sept spithames ou empans
complets, ayant le col long, l'égorgeoir fin, la tête parfaitement
conformée, le front large, les joues polies, le chanfrein busqué,
les oreilles fines , effilées à l'extrémité, bien effacées ; les naseaux évasés ; les coins de la bouche bien fendus et grands ;
dents complètes ; yeux éloignés , saillants , marqués comme la
coquille de Vénus, noirs pour le noir et blancs pour le blanc ,
car ce sont là les beaux yeux, les yeux à rechercher ; ou bien
les yeux noirs, sans défaut, sans regard qui louche ; toupet bien
fourni ; crinière et queue touffues ; garrot fortement élevé ou
sorti ; dos court ; croupe arrondie ; le siége du cavalier en croupe
ou siége lombo-sacré droit ; la croupe n'étant point la terminaison du sacrum ; le dos et le garrot non déprimés ; l'avant-
main plus élevée que l'arrière ; court et bas de l'arrière comme
l'hyène ; la poitrine large, sans difformité rentrante ou saillante ;
le gosier bien disposé et marqué, ainsi que les deux fehdah ou
reliefs charnus qui sont l'un à droite et l'autre à gauche du bas
gosier ; le passage des sangles ou le *sangloir* étendu et fort afin
qu'il maintienne et garde bien les sangles ; les flancs spacieux ;
le ventre développé ; les côtes minces ; les membres sains et

bien dressés, fins, comme les jambes de l'autruche; le sabot gracieux et bien fait, noir, ou gris-noir, ayant la corne flexible, douce, élastique, étant régulier et proportionné; les côtés du ventre alongés; les avant-bras longs; ni cela trop long ni ceci trop long; — les deux membres antérieurs n'inclinant ou ne tournant point en dedans, car le cheval serait a ḥ n a f ou cagneux du devant, ni ne tournant en dehors, car il serait a ṣ d a f ou panard du devant; — les deux membres postérieurs n'ayant ni déviation, ni jarde ou éparvin, ni vessigon, ayant leur centre d'appui bien d'aplomb comme le bipède postérieur de la gazelle, ayant à peine de la chair, ayant la peau mince et polie, comme aux jambes du taureau, auxquelles on ne voit que la peau, les tendons et l'os; les sabots sains, ayant leur battue sur le sol pleine, et sans que le membre presse ou appuie trop sur leurs bords antérieurs ni sur l'arrière des jarrets, car alors la paroi antérieure du sabot et le boulet pourraient tous deux toucher le sol; le paturon ou creux des entraves pas trop long, car alors on l'appellerait long-jointé, long des doigts (ṫawìl el-oṡbo'); les tendons souples, mais pas trop courts; car le cheval pourrait devenir embarrassé, bouleté; — la queue mince et fine.

Le cheval sera — noir partout, sans la moindre tache, ou avec trois balzanes, la main droite en manquant, et avec une tache blanche qui couvre l'avant de la face, ou qui ne soit qu'une étoile au front, ou même avec balzanes aux quatre membres; — ou bai châtain avec les deux crins (la queue et la crinière) noirs d'un noir jayet; — ou bai uniforme avec l'étoile au front; — ou bai avec balzanes (c'est-à-dire alezan); — ou alezan-saure complet avec point blanc au front; — ou isabelle, de la teinte de l'ambre, avec les deux crins noirs; — ou alezan blond doré, d'un blond pur, avec ou sans étoile *.

VI.

De l'extérieur proprement dit, ou examen et appréciation de toutes les parties extérieures du cheval.

* Nous allons parler des organes extérieurs (ou divisions générales du corps au point de vue de l'extérieur), et dire ce que l'on y aime et ce que l'on y blâme.

La tête, râs. La tête considérée dans son ensemble se nomme aussi naâmah. On recherche et préfère les oreilles à extrémités fines et effilées comme le bec du ḳalam taillé ou roseau à écrire ; les oreilles hardies, à conque gracieuse, élancées, distantes l'une de l'autre, étroites au conduit auditif, glabres à leur extrémité. On blâme et dédaigne les oreilles très-longues, larges, grosses, à poils durs et gros, touffues à l'intérieur, ou trop courtes ; — ou versées, daḳwâ, c'est-à-dire dont l'une se penche vers l'autre de manière que leurs extrémités vont presque se toucher en avant du front et sans être dressées ; — ou clabaudes, ḳazwâ, c'est-à-dire tombant, depuis leur base, vers les joues ; le cheval est alors qualifié de aḳzâ, clabaud ; — ou élargies du sommet, ḳatmâ, sans se terminer en pointe ; — ou razfâ, réfléchies en dedans par le bout ; — ou réfléchies en arrière par l'extrémité, ḳanfâ ; — ou ra'lâ, fendues et laissant pendre une découpure ; — ou coupées au bout ; alors elles sont charma, balafrées, échancrées ; — ou ḳaçouâ, fendues seulement à la pointe, entamées ; — ou fendues jusqu'au delà du quart de la longueur ; l'oreille est dite alors djezâ, entaillée ; — ou fendues plus loin encore ; en ce cas l'oreille est aḍbâ, pourfendue.

Le passereau, oṣfoûr, est le lieu d'implantation du toupet. Les crins du toupet sont appelés spécialement sebîb, rousnah, ḳaslah, ainsi que ceux de la crinière. On aime et il est bien que ces crins soient abondants, longuement étalés, doux au toucher. On blâme — le toupet découvrant, c'est-à-dire celui qui se tient penché et porté vers une des oreilles ; le cheval est

dit alors ak ch af, découvert; — le toupet court et peu fourni,
safouâ ou safâ; — le toupet dépilé ou épilé ou dégarni; le
cheval est dit alors amar, dégarni; — le toupet exubérant ou
étourdissant, ramâ, tant il est touffu. D'après Abou Obeïdah,
le toupet exubérant est une beauté; témoin ce vers qui fut dit
à Imrou l-Kaïs, à propos d'un cheval :

« Il a le toupet luxuriant; on croirait un régime de
ramuscules serrés et confus le long du pannicule du
dattier; toupet bien loin d'être dégarni. »

La nuque, fakâr, doit être unie, non saillante. — Le kazâl
est le point où pose la têtière de la bride au sommet de la tête
derrière les oreilles. Ce point présente deux os saillants appelés
les deux coqs, dikân, ou encore, protubérants, kachchâ.

La face doit être sèche, comme décharnée; le chanfrein
mince; le front large, dépourvu de chair et ayant la peau bien
collée à l'os. — Les salières ou wakb ou kalt, ou les deux
creux situés au-dessus des yeux, doivent être étroites, assez
remplies, pour laisser plus de force à l'œil et au regard. — Les
deux hadjâdj ou saillies osseuses sus-orbitaires, représentant
la saillie surcilière de l'œil humain, doivent être rabaissées.
Quant au globe oculaire, on le veut large et grand, limpide, à
cornée bien noire, à bords bien remontés, au regard porté
haut, vif et hardi.

On a spécifié certains défauts ou états particuliers des
yeux : — le rétrécissement de l'arrière de l'œil, haûs; —
l'enfoncement, rooûr, ou kaûs, dans l'orbite; l'œil s'enfonce
quelquefois par suite de fatigue, de marche forcée ; — l'ikbâl
ou détournement de la cornée du côté du nez ; — le chawas
ou œil oblique, lorsqu'un des yeux regarde d'un côté et que
l'animal détourne la face de ce même côté; ce regard oblique,
a-t-on dit, est un regard de colère et de fierté ; — l'œil voilé,
chaûs, est une défectuosité hideuse donnée par le rapprochement des paupières.

En fait de défauts pour les yeux, il y a : — l'œil pâle, sahrâ,
c'est-à-dire dont la cornée n'est pas d'un noir foncé; — l'œil
bleu ou gris, zarkâ, koïfa, quand l'autre est noir; — les

yeux saillants ou à fleur de tête, djâ ḥi żah ; — les yeux laḳśâ
ou palpébrés, à grosses paupières ; — les yeux daûçâ ou à vue
faible et étroits ; — les yeux nyctalopes aṃchâ, aͅchwâ ; —
les yeux qui louchent, ḥaûlâ ; strabisme ; — l'œil marhâ ou
à sous-paupières blanches aux bords, c'est-à-dire dont les bords
des paupières sont marqués de blanc ; — l'œil maûkoûtah ou
ponctué, c'est-à-dire ayant un point noir sur le blanc ou la
sclérotique , ou un point blanc sur le noir ou la cornée trans-
parente.

Le nez ou chanfrein doit être légèrement busqué ; c'est le
nez modérément aquilin chez l'homme. On n'aime point : —
le nez aftas, aplati, ce qui tient à la dépression des os du
chanfrein ; — le nez camus ou aͅknas, ou ressemblant au nez
du bœuf ; — le nez bombé ou moutonné , aͅknâ, ou nez à
forte convexité. Il y a même le nez qualifié ḥalîfâ ; c'est celui
dont la convexité va jusqu'au front. On recherche dans toute
la longueur du chanfrein , lequel est l'analogue du dos du nez
chez l'homme, la sécheresse ou absence de chair, la peau collée
sur les os ; de même pour les parties latérales ou les larmiers.
Le chamoûm ou olfactoire est la partie de l'os qui est légère
et flexible, de chaque côté du chanfrein ; là aussi est le conduit
pour les larmes ; on préfère qu'il soit dépourvu de chairs et
délicat. Le marsan est le passage de la muserolle ou raçan ,
et de l'anneau (hakamah) sous-mentonnier, au-dessus de la
pointe du nez. Ce passage doit être mince et fin.

Le museau est l'ensemble des deux lèvres , et se nomme
moustataͅm, le *mangeoir* , parce qu'avec l'appareil labial le
cheval saisit ses aliments. La pointe du nez ou arnabah est
l'extrémité qui sépare les deux naseaux. On recherche le cheval dont le bout du nez soit mince , car c'est un caractère de
noble race. L'épaisseur, la largeur du bout du nez chez le cheval est une difformité, un caractère de sang mêlé, une disposition qui rétrécit les naseaux. Les naseaux doivent être rapprochés l'un de l'autre, fendus en long, arqués dans le haut, évasés , aspirer largement afin d'éviter la fatigue et de faciliter
l'expiration. Ces caractères sont des signes de haute origine et

complètent la beauté de conformation des coursiers de noble sang.

Les joues, chez le cheval de pur sang, sont larges, planes, polies, sèches.

Les deux mandibules ou mâderân sont, proprement, les origines des deux mâchoires à partir du point d'implantation des dents molaires; elles doivent être fortes et épaisses.

La bouche a les deux lèvres ou djaḥfalah. Les lèvres doivent être minces, séparées du toupet par un long naśl, espace qui s'étend des unes à l'autre. Elles sont difformes quand elles sont épaisses et courtes. Les lèvres ont leur barbe ou faîd. Les chidḳ ou commissures labiales doivent être à la terminaison inférieure des joues et être bien ouvertes; le cheval est dit alors à grande bouche, ou harît *.

VII.

* L'ENCOLURE ou mieux SURENCOLURE, ma'rafah, est l'étendue qui porte la crinière (ọrf). Le cou, ọnoḳ, djid, hâdî, telîl, est toute la partie qui unit la tête à la poitrine. Mais la région antérieure est le hâdî, et la région latérale est le sâlifah. Le fâïḳ, ou articulation ou union du cou et de la tête, quand il est long, est suivi d'un cou qui est long. La crinière commence par le toupet et finit aux crins (ọzrah) du sous-garrot ou chute du garrot (mensedj). Dans les chevaux de bonne race on doit trouver une crinière longue, abondante, un long espace depuis le toupet jusqu'au garrot, espace donné par une longue encolure. Chaque portion des crins de la crinière est appelée faisceau (ḳaślah, rousnah). Les crins faibles et souples qui sont sur le trajet de la base de la crinière sont dits crins de pousse surabondante (chakîr). Les deux ọrch ou reliefs de l'encolure sont les deux masses charnues qui se prolongent sur chaque face latérale du cou sous l'implantation de la crinière, et sur lesquelles sont les crins de pousse surabondante. Ces deux reliefs doivent être forts et saillants; ce sont les colonnes, ḳiwâm, ou contre-forts du cou. La sur-

face antérieure du col depuis l'égorgeoir ou point de départ de
la ganache, jusqu'au creux inférieur cervical ou manḥar et
au lieu d'appui du poitrail (arabe, lequel est en demi-cercle
étalé et tombant de chaque côté de l'avant de la selle jusque
vers le bas de l'avant-thorax), doit être assez large. On aime —
le col long et souple, à côtés fins, à adaptation au garrot forte
et vigoureuse ; — le devant du cou bien dressé. Le poëte Abou
l-Haçan dit, à l'éloge d'un cheval :

> « La longueur de son cou était presque la moitié de
> celle du corps. »

El-Boḥtorî a mieux dit encore, dans ce vers :

> « Son cavalier semblait être en croupe derrière le
> ḳaẓâl (ou sommet du cou), et ne s'apercevait pas de
> devant le coursier. »

La dépression (ou coup de hache) à la base du cou, ou l'a-
baissement du cou du côté du sol (danan) est une difformité
repoussante. Un cou difforme est encore celui qui est trop
abaissé à partir du milieu (ahna') et comme le cou de l'autruche ; — ou celui qui est abaissé dès en haut (aḵda'), et
alors le cheval penche la tête vers le gosier (comme s'encapu-
chonnant) ; — celui qui est court et épais (arlab) ; cette conformation est mauvaise dans les chevaux de course ou de selle,
mais est favorable dans les chevaux de charge ou porteurs de
fardeaux ; — celui qui est court et rapproché de la poitrine
(waḵṡ) ; — celui qui est enroulé (lafaf, moulaffaf), c'est-à-
dire court et arrondi à l'égorgeoir. L'absence de ces défauts
caractérise la beauté *.

VIII.

* Le GARROT, ḥârek, kâhel, kâṭibah, doit être bien sorti,
avoir son relief très-élevé et être à grande distance des épaules.
Le sîçâ ou avant-dos ou commencement du dos est l'espace
qui va depuis la base du cou ou encolure jusqu'au milieu du
garrot. Le sous-garrot est la chute du garrot, mansedj, pro-

prement dit, ou encore le point du garrot où viennent l'arçon
et les panneaux de la selle *.

IX.

* Le SIÉGE ou L'ASSIETTE, s̱aẖwou, est l'endroit où porte le
siége du cavalier et doit être large et étalé. L'arrière-siége ,
k̟atâh, ou siége du cavalier en croupe , doit être bien fourni ,
large , saillant, assez rapproché du garrot. L'arrière-siége déprimé est un défaut. — Le *chien*, ou kelb, est la ligne qui
s'alonge sur le dos. On dit : le cavalier est posé et assis sur le
chien de son cheval. — La pie-grièche, s̱ourad, est la partie
blanche ou pâlie par le frottement du siége du cavalier, et non
par défaut de nature.

Les reins, ẖak̟wou, partie située entre l'arrière-siége et le
dos ou point d'union du dos au sacrum ou croupe , doivent
être forts, larges, charnus. De la force des reins dépend la force
de la croupe *.

X.

* L'ARRIÈRE, ạdjouz, est la CROUPE ou kafal et les deux
hanches ou warik, lesquelles sont au-dessus des cuisses entre
les deux saillies coxales ou ẖadjébeh ou saillies supérieures
des hanches et les deux sommets des cuisses (djâïrah) ou endroits que frappe la queue du cheval. La croupe doit être courte
chez la jument, mais alongée dans le cheval.—Les deux hanches
doivent être larges et riches en chairs, avoir la peau bien collée
sur elles. Moi, je veux que la chair en soit plane et souple afin
que cette partie se conserve belle par le nettoyage. Il répugne
de voir les hanches inégales , l'une plus élevée que l'autre ;
alors la selle peut à peine rester bien placée. Le cheval ainsi
conformé est dit afrak̟, inégal. — Les deux saillies coxales ou
têtes des hanches dominent les deux dépressions latérales de
la taille ou double région des hypochondres (fâïl, tâftafah).
On aime que les saillies coxales soient bien sorties, proémi-

nentes au sommet , dépouillées de chair , distantes l'une de l'autre afin de donner plus de largeur à la croupe. Lorsque les têtes coxales n'ont pas de relief, le cheval est dit madkoûk, aplati. Le point caudal, adjb, est la terminaison extérieure et visible des lombes ou sacrum, et l'origine ou racine de la queue. On veut que le point caudal soit vigoureux ; que , chez la jument, ce qui est au-dessous soit bien plein et puissant *.

XI.

* La QUEUE a sa partie épaisse ou sa tige , aĉîb, c'est-à-dire les os et la peau, et sa partie en crins, sebîb, houlb. La première doit être courte ; la seconde doit être longue. Imrou l-Ḵaîs a dit ce vers d'éloge :

> « Il a la queue comme le pan du vêtement de la fiancée , et cachant largement les parties comprises à l'arrière des fesses. »

On répugne à voir—le cheval azal ou détourné, c'est-à-dire dont la queue tombe obliquement détournée de la ligne perpendiculaire ; ce défaut est un résultat d'habitude, non un défaut de nature ; — le cheval a'dal ou queue torse, c'est-à-dire dont la tige caudale est torse de manière qu'une partie de cette tige saille dans tel ou tel sens ; — le cheval akchef, découvert, ou derrière nu, dont le défaut , d'ailleurs naturel , et bien plus ignoble que les défauts précédents , est d'avoir la queue entièrement déviée de côté et ne couvrant pas l'anus *.

XII.

* La POITRINE et le VENTRE. La poitrine, ŝadr, est tout ce que renferme et ce qui compose la cavité formée par les côtes. Le poitrail, ŝadr, ou poitrine du cheval, dit Abou Ọbeïdah, est tout ce qui se présente à l'avant , en face , compris entre les deux épaules jusqu'au creux cervical antérieur et au bas des deux saillies charnues préthoraciques (fehdah). Plusieurs noms lui furent donnés par les Arabes, savoir : kelkel, berek,

djoudjou, boldah, labân, ḥeïzoûm, djaûchen, zaûr.
Mais les trois premières dénominations s'entendent plutôt de
la partie sternale ; et la cinquième, du milieu même du poitrail. Le terme zaûr s'applique avec plus d'exactitude et de
raison à la partie qui est entre les membres du devant et qui
va jusqu'au passage des sangles ; c'est le sous-poitrail. Lorsqu'il est fin, et que les deux coudes en sont rapprochés, ce
sont des conditions de grande vitesse. Les deux saillies charnues préthoraciques doivent être arrondies, bien sorties. Le
poitrail doit être grand et étalé, avoir sa base large, être fin ou
laisser peu d'espace entre les membres antérieurs, avoir l'os
sternal légèrement proéminent. Le poitrail pendant et bas
(danan) à sa partie inférieure est une difformité qui présente
une des deux saillies préthoraciques rentrante et l'autre saillante ; le cheval est alors azouar, poitraillé, mal poitraillé *.

XIII.

* Les deux FLANCS ou djenbân, sont, à droite et à gauche,
l'enveloppe abdominale. Ils doivent être grands et larges ; c'est
ce qu'indique un hémistiche d'Oḳbah fils de Sâbeḳ :

    « Coursier large des joues, du front, du siége et du
flanc *. »

XIV.

* Les CÔTES sont suivies des fausses côtes que suivent les hypochondres. Les fausses côtes ou côtes courtes, ḳaćirâ, doivent
se soulever et s'enfler ; car lorsque le cheval va hennir ou gron-
der, il remplit d'air sa poitrine (et le chasse ensuite à l'aide des
fausses côtes). Le cheval ahdam ou à côtes réunies par le haut,
ne sera jamais vainqueur sur un champ de course. C'est au cou
et au ventre que l'on juge d'un cheval. Du reste, le ventre doit
être alongé *.

XV.

* Les **testicules** ont leurs défauts aussi. Tels sont les cas
— où il y a inégalité, charadj, c'est-à-dire où l'un est plus
développé que l'autre; — où l'un reste arrêté; il peut ensuite
descendre et être dans son état normal et sa place normale; —
où ils sont distants et trop séparés l'un de l'autre; le cheval est
alors afraķ, distant; — où ils sont lâches, pendants et alongés;
le cheval alors est amạl, tiré; — où ils sont gros et développés; en ce cas, le cheval est dit ḥaûķal, testiculé *.

XVI.

* Le **pénis** ne porte le nom de djourdân ou dégaînant, éva-
ginant, que chez le solipède ou zoû ḥâfer. Le fourreau, ṛour-
moûl, doit être court. S'il est alongé, sâbeṛ, ou gros, naķoûr,
il est défectueux *.

XVII.

* Les deux **mains** et les deux **pieds**, ou bipède antérieur et
bipède postérieur, comprennent les parties organiques que
voici. — A chaque main, en haut, l'omoplate, os mince et
large, formant l'épaule. Cet os doit être large, solide, élevé
vers le garrot au bas duquel il est accolé, comme condition de
fermeté et de force. Il y a conformation vicieuse lorsque l'espace inter-scapulaire à l'attache supérieure est trop grand
(ạrdaf); le cheval est dit alors aktaf, inter-scapulé.

A la suite est le bras, entre l'épaule et l'avant-bras. Le bras
doit être court.

L'avant-bras continue le membre jusqu'au genou, et il doit
être long, plein, élargi lorsqu'il est vu de côté. Au-dessus du
genou, il faut qu'il soit sec, que la peau soit bien appliquée
contre l'os. Le coude est la tête de l'avant-bras et en forme la
pointe (ébrah). Il y a encore la châtaigne (rakîm, rakamạh)

à la partie interne de l'avant-bras. Le petit os ou chażâ est appliqué à l'avant-bras contre lequel il doit être collé et tenu. La mobilité de cet os est une difformité des plus repoussantes.

Le dakìs, ou articulation du canon avec le métacarpe ou boulet, doit être fort et solide.

Le genou est l'articulation qui rapproche et unit l'avant-bras et le canon (ważîf). Les genoux doivent être assez rapprochés, non écartés ou trop ouverts; autrement ce serait le défaut appelé béded, écartement. On n'aime point non plus le rakb ou gros genou; c'est le cas où un genou est plus gros que l'autre; le cheval est alors qualifié de arkab, gros genou.

Le canon est la partie mince du membre. Il doit être un peu court; mais aux pieds ou bipède postérieur il doit être alongé. Il faut qu'il soit large étant vu de côté, mince lorsqu'il est vu de face, droit lorsqu'il est vu par derrière.

A la partie postérieure du boulet et au-dessus du pli du paturon (oumm kirdân, la mère ou place aux tiques ou ixodes), est le fanon ou tounnah; on veut qu'il soit complet, noir, souple et moelleux. Lorsqu'il manque, le cheval est dit amrad, amrat, amar, glabre, c'est-à-dire pied glabre.

Le point d'union ou d'implantation du canon aux os du paturon et du sabot est au djoubbah ou gond. Le paturon doit être sec, assez gros et court. S'il est droit (kafd) et sans inclinaison postéro-antérieure sur le sabot, ou dévié, obliqué (rawah) à droite ou à gauche, ce qui porte dans ce sens l'avant du sabot, ce sont autant de difformités et de défauts. Ces observations s'appliquent aux mains et aux pieds. Lorsque l'avant des sabots est dirigé et éloigné en dehors, et l'arrière dirigé et rapproché en dedans, cette disposition rappelle un peu le pied de l'autruche, lequel est ainsi conformé. Au bipède postérieur, on veut le paturon établi comme au bipède antérieur, à la différence que l'on néglige une position qui serait un peu plus perpendiculaire aux pieds qu'aux mains *.

XVIII.

* Le PIED ou membre de l'arrière a, dans le haut, le gros de la cuisse (rablah, rabalah). Elle doit être développée, épaisse, ferme de chair, ramassée, vigoureuse. Lorsque la cuisse n'a point sa position normale, le cheval est difforme et marche mal.

La jambe doit être courte, inclinée et ferme dans sa direction, mince d'en bas et petite, avoir la peau bien appliquée et collée. On dédaigne les jambes rapprochées depuis les pieds, ou jambes fermées; et les jambes trop écartées ou trop ouvertes, divariquées (fadjadj).

Le jarret ou orkoûb est ce nerf, c'est-à-dire ce tendon fort et tendu qui se termine à la pointe poplitée, en arrière. Le tendon appelé jarret doit être proéminent, bien détaché, haut. On blâme, au jarret, une pointe épaisse (kam'), ou cachée ou enfoncée (zaram). On dédaigne dans le membre postérieur l'anormalité (kaçat); et sous ce terme on entend : la jambe trop droite dans sa direction, la cuisse et le canon trop courts, le paturon droit et la distorsion ou déviation du sabot (fada') en dedans ou en dehors *.

XIX.

* Nous avons déjà parlé du SABOT en parlant de la main. Le crapaud ou doufda' est l'os qui remplit la corne. Le djoubbah ou le gond, ou le revêtement, est le récipient qui renferme tout le pied proprement dit ou extrémité inférieure des quatre membres.

La sole, ou plan (sahn) du dessous, doit être étalée, large.

La fourchette, nasr, est la saillie de tissu sec qui saille à partir de l'arrière du pied et de la main, en dessous.

L'*interstitié*, fadjouah, est cette élévation naturelle qui remonte derrière le sabot et qui, dans une bonne conformation, doit être grande et distante du sol; c'est la condition d'une tolérance vigoureuse à battre longtemps le sol et à supporter les longues pérégrinations.

La pince, sounbouk, ou partie antérieure de toute a longueur de l'ongle, doit être lisse, polie, à bords aigus, noire, ou gris de fer.

On loue le pied et la main à face inférieure bien excavée, en telle sorte que les quartiers ou ḥâmî de l'ongle et la pince appuient sur le sol sans que rien des parties de la concavité le touche. C'est là la conformation excellente, celle qu'a louée d'une manière hyperbolique le poëte Âûf fils d'Aṭyah, dans ce vers :

> « Elle a l'ongle comme la boîte du jeune enfant, une souris y pourrait prendre son gîte. »

Le cheval est qualifié, en pareil cas, de moukaab ou pied cave. L'ongle bien proportionné (oua‥b), est de grandeur moyenne, régulier, fort et solide. C'est ce que décrit El-Asmaï, dans ce vers, à Abou l-Nedjm :

> « De son ongle si régulier il brise les cailloux, ongle qui n'est ni étroit ni trop élargi. »

On dédaigne la corne étroite et comprimée (moustarr), ou étalée et aplatie (firchâḫ); — les cornes éloignées l'une de l'autre avec rapprochement des cuisses et avec déviation externe des boulets et des sabots; c'est le cheval crochu ou jarretier et panard (aṡdaf); — l'ongle qui s'écaille ou s'exfolie (nakad, noukoud); — l'ongle blanc; car cette couleur indique qu'il est mince; — l'ongle coupé (moukallam), c'est-à-dire à pince courte, comme si elle avait été rognée; — l'ongle contracté et resserré (maṡroûr), c'est-à-dire étroit de l'arrière, et prolongé de l'avant; — la main ou le pied hernié (maftoûḫ), c'est-à-dire gros de l'arrière dès l'origine de la fourchette et resserré de l'avant; c'est un ignoble défaut.

Les quatre membres du cheval sont appelés collectivement son moulouk, son bien, sa richesse. Le cheval monté sur hautes jambes, ou moukalliṡ, c'est-à-dire à membres élevés, est toujours recherché. Le cheval bas sur jambes est qualifié de koûchy ou courtaud *.

XX.

Cheval pur sang; sâfinât; — sang mêlé ; — commun, ou n'ayant pas de race.
— Cheval *moutrif* ou de parade ou de peu de fond, quoique brillant et vite.
— Cheval barcéen ou brèbe ; — chahrî ; — abyssin, dongolâwî ; —moɽol ou
mogol ; — indien. — Le cheval exporté dégénère. — Récits; expériences. —
Connaisseurs en chevaux.

* Jusqu'ici, dans le courant de nos observations, nous avons
tracé çà et là des caractères et qualités du cheval pur sang
(aṭîḳ). Nous allons l'observer plus spécialement.

Parmi les chevaux, il y a le cheval hédjîn ou sang mêlé,
demi-sang, c'est-à-dire dont le père est arabe et dont la mère
est berẓaûn ou kaûden, c'est-à-dire sans race. — Le mouḳrif ou répugnant, ou de race infime, est celui dont la mère est
arabe et dont le père est kaûden (pluriel : kawâden), c'est-à-
dire commun, sans race. La qualité de hédjîn vient du côté de
la mère, et le caractère du mouḳrif vient du côté du père. —
L'hétérogène ou ḳâridjî est le cheval dont le père et la mère
sont de basse considération, *vilains*, et qui cependant est de haut
mérite. — Le cheval saḳit ou déchu, dégénéré, est celui qui,
né de parents nobles et de pur sang, se trouve sans caractère
de mérite et de sang.

Les chevaux purs, ou de pur sang, sont les plus élevés de
distinction et les plus nobles, les plus dignes de considération
et de soins. Ce sont eux seuls que le Livre sublime, le Koran,
a désignés, et que tant de paroles du Prophète ont recomman-
dés à la bienveillance généreuse des hommes. Dans ces mots
que Dieu a révélés (Koran, chap. XXXVIII, verset 30) : « Un
soir, à la nuit, on lui (à Salomon) présenta des sâfinât magnifiques, » la qualification de sâfinât n'a trait qu'aux chevaux de
pur sang, et tels sont les chevaux arabes (23).

Dans l'expédition contre les juifs de Ḳeïbar (voy. vol. I,
note 32), le Prophète traita en hédjîn les hédjîn ou chevaux
mélangés, et en arabes les chevaux arabes ou de pur sang. Il
attribua deux parts de butin au cheval arabe et une seule à

l'hédjîn. Abou Moûça, dans ses guerres, écrivit au kalife Omar fils de Ḳaṭṭâb : « Nous avons trouvé dans l'Irâḳ des chevaux irâḳiens, d'un noir mal éteint ; que penses-tu, prince de la foi, qu'il leur faille attribuer comme parts du butin? » Omar répondit : « Ces chevaux-là sont des kaûden ou sans race. Ceux qui d'entre eux se rapprochent des chevaux de pur sang, donne-leur un lot de butin ; les autres, exclus-les de toute répartition. » (J'ai parlé, vol. I, pag. 82 et 119, de ce que la loi musulmane a établi plus tard relativement aux avantages à accorder pour les chevaux, dans les guerres. J'ai consigné aussi, aux paragraphes II et V, pag. 76 et 95, quelques détails sur les qualifications chevalines au point de vue de la race et du sang.)

Abou l-Arâḳim dit : « La cavalerie partit en expédition pour la Syrie. Les chevaux arabes arrivèrent le jour même ; les kawâden (pluriel de kaûden) arrivèrent le lendemain dans la matinée. Cette cavalerie était sous le commandement d'un chef hamdânite, appelé Mounẕir fils d'Abou Ḥamdah. « Je ne mettrai pas au même degré, dit Mounẕir, ceux qui, le jour même de leur départ, sont arrivés au but et ceux qui n'y sont pas arrivés. » Il donna ainsi la préséance aux chevaux arabes. On en écrivit au kalife Omar, lequel répondit : « Que le bon Dieu l'emporte ! sa mère avait bien prédit ce qu'il serait, un esprit distingué. Que l'on se conforme à ce qu'il a dit *. »

XXI.

* Un Arabe acheta un cheval, et l'emmena chez sa mère, mais fit en sorte qu'elle ne vît pas le cheval. « Mère, dit notre homme, je viens d'acheter un cheval. —Ah ! décris-le moi. — S'il vient en face, c'est une belle gazelle, droite, dressée haut ; Quand on le voit de l'arrière, c'est une autruche mâle aux jambes jaunissantes ; s'il traverse devant vous, c'est un torrent qui se précipite. Il a l'oreille effilée, le regard vif et hardi. —Voilà le cheval superbe, si, avec ces qualités-là, il est de sang arabe.— Bien plus, il a le cou élevé, la face du poitrail bien étalée, le

hennissement égal et beau. — Tu as là un trésor; garde-le; ce sont là des caractères du coursier généreux et noble. »

On demanda à un Arabe de la tribu des Bénî Açad : « Sais-tu connaître le cheval de haute lignée? — Oui, je sais le connaître; je distingue le coursier de parade, le coquet (moutrif), du lourd cheval de basse race (moukrif). Le coursier de parade est celui que l'émulation agite, celui qui, sur l'espace, alonge sa course immense, et qui, lancé, pousse à toute énergie ses élans. Le lourd cheval de basse race est celui qui a les saillies coxales abattues, aplaties, le bout du nez épais, l'encolure massive, qui, sans cesse, a besoin des cris pour l'animer, qui, lorsque vous le retenez, dit : « Laisse-moi partir, » et, lorsque vous le laissez aller, dit : « Retiens-moi. »

Abd el-Rahman fils d'Oumm el-Hakam, le takafide ou Arabe de la tribu des Béni Takîf, étant wâlî ou gouverneur à Koûfah, voulut engager dans une course mille chevaux. D'abord il les fit passer en revue devant Ibn Okaïçar l'açadide ou Arabe des Béni Açad. Ibn Okaïçar était un fin çonnaisseur en chevaux; il signala un de ces mille coursiers; c'était une jument. « Celle-là, dit-il en la montrant du doigt, celle-là vaincra, et elle crèvera.» Il en fut ainsi. On demanda à Ibn Okaïçar sur quoi il avait guidé son jugement. « Voici, répondit le connaisseur. J'ai remarqué que, lorsqu'elle marchait au pas, elle bondissait en donnant des épaules, élevant l'une et baissant l'autre; que, lorsqu'elle allait au trot, elle avait le mouvement rapide; que, lorsqu'elle était à grande course, elle mordait à la sangle avec les coudes (les portait jusqu'à la sangle). » Ce dernier caractère est le cachet des grands coureurs. Le poëte Bichr a dit :

« Mordant jusqu'à la sangle avec ses deux coudes. »

On demanda encore à Ibn Okaïçar : « Et comment as-tu reconnu que cette jument crèverait à cette course? — J'avais remarqué dans cette bête une vitesse pour laquelle ses narines ne pourraient fournir passage à une assez abondante respiration. »

Dès que ce même Abd el-Rahman fut installé gouverneur à Koûfah : « Je voudrais voir, dit-il, les chevaux qui sont disponibles à Koûfah, voir quel en est le nombre. » Il fit donc crier

en public : « Cavaliers de Dieu et de la foi, montez à cheval. »
En une heure de temps, douze mille cavaliers s'étaient rendus
à cet appel. « Préparez, dit le wâli, une course de chevaux. »
On lui présenta, pour cela, mille chevaux d'âge parfait (kâreh).
Il appela Ibn Okaïçar et lui ordonna de les passer en revue :
« Regarde-moi ces chevaux, et dis-moi quel est celui qui vaincra à la course. » Une jument passa devant Ibn Okaïçar; elle
s'appelait El-Ranîmah (le butin). « Voilà, dit l'amateur; c'est
celle-là qui arrivera la première. » Puis un cheval passa; il
s'appelait El-Moustaleb (le ravisseur). « Celui-là, dit alors Ibn
Okaïçar, est plus vite que cette jument; mais elle est en chaleur; qu'on évite donc qu'elle soit devant lui pendant qu'ils
courront; sinon, il s'approchera et se tiendra les lèvres contre
elle vers l'arrière-siége. » Le fait eut lieu comme il avait été
prévu.

Dans un voyage, Ibn Okaïçar passa près de la demeure d'Ady,
fils de Hâtìm el-Tây. Ady avait eu une jument pleine, et, lorsqu'elle fut près de mettre bas, Ady, craignant qu'elle ne succom-
bât à une maladie dont elle était atteinte, l'avait éventrée pour
avoir le petit qu'elle portait. La jeune pouliche avait été nour-
rie avec les restes de lait de la tribu, et on y avait mis du raisin
sec, jusqu'à ce qu'elle fut sevrée. « Veux-tu, dit Ady à Ibn
Okaïçar, voir une jeune pouliche que nous avons ? — Très-
volontiers. Ady fit amener la jeune pouliche. Ibn Okaïçar la regarda et demanda qu'on la fît marcher devant lui. Puis aussitôt :
« Mon cher Abou Zarîf (surnom d'Ady), dit le voyageur, je ne
vois pas de défauts à cette pouliche; je lui trouve les qualités
des chevaux de pur sang; seulement elle est fille d'une mère
qui a été éventrée avant la mise bas. — Et comment connais-tu
cela ? Par Dieu ! je l'ai montrée, ma pouliche, à bien des amateurs expérimentés, à de vrais connaisseurs, et pas un d'eux
ne m'a dit ce que tu viens de me dire en dernier lieu. — Mon
cher, je vois que son poil n'a pas mûri dans la matrice et qu'il
n'a point eu le lissage qui le rend parfait. »

Ibn Okaïçar disait: «Le bon cheval est celui qui, vu de l'avant,
s'élance à grands et rapides élans, qui, vu de l'arrière, se jette

en avant, qui, vu de côté, se précipite de course égale et régulière, qui, marchant au pas, frappe bien et juste sur le sol, qui, à grande course, est souple et aisé. »

Un Arabe, à Oḳâż (voy. vol. I, note 45, page 483), tenait en montre une très-jeune jument. Il l'avait frottée avec du sang pour lui donner une couleur et un pelage plus agréables à l'œil. Un autre Arabe remarque la jument et se met à dire ce vers :

> « Tu l'as ointe du sang d'un gibier un tant soit peu étranger; voilà une chair et un sang qui ne sont pas à elle. »

— Pourquoi de ta parole satirique attaques-tu ma jument ? Que Dieu te bénisse ! — Dis-moi; est-ce que sa mère n'a pas avorté d'elle, bien avant le jour du part ? — Certainement. — Eh bien ! est-ce que tu ne voudrais pas que je t'apprisse un moyen de remédier à cet état de ta jument ? — Si. — Entre-la dans un abri complétement obscur, où tu la tiendras enfermée sans qu'elle puisse apercevoir ni soleil ni lumière, pendant quarante jours et quarante nuits. Aie soin qu'on lui donne tout ce qu'il lui faudra en aliments. Ce temps de réclusion remplacera parfaitement le temps qu'elle aurait dû rester encore dans la matrice. » Le conseil fut suivi; et, plus tard, la jument vainquit aux courses.

Un des plus habiles connaisseurs en chevaux fut encore Ạbd Allah (serviteur de Dieu), fils de Ḥarmalah. Il était prisonnier du kesra ou roi de Perse. Un jour que le kesra examinait des chevaux que l'on faisait passer devant lui, Ạbd Allah, fils de Ḥarmalah, fixa le regard sur un cheval qui déplaisait au kesra et lui répugnait à outrance. « Prince, dit Ạbd Allah au roi, parmi tous ces chevaux, c'est celui-là qui est le plus rapide coureur, celui-là qui te déplaît si fort. — A quoi reconnais-tu cela ? — Voici : Il a l'encolure haute; les mandibules larges; l'os du haut des orbites bien ouvert; les pieds de l'arrière vigoureux; les muscles de la jambe fins et minces; les membres larges, vus de côté; la côte pleine et longue; le fourreau rétracté; les testicules petits. Là est le cheval supérieur. — Par

Dieu ! répliqua le kesra, si celui-là gagne sur les autres en vitesse, je t'accorde ce que tu voudras. » On lança les chevaux, et le cheval désigné par Abd Allah fut vainqueur. « Prononce, dit alors le roi au fils de Harmalah, demande-moi ce que tu veux. — Rends-moi la liberté, accorde-moi de me retirer sur le bord de la mer, et donne-moi en richesse de quoi me bâtir un palais. » Le kesra satisfit à cette demande. Le fils de Harmalah se construisit, dit-on, un palais à Hîrah ; puis il embrassa le christianisme et prit le nom d'Abd el-Mécih (serviteur du messie).

Le kalife Omar fils d'El-Kattâb, que Dieu l'ait en sa sainte grâce ! avait confié l'appréciation et l'instruction des chevaux à Selmân. Selmân devait reconnaître et déclarer arabes les chevaux qui étaient de pur sang arabe, et hédjîn ou mélangés ceux qui étaient de demi-sang. Or, un individu vint présenter un cheval à Selmân qui déclara l'animal sang mêlé. L'individu alla se plaindre et récriminer auprès d'Omar. « Tu entends, Selmân, ce que dit le propriétaire de ce cheval ? » Selmân, pour toute réponse, se fait apporter un large bassin, l'emplit d'eau, et demande qu'on amène un cheval pur sang, de noblesse indubitable. Le cheval approche de l'eau afin de boire ; il place ses deux pinces antérieures de front sur une même ligne, les deux canons serrés l'un près de l'autre, alonge simplement et baisse le cou, atteint l'eau avec les lèvres et boit. Ensuite Selmân demande qu'on amène le cheval mélangé qu'il a qualifié sang mêlé. L'animal se conduisit comme l'autre, à cette différence près qu'il fléchit les pinces antérieures afin de pouvoir arriver à boire. « Selmân, dit alors Omar, tu es le Selmân des chevaux (l'expert par excellence). »

Entre autres chevaux qui furent présentés à Selmân, il y eut une jument d'Amr fils de Ma'dy Kariba, le Zobeîdide ou de la tribu des Béni Zobeîd. Cette jument s'appelait El-Kâmilah, la parfaite, était fille de Boait, petit élan. Selmân la qualifia hédjîn ou demi-sang. Amr vexé répliqua : « Oui, par Dieu, oui! lui-même hédjîn connaît parfaitement les hédjîn comme lui. » Et Amr fit les deux vers que voici :

« Selmân traite de hédjîn la fille de Boaït; c'est que
ce bon Selmân ne sait pas ce qu'est El-Kâmilah.

« Et puis, lui, comme il est bien plus clairvoyant
connaisseur que moi, c'est ma mère et point du tout la
sienne qui est de race de vilain. »

Le kalife apprit la critique mordante du zobeïdide et lui
écrivit ceci : « M'est venu aux oreilles ce que tu as dit de ton
seigneur et maître. M'est venu aussi à connaissance que tu as
un sabre que tu nommes Samsâmah (le Coupant, le Tranchant). Moi, j'en ai un que je nomme Mouçammam (le Frappant, l'Outre-perçant). Oui, que Dieu me confonde ! si je le
lève, mon sabre, si je te le lève au-dessus de la tête, je ne le
retirerai à moi qu'après qu'il t'aura fendu jusqu'au bas du
sternum. Pour peu qu'il te réjouisse de savoir si ce que je te dis
est bien vrai, reviens me trouver *. »

XXII.

* On dit un jour à un Arabe : « Décris-nous donc un cheval
pur sang.—Un cheval pur sang a le cœur prompt et généreux,
le flanc vaste et large, le talon loin du sol, le pied cave et bien
fait, la vivacité infatigable. »

El-Haïtam, fils d'Ady fils de Hâtim el-Tay, racontait ceci :
« Un jour, je rencontrai un homme de la tribu des Àmirides
ou Béni Âmir fils de Sa'çaah, habile à dresser et élever les
chevaux et connaisseur exercé. C'était le plus expérimenté que
j'eusse connu. Je lui demandai à quoi il distinguait qu'un
cheval fût de pure lignée. « Quand tu vois un cheval qui a les
caractères que je vais signaler, c'est un cheval de noble sang.
Voici : s'il porte la tête haute, les oreilles fermes et bien dressées, des narines amples et spacieuses, deux yeux saillants et
vifs, des flancs profonds et grands, un ventre et une croupe
robustes, des cuisses alongées, suivies de jambes raccourcies,
c'est le cheval de race suprême. »

Asmâ fils de Kâridjah, le fezâride ou de la tribu des Béni

Fezârah, disait : «Vous voyez un cheval de pure noblesse, lorsqu'il a la peau et la robe pures, les yeux purs et les sabots purs,
la croupe épanouie, les angles de la bouche épanouis et les narines et naseaux épanouis, les cuisses longues et l'encolure
longue, les oreilles effilées, le front large et l'arrière-siége large,
le globe de l'œil fort et le gros de la cuisse fort, les bras arrondis et les canons arrondis, les coudes rapprochés du passage
des sangles, le bout du nez fin, les paupières fines, les trayons
fins et le museau ou appareil labial fin. »

Ibn El-Kelby raconte la petite anecdote que voici: Un Arabe,
dit-il, sortit dans le mois sacré, allant chercher capture. (Les
mois sacrés, au nombre de trois, étaient ainsi qualifiés, avant
l'islamisme, parce que, pendant leur durée, il était défendu de
faire aucune excursion, ou attaque, ou rapine, ou capture.)
Notre homme fut dépisté par des cavaliers; il gagna au plus
près afin de demander asile à quelqu'un. Il poussa vers de
jeunes garçons qui jouaient ensemble. « Qui est, leur dit-il, le
seïïd ou chef de cette djawâ (station de tentes habitées et
réunies) ? — C'est mon père, répondit un des jeunes garçons.
— Comment s'appelle ton père ? — Bâït fils de Ḳouwaîŝ, l'âmi-
lide (ou de la tribu des Béni Âmilah). — Dis-moi comment est
la tente de ton père. — La tente de mon père paraît comme
une noble chamelle noire, ou un nuage sombre comme la nuit.
A l'avant, dans l'espace qui la précède, il y a trois chevaux :
l'un a le garrot bien dégagé, les épaules longues et larges, est
étalé comme la tente en cuir; l'autre a la queue luxuriante,
l'humeur ardente, le hennissement vif et sonore, les articulations
solides, le sommet de l'encolure proéminent; le troisième est
rapide coureur, est trapu et ramassé sur lui-même, est d'une
torosité serrée et dure comme la pierre la plus noire et la plus
résistante. » L'Arabe passa outre et arriva bientôt à la tente qui
lui avait été désignée. Il lia la longe de son chameau à une des
cordes de la tente, et dit : « Bâït, un réfugié qui te demande
asile; il vient d'attacher sa corde à ta demeure, et la sûreté de
sa personne est désormais garantie. » Bâït sortit, et il donna
asile et protection à l'étranger. (L'hôte qui se réfugiait chez

quelqu'un était-il reçu, il avait au moins trois jours de protection inviolable, quel qu'il fût, ami ou ennemi.)

Un Arabe fit prisonnier un ḳâdî. La captivité se prolongeait, devenait fatigante par sa durée. Un des esclaves de la famille qui retenait le ḳâdî s'apitoya sur le sort du pauvre homme, et lui dit un jour : « As-tu de la résolution ? Moi, je suis peiné de te voir ainsi prisonnier. A chaque soir, je trais le lait pour les chevaux de mes maîtres. Je te signalerai un de ces chevaux; quand il sera près de toi, tu auras soin de le tourner et diriger du côté voulu. Je t'aurai placé quelques tas des pierres noires qui sont sur l'espace à traverser dans la vallée; ce sera la trace qui te guidera d'ici. Au delà, si tu connais le chemin qu'il te faut suivre, gagne les demeures de tes contribules; personne ne pourra t'atteindre avant que tu y sois parvenu. Du reste, si tu crains de t'égarer, tu laisseras la constellation de l'Aigle à ton épaule gauche et les deux farḳad ou dernières étoiles de la grande Ourse à ta veine cervicale droite. Alors suis le centre de la vallée. Par là tu arriveras chez toi. — Très-bien ! Donne-moi le signalement du coursier. — Il est bai foncé; ongle solide, nuque portée haut, course variée et sinueuse, élan comme les flots de la mer; il s'agite au milieu des crins de l'encolure et de la queue, comme une branche souple et flexible. »

Le kâdi s'assit à l'endroit que lui avait indiqué l'esclave, et, dès que furent arrivés les chevaux pour lesquels cet esclave devait traire du lait, le prisonnier sauta sur le coursier et recouvra la liberté.

Un vieillard, haut personnage, des princes des Himiarites, avait deux fils, l'un appelé Ạmr et l'autre Rabîạh, tous deux remplis d'instruction et de connaissances. Le vieillard, parvenu à un âge très-avancé et sentant approcher sa fin, appela ses deux fils afin de mettre à l'épreuve leur intelligence et de mesurer l'étendue de leur savoir. Les deux fils se présentèrent à leur père. Il leur débita une longue allocution, et enfin il leur dit : « Toi, Ạmr, quel cheval préférerais-tu pour les jours de dangers, lorsque les rivaux s'entre-choquent au milieu des armes des batailles ? — Je voudrais un cheval beau et brillant, rapide à la course , un cheval pur sang , de lignée bien connue , des plus illustres parents, vigoureusement constitué, atteignant les braves des combats, ayant le garrot bien soulevé , les membres nerveux et forts , qui devance et échappe dans la fuite, qui atteigne toujours dans la poursuite. — Toi , Rabìah , reprit le vieillard, que dis-tu ? — Excellent, par Dieu ! excellent le cheval qui vient d'être décrit. Cependant j'en aimerais encore mieux un autre. — Lequel ? — Le coursier souple, docile, aux élans vigoureux, aux allures fières, dur à la fatigue des voyages, vainqueur au champ des courses. —Maintenant, Amr, continua le vieillard, quel est, à ton gré, le plus détestable cheval? — C'est le cheval assaillant, revêche et opiniâtre, peureux, dandinant, emporté , faible , impatient et fatigant , entêté , qui lancé est toujours distancé, et qui poursuivi est toujours atteint. — Et toi, Rabîah , reprit le vieux prince , que dis-tu en pareille matière ? — Il en est un autre qui me serait plus détestable encore. — Lequel ? — Le cheval lent et lourd , rétif , mou , qui, si on le frappe, ne porte en avant que les membres antérieurs, qui , si on l'approche , regimbe, que toujours on atteint à la poursuite, qui repousse et rejette son maître. Mais plus détestable il y a encore, pour moi. — Lequel donc ? — Le cheval revêche, frappant du pied de devant, toujours emporté à la course , indocile , regimbant , allant par ruades et pétarades (darrout), allant par bonds en montant et en descendant, enfin dont le maître ne trouve jamais salut, avec lequel nulle fuite n'a de succès. »

Un jour No'mân dit aux gens qui l'entouraient, et parmi eux se trouvaient six Arabes d'illustres familles : « Quelles seraient les qualités les plus distinguées d'un cheval? — Le meilleur et le plus noble cheval, répondit un des Arabes, est celui qui est jeune, beau et svelte comme une femme, et dont vous dites quand il est lancé : « C'est un feu qui vole, » et quand il est au repos : « C'est une statue calme et superbe. » — Le plus précieux cheval , reprit un second Arabe , est le cheval bai foncé , à la croupe rebondie, aux tendons solides et souples, qui atteint ce qu'il poursuit, à la jambe musclée fin comme celle du lièvre, à course frémissante comme une flamme. — Il y a mieux que cela, dit un autre Arabe. Le plus admirable coursier est le cheval aux tendons secs et dégagés, au corps vigoureux et fort, le cheval qui s'alonge immense sur l'espace, dont la course semble des bondissements de joie, le cheval à l'œil étincelant, aux membres de l'arrière élancés et hauts, à la main nageant dans l'air. — Eh quoi ! reprit un quatrième Arabe, le plus généreux coursier se caractérise par le cou bien dressé, par ses muscles solides et souples, se caractérise par la majesté de sa haute encolure vue par devant, par le ploiement de ses membres et l'inclinaison de la tête lorsqu'on le voit de l'arrière ; coursier toujours vainqueur à la course où tu le lances, toujours preste et joyeux quand tu le montes, toujours vanté par toi quand tu le mets à l'épreuve. — Le cheval par excellence, continua le cinquième Arabe, a le pas alongé, l'espace interscapulaire plein et fort, la plante du sabot excavée comme une boîte, l'œil comme un trou bien rempli, les narines comme le repaire de l'hyène, la course comme le feu vif qui s'enflamme. — Le cheval supérieur, dit le sixième Arabe, est celui qui a les saillies de la croupe hautes, le front élevé, le corps alongé, l'extérieur promettant la sécurité, le cheval qui, lorsque tu le vois venir de face, te fait dire : « Il va rapide, » et qui, si tu le lances à la course, te fait dire : « C'est l'oiseau qui vole. » — Mais quoi ! reprit aussitôt No'mân, le cheval superbe est celui qui a l'oreille bien dressée, l'œil scintillant, les narines vastes, les flancs spacieux, les talons hauts, l'encolure longue ; voilà le coursier de premier rang, et dont vous dites en le voyant en face : « C'est un monticule de sable » (tant il est régulier et bien tourné), et dont vous dites, si vous le lancez à la course : « C'est une grande flèche qui part *. »

XXIII.

* Mais nous allons réunir en peu d'espace un tableau resserré des qualités qui constituent essentiellement le cheval pur sang.

Si l'on veut arriver à connaître la pureté du sang et la supériorité d'un cheval, attaché ou libre, on en aura les caractères dans les traits ou signes que voici : finesse des lèvres et du bout du nez, pureté et limpidité de l'œil, relief des commissures des lèvres, abondance de la salive, ampleur des narines, distance ou portée longue de la vue, vivacité et fierté du regard, éloignement des deux yeux, éloignement entre les saillies osseuses maxillo-sous-auriculaires; et puis, la force des oreilles, l'éloignement ou distance considérable entre les régions supérieures des deux os maxillaires, l'éloignement entre le toupet et le garrot, la proéminence bien sortie du garrot lui-même au-dessus des épaules, l'éloignement entre les coudes et les genoux; et puis, le rapprochement entre les genoux et les côtés, le rapprochement des genoux entre eux, l'éloignement entre les deux saillies coxales, la proéminence de l'arrière-siége, la grosseur de la cuisse à la face interne, la brièveté des jambes et leur largeur, la largeur, vue latéralement, des deux canons, le relevé des talons, la sortie proéminente des jarrets et leur rapprochement des hypochondres et leur éloignement de la plante des pieds, la rondeur des boulets et des paturons, la netteté et la souplesse de toutes les articulations, le développement suffisant des sabots et leur solidité.

Veut-on reconnaître la supériorité du cheval pendant qu'il court, on en aura les preuves dans les indications suivantes : la longueur et la droite pose du cou; le rassemblé des membres sans qu'ils se déjettent à droite ou à gauche, mais de manière que les deux mains soient comme dans une corne et les deux pieds dans une corne jusqu'au milieu de leur longueur, sans que l'on voie les mains en sortir quelque peu que ce soit et les pieds dépasser le rassemblé voulu, en un mot comme si chacun des deux bipèdes, antérieur et postérieur, était un seul membre; l'énergie des battues, l'énergie de la respiration, l'étalement des naseaux et du ventre, l'aplomb solide, la résolution par laquelle il ne s'émeut de rien de ce qui est devant lui. Voilà le cheval par excellence.

Nous avons vu des chevaux de race pure qui, au moment où

le cavalier rassemblait et raccourcissait les rênes pour lancer à la course ou au saut, se ramassaient, affermissaient et tendaient les membres, ouvraient les naseaux et les fosses nasales, les remplissaient d'air, se gonflaient les flancs ; et si le cavalier arrêtait et maintenait le cheval en cet état, conservait les rênes raccourcies, le cheval demeurait au repos comme attendant que le cavalier qui l'avait ainsi préparé lui demandât ce qu'il voulait ; et l'animal avait l'œil fièrement dirigé vers le cavalier, avait les oreilles dressées comme celui qui écoute, et restait ainsi sous les rênes qui le contenaient. Nous avons dit, dans ce sens, les deux vers que voici :

> « Il attend, afin de saisir la révélation de ce que voudra lui indiquer son cavalier, et lui demander soit pour la course, soit pour les fantaisies d'agrément.

> « Docile coursier, il devancerait les ordres qu'on lui veut transmettre, n'était la riche éducation qu'il a reçue. »

Lorsque vous voyez un cheval à la course, a-t-on dit, regardez-le aux sabots. Si vous apercevez que la poussière et les cailloux sautent chassés en masses ou brisés, de dessous les ongles, le cheval est fin coureur et de race supérieure. Si la terre et les cailloux s'éloignent mollement écartés et repoussés, ne vous fiez pas à lui pour la course.

Les signes les plus certains, les signes physiognomoniques chez le poulain, se tirent de l'encolure et du mérite de la course ; car il court selon qu'il a été dressé ; sa manière de courir ne change point avec le changement que subissent ses organes. Lorsqu'elle change après qu'il a été monté et exercé, le fait est dû à de la faiblesse, ou à ce que l'on s'est hâté de le monter avant le développement de ses forces. Sa course se perfectionne après qu'il a mis les deux premières incisives ou les quaternaires, ou après qu'a disparu l'infirmité ou la gêne s'il en avait, ou après que sa force s'est développée, s'il était faible.

Le cheval, a-t-on dit, court d'élan naturel ; mais, dans les courses de rivalité, il court selon les limites de l'habileté du cavalier.

Nous avons vu des chevaux de conformation admirable, d'un aspect qui réjouissait, qui remplissait l'œil du spectateur, de qualités parfaites; et à l'épreuve ils faisaient défaut, ils rentraient dans la catégorie des chevaux bas et communs. C'est qu'ils étaient de demi-sang, provenance maternelle qui les dominait, ou qu'ils étaient de nature ignoble cachée en eux-mêmes, ou qu'ils recélaient quelque mal qui les avait autrefois atteints et ne les avait point abandonnés, bien qu'ils eussent marché à la conformation des sujets de races illustres.

Nous avons vu aussi des chevaux qui ne plaisaient point à l'aspect et qui cependant étaient du plus pur sang, de la plus extrême vélocité, de la vitesse la plus sûre de vaincre. Ils avaient tous les caractères les plus louables.

Le cheval, disent les Arabes, court avec ce qu'il a, avec ce qui le compose (iedjrî ala mouçâwî-hi); cette expression signifie qu'il court et qu'il est vainqueur, tout en ayant certains défauts. Le poëte El-Mouténabby a dit avec justesse :

> « Les chevaux, comme les vrais amis, sont assez rares, bien qu'ils soient très-nombreux aux yeux de qui ne les a pas éprouvés *. »

XXIV.

* Il est des chevaux de grande vitesse, qui dépassent tous les rivaux aux champs de course, mais qui manquent de fond, et de force à la fatigue. Ces chevaux-là sont les coquets, moutrif, les chevaux de parade. (Je devrais, pour traduire juste, et la rencontre des termes dans leur sens est remarquable, dire les *dandys*.) Le moutrif est, chez les Arabes, le cheval qui excelle à la course, mais aux premiers temps et si elle ne dure pas, et qui manque de fond et ne résiste pas si elle se prolonge en durée. (Il est curieux de voir combien ceci caractérise le cheval anglais qui n'est véritablement encore qu'un moutrif.) Le cheval de grande vitesse et de grand fond est le cheval supérieur, celui que nous avons décrit. Le cheval qui a du fond et qui manque de vitesse revient, par là, dans la catégorie des ber-

zaûn ou chevaux communs et sans race, eût-il tous les signes
caractéristiques du pur sang; il a alors quelque infirmité ou
quelque défaut qui fait mentir les apparences.

Le cheval arabe, dirons-nous sans cesse, doit être, en raison
de ses mérites, mis au premier rang, car il est le plus noble,
le plus distingué des chevaux, il a toutes les beautés de conformation, toutes les qualités de l'instinct et de l'intelligence.
Après lui, on peut placer les chevaux barcéens ou de Barkah,
car ce sont ceux qui en sont le plus rapprochés, qui ont avec
lui le plus de ressemblance. Le titre de barcéens leur est venu
du nom de leur pays, Barkah, contrée du Maghreb, à l'ouest
de l'Égypte septentrionale. (Nous avons parlé des anciens chevaux barcéens, vol. I, pag. 148. Notre auteur me paraît indiquer par la qualification de barcéen le cheval brèbe ou berbère.
Ce dernier terme n'a pas, en arabe, d'autre analogue dans les
usages hippiques que celui de barki, barcéen.) Le Barkah
a un grand nombre de chevaux et en exporte en Égypte. Ils
sont la souche de la majorité des chevaux égyptiens. Beaucoup,
parmi eux, ont des qualités éminentes et sont d'excellents coureurs; ces mérites se rencontrent davantage chez les juments.
Mais ces chevaux n'ont jamais l'ardeur, l'entrain, ni la prééminence du coursier arabe. On assure qu'ils ont les dispositions
les meilleures pour la guerre, pour les embuscades, pour les
luttes en place et autres incidents des expéditions et des défenses
par les armes.

Il y a ensuite le cheval chahrî, le renommé, degré intermédiaire entre le berzaûn ou vilain et le moukrif ou race basse.
(Le chahrî est probablement le cheval persan, dont l'origine est
arabe.) « Le kesra, dit un récit, nous exposait les qualités et le
degré d'élévation et de grandeur du cheval, la gloire du coursier
dans les courses, et la considération dont il est honoré. » (De
là, la qualification de chahrî, le glorifié, le mis en gloire dans
le monde.)

Ensuite vient le berzaûn ou vilain ou roturier. On l'appelle
encore kaûden; c'est celui que le langage vulgaire nomme
akdîch, dénomination qui n'est pas dans la langue arabe ; au

pluriel, akâdìch. Ce cheval est impropre aux courses de vitesse et aux combats; il n'a sous ce rapport que le rang de mulet. Il a du fond pour les courses au simple galop ou rakd, ou au trot, pour les longs trajets et voyages, les transports accélérés. Un poëte a caractérisé le berzaûn dans ce vers-ci.

> « Lourd pour celui qui le dresse et le soigne, c'est
> le piquet auquel on l'attache, et il fait son crottin. »

Les docteurs de la loi ont varié d'opinion relativement à la part de butin à accorder, en guerre, pour le berzaûn. Les uns lui ont dénié tous droits au partage, et ne les ont attribués qu'au cheval arabe, excluant ainsi le berzaûn, le hédjîn et le moukrif. D'autres ont dit : « S'il atteint le but comme l'arabe, il doit avoir, comme l'arabe, deux parts. » Nous avons vu qu'à cet égard le berzaûn et l'arabe ne sauraient être mis sur la même ligne; tel était l'avis du kalife Omar fils de Kattâb.

Le cheval abyssin (qui est probablement celui que l'on appelle aujourd'hui dongolâwî) ne jouit d'aucune réputation, d'aucune considération, n'a que des formes basses et ignobles. Les gens du pays ne font point usage de la selle; ils montent à cru.

Le cheval indien est un kaûden ou berzaûn importé de l'étranger, des pays du côté des Morol, Mogols. Il ne vient en chevaux arabes, dans l'Inde, que ceux que l'on transporte de l'Yémen et que les marchands se procurent, chaque année, à une grande foire annuelle. Les Indiens ne montent des chevaux arabes qu'en guerre. Le cheval arabe vit peu dans les Indes.

Du reste, lorsqu'il est entré dans les pays des mécréants et est devenu la propriété des infidèles, il ne se reproduit plus avec sa perfection ou ses qualités; il ne se perpétue pas pendant un long temps; il dégénère et il perd sa beauté et sa fleur natives. Sa patrie c'est l'Arabie, ce sont les contrées qu'habitent les Arabes; et sa destinée, selon la parole de Dieu et du Prophète, est de servir à la défense et à l'honneur de la foi islamique. Aussi, dans les régions arabes, le plus grand nombre des chevaux sont de race arabe *.

XXV.

Réflexions. — Du cheval anglais. — Exportation du Bahreïn dans les Indes. — Noblesse du cheval normand.

(Les deux derniers alinéa qui précèdent sont remarquables par ce qu'ils renferment d'enseignement. Ce sont des jugements anticipés de ce qui s'est vérifié et se vérifie encore, à savoir que la transplantation du type équestre de l'Arabie dans d'autres patries n'aboutit pas à obtenir des naturalisations complètes, qu'en Europe tout ce qu'on a essayé et poursuivi n'a point encore engendré de résultats comparables à ce que présente le cheval arabe de pur sang et de nature supérieure. Nulle part en Europe on n'est parvenu à avoir, en produits, le cheval z a r î' et ś a b o û r, c'est-à-dire bons membres et bon fond, c'est-à-dire encore, le cheval· aux grandes vitesses et au grand fond. On n'a que le demi-cheval, le moutrif, le cheval de parade. Si l'on a quelque espérance à asseoir, c'est dans le cheval brèbe qu'il faut espérer; il a les éléments d'avenir les plus certains, les plus riches; et l'Algérie peut se gratifier, avec le temps, d'une race qui représente l'arabe de vitesse et de fond.

Le cheval anglais, lui, est déjà dégénéré de lui-même. Il faut le retremper aux sources vives. Les réglementations actuelles, qui ont réduit la longueur des espaces à franchir dans les courses publiques, sont une attestation, un certificat de dégénérescence signé par les Anglais eux-mêmes. Du reste, comme vient de le déclarer notre auteur, quoiqu'à un point de vue différent du nôtre, l'expatriation est une condition d'abaissement, d'abâtardissement plus ou moins rapide. Il faut conserver le mérite du cheval anglais, ce moutrif, que dis-je? il faut le relever, le raviver, le reconstituer, en attendant que l'on trouve par où créer le coureur qui ait la vélocité et le fond, le coureur de pur aloi, le coureur transcendant.

Les Anglais, d'ailleurs, ont les moyens d'arriver à retremper leur cheval. Sur le golfe Persique, à leur station ou agence de de Bender-Bouchîr, on retire du rivage et du continent arabes, principalement du Katif et du Nedjd, tous les chevaux que l'on peut rencontrer ou appeler en vente, et ils sont expédiés tous ou presque tous aux Indes. Nous avons vu passer en Égypte deux régiments de cavalerie anglaise venant des Indes et montés entièrement de chevaux arabes. L'espèce d'exploitation qui, sur le golfe Persique, accapare les chevaux arabes, dégarnit les marchés et les localités même déjà éloignées. Aussi, à Bagdad, à Mossoul, etc., on trouve à peine quelques chevaux de race à acquérir. Aucune concurrence ne gêne ou ne cherche à imiter ce commerce hippique des Anglais; car jamais ou presque jamais le pavillon français ne prend l'air sur les eaux ou vers les côtes du golfe Persique. Le nom anglais est seul connu dans ces parages; et bien que nul intérêt commercial important ne conduise là les navires britanniques, les Anglais y en promènent, en entretiennent, parce qu'ils veulent que, partout où l'on peut aborder, on sache avant tout qu'il y a une grande nation qu'on nomme la nation anglaise. Nous avons peu, en dehors de chez nous et en dehors des pays où quelque intérêt moral ou matériel nous attire, cet amour de réputation abstraite. Nous ne flairons pas de si loin l'avenir. Nous ne voulons guère deviner qu'un Bender-Bouchîr puisse un jour nous devenir un pied-à-terre, un Gibraltar, une Malte, un Aden, fût-ce dans un siècle, fût-ce dans des siècles...

Il y a trois ou quatre ans, à propos même d'une appréciation laudative du premier volume de ce travail, on a prétendu que la plus antique et la plus haute noblesse chevaline était celle du cheval normand. Par suite, on a presque injurié, ou au moins on a déprécié la valeur hippique de l'Arabie. Il est complétement oiseux de répondre à pareilles allégations. Vous avez la Normandie, faites-y naître des coureurs; vous aviez la Normandie, pourquoi et comment avez-vous laissé perdre la race qu'elle s'était trouvée? L'Arabie a été plus habile.)

XXVI.

Ressemblances que l'on recherche en tels organes, parties et allures chez le cheval, par comparaison avec d'autres animaux.

* On recherche et désire dans le cheval la longueur des canons postérieurs des gazelles, la saillie si dégagée et si proéminente de leurs jarrets, la grosseur de leurs cuisses, le développement de leurs genoux, la brièveté de leurs bras, la limpidité de leurs yeux, la souplesse et la dépression légère des hypochondres, la tenue ferme et droite des oreilles.

On aime dans le cheval : — la longueur des canons postérieurs comme chez l'autruche et aussi la brièveté de la jambe et la vigueur de la marche;—l'ampleur et la sécheresse du front du taureau, et le mouvement souple et la douceur de la peau;—la force de chair de l'âne, et aussi la brièveté du poil, et l'aplomb des articulations, et l'excellence des tendons; — le talon petit du lièvre; — la course ou galop raccourci du renard; — l'allure du pas du loup ou course alongée et facile; — la largeur basilaire du cou du lion, et l'étendue du front, et la force de l'avant-train, et la vigueur robuste des épaules; — l'ampleur de la peau du chien et aussi, comme dans le chien, les angles de la gueule bien marqués et ouverts, la longueur des bras, l'abondance de la salive, la force de la respiration.

Mouslim fils d'Amr, le plus expert connaisseur en chevaux et propriétaire de Haroûn (voy. vol. I, pag. 402), chargea un sien cousin d'aller lui acheter, en Égypte, des chevaux de pur sang, et lui recommanda de les bien choisir. « Mais, dit le cousin, je ne me connais pas en chevaux. — N'es-tu donc pas un amateur de la chasse ? répliqua Mouslim. — Si. — Eh bien, vois ce que tu affectionnes et estimes le plus en qualités dans un chien, et recherche-les dans un cheval. » Le cousin amena à son oncle des chevaux incomparables.

Un individu fit présent de chevaux à No'mân, fils de Mounzir, roi de Hîrah, les qualifia de première race, issus des plus cé-

lèbres illustrations hippiques de l'Arabie, et vanta bien haut
leurs mérites. Mais la réalité était au-dessous de l'éloge. Le roi
s'impatienta et s'écria : « Où donc y a-t-il là un cheval dont
les oreilles rivalisent avec celles des gazelles, dont les narines
soient comme le repaire de l'hyène, dont les yeux soient comme
les yeux des femmes agaçantes, dont le museau fin et délié ait
la chair de l'angle labial rabattue et roule sur son ourlet
comme si elle pulvérisait du caillou * ? »

XXVII.

Places ou parties du corps du cheval auxquelles on a donné des noms d'animaux.

* L'os de l'articulation supérieure du cou est nommé sinnaùr,
chat, matou. — Le roubr, oiseau aquatique à face noire et à
corps cendré, est l'oreille qui émerge ou oreille externe. —
L'arnabah, la lapine, est le nom du bout du nez; de même
chez l'homme. — Fehdah, la femelle du guépard, est l'avant
du poitrail; les deux saillies musculeuses préthoraciques sont
les deux fehdah. — Le nâhek ou coassant, c'est-à-dire le crapaud, est un nom donné à l'os du nez et à l'os qui est dans le
sabot.

« J'étais, dit El-Asmaï, du nombre des favoris et intimes
les plus remarqués à la cour du kalife Hâroûn el-Rachîd,
lorsque, l'année 285 (de l'hégire, = 801 de J. C.), il se rendit
à cheval à l'hippodrome, avec les témoins spectateurs de la
course. Les chevaux qui devaient courir étaient les uns à El-
Rachîd, d'autres à ses deux fils Amîn et Mâmoûn, et d'autres à
Soleimân fils d'El-Manṣoûr Abou Dja'far. (Voy. Bibliothèq.
orientale de d'Herbelot, au mot Mansor, Abou Giafar.) Un cheval noir que l'on nommait Zend (cubitus) et qui appartenait au
kalife, fut vainqueur. Rachîd enchanté laissa éclater sa joie sur
son visage. «Que l'on appelle ici El-Asmaï,» dit-il. On me chercha de partout. J'accourus à la hâte. Dès que je fus en présence
du kalife : « El-Asmaï, me dit-il, prends Zend, commence

du haut du toupet, et décris-moi mon cheval depuis le sommet
de la tête jusqu'à la pince. Et puis, on prétend que parmi les
dénominations appliquées aux diverses parties du corps du
cheval, il y a une vingtaine de noms d'oiseaux. — C'est vrai,
prince des croyants, répondis-je; et je veux te réunir ces noms
dans des vers. — Pour Dieu ! fais-nous cette petite poésie. »
Et, sur place, sur-le-champ, je lui casai ces noms dans treize
vers. »

Ces dénominations se succédaient dans l'ordre suivant. — Le
hâmah, hibou, est le sinciput ou sommet de la tête. — Le
nasr, aigle, est la saillie centrale du dessous des sabots, la fourchette, le bec d'aigle. — Le naầmah, autruche, est la tête
tout entière. — Les deux ṡourad, pies-grièches, sont deux
veines sublinguales, brunes, qui vont dans l'intérieur de la
langue. — L'oṡfoûr, ou passereau, est la base sur laquelle
s'élève le toupet; c'est aussi une saillie osseuse de chaque côté
du front, et une tache blanche au front, mais étroite, non arrondie, et qui ne dépasse point le bord des orbites. — Les
deux dîk, ou coqs, sont deux os dont chacun est derrière
chaque oreille. — Les deddjâdjah, ou les poules, sont la
double masse charnue du poitrail, les deux reliefs musculaires
préthoraciques. — Les deux nâhiḋ, ou petits du ganga, de la
gelinotte, sont chacun le nom de la masse charnue de chaque
bras en haut. — Le ṛarr m'est inconnu. Je sais seulement
qu'on emploie le verbe radical de ce mot pour signifier que
l'oiseau insère son bec dans le bec de son petit en donnant la
becquée ou la nourriture. — A la soumâna, ou caille, je ne
sais pas quelle place assigner comme désignation d'organe. —
Le ṛourâb, corbeau, est la saillie postérieure de l'aine qui,
de chaque côté, est vers l'origine de la queue. — Le ḳabdj,
ou la perdrix, est aussi une désignation mal connue; on a prétendu qu'elle veut signifier la place des deux épaules, ou bien
l'adaptation articulaire du bras et de l'avant-bras. — Le ḳat-
tâf, ou l'hirondelle, est l'endroit du cheval où pose le cavalier.
— Le samâmah, ou martinet, dénomme un épi situé au cou.
— Le ṡaḳr, ou épervier, désigne un épi qui se trouve à la tête.

— Le ḳatâh, ganga ou tétrao alchata (Linn.), est l'arrière-siége ou la place du cavalier en croupe derrière un autre.—Le ḥarr, ramier mâle, ou jeune pigeon ou pigeonneau, désigne le noir qui souvent se trouve en dehors des oreilles.—Les deux ḳourb, ou les deux outardes mâles, désignent les deux trous de l'os inguinal. — Le ḥidâ, ou le milan, est la surface latérale du cou.

Il y a encore les quelques dénominations suivantes, prises de noms d'animaux. — Le ya'çoûb, ou roi des abeilles, est l'étoile petite et légère au front du cheval. — Le farḳ, poulet, est la partie antérieure de la tête, excepté l'oṡfoûr ou aṡfoûr. — Le ḥamâmah, la colombe, est le sternum ou partie inférieure et centrale du poitrail. — L'iḳâmah, ou vautour, est le regard de l'œil. — Le warachân, colombe sauvage, est la partie supérieure des bords ciliaires de l'œil. — Le zourraḳ, ou faucon blanc, est la balzane qui n'occupe pas le hérissé ou poils de la couronne vers les ongles *.

(Il y aurait de plus à citer : — Le oumm ḳirdân, la mère, c'est-à-dire la place aux tiques ou ixodes; c'est le pli du paturon; — les deux iwazz, ou les deux oies; ce sont les deux saillies musculaires préthoraciques; — et quelques autres encore.)

CHAPITRE XII.

Dressage et éducation des chevaux. — Qualités requises de l'écuyer, comme
connaissances et comme caractère. — Le dressage doit se commencer dès le
jeune âge. — Premières choses auxquelles on doit dresser le cheval. — Précautions et attentions de détail. — Aides des jambes; l'éperon; la bride; le
fouet. — Ferrement. — Dresser le berzaûn ou cheval commun à un bon pas,
par les voltes en cercle. — Maintien de l'écuyer à cheval; maniement des
rênes. — Procédés d'attention, de douceur et de patience. — Étudier les
penchants et tendances, qualités et défauts de l'élève à dresser. — Heure du
jour pour les exercices de dressage. — Du placement de la selle trop en
arrière. — Habituer au fardeau. — Monter au repos; et mettre en marche
doucement. — Arrêter en avertissant l'animal avec l'étrier. — Ne pas passer
de fautes ou d'oublis. — Rappeler à l'animal qu'on l'a en main. — Du tourner à droite et à gauche; usage des rênes et de la bride. — Dresser aux
manœuvres de guerre. — Les chélîl ou surtouts. — Dressage aux allures
de vitesse. — Kabeb ou trot. — De l'arrêt. — Aplomb, attention, adresse du
cavalier. — Du coup de fouet ou de gaule, d'éperon, de voix. — Ne laisser
monter le cheval ni par un enfant, ni par un maquignon. — De l'emploi du
cheval aux transports et fardeaux. — Charge du cheval. — Développer
l'embonpoint, ou le diminuer. — Cheval himlâdj ou mou. — Énumération
des qualités de l'écuyer dresseur. — Caractère d'obéissance chez les chevaux. — Éducation du poulain proprement dit. — Écuyers dresseurs du
Korâçân. — Durée de temps pour le dressage. — La bride iwân de Balk.
— Le moukk, autre sorte de bride. — Le nâzikî ou neïzikî, ou bride douce.
— Défauts que peut corriger le moukk. — Après le dressage premier, nourrir au vert, puis au sec. — Éducation perfectionnée par *lieux d'emploi* ou
allures, maintiens et directions. — Du poulain difficile; manière de le
traiter pour l'emboucher, seller, sangler, enfourcher, conduire, etc. — Le
régler par l'aide des jambes, de la voix, du fouet léger, du hochement des
rênes. — Trajets à faire parcourir. — Galop raccourci ou takrîb. — Nâroûd
ou champ d'exercice, manége. Ronds ou voltes. — Kabeb ou trot ordinaire.
— Chaûtah ou poussée de course à fond de train. — Élan et arrêt du saut.
Reculer. — Diverses allures : pas brillant ou anak; allure grave ou pas
royal; le marcher relevé; les trois allures mahrâniennes ou vives. — Noms
qualificatifs du cheval quand le pied de derrière n'atteint pas ou atteint ou
dépasse la trace de la main. — Les pas zyk et zenk. — Le pas bédouin; ses
sept variétés. — Les trois allures modernes : droite-gauche; bondissement
relevé; tourné. — Les trois sortes de trot, de galop et de course. — Éducation du cheval d'âge parfait. — Du cas où le cheval est insoumis; le bri-

der; le seller; le sangler. — Premières épreuves. — Du cas où le cheval résiste à la bride, où il assaille, où il secoue la tête, où il veut démonter, où il traverse. — Bases et points essentiels de l'équitation. — Avantages de l'éducation du cheval, dans les dangers. — Du cheval chahrî en bataille. — Élève et éducation du cheval, depuis le jeune âge, d'après le Kitâb el-akouâl. — De l'amour pour le cheval; du véritable amateur. — De l'âge des poulains, pour les monter. — Usage du lait. — Premières nourritures. — De la constitution par rapport à l'éducation. — Sujets faibles. — Nourritures lors du dressage. — Premiers exercices. — Dressage réel. — Travaux du champ d'exercice; changements de marche, etc. — Promenades diverses. Allures accélérées. — Corrections. Coups de talons. — Habituer au mors. — Monter lentement, au repos. — Départ et retour. — Emploi du licou, de la bride. — Évolution de vitesse, d'agrément. — Éducation trop rapide. — Répugnance au mors. — Emploi trop prolongé du licou. — Dérangements prompts dans les mouvements. — De certains penchants chez les chevaux. — Les qualités ne sont pas toujours dues à la bonté de la race. — Certains chevaux célèbres, d'origine incertaine.—Du cavalier par rapport au cheval, aux soins ordinaires, surtout en guerre. — Récits : — Le cheval de Balaûfar; — le cheval d'Achar. — Du cavalier de guerre, ou de chasse, et du dresseur ou écuyer, et du monteur médiocre.—Les deux braves, le kalife Alî et Zobeir. — Comparaison de l'art équestre chez les Arabes et chez les Barbares. — Il est des chevaux hardis, et d'autres peureux. — Essayer d'élever et de dresser des chevaux, à la manière arabe.

I.

Afin de réussir à élever et dresser les poulains, il faut, comme condition première, que l'écuyer sache ce que c'est que cette éducation, qu'il soit assez intelligent pour distinguer ce que dans l'animal il y a de douceur et d'âpreté, de docilité et de rudesse, de pesanteur et de légèreté, de résolution et de timidité, de mouvement et de calme, et, par suite, apprécier les circonstances où il aura des avantages à recueillir ou des désavantages à éviter. Il faut que l'écuyer sache ce que l'animal a en trop ou en moins, en vivacité ou en rusticité, connaisse bien chaque élève qu'il a à dresser, soit capable de juger ce qui convient pour l'éducation du cheval de guerre, pour celle du cheval d'un souverain, d'un voyageur, d'un marchand, d'un homme de tel genre de vie, ait l'expérience de ce qu'il y a à faire pour la pratique des villes et des différentes voies. Tout cela, dis-je, doit entrer dans l'ensemble des connaissances du véritable écuyer ou dresseur.

Et puis, quiconque n'a pas l'expérience des choses de son état et n'est pas apte à les expliquer quand les circonstances l'exigent, n'observe ou ne voit pas et ne comprend pas, ne peut être bon à pratiquer convenablement cet art. Or, dresser le cheval est un art qui a ses données et ses règles.

Il est de première importance pour l'écuyer ou le *cavalcador* d'examiner et apprécier ce que sont les articulations de l'animal, de bien tenir compte de ce qu'il y a observé. Par là, l'écuyer distinguera le cheval de ressource du cheval impuissant, découvrira les défauts, les parties souffrantes ou faibles. Plus vous mettrez d'attention laborieuse, plus vous apprendrez. Ainsi firent les anciens; ils observèrent longtemps; et de là leurs connaissances; de là l'expérience qu'ils ont acquise, et ils ont écrit. La science hippique a ses limites bien loin.

(Un principe que les Arabes n'ont jamais négligé et ne négligent jamais d'appliquer autant qu'ils le peuvent, est celui-ci. L'éducation du cheval ou, en d'autres termes, la conduite et les règles à suivre afin de le dresser à ce qu'il doit être pendant toute sa vie, pour tout ce à quoi il peut être appliqué, doit commencer dès le premier âge. Comme conséquence, le jeune poulain, déjà formé d'ailleurs dès sa naissance au contact de la tente, aux caresses et aux habitudes de la famille dont il est l'enfant et en même temps la propriété, se plie plus simplement, plus vite, plus aisément, à tout ce que l'on exige de lui, pourvu toutefois que ces exigences soient sagement graduées et raisonnées. Nous commençons tard à dresser nos chevaux, surtout les chevaux destinés aux services militaires; et nécessairement les éducations sont plus longues et plus difficiles, moins solides et moins sûres.

Tout cela se résume en ces quelques mots cités ainsi par Cardini dans son Dictionnaire d'hippiatrique et d'équitation :

« L'escuyer aura science, patience et douceur.

Ce qu'apprend poulain en jeunesse,

Tout ce veut maintenir en vieillesse. »)

La première et l'indispensable qualité de l'écuyer pour dresser le cheval, est la douceur ; là est la base du succès complet.

Il faut commencer par conduire le jeune poulain dans les rues, dans les marchés, dans les endroits bruyants, à travers les foules ou groupes d'individus. Il faut l'habituer à entrer dans les rivières, à traverser les cours d'eau, à s'arrêter sans émotion auprès des tambourins retentissants et les instruments donnant grand bruit, à voir tranquillement les objets monstrueux ou étranges, tels que l'éléphant, le lion, la girafe, les chameaux. Apprenez-lui à nager dans les eaux en repos et dans les eaux courantes ; pour cela vous le montez avec une vieille selle jusqu'à ce qu'il sache nager et plonger. Aux moments du besoin vous recueillerez le fruit de ces leçons.

Si le cheval est destiné à un prince, à un grand personnage, faites porter par l'animal de petits fardeaux avec des grelots, suspendez-lui des clochettes, et habituez-le aux exercices et aux évolutions du jeu de paume.

Faites d'abord marcher le poulain au pas, deux ou trois jours. Puis recommencez à lui placer sur le dos une besace ou un bissac rempli de sable ou autre chose analogue ; et pendant deux ou trois jours exercez-le à marcher ainsi, étant chargé. Alors montez-le, mais sans éperons (ou sans étriers à tablettes), afin qu'il n'éprouve aucune appréhension ou surprise. Si du premier jour il sentait la crainte ou l'étonnement ou la surprise, il en conserverait le souvenir tant qu'il vivra.

Il importe à l'écuyer de connaître tous ces détails. Il lui importe même de savoir éviter, au moment où il monte à cheval, que les pans de ses longs vêtements ne viennent point en s'étalant inquiéter son élève, afin de ne pas lui faire appréhender l'arrangement du harnachement sur lui. On se gardera de vouloir habituer trop tôt le cheval, dès ses premiers exercices, à sentir l'éperon ou la baguette (ou la gaule). On se gardera aussi, lorsque l'on commencera à monter le cheval, de l'animer et exciter à la progression, de peur de lui apprendre à piétiner, à trépider sur lui-même, à regimber ou à se montrer rétif.

La principale préoccupation de l'écuyer sera de se maintenir fermement les cuisses, de ne point s'agiter sur la selle. C'est à partir du genou, de haut en bas, que le mouvement à demander par l'éperon doit s'indiquer, mais dans une proportion qui ne trouble point le cheval. On approche les éperons avec mesure et précaution, et le coup en doit être léger; car nombre de chevaux se fatiguent pour un trajet d'une portée de flèche et s'arrêtent. Le terme suprême à atteindre est que le cheval sache comprendre la bride; après cela on lui apprend à connaître le fouet ou la baguette, puis à comprendre les éperons. Mais c'est à l'usage de la bride qu'il faut d'abord l'accoutumer.

Lorsque vous voulez habituer le poulain à se laisser ferrer, ayez un marteau suspendu à vous. Que chaque jour on lève, en face de vous, les pieds et les mains de ce poulain, et cela trente ou quarante fois. Alors, avec le marteau, frappez-lui plusieurs petits coups sur chaque corne afin qu'il s'habitue à recevoir la ferrure.

Si vous voulez dresser promptement un berzaûn à un bon pas, aux mouvements doux et faciles du cou et des articulations, conduisez l'animal sur un sol plane et uni et faites-lui faire des voltes sur un cercle de dix coudées (de diamètre). Autant que possible, tenez à l'animal la tête haute, afin que l'effort et la fatigue portent davantage sur les membres antérieurs. Chaque jour, diminuez la largeur du cercle de volte, jusqu'à ce que vous l'ayez réduit à une étendue de deux ou trois coudées. Tournez les voltes sur l'un et l'autre côté; c'est-à-dire, lorsque d'abord vous avez manœuvré sur la droite, manœuvrez ensuite sur la gauche; agissez alors de même que pour la droite, ou, en d'autres termes, prenez d'abord la plus grande ligne circulaire (ou ligne de dix coudées de diamètre), puis rétrécissez chaque jour. Par ce travail, les membres de l'animal se régulariseront dans leurs mouvements, s'assoupliront, et l'animal se dressera. Il faut vous garder de frapper le cheval à tout moment avec le fouet ou la baguette; car par cette manière de procéder, par cette sorte de flagellation trop répétée, vous déroutez l'animal et par suite il devient rétif ou se détourne.

II.

Le cavalier, pour bien être à cheval, doit appuyer et tenir assujettis les pieds sur les étriers, appliquer les cuisses contre la selle; — savoir à propos maintenir les rênes ou les rendre et les manier dans tous les sens, selon les diverses circonstances qui exigent de les rendre, ou de les tenir hautes ou de les serrer ou de les adoucir; — savoir exécuter tous les mouvements du torse; car le cavalier peut, de moment en moment, avoir besoin de se porter à droite ou à gauche, en avant ou en arrière.

Le cavalier, l'écuyer doit mettre toute son attention à ne commettre ni faute ni faux mouvement, afin de ne pas être obligé de reprendre avantage et de redresser le cheval. Si du moins on ne peut amener le cheval à des résultats meilleurs et plus satisfaisants, il ne faut pas lui faire rien perdre de ses dispositions naturelles. Car il y a des chevaux qui, heureusement doués, répondent facilement à tout ce que vous leur demandez par la douceur et les précautions raisonnées, et qui, sollicités par la voie des coups, ne vous auraient point répondu. Plus vous les frappez, plus leur naturel se déprave et se refuse à ce que vous voudrez d'eux. Mais les chevaux de bonne race, de bonne nature, gardent leurs qualités bonnes et elles ne s'altèrent pas. Le cheval, au contraire, dont l'aspect tient du berzaûn, peut être dépouillé de ses dispositions favorables, bien plus que le cheval de grande race. Il n'y a donc à poursuivre avec une opiniâtre insistance que le dressage du cheval de noblesse; car il y a des sujets que l'on ne réussirait jamais à former, à dresser, à instruire; étant poulains ils avaient une nature incorrecte, extravagante; ils en ont conservé les défauts et sont désormais incorrigibles.

Il y a des poulains qui, au commencement de leur éducation, lorsqu'on les exerce à courir, se montrent bons coureurs, et qui, lorsqu'on les fait passer à un autre emploi, se montrent encore bons, bons à la marche, aux explorations, aux exercices à travers la poussière, aux usages tranquilles. Recherchez donc et connaissez ce qui prédomine dans la nature de l'animal, jusqu'à ce qu'il ait acquis son développement et sa force. (Étudiez et connaissez votre élève ; car il y a toujours à voir ce qu'il vous est loisible d'en espérer.)

Le cheval qui porte et déjette la mâchoire par en bas est d'un naturel traître, n'a rien en qualités élevées. Celui qui par nature est rétif, ou est paresseux, ne se corrigera jamais promptement du vice qu'il a. Le cheval vigoureux qui par suite des coups, ou par les secousses et violences de la bride, etc., aura appris à être rétif, ou aura contracté un vice, ne se redressera plus ; il est définitivement gâté. On ne redresse jamais non plus un sujet dont les articulations sont déviées ou faussées, ou dont le cou est roide et droit par suite de maladie, ou dont la bouche est abîmée par une cause semblable.

Le poulain que vous voyez être bien en force, en aplomb, net et régulier dans sa démarche, doué d'amples cavités, de membres solides, d'une excellente complexion, se dressera et s'instruira rapidement, comme vous le voudrez, comme il vous plaira de l'avoir. Un poulain a-t-il la respiration pleine et aisée, le cœur ferme et courageux, a-t-il les quatre membres grands et alongés, une haute taille, soyez sûr que ces dispositions décèlent une nature supérieure, un animal qui se dressera promptement. Une conformation opposée dénonce un cheval de mauvais aloi.

Le cheval ou le poulain qui, en marchant, agite l'encolure est disgracieux et déplaît. Il est de tournure ḳaûḳarah (ou ḳarḳarah ?) ou colombe, ramier ; car il y a des chevaux qui agitent la tête comme le ramier ou pigeon, qui la jettent de tout côté, à la manière du cheval harnaché dit mouḳanna', ayant capuchon ou couvre-face. (Cette dernière phrase me paraît louche. Je ne connais pas, d'ailleurs, le mot ḳaûḳarah ; je le traduis par supposition, et comme s'il y avait ḳarḳarah.)

Le moment le meilleur pour monter le poulain que l'on dresse est l'aube du jour, à la première apparition de la lumière, par conséquent à la disparition de la nuit, lorsque la digestion est accomplie.

Ne montez pas, pendant un grand vent, le cheval que vous dressez. Cette circonstance occasionne de la dilatation dans les vaisseaux et dans les organes les plus importants. Ne montez pas non plus pendant la nuit; car la nuit est le temps du repos pour le cheval.

Le dresseur doit se servir de l'aide des cuisses pour diriger le poulain. Je précise cette recommandation parce qu'il y a des écuyers qui ont pour système d'appuyer avec le siége. Ceci convient pour former à l'allure de l'amble, car plus on charge l'animal, plus il tient la marche et dépouille la rudesse naturelle des mouvements.

Certaines gens sellent le cheval près de l'arrière-main et de façon que le poids qu'il a sur lui porte plutôt sur la croupe. Mais cette pratique est condamnable; car du moment que le cavalier est fatigué, il n'est plus en bon aplomb sur la selle, et le cheval se déroute. Du reste, cette manière de charger davantage vers la croupe a pour but de donner au cheval, pour un moment, un pas meilleur et appartient aux dékâcherah ou palefreniers malavisés. Aux yeux des connaisseurs sensés, cette coutume est des plus répréhensibles.

Si la selle n'est pas posée également et juste sur le milieu du dos de l'animal, le cavalier, qui est habile et exercé, ne se tient pas moins droit et d'aplomb, mais dans le cas où le cavalier est inhabile, le cheval et lui sont gênés et mal à l'aise.

Le cheval doit être conduit selon ce que comportent son pas et ses habitudes. Le poids à lui imposer doit être mesuré avec sagacité, intelligence et connaissance de cause, jusqu'à ce que le cheval soit instruit, et il se dressera comme il faut.

Lorsque le cavalier monte *tortueusement*, c'est-à-dire est de travers et n'a pas d'aplomb, il lui est impossible de bien diriger sa monture en bataille ou ailleurs. Et une fois qu'une habitude a été prise, le cheval ne la quitte plus.

Dès les premières fois que vous montez un poulain , il importe essentiellement que vous le teniez au repos pendant
quelques instants afin qu'il s'accoutume à ce repos. Cette habitude d'arrêt au repos est d'ailleurs nécessaire pour le prince,
le cavalier et tout autre individu, soit afin de permettre d'arranger les armes, les vêtements, etc., soit même afin de
monter sans armes ni hardes, ni rien. Il ne faut donc point
pousser le cheval à partir aussitôt qu'on le monte, de peur
de lui communiquer ainsi la mauvaise habitude de se mettre
en mouvement dès que vous passez la jambe par-dessus lui.
Maintes fois on aurait à s'en repentir ; d'ailleurs il y a un
véritable danger. Quant aux berzaûn ou chevaux communs et
sans race, formez-les aussi le mieux possible à rester au repos, afin de les avoir doux et maniables.

Ayez le plus grand soin de ne jamais passer aux poulains la
moindre faute, le manque le plus léger ; sinon, ils contractent
les vices les plus sérieux. Car les instincts des animaux et les
conséquences qui en dérivent, aboutissent aux résultats les
plus inattendus, suites d'une éducation mal soignée.

Une fois que vous êtes en selle et que vous avez tenu le
poulain au repos ainsi que nous venons de le dire, mettez-le
en marche simplement, tranquillement. Mais ensuite ne vous
arrêtez pas de moment en moment auprès des gens, à conver-
ser ou causer. Vous donneriez ainsi à votre élève une habitude
nuisible ; il s'arrêterait aux endroits dangereux, ou dès qu'il
apercevrait quelqu'un, et pourrait ainsi occasionner la perte
ou le malheur de son cavalier.

Quand vous voulez arrêter votre jeune élève, manifestez-lui
votre intention en appuyant sur les étriers, et, autant que
possible, en appuyant avec le pied gauche. Cette habitude est
avantageuse pour tirer de l'arc, pour lancer le trait, et plus
spécialement pour lancer le trait. De plus, cette pratique est
excellente pour monter à cheval et en descendre (c'est-à-dire
pour rendre le cheval facile au montoir).

Il ne faut point laisser oublier à l'animal le goût de la bride
(c'est-à-dire lui laisser oublier qu'il est sous la main directrice

du cavalier). Pour cela, faites-lui sentir de légers mouvements de rênes; rappelez-lui souvent que vous l'avez en main, afin qu'il sache que vous êtes toujours occupé de lui et de ce qui le regarde.

III.

Quand vous voulez tourner le poulain à droite ou à gauche, assemblez et égalisez les rênes dans votre main, des deux côtés. Ensuite vous opérez la conversion par un mouvement ou volte en cercle. Dans les premiers temps et lorsque les os du poulain n'ont pas encore toute leur solidité, ne tournez pas trop court; car alors le haut des épaules se dévierait, s'affaiblirait, et il se développerait des entamures ou fêlures scapulaires, des formes ou daks. Lorsque, vos rênes étant égalisées et rassemblées, le cheval tourne facilement, n'usez d'aucune autre aide; sinon, raccourcissez un peu, légèrement, celle des deux rênes qui correspond au côté selon lequel vous voulez faire tourner. Alternativement, tous les jours, accourcissez les rênes, puis rendez-les, toujours avec mesure et justesse; tenez-les tantôt de la main droite, tantôt de la main gauche. Continuez ces exercices jusqu'à ce que vous puissiez abandonner les rênes libres sur le cou du cheval.

Lorsque vous voulez former votre élève aux manœuvres des combats, revêtez un homme de vêtements de guerre; faites-lui monter un autre cheval; mettez en main de votre antagoniste une longue baguette; prenez en main vous-même une baguette longue; et simulez un combat. Fondez sur votre adversaire; qu'à son tour il fonde sur vous. Répétez cette manœuvre jusqu'à ce que votre cheval ait appris les évolutions des batailles; vous recueillerez un jour les fruits de cette instruction. Que tous deux aussi, d'un élan simultané, partent au galop. Apprenez ensuite à votre élève à garder et endurer les chélîl ou surtouts ou voiles qui flottent sur la croupe. Après tout cela formez-le à sauter de petits fossés, puis, graduellement et peu à peu, les fossés les plus larges.

Jamais ne donnez à la bride des secousses brusques et
dures au moment où vous faites tourner le cheval, ni en aucune circonstance. Les résultats de cette pratique sont nuisibles ; vous abîmez ainsi, vous déchirez la bouche du cheval,
et par suite il devient craintif, habitude malheureuse qu'il
gardera ensuite. Outre cela, vous lui désordonnez la tête ;
vous lui donnez une déplorable éducation.

IV.

Lorsque le cheval est bien dressé à ce à quoi on l'a voulu
former, et que vous vous proposez de l'*enlever* (mounâkalah)
c'est-à-dire le faire aux allures de grande vitesse, rendez-vous
avec lui à un endroit où vous l'ayez déjà conduit ; que le sol
en soit égal, uni, sans fossé ni trou, et qu'il n'y ait pas d'autres chevaux (en exercice ou travail de manége). Tenez les
rênes légèrement rapprochées vers vous, et exercez au kabeb
ou trot. (Cette allure est ainsi définie : « Dans le kabeb, le
cheval progresse en élevant la partie antérieure ou avant-
main, en battant l'une après l'autre, sur le sol, les deux
mains et réunissant ou rassemblant les deux pieds ou bipède
postérieur. »)

Quand vous voulez arrêter, ajustez et assemblez les rênes
dans votre main, et demandez l'arrêt peu à peu, doucement,
et de façon que l'arrière-train ne dévie ou ne penche dans
aucun sens. Gardez-vous de solliciter l'arrêt par des secousses
dures de la bride, ou en frappant le cheval. Par là, l'animal
s'habituerait à résister, à se défendre. Mais arrêtez par trois
mouvements de retrait des rênes, en graduant en force chacun de ces mouvements. N'arrêtez pas non plus d'un seul
arrêt subit, brusque, à la selle et sur cul. On communique
ainsi une habitude détestable, et le cheval jettera par terre
quiconque le montera.

Des individus se placent assis sur le cheval ; d'autres montent à califourchon ; deux positions très-différentes. Les marchands, les moines, les paysans se placent assis. En pareil cas,

si au moment où l'individu s'assied, le cheval fait un bond, il met son homme par terre. Mais l'individu qui monte à cheval jambe deçà jambe delà, doit être solide et ferme, en telle sorte que ni l'un ni l'autre ne tombe; le cheval seul pourra tomber.

V.

Dans les principes d'éducation chevaline, il est recommandé d'avoir toujours présent à la pensée que l'on est à cheval, que la bride est toujours une sorte de pince-nez ou mezîr, c'est-à-dire un *frein*. Soyez si bien posé sur la selle que vous ne subissiez pas de mouvement qui vous dérange. Il faut être en aplomb solide et sûr, comme cet écuyer dont on a dit : « On lui plaçait une drachme entre un pied et l'étrier et une autre entre l'autre pied et l'autre étrier. L'écuyer, après cela, cavalcadait, jouant de la lance, simulant le combat, pendant un long temps, lançant à pleine course son cheval. A la fin de ces exercices, on retrouvait les deux drachmes chacune sous un pied; elles n'avaient pas bougé de leur place. » Du reste, le cavalier ferme et intelligent, dont le sabre est bien affilé, et le cheval de noble sang, est le cavalier complet. L'écuyer de sagacité qui comprend le cheval de haute race, en obtient tout à volonté; il en change les mauvais penchants. A son gré, il dresse le coursier de pur sang pour les exercices de la lance, ou les manœuvres du sabre, ou le tir de l'arc, ou les jeux de paume, ou les évolutions de lignes de batailles; il peut réussir, grâce à Dieu.

Quand vous voulez diriger un coup de fouet qui tombe sur l'endroit qu'il importe de toucher, ce coup doit arriver à l'imprévu, au moment même où la faute est commise; si le cheval aperçoit le coup, le résultat en devient nul et même nuisible. Adressez donc le coup par où le cheval ne l'attend pas. Conséquemment, n'agitez pas à l'avance le fouet (ou la gaule, ou la cravache) qui va frapper, car par là le cheval est mis en éveil et voit où il va recevoir le coup; et il finit par ne plus s'émouvoir d'être frappé. De là, la plus détestable des habitudes.

Ne permettez jamais à un maquignon ni à un enfant de monter votre cheval, on lui enlèverait ses qualités. En un instant, le cheval connaît ce que vaut le cavalier qu'il a sur lui, en juge l'indécision et le degré d'expérience. Le cheval habitué à un cavalier habile, est-il livré à un écuyer ou cavalier ignorant ou maladroit, celui-ci gâte et perd le cheval, le sort de bonnes habitudes acquises.

Le cheval de race que vous accoutumez à porter ou transporter des fardeaux, vous le perdez et il ne sera jamais bon pour les transports. Ses articulations s'alanguissent, se débilitent ; ses qualités de race disparaissent. Par contre, si d'un cheval dressé au service de somme, vous faites un cheval de selle, vous le perdez ; mais si vous le réemployez aux transports, il s'y remet sans peine et retrouve la force et la solidité. En principe, tout cheval qui a été formé à telle habitude, ne l'en sortez ou détournez jamais ; maintenez-le dans ce nouveau tempérament. Par là, sa nature se régularise et il devient supérieur en qualités.

Il ne faut user du fouet, de la voix et des éperons (ou de l'angle interne et postérieur des étriers à plateaux), comme moyens d'excitation, que dans la course, dans les montagnes ou montées, les embarras ou les difficultés, pour les fossés à franchir, en un mot dans les incidents où le cheval se trouve exposé à quelque gêne ou danger.

Ne mettez jamais beaucoup de choses sur votre cheval ; ménagez-le partout ; car le cavalier ne vaut que par son cheval.

VI.

Soyez persuadés que les prétentions des dresseurs à former et rectifier tous les chevaux, sont des illusions et des faussetés. Il est impossible de rendre parfait ce que Dieu a créé imparfait, à moins de combler ce qu'il y a de défectueux et d'incomplet. Mais l'éducation a ses avantages pour l'animal de bonne naissance et que la nature a favorablement doué. Le berzaûn au contraire, l'akdîch ne sont que rarement conduits par l'éducation à d'heureux résultats, attendu la nullité de race et l'état de dégradation naturelle. C'est en raison de cela que ces chevaux sont presque tous peureux, ombrageux, ou bien ont les allures inégales et décousues. Pour dompter et régler l'ardeur du berzaûn, gouvernez fermement la bride, à l'inverse de ce qui convient aux autres chevaux.

Lorsque vous voulez assouplir un cheval, montez-le chaque jour ; mais ne faites pas trop galoper afin de ne pas épuiser son ardeur ; car il vous ferait défaut au moment le plus inopportun. Insistez ainsi, jusqu'à ce que la marche de l'animal soit bien assurée et soit bien régulière. Une fois qu'il en est à ce point, montez-le un jour et laissez-le en repos un jour. Dans ces exercices, ne le surmenez point ; trop de fatigue déprime la force du cheval.

<h2 style="text-align:center">VII.</h2>

Voulez-vous que le cheval devienne gras, montez-le un jour, puis laissez-le se reposer pendant deux jours ; posez cela en régime habituel. Ou bien, montez l'animal deux jours de suite et laissez-le se reposer pendant trois jours. Continuez ainsi jusqu'à ce que l'embonpoint soit développé. Si l'animal engraisse trop, s'il tourne à l'obésité, montez-le, fatiguez-le ; il s'affaiblira et sa graisse tombera. Du reste, lorsque le cheval a trop d'embonpoint, est chargé de graisse, il est mou et paresseux. Le cheval mou et paresseux est désigné par les Arabes sous la qualification de himlâdj, c'est-à-dire commode pour la marche simple et le pas de voyage.

VIII.

Énumération des qualités de l'écuyer dresseur. — Caractère d'obéissance chez les chevaux.

Le dresseur de chevaux doit être écuyer par goût, par passion exclusive, absolue; leur éducation doit être chez lui une habitude. Dès lors il formera d'excellents sujets et il perfectionnera encore son expérience.

*C'est surtout pour le dressage qu'il est besoin d'un écuyer habile, — qui connaisse bien les instincts et les ressources des chevaux, les détails de leur éducation, les procédés pratiques d'instruction, — qui ait la sagacité pénétrante, — qui s'émeuve et s'irrite difficilement, — qui ait la patience longue toutes les fois que l'élève s'intimide, s'arrête, frappe et donne du pied, bondit, bronche, — qui sache ce que veut le naturel de sa monture et ce qu'elle aime, si elle aime les terres basses ou les terrains pierreux, ou les chemins frayés, ou une selle à laquelle elle est habituée, ou une bride à laquelle elle est accoutumée, — qui accepte ce qui de tout cela est bon et favorable, — qui poursuive avec persévérance l'éducation et le dressage du poulain, — qui sache frapper seulement quand il le faut, — qui ne laisse en son élève aucune qualité mauvaise, aucun vice que ce puisse être, — qui apprenne au poulain tout ce qu'il faut en évolutions et changements de marche et d'allures, en exercices de souplesse, etc., tout ce que la constitution et la capacité de l'élève pourront recevoir par l'instruction. Quant à ce qui existe naturellement dans les poulains, tel que la rapidité à la course, etc., vous le trouverez toujours au moment où vous le demanderez.

L'écuyer ne doit exiger de l'animal que graduellement, et par les moyens de douceur et de bienveillance; car le cheval de pur sang a la fierté et l'orgueil de sa race, bien différent en cela des autres animaux de service, des chevaux de roture, des mulets et autres espèces. Il est certains chevaux qui ont

la dignité et la noblesse; et si l'écuyer les pousse trop vivement à être plus empressés à répondre à ses efforts, il les
perdra, les fera aboutir à un état détestable. De fait, l'empressement généreux est un penchant naturel, inné chez certains chevaux de race, non chez tous. Nous voyons des chevaux
de noblesse, de rang tout à fait supérieur, chez lesquels cet
empressement, si on le cherche, ne se rencontre point. Et
vient-on à les forcer à répondre plus généreusement à ce qu'on
exige, ils se révoltent, pervertissent leur éducation, et parfois
même se détraquent et revêtent les défauts les plus insuppor-
tables *.

IX.

Éducation du poulain proprement dit. — Écuyers dresseurs du Korâçân. —
Durée de temps pour le dressage. —La bride iwân, de Balk. — Le moukk,
autre sorte de bride. — Le nâzikî ou neïzikî ou bride douce. — Défauts que
peut corriger le moukk. — Éducation perfectionnée par *lieux d'emploi*. —
Manière de traiter le poulain difficile, pour l'emboucher, seller, etc. —
Trajets à faire parcourir. — Galop raccourci. — Champ d'exercice, ou manége. — Trot ordinaire. — Élan et arrêt du saut; reculer. — Diverses allures. — Du cheval quand le pied de derrière n'atteint pas, ou atteint, ou
dépasse la trace de la main. — Les pas zyk et zenk; le pas bédouin et ses
sept variétés. — Les trois allures modernes. — Les trois sortes de trot, de
galop et de course.

[L'écuyer doit avoir le cœur pénétré, imbu de l'amour des
chevaux, se plaire au travail qu'exige l'art de les dresser, de
les former par la bonté, par la douceur, par la patience, s'imposer à soi-même ces soins et ces peines, ne pas laisser le
cheval briser le résultat de l'éducation déjà reçue; car alors
l'animal aboutit à la dépravation de ses qualités naturelles; il
se gâte et il se perd.

J'ai interpellé, sur la question de l'éducation du cheval, les
hommes les plus expérimentés du pays de Balk. Aujourd'hui,
c'est là que sont les plus habiles dresseurs de chevaux. Cette
supériorité, ils l'ont acquise et reçue des Arabes. Après que
les musulmans eurent battu et mis en déroute les Perses à
Kâdécîeh, des écuyers des grands personnages arabes al-

lèrent à Baḷk (dans le Ḳorâçân), s'y fixèrent, et y installèrent
ainsi les connaissances équestres et l'art de dresser les chevaux (24). Je demandai donc aux plus experts de Baḷk : « En
combien de temps peut-on dresser parfaitement un cheval et
en faire une monture digne d'un roi? » Ils me répondirent
unanimement qu'en une année, mais complète, on dressait
parfaitement un cheval, qu'on lui apprenait à goûter et connaître toutes les brides. Pour cela, il faut, selon ces maîtres,
monter le poulain djéza', c'est-à-dire étant dans sa troisième
année. On le soumet alors à cinq ou six leçons. Ensuite on va
modérément jusqu'à ce qu'il ait jeté ses deux premières dents
incisives; car il est encore délicat et faible, et un travail exagéré le perdrait. Il faut donc le ménager, ne le monter que de
temps à autre jusqu'à ce qu'il ait changé ses incisives quaternaires ou mitoyennes; et quand elles sont complétement repoussées, on lui embouche la bride iwân pesante ou gros
iwân de Balḳ (c'est-à-dire le mors façon de Balḳ). On continue
l'emploi de cette bride, sans la changer, pendant une durée
de deux mois, montant l'élève un jour et le laissant en repos
un jour; par ce moyen, la rudesse et la dureté de la bouche,
si elles existent, sont adoucies, les commissures des lèvres se
trouvent façonnées; l'animal est soumis. Le jeu des vertèbres
du cou s'accomplit avec aisance et facilité; les membres et le
dos sont assouplis. De plus, l'animal est devenu capable de
supporter la fatigue et le travail; il est préparé par ce mors à
paraître aux exercices des nâroûd ou champs de manœuvres,
ou des manéges, et on le fait passer aux allures plus rapides.

Après cette durée de deux mois, on accorde à l'animal
l'iwân (ou mieux iîwân) légère ou bride légère. On insiste
également sur l'emploi exclusif de cette bride; on monte encore le cheval pendant deux mois, un jour de travail et un
jour de repos. Alors l'animal va se perfectionnant; il suit et
comprend la bride; il porte la tête bien relevée, le cou ferme
et assuré; il a la marche et la course alertes et dégagées. Si le
cavalier veut agrandir ces résultats, il trouve les éléments préparés et les conséquences des effets de l'iwân ou bride forte.

Après deux mois d'emploi de la bride légère, on la remplace par le moukk (autre sorte de bride). On monte encore l'élève, sous la conduite de cet appareil, pendant deux autres mois, à jours alternés, un jour de repos, un jour de travail, mais avec douceur et patience. On évite de tirer sur les rênes au point d'offenser et d'ensanglanter la bouche. On adapte alors aux deux *bras* ou montants (idâdah) d'un fer de moukk, deux charnières en sortes de gargouilles, portant chacune un anneau ; à ces anneaux on attache d'autres rênes. C'est sur celles-ci que l'on tire lorsque l'on veut arrêter ou retenir l'animal. On les emploie pendant plusieurs jours, jusqu'à ce que le cheval sente cette bride et la mâche. (Ceci me semble avoir une assez grande analogie avec le filet et de plus avec l'emploi du bridon. C'est du moins ce que l'auteur va nommer nâzikî.) Ensuite on agit et tire sur les rênes inférieures ou du dessous. On opère ainsi par le moukk et le nâzikî ou bride douce, jusqu'à ce que l'animal connaisse et goûte le moukk. On débarrasse le cheval du nâzikî, et, pendant deux mois, on n'use plus que du moukk.

Le moukk, a-t-on dit, peut détruire chez les chevaux treize sortes de défauts ou vices. Ainsi, il corrige : — le cheval enclin à assaillir ; — le cheval disposé à regimber ; — celui qui presse et appuie sur la *pioche* (fâs) ou traverse ou canon du mors ; — celui qui a la mâchoire lâche ; — celui qui secoue et agite la tête comme le fou ; — celui dont le jeu des vertèbres cervicales est lâche et mou ; — celui qui, en course, tient la bouche ouverte ; — celui qui prend les rênes ; — celui qui jette la tête sur les faces latérales du cou ; celui qui cherche à démonter le cavalier ; — celui qui est impatient ; — celui dont la bouche trop sensible ne supporte pas la bride ; — celui qui, dans le galop, se trouvant au milieu de l'espace ou champ de course, prend en travers. Mais si le cheval, en course, approche la ganache contre le poitrail et tire sur la bride, il n'est pas moyen de corriger ce défaut ; les hommes d'expérience proscrivent l'usage de ce cheval pour la guerre, et pour toute autre circonstance.

Après l'emploi du moukk, on passe à l'emploi du nâzikî ou neïzikî, pendant deux mois, montant un jour, laissant reposer un jour. Si, dans cette période de temps, on s'aperçoit que l'élève ait oublié quelque chose de ce qu'on lui a appris, ou si l'on remarque que les mouvements cervicaux aient de la roideur, on le remet à l'iwân pour deux ou trois exercices (à jours alternés), afin de le ramener au point d'instruction où il était.

Du reste, pendant la durée de cette éducation dont nous venons de parler, nul ne monte le cheval que l'écuyer ou cavalier qui en suit assidûment et dirige l'instruction.

Ainsi qu'il résulte de l'exposé ci-dessus, cette instruction se donne par le moyen de cinq brides ou cinq modes d'emboucher le cheval ; et la période de temps est de dix mois. Ensuite on envoie l'animal au vert (kadrah) et à l'air libre, pendant un mois, puis on le nourrit à l'herbe sèche (ṛamîr) pendant vingt jours ; après quoi, le cavalier ou écuyer le monte encore cinq fois en dix jours, un jour de repos et l'autre jour de travail.

Dès lors, le roi, prince, ou chef pour lequel le cheval est dressé et instruit, le monte, pourvu que ce roi, prince, ou chef soit bon cavalier et possède les principes et la pratique de l'équitation. Par ainsi, tout ce que ce nouveau cavalier demandera et indiquera à sa monture, il le trouvera et l'obtiendra sans effort de la main ni du corps. De plus, si l'on veut, ce cheval est en état d'être mis en train ou *entraîné* et *travaillé* pour les grandes courses ; car il est plein de chair.]

X.

[Le complément ou la perfection de l'éducation consiste, pour le cheval, à lui assouplir et adoucir la tête et le cou, et à lui rendre les rênes faciles et commodes dans les divers modes ou *lieux* d'emploi. Ces lieux d'emploi ou maûti se résument en quatre sortes de circonstances ou de faits ou de qualités.

La première comprend : — la marche dans les cérémonies

et représentations des souverains, et de manière que le cavalier soit à l'aise et tranquille ; — la marche au pas alongé ; — le rassemblé de l'avant-main ; — le maintien relevé de la tête ; — le jeu léger des rênes.

La seconde comprend : — le galop raccourci bien cadencé ; — la régularité de la course ; — la flexibilité souple dans le tourner, à la poursuite des animaux sauvages (ou les chasses à courre).

La troisième comprend : — la manière de gouverner et régler l'ardeur et la vivacité du cheval, dans les courses de l'hippodrome ou ḥalbeb.

La quatrième comprend : — la promptitude de la part du cheval à répondre à ce que demande de lui le cavalier afin de regagner le dessus, en cas de désavantage, dans les manœuvres simulées lorsque l'on est en butte aux pointes des lances et aux coups de sabre.]

XI.

[Lorsque le poulain qui prend trois ans est difficile, indocile, on commence par lui emboucher la bride ou iwân légère, appelée iwan ou mors de Balk. Mais auparavant, on frotte le mors avec du miel, et on essaye doucement et peu à peu de l'emboucher au poulain jusqu'à ce qu'on soit arrivé à mettre la bride. Si le poulain se défend, se cabre, et refuse opiniâtrément de se laisser brider, on l'entrave, puis on l'abat et l'étend sur un endroit doux et uni où l'on a disposé, en assez grande quantité, du sarḳîn ou litière de crottin et du fumier (25). On bride alors le poulain, puis on le fait lever debout, et on le laisse ainsi un certain temps afin qu'il se familiarise avec la bride. Après cela on lui jette sur le dos une pièce de serge épaisse mais légère, et on le ceint d'une sangle. S'il s'éloigne, s'il évite de recevoir cette couverture, on la place de nouveau, avec douceur et patience ; on recommence jusqu'à ce qu'il se prête tranquillement à cette opération. — Ensuite on selle le poulain avec une selle complète et dont la pièce d'étoffe postérieure s'étende sur la croupe. J'ai vu peu de poulains, ne pas aller, pour ainsi dire, au devant de la selle.

Les premières fois que l'on sangle le poulain, on ne l'étreint que modérément. Moi, je préfère laisser la sangle presque lâche. On place ensuite le la b a b ou *poitrail*, mais sans qu'il gêne en rien. Enfin on lie, ou à droite ou à gauche, d'une manière lâche et large, la queue aux s i m î ou courroies latérales de la selle (c'est-à-dire aux courroies qui, fixées à la selle, servent d'ordinaire à attacher ou à suspendre les hardes ou autres objets). Après que tout est ainsi disposé, on conduit au pas pendant quelques instants, et ensuite on fait marcher sur un terrain déclive ; mais alors le cavalier se tient les jambes libres et pendantes, afin de ne pas peser sur l'animal en appuyant sur des étriers.

Si le poulain s'éloigne et qu'il refuse de se laisser monter, on l'approche d'une boutique (26) (ou d'un montoir), et le cavalier ou écuyer enjambe subitement et enfourche le poulain sans poser le pied dans un étrier. Une fois en selle, le cavalier prend rapidement son aplomb, embrasse et serre la selle avec les cuisses, garde les jambes souples et mobiles et applique les pieds sur les étriers. Si le poulain fait mine d'élever l'avant-main, le cavalier se courbe et se penche en avant, en rendant les rênes, afin de peser sur l'avant-train, et d'empêcher le poulain de se cabrer. On le fait tourner doucement, sans secousses, à droite, puis à gauche, afin de rompre ces tendances et de lui assouplir l'avant-corps et le cou.

Lorsque le poulain, se prenant de vivacité, donne et frappe des membres postérieurs, le cavalier se penche en se portant un peu en arrière, serre les rênes, le tourne à droite, à gauche, rompt cette tendance folle, fait sentir le fouet sur le poitrail, évite de le faire sur l'arrière-train tant que le poulain se montre difficile et ne s'est pas assoupli et soumis. De plus, on lui appuie le talon sur le flanc, on hoche doucement le mors, afin que l'animal parte de dessous lui-même par un mouvement en avant. En frappant sur l'arrière et insistant ainsi, dans le but de régulariser les mouvements et de calmer l'animal, on le perdrait, on lui donnerait l'habitude de regimber, de ruer, de se refuser au montoir.

C'est à l'aide des jambes et de la voix qu'il faut surtout manier et travailler le poulain. On lui laisse voir à tout moment le fouet (ou la gaule, etc.), afin de le tenir en éveil. S'il a besoin d'être corrigé, on lui pique sur la poitrine un léger coup de la lanière du fouet. Il convient que ce fouet soit en azzan, sorte de bois à tissu serré et solide (peut-être le houx, dont on faisait et fait les houssines), ait une longueur de neuf poignées. (C'est, à peu près, la même longueur que celle de la gaule, un mètre et cinq centimètres.) L'usage du fouet brut, grossier et sans flexibilité, hébète l'animal. De légers hochements des rênes doivent relever la tête du poulain et rassembler l'avant-main. Le premier jour, on fait marcher un trajet de deux milles; le second jour, trois milles; le troisième jour, quatre milles. Dès lors, le trajet doit être de quatre milles, chaque jour de même, sans rien ajouter ni diminuer. Chaque jour, on exerce le poulain à parcourir au trot le trajet d'un mille; puis, au galop *rapproché* (takrîb) ou galop raccourci, le trajet d'un mille seulement, et rien de plus; pour la seconde moitié du trajet on prend le pas, jusqu'à ce que le poulain alonge parfaitement sa marche.

Après que l'avant-main est bien assouplie, que la tête se tient droite, et que la manière d'aller s'est régularisée selon les principes, on conduit le poulain au nâroûd ou manége ou champ d'exercice, et on lui fait exécuter, chaque jour, cinq ronds (daûr) ou cercles ou voltes sur la droite et cinq ronds ou voltes sur la gauche.

Une fois que l'avant-train et les articulations ont été assouplis par le kabeb ou trot sur le nâroûd, et, aussi, lorsque l'animal vient à se confondre et se désajuster, ou tend à sortir d'une allure à une autre, le moyen de le mettre à bien est de le tenir au trot ou kabeb, pendant plusieurs jours, de l'amener nécessairement à reprendre un pas qui lui fasse oublier celui auquel il était passé. Ensuite on met le poulain au takrîb ou galop rapproché, c'est-à-dire raccourci, au manége.

Et une fois qu'il est reformé aux exercices du nâroûd ou manége, on le lance chaque jour à une course ou chaûtah,
c'est-à-dire une *lancée* à fond de train, jusqu'à distance d'une
ou de deux portées de flèche (voy. vol. I, page 322), selon la
puissance et la vigueur du poulain.]

XII.

[Après ce degré d'éducation obtenu, on exerce l'animal à
l'arrêt ou retomber du saut (istiḳâd), et aussi à l'élan du
saut (istinhâd), et au reculer ou marche en arrière (el-
méchy el-ḳahḳari). L'arrêt ou le retomber du saut, ou
plutôt, bien retenir et soutenir le cheval, vient à la suite de
l'exécution du saut. On provoque et dispose le cheval à sauter, en lui montrant le fouet et en le pressant et excitant avec
les deux pieds. Quand il est élancé, on lui rend doucement
les rênes. S'il s'est enlevé avec légèreté et franchement, et
qu'il soit attentif et non distrait, on le prépare au retomber
ou arrêt du saut. Pendant la durée même du saut, on tient
les rênes très-légèrement tendues, jusqu'au retomber, jusqu'à
ce que les deux *pieds* frappent le sol, et que le pas se soit re-
pris régulier, car alors il est plus long et plus précipité.]

XIII.

[Pour faire passer le cheval du pas anaḳ ou pas brillant, ou
fière allure, au bas-marcher ou marcher posé et grave, il n'est
besoin d'aucun des exercices de course ou de pas pressés ; on
n'a qu'à insister sur le pas de sa marche. Le bas-marcher ou
allure grave, est une allure excellente, facile, douce et souple,
dans laquelle l'œil du cheval est calme, la tête est portée haute,
l'avant-train est rassemblé, les mains frappent le sol et les
battues des pieds s'harmonisent en mesure avec celles des
mains. C'est le *pas royal*, l'allure royale (mechy mouloûkî),
cette allure que surtout recherchaient les rois, les kalifes.

Pour faire passer du bas-marcher (markab adna) au marcher relevé (markab marfoû'), vous sortez de cette première allure en cherchant l'augmentation du nombre des pas qui accélère la marche. C'est ici une étude qui occupera un demi-mois. Ce dernier marcher est plus brillant que le premier, plus rapide de progression, outre que le cheval marque encore ses battues, joue en balançant la tête, et tient la face fière et décidée.

Lorsque l'on veut introduire le cheval aux exercices des allures dites mahrânî, mahrâniennes, gracieuses, vives, on fait augmenter les pas du pied, en pressant le soulèvement des mains. — La première allure mahrânî ou première allure mahrânienne, est la marche plus élevée que les deux marchers que nous venons de citer, et continuée pendant quinze jours. Elle est plus nombreuse de pas et plus douce; toutefois les membres du cheval en sont moins fatigués. — La deuxième mahrânienne est une allure plus pressée que la première, et cependant elle veut un pas plus dégagé. Le cheval lui est mieux approprié. Il est alors une monture plus agréable et a des mouvements plus fermes que dans la première. Cette allure est assez pénible au cheval jusqu'à ce qu'il y soit bien rompu. — Parmi les chevaux, le pâle ou infirme, chahb, est celui qui, en marchant, ne porte pas les pieds jusque vers l'arrière des mains. L'atteignant ou lâhiḳ pose les pieds sur la place ou trace même des mains. Le foncé ou akdar est celui dont les pieds dépassent, en se posant sur le sol, la place des mains. — La troisième mahrânienne est une haute allure ; c'est la reine des marches, la souveraine des diverses espèces de progressions. Les Persans (les peuples non Arabes) l'appellent zyk. Elle est plus pressée que les deux premières et plus douce. Dans cette allure, le cheval frappe les deux mains qui promptement se relèvent du côté du poitrail et de l'avant-thorax ou ḥeïzoûm; et il avance l'arrière-train comme d'un seul pied. C'est ce que les Persans appellent alors le zenk ou léger. Il semble que le cheval bondisse et saute en marchant; mais le cavalier est tranquillement assis sur le dos du cheval, jouissant du plaisir que donne cette allure. Du reste, elle ne va bien qu'au cheval de beau pelage, de caractère excellent, et quand elle a été perfectionnée par un dresseur-écuyer éclairé, riche de connaissances nécessaires pour l'éducation des chevaux. Ni le trot ni le galop raccourci ne peut atteindre la progression que tient cette allure.

Les huit sortes d'allures que nous venons d'indiquer, on les donne aux chevaux de pur sang, et aussi aux hedjîn ou de demi-sang paternel, mais fins et légers, pour l'usage des princes et des riches.

Outre ces allures, il y a encore ce que l'on appelle le pas bédouin (el-mechi el-bédawi), lequel a sept formes diverses. — 1° La double foulée, radyân, qui se compose du sautillement et du trot. — 2° Le pétrissant, addjân, dans lequel le cheval en progression pétrit des deux pieds, comme s'il avait les entraves. — 3° Le hâté, açalân, dans lequel le cheval en progression touche légèrement le sol avec les pinces. — 4° Le tripudiant, arkâl, dans lequel le cheval mêle au trot le saut de corneille. — 5° Le titubant, délân, dans lequel le cheval change et fait succéder les appuis sur les bipèdes latéraux, portant tantôt sur le bipède droit, tantôt sur le gauche. C'est l'analogue de la progression titubante du loup, plus accélérée que la marche, moins que la course. — 6° Le changeant, daälân, dans lequel le cheval lève les membres et s'incline comme s'il recevait un fardeau. — 7° Le soubresaut ou la subsultion, tamîm. (Le texte n'explique pas cette dénomination.)

Les modernes ont encore donné trois autres allures aux chevaux. — 1° Le droite-gauche, katr, c'est une sorte de sautement, mais en telle façon que le cheval jette le bipède antérieur à droite et à gauche, et y jette pareillement le bipède postérieur, puis présente le flanc transversalement; de cette sorte il n'a point une progression régulière. — 2° Le bondissement relevé, hadjl. C'est le pas brillant ou anak, entremêlé de bondissements : cinq battues de pas brillant et cinq bondissements. Dans cette manière d'aller, le cheval tient toujours son cavalier en éveil. — 3° Le dâr ou tourné. C'est le pas large et accéléré du chameau de belle race ; les deux bipèdes, antérieur et postérieur, se transportent d'un soulèvement presque simultané.

Le trot, le galop et la course ont aussi chacun trois modes d'exécution.

La première sorte de trot est le lakt ou assemblé ; c'est un trot contracté et doux (le petit trot). — La deuxième sorte est le farch, l'étalé, le trot étalé (ou le bon trot), celui que les Arabes nomment le poudreux, mountéhibah; il est plus étendu que le précédent; le cheval porte ses pieds sur les empreintes des mains. — La troisième sorte est le bacît ou trot alongé, car le cheval alonge et porte plus grandement en avant les mains et l'avant-train.

La première sorte de galop est l'adna ou bas, galop bas, inférieur; c'est un takrib ou galop contracté et doux (ou petit galop). — La deuxième sorte est le ṭa'labyah ou le renardin, le vulpique, parce qu'il imite et rappelle l'allure du renard fuyant. (Galop rond, galop raccourci.) — La troisième sorte se nomme beîn el-chiddeîn ou entre les deux forces, c'est-à-dire le galop fort, plus fort que le galop raccourci, moins fort que la grande course. Ce galop est le plus alongé, le plus résolu, le plus avantageux. C'est par lui que les chevaux entament la course sur l'hippodrome, par lui aussi que l'on chasse les bêtes fauves, que l'on joute à l'estoc des lances sur les champs de manœuvres ou nâroûd (plur. nâroûdât) entre les fronts de batailles, et aussi dans les guerres. Par lui le cheval termine sa grande vitesse à la fin de sa course. (C'est le grand galop.)

La première sorte de course est la poussée, sa'dân, le premier élan du cheval, celui par lequel s'assouplissent ses paturons et boulets et ses mouvements et inflexions de rapidité. — La deuxième sorte est le darrah ou l'effusion, c'est-à-dire l'effusion de l'échauffement; et l'échauffement est le collègue du danger pour le cheval, car le cheval échauffé peut se montrer revêche et obstiné, lorsqu'il a l'élan violent et emporté.— La troisième sorte de course est la bride ou inân (ce qui

rappelle nos expressions « à toute bride, à bride abattue »), qui
est l'extrême vitesse qu'à la course le cheval déploie.]

XIV.

Éducation du cheval kâreḥ ou en âge parfait. — Brider, seller, sangler le cheval insoumis. — Premières épreuves. — Du cas où le cheval résiste à la
bride ; où il assaille ; où il secoue la tête ; où il veut démonter ; où il traverse. — Bases et points essentiels de l'équitation. — Avantages de l'éducation du cheval, dans les dangers. — Du cheval chahrî, en bataille.

[L'éducation du cheval, tant qu'il n'a pas terminé sa quatrième année, se dirige et se poursuit par les mêmes principes
que ceux que nous venons de présenter. Mais la conduite à
tenir pour dresser le cheval qui est en âge parfait, a des différences. Car si ce cheval a été monté et a été gâté, et que plusieurs cavaliers se soient succédé qui l'aient détraqué et l'aient
redressé, il a tout conservé, défauts et redressements. Du reste,
les défauts du cheval d'âge parfait sont un résultat qu'il a gardé
dès les premiers temps et qu'il a encore lorsqu'il est en âge
complet, défauts qu'il doit au palefrenier, au dresseur, au
cavalier.

Si le cheval qui est en âge complet ou parfait, n'a pas encore
été monté, et qu'il soit difficile, réfractaire, insoumis, on lui
embouche d'abord une bride douce, légère, ou nâzikî léger,
bien adapté au sujet, ayant les montants assez rapprochés et
longs d'une palme ou spithame. Si l'on ne peut brider l'animal
étant debout, on l'entrave et on l'abat dans un endroit où l'on
a étalé une assez grande quantité de sirḳîn ou litière de crottin et de fumier, puis on bride, puis on relâche les entraves,
on fait relever debout le cheval et on le promène pendant
quelques instants. Ensuite on le selle. S'il se défend, se refuse
à la recevoir, on lui entrave les quatre membres ; avec des liens
suspendus on lui maintient la tête attachée, alors on applique
une selle solide en serge épaisse mais légère ; on serre la
sangle, d'abord de manière qu'elle ne soit ni trop fortement

étreinte, ni trop aisée et trop lâche. On met par-dessus une autre sangle que l'on serre au même degré que la première. On serre aussi l'appartenance pectorale ou *poitrail*, à un degré aisé, jamais d'une étreinte trop forte.

Ces précautions sont à l'avantage du cavalier et du cheval. Car le cheval, pendant qu'il court, alonge et porte, dans ses grands mouvements, les membres et tout le corps en avant, sa respiration s'élève et se presse. Si les sangles sont trop serrées, il respire avec plus de gêne; il cherchera certes à aspirer l'air amplement afin de se soulager de l'oppression qu'il ressent. Les sanglées, trop serrées, le compriment, lui coupent la respiration, et même les sangles peuvent se rompre. Par suite, le cheval ne prend pas toute la portée et toute la puissance de sa course, et si d'aventure la sangle se brise, le cavalier et la selle sont lancés à terre.

Lorsqu'au cheval qui s'éloigne de qui le veut monter, on a trop serré la sangle, elle risque de se rompre ou bien de blesser; alors aussi le cheval se tient réfractaire au montoir ou regimbe et se refuse à avancer, et par suite peut arriver à renverser son cavalier. Ce cheval contractera donc un vice qu'il n'avait pas.

Une fois que le cavalier est en selle, tantôt il tient la bride ferme, tantôt il la rend. Si alors le cheval reste difficile, le cavalier le tourne tantôt à droite, tantôt à gauche, sans le dérouter ni le violenter, mais pour assouplir l'avant-main. Après que l'animal a cédé, qu'il s'est apaisé et soumis, il est rendu, dompté, c'est-à-dire qu'il part de dessous lui-même (ou de plein mouvement), au gré du cavalier.

Si le cheval est djamoûḥ, c'est-à-dire s'il résiste à la bride et la mord, on lui en dispose une plus forte. Lorsqu'elle est convenablement choisie, on la raccourcit assez pour qu'elle s'applique exactement sur les coins de la bouche. On rapproche assez près les montants ou branches; leur étendue sera d'un empan ou spithame; les rênes seront attentivement proportionnées à la brièveté ou la longueur de la portée du cheval à l'avant-main. Tous les jours on fait faire à l'animal, avec cette bride , un trajet d'un mille ou deux , selon sa force , afin de le mettre à fournir de pleine course un espace d'une portée de flèche. On lui fait sentir le fouet une seule fois. A chaque espace d'une centaine de coudées, on l'arrête court, on l'arrête à cul, afin de rompre sa disposition à roidir la tête et mordre le mors. Un cheval qui a ces défauts , s'en dépouille , y renonce , si on applique un mors qui le domine, le maîtrise, et le force, par l'étroitesse du mors, à se tenir et à obéir. J'ai vu nombre de chevaux corrigés par ce moyen.

Le cheval est-il ta moùḫ , ou assaillant (c'est-à-dire s'élève-t-il et porte-t-il les membres antérieurs sur ce qui se trouve devant lui) , embouchez-le avec une bride légère, c'est-à-dire avec un mors doux et léger et ne tirez pas trop sur ce mors. Placez la selle un peu en arrière; ayez des rênes proportionnées à la longueur ou à la brièveté du cou et de la tête de l'animal. Agissez ensuite par les deux bras ou bandes des rênes, tantôt par la rêne droite, tantôt par la rêne gauche, alternativement. Le cheval résistera d'abord , se dressera. Prenez garde alors de vous frapper la face sur sa nuque.

Pour le cheval nafoûd, ou secouant, c'est-à-dire qui secoue la tête, et qui, par conséquent, secoue la bride au point même d'arriver parfois à s'en débarrasser, on emploie une bride qui ait un mors léger et bien adapté à la bouche, et qui tienne convenablement et rapproche la tête. Lorsque l'on veut arrêter, on tire également et doucement sur les rênes, puis on les rend, puis on les retire à soi. On répète cette manœuvre pendant dix jours, en faisant parcourir chaque jour un trajet d'un mille, une partie à pleine course, et l'autre partie au galop raccourci. Par ces moyens, l'animal vient à bien.

On a recours à la même sorte de bride et aux mêmes procédés que nous venons d'indiquer à propos du nafoûd, pour corriger le cheval moustenzel, ou démonteur, c'est-à-dire qui cherche à démonter son cavalier. Seulement, il faut que celui-ci se tienne ferme en selle et prenne garde de se laisser jeter par terre.

Le mouchtikk, ou traverseur, ou coupant à travers, est le

cheval qui , lorsqu'il a fourni la moitié , ou le tiers du champ de course ou de manœuvre, tourne la tête, prend en travers et revient vers le point de départ. Combien peu d'individus échappent au danger d'un pareil défaut dans un cheval, et alors n'échappent pas aux coups des cavaliers ennemis! Lorsque l'on a en course un cheval traverseur , on rend la rêne qui correspond au côté par où le cheval *traverse* , et on maintient et garde ferme la rêne du côté opposé , comme si l'on voulait forcer le cheval à suivre la manœuvre régulière, sans l'y forcer réellement; mais on lui fait tenir la voie et route directe , sans la briser. On persiste ainsi pendant une vingtaine de jours. Et chaque jour , on le gouverne tantôt à grand galop raccourci , fournissant ainsi, par trois fois, la longueur du champ de course ou de manœuvre, sans frapper le cheval, sans exiger trop, sans l'excéder.

Maintenant , au point de vue général , les bases et les points essentiels de l'équitation sont dans l'art de bien tenir les rênes, dans l'attention du cavalier à regarder devant son cheval, à voir où le cheval pose les membres antérieurs, à l'habituer à ses harnais, selle et bride, à raccourcir ce qu'il convient de raccourcir, à serrer ou rétrécir ce qu'il convient de serrer ou de rétrécir, à alonger ce qu'il convient d'alonger. Et tout cela doit se faire avec mesure et avec intelligence. Il ne faut point frapper le cheval par colère et sans cause; autrement on le gâte , on le déroute, on l'hébète. On ne le frappe que lorsqu'il commet quelque faute.

Du reste, le cavalier auquel son cheval vient en aide par une excellente éducation et auquel la mort ne vient pas se présenter imminente et certaine, trouve toujours salut; ne fût-il pas d'habileté parfaite, il a toujours à espérer d'éviter le danger en guerre. Même lorsque le cheval a été bien dressé, et lorsque les périls de mort apparaissent et s'élèvent, le cavalier a encore à craindre des fautes de sa monture, ou des emportements, des bondissements ou sauts, ou d'un faux pas, ou des fuites. Le cheval ardent n'a pas les bondissements et les sauts, sans dangers; il lui arrive d'enlever de la selle le cavalier et de le jeter à terre. Comment pouvoir espérer salut d'un ou sur un cheval difficile et mal dressé ?

Bien plus, le cavalier qui n'a pas, lui-même, dressé et instruit son cheval, a manqué à un devoir et a enfourché la mort, s'est jeté en aveugle à travers les chances de trépas.]

XV.

[Les chevaux chahrî (au pluriel : chahârî) sont, plus que tous les autres chevaux, durs et résistants aux blessures, au fer du mors de la bride, sous les coups et la rigueur du mors. Le chahrî se monte d'indignation et de colère contre celui que poursuit son cavalier. Ce dernier risque parfois de tomber ou par un accident survenu à la selle, ou par un faux pas du cheval, ou parce que le cheval s'abat, ou par une faute d'allure. Aussi, le cavalier se tient ferme, anime par les sons et cris de la voix, émeut ainsi l'âme de son cheval; et le cheval défend son cavalier, combat des mains, des pieds, de la bouche ; et à peine est-il possible de l'approcher.]

(Il est à présumer que l'importation et le croisement, en Algérie, de ce cheval vigoureux, le chahrî du Ḳorâçân, donneraient un barbe admirable, infatigable.)

XVI.

Élève et éducation du cheval, depuis le jeune âge, d'après l'auteur du Kitâb el-akouâl el-kâfiab. — De l'amour pour le cheval; du véritable amateur. — De l'âge des poulains pour les monter. — Usage du lait. — Premières nourritures. — De la constitution du cheval par rapport à l'éducation. — Sujets faibles. — Aliments lors du dressage. — Premiers exercices. — Dressage réel. — Travaux du champ d'exercice. — Promenades diverses. — Allures accélérées. — Corrections. — Habituer au mors. — Monter lentement, au repos. — Départ et retour. — Emploi du licou, de la bride. — Évolutions de vitesse, d'agrément. — Éducation trop rapide. — Répugnance au mors. — Emploi trop prolongé du licou. — Dérangements prompts dans les mouvements. — De certains penchants. — Les qualités ne répondent pas toujours à la beauté de la race. — Certains chevaux célèbres, d'origine incertaine.

*·La première chose en laquelle il y a à avoir confiance pour l'élève du poulain encore au lait, est la bonté divine, la grâce efficiente de Dieu. Peu d'hommes savent bien cela, trop peu ont cette confiance, à cause de la facilité qu'il y a, aujourd'hui, de posséder des chevaux, à cause de leur grand nombre, à cause des préoccupations qui tournent les esprits aux choses de ce monde, aux exigences matérielles de cette vie, aux choses qui dominent l'attention et l'emportent vers les femmes, le commerce, le boire, la fréquentation des connaissances et des amis. On trouve plus simple de se dispenser des soins que réclame l'éducation hippique; et on achète un cheval tout développé, tout élevé, dont on ignore l'origine, et pour lequel on n'aura à se fatiguer en rien. Si le maître qui l'a acquis l'aime, ou si l'animal a été dressé pour lui, la chose est louable; mais dans le cas opposé, l'individu vend le cheval pour s'en procurer un autre, ou bien le vend au marché.

Très-peu d'hommes, je le répète, ont assez l'amour et le goût des chevaux pour les traiter et gouverner comme il convient, pour se réjouir de leur développement heureux, de leurs produits, pour s'inquiéter ou s'affliger de leur perte ou de ce qui leur avient de contraire ou de mal. Ces pensées, par Dieu !

brisent l'âme de l'amateur, le découragent. Toutefois , je n'en veux pas moins exposer ici ce que Dieu m'a ouvert de connaissances sur les questions hippiques, ce que mon expérience personnelle , les inductions et déductions logiques m'ont appris, ce que j'ai entendu dire *.

(Ces réflexions imprégnées de tristesse sont des traits qui caractérisent, dans notre auteur, un homme sincèrement passionné pour les chevaux, un amateur ardent de leurs beautés et de leurs mérites, un admirateur enthousiaste et vrai de leurs qualités et de leur valeur, un conseiller convaincu et consciencieux que l'expérience pratique a instruit et éclairé. Aussi , sa parole est animée et son style est correct comme sa pensée et ses avis. Pour cet amateur si expansif, le monde est trop vide de gens qui aient l'amour des chevaux, qui veuillent et qui sachent les élever, les préparer, les dresser, les admirer, les bien employer.)

* La première éducation est celle du jeune poulain. Mais, dans la pratique, tout le monde ne choisit pas le même âge pour commencer cette éducation. Certaines personnes montent les poulains trop précocement, soit par ignorance, soit par besoin et par nécessité. Quant à nous , nous préférons monter le poulain lorsqu'il a dix-huit mois à partir de sa naissance, et la pouliche lorsqu'elle est moins âgée que cela , attendu qu'elle est plus solide que le poulain ; aussi est-elle plus apte à être montée plus tôt et convient-il mieux de la dresser, de lui assouplir et adoucir le dos. On la peut donc monter à un an; attendre jusqu'à ce qu'elle ait treize ou quatorze mois, n'amène aucun inconvénient.

Ce que je dis là n'est pas une règle rigoureusement applicable à tous les jeunes sujets. Il en est dont la constitution est complète, dont les membres sont forts, les organes excellents, et qui supportent facilement le montage avant l'âge que nous venons d'indiquer. Mais il en est aussi qui sont frêles, débiles, dont les membres et les flancs sont faibles ; pour ces sujets-là on diffère ; on les fortifie en leur donnant du bon pâturage , des nourritures choisies. A mon gré, le

meilleur régime est dans l'usage du lait fraîchement trait.
Ainsi, voulez-vous engraisser un poulain, lui faire acquérir
promptement de la chair musculaire, lui revêtir un beau poil,
lui purifier la couleur de la robe, donnez à ce poulain du lait
de vache. Voulez-vous rendre le poulain léger, rapide à la
course, donnez-lui du lait de menu troupeau. Voulez-vous
avoir un sujet solide et vigoureux, donnez-lui du lait de chamelle. Parmi nous, les chevaux de Ṣanâ et de Ẓamâr (27)
n'aiment pas le lait et n'en boivent pas; ils sont habitués à
d'autres aliments, tels que les herbages secs ou fourrages et
l'orge, qui d'ailleurs sont une bonne nourriture.

Au poulain qui a pris de la force et de la vigueur au régime herbacé, les uns préfèrent donner de l'orge, les autres
du maïs ou zourah ou dourah, attribuant à ce dernier une
vertu plus fortifiante, plus capable de développer la vigueur
et la solidité. Le zourah ou dourah est plus tonique; l'orge est
plus légère, plus sûre, plus convenable pour la poitrine des
bêtes de service. Si donc on veut donner de l'orge, on accor-
dera pour ration une quantité égale d'orge et de dourah.

Il y a des poulains de constitution délicate, qui, après qu'on
les a montés quelque peu de temps, prennent du brillant,
prennent une nouvelle vie, et dont tous les organes acquièrent
de la force. Monter les poulains prématurément, et les monter tardivement, engendrent des dégradations et des déforma-
tions dans leur constitution physique et dans leurs qualités
instinctives ou acquises. Monter un poulain prématurément,
avant l'époque convenable, amène le relâchement des membres, la mollesse et l'empâtement des paturons et des boulets,
l'ensellement ou t a s r î d j du dos. Par suite, l'ardeur, la vélocité, la fierté, et d'autres qualités que l'on recherche et aime
dans le cheval, peuvent tomber et s'évanouir. A monter un
poulain tardivement, après l'époque d'élection, il en résulte
qu'il devient rétif, dur de tête, dur du dos et des reins, droit
sur les boulets de l'avant, défaut qui aboutit à la difficulté des
mouvements, et ensuite, dans l'âge plus avancé, à la rudesse
et la roideur des mains; en définitive, l'éducation avorte im-

parfaite ; les tourners à droite et à gauche restent difficiles et roides ; la course est lourde et pesante.

Le poulain est-il bien constitué et fort (faḥl), on le laisse généralement atteindre quatorze mois. S'il est de médiocre apparence, chétif, petit, délicat, soit, comme je l'ai déjà signalé, parce que ses parents étaient trop âgés, soit par défaut d'éducation première, ou par suite de mauvais procédés ou mauvais traitements, ou par nature, s'il rappelle l'individu humain qui est court, maigre, fluet, et que ce soit la conséquence des causes ou des circonstances que j'ai mentionnées, si enfin il est d'un âge déjà au delà des limites que nous venons d'indiquer et que l'on ne doive pas encore le monter, on attend qu'il ait un an et huit mois. Alors on le monte. Si désormais il se développe, et la chose se voit et l'expérience l'a constaté et l'a obtenu, s'il se comporte bien sous la selle, on continue. Sinon, s'il reste chétif et n'offre pas d'espérances, on le laisse, et on le vend pour ce que l'on voudra.

Mais montre-t-il de la supériorité de race et de noblesse, fût-il court et peu avantageux, cette supériorité de race paraît-elle prédominer, être une réserve qu'il avait gardée, et d'ailleurs est-il réellement de lignée élevée, on ne le met pas au rebut et hors d'usage ; on l'applique à la paternité, aux saillies, à la procréation de produits. Que de fois nous avons vu des poulains nés de parents de pur sang, et placés au premier rang des beaux chevaux, n'enfanter que des riens, des produits que personne n'aurait crus issus de pareils producteurs. Il y a, en cette question, de nombreuses circonstances de causalité qu'il serait trop long d'exposer ; il y a, entre autres, l'étroitesse de l'utérus, le trop peu de sperme fourni par l'étalon, une certaine courbure du pénis. Du côté de la jument, il y a encore les circonstances nombreuses de la gestation, tout comme dans la grossesse de la femme.

Il est de jeunes poulains qui donnent les plus belles espérances, qui prennent beauté, distinction, longueur, et qui à peine ont une année d'âge. Ne vous hâtez pas pour cela de les soumettre aux épreuves éducatrices. On dira : « Ce sujet

a acquis en longueur, en caractères de noblesse pure, au delà
de tout ce que l'on peut attendre; » et cependant il se perdra, se dégradera, s'il est monté avant l'âge voulu, avant l'âge
de droit, il se déformera par l'usage de la selle, se déviera le
dos, se cambrera les membres, s'alanguira les tendons, s'a-
baissera vers le sol les boulets et les paturons, se blessera et
s'ulcérera le dos; car ce jeune poulain est l'analogue du jeune
enfant, a les os encore tendres et incomplets d'ossification, a
les tendons encore mous. Mais lorsque ce poulain est en état
d'être monté à l'âge de treize ou quatorze mois, et qu'il est
entre les mains d'un homme de savoir hippique et de connaissances spéciales, il devient incomparable *.

XVII.

* D'abord, pendant quinze jours avant de commencer à le
monter, on l'attache avec la longe et le licou et on lui donne
à manger sa ration en le laissant ainsi attaché. On lui met
une seule entrave que l'on fixe alternativement à un des
membres, tantôt à droite, tantôt à gauche, sans constriction.
Tous les soirs, une heure et demie après le coucher du soleil,
on lui donne un rouba' (ou demi-ḳadaḥ, ou à très-peu près
un litre) de lait sans dépasser cette quantité. On donne en
hors-d'œuvre du maïs de choix, de qualité supérieure et excellente, dans lequel on mêle un peu de djouljoulân ou
graine de coriandre, une simple poignée. Mais soyez attentif à
ne pas occasionner d'embarras gastrique ou gêne d'estomac,
car alors vous ruineriez l'animal, vous le tueriez. Une fois tous
les huit jours, donnez-lui du sel dans ses aliments.

Après tout cela, faites sortir le poulain ; faites-le conduire à
la main par son domestique, qui le promène ainsi le matin, et
le soir vers la nuit, au licou ordinaire et connu. Le poulain
doit avoir alors la marchaḥah ou pièce de gros drap feutré
que l'on met sous la selle, doit être sanglé avec une sangle
légère qui, dès la première fois qu'on la ceint, devienne un
point fixe sur la poitrine, un point que l'animal connaisse de

suite. La sangle doit serrer faiblement, afin que l'étreinte ne
gêne point ; car le poulain alors souffrirait, s'inquiéterait. On
impose ce sanglage comme une nécessité de nature, pendant
dix jours, et chaque jour de cette durée de temps, on fait
monter le poulain par un enfant jeune, au-dessous de l'âge de
puberté, qui ne donne à l'animal ni ennui, ni gêne, ni coups,
qui ne l'agace point par l'éperon ; et une personne tient à la
main et conduit le poulain.

A la suite de ces préliminaires, vient le dresseur. Il doit être
d'un poids léger, être mince de corps, aimer d'amour sincère
à monter à cheval, être d'un caractère ferme. Chaque jour il
s'exerce à sauter sur la marchahah ; et il fait marcher le poulain, à plusieurs reprises, quatre jours de suite, ayant soin de
se tenir les jambes pendantes, sans étriers. Après cela, il
monte le poulain sans selle ; alors une autre personne conduit
l'animal à la main ; cet exercice se répète dix jours. Telle est
la manière de faire pour qui veut user de douceur et de patience.

Quand tout cela a été ainsi accompli, confiant en la grâce
de Dieu, on endosse la selle au poulain. On étale sur la marchahah un abâh ou couverture ou caparaçon qui couvre la
croupe et la queue du poulain, afin qu'avec la queue il ne
fouette pas sur les côtés, afin aussi qu'il se soumette ensuite
volontiers au harnachement, le reçoive avec docilité, et que
plus tard il accepte facilement la cuirasse ou la barde quand
on l'appareillera en guerre. On le fait alors marcher seulement dans des chemins tracés. S'il marche de lui-même et
sans hésiter, on le laisse aller ; sinon, le domestique ou garçon
marche devant lui et le poulain le suit. Si le poulain ne suit
pas bien, le domestique le conduit par le caveçon, ou la rêne,
ou la bride cordée, ou la longe. Pendant un demi-mois, on
monte le poulain une fois chaque jour.

C'est après tout cela que l'on mène le cheval au champ
d'exercice ou de course (mîdân), ou dans une plaine à vaste
espace, à sol facile. Là, on promène le poulain, mais seul. Il
y est arrivé seul aussi. Et afin qu'il s'habitue à ce que l'on

veut de lui et qu'il le comprenne et le sache, on l'exerce aux makâleb ou changements de marche, quatre ou cinq fois changer à droite et autant à gauche. Puis, de là, on passe, sans s'arrêter, au cercle ou rond à grande circonférence; on en parcourt quatre ou cinq fois la piste sur la droite et sur la gauche. Chaque jour on recommence, ne suivant uniquement que la piste.

On conduit le poulain et on le promène dans les endroits secs et sans végétation, pierreux, garnis d'arbres, vers les sâki ou réservoirs avec appareils à roue pour tirer les eaux d'arrosage, vers tout ce qui effraye ou étonne les animaux, dans les marchés, dans les grandes rues fréquentées, sur les bêtes mortes, à travers la foule des gens, et cela, souvent, tous les jours.

Après ces choses faites, on mène le poulain à l'endroit où l'on veut l'exercer, lui apprendre à tourner à droite et à gauche. Néanmoins ce ne doit pas toujours être au même lieu, à un endroit que le poulain connaisse et affectionne, car bientôt le poulain ne s'exercerait plus que là, et ce deviendrait pour lui un penchant dominant. Chaque jour donc le cavalier conduira l'élève à un chemin différent, d'un côté nouveau, et l'exercera là à des changements de marche ou makâleb.

Ensuite on le met au kazaz ou kabeb, c'est-à-dire au trot ordinaire, et on n'exige que cette première manière des allures accélérées. On a alors une badine de roseau, ou une tige légère de dourah ou maïs. On la tient prête en main, afin que si le poulain fait un faux pas, ou heurte d'un membre, on lui donne un petit coup sur l'épaule et le bas de l'encolure, ou afin que si, dans le changement de direction, il exécute mal ou hésite et se trompe en quelque chose, on lui applique un coup léger qui lui vient sans être vu. Le poulain, s'il apercevait le coup lui arriver, chercherait à l'éviter, craindrait son cavalier toutes les fois que celui-ci remuerait seulement la main ou voudrait lancer une flèche, ou saisirait sa lance ou son trait, ou prendrait simplement son arâk ou cure-dent (de bois d'arâk, *salvadora persica*), pour se le passer sur les dents. Les coups souvent répétés sur l'encolure perdent le cheval, lui inspirent la crainte, la défiance, l'insoumission, aux chasses à courre, à la guerre ; en expédition, un adversaire ne se présentera jamais avec la lance ou la massue, ou l'épieu à la main, sans que le cheval ainsi disposé et accoutumé à s'inquiéter, ne s'épouvante, ne recule et ne l'évite ; on l'effrayera des plus simples et des meilleures choses. Du reste, il importe gravement à l'éducation, au dressage, au bien et à l'instruction du cheval de ne le point frapper sans vrai motif et sur l'avant-main ; car on le rend rétif, on le détraque, ou l'habitue aux coups, et il devient indocile, intraitable. Mais frappez-le quand il heurte du pied et qu'il bronche, car c'est un incident détestable, auquel il ne faut point pardonner, qui ne peut aboutir à rien de bien et de bon. Si l'on ne corrige pas alors, il en résulte une mollesse et une laxité des tendons, et le cavalier n'a plus toute la sécurité qu'il doit avoir.

Pour frapper le jeune cheval, on fait seulement retentir sur l'encolure un petit bruit ou claquement qui l'émeuve sans lui causer de douleur. Et encore on ne recourt à ce moyen qu'en cas de nécessité ; sinon, on s'en abstient.

Il ne faut pas toujours animer à la course par l'aide du talon ; car alors le poulain s'y habitue, et lorsqu'il aura la barde ou la cuirasse, l'armure ou caparaçon de guerre, il s'en impatientera, cherchera à s'en débarrasser, s'agitera ; il ne voudra partir et avancer que par l'aide du talon, tant il y sera habitué*.

XVIII.

* Lorsque le poulain, pendant trente jours, a été soumis au śarîmah ou licou simple, on y attache un petit mors, très-léger, dont on enduit le manṛarah ou canon avec un peu de miel, afin que le poulain, mâchant ce canon, lui trouve un goût agréable, s'habitue de suite au mors et l'aime à cause du goût qui a flatté la bouche. Ou bien, on enveloppe, dans un linge fin, un peu de sucre qui, à mesure qu'il fondra, sera sucé par le poulain. Le jeune animal aimera alors le mors, et

s'y accoutumera sans effort, malgré lui. On attache le mors à
un cordon assez lâche, tendu depuis le frontal du licou jusque
sous l'anneau supérieur des branches du mors, et on laisse
ainsi pendant dix jours. Ensuite, avec le cordon, on attache
depuis le milieu du montant du licou jusqu'à la moitié des
bras ou branches du mors. On dit : « Un tel a brassé son poulain (aḍad lé-mouhr-ho) et en est à ce point du dressage. »
De ce moment, un jour on soumet le poulain aux manœuvres
ou jeux du champ d'exercice, et un jour on lui fait parcourir
les chemins; on alterne jour par jour.

Quand on enfourche l'animal au sortir de la maison ou de
l'écurie, on ne se hâte point de le mettre en mouvement. Cette
précaution doit être une règle pratiquée dès le commencement
des exercices ou travail. Si l'on marche à pied, ou que l'on
arrange toute autre circonstance analogue, on ne monte le
poulain qu'après que l'a arrêté la personne qui le tient et
l'accompagne; pendant cet arrêt, on s'élève peu à peu, par le
moyen de l'étrier, jusque sur le dos de l'animal. Alors, de la
main, on caresse et flatte le poulain, en lui souhaitant la bénédiction de Dieu. Et on se drape, on s'arrange les vêtements,
soulevé sur les étriers; on dispose en ordre ses effets et hardes,
tout cela comme leçon éducatrice, afin que le poulain se tienne
ferme et tranquille sous le cavalier, se dresse à tous ces détails.
Ce sont autant de choses d'éducation pour le poulain, et aussi
pour le cheval d'âge parfait; car un individu massif, chargé
d'embonpoint et possédant un cheval, ne pourrait qu'avec
peine et difficulté arriver à se mettre en selle; ou bien, en bataille, le cheval démontera son cavalier, Dieu préserve! et le
cavalier alors sera accablé par le poids de son armure. Que le
cheval soit donc bien formé à la patience et au repos, pour se
laisser monter, et aussi pour le service des grands, des souverains, qui sont obligés de demeurer dans toutes les exigences
de leur rang et de leur autorité.

Lorsque le cheval est ainsi resté au repos un temps convenable, on le sort au pas lent; ensuite on le conduit, au pas
alongé, à distance; et l'on ne regagne la maison qu'au pas

ralenti, et peu à peu. Le but de ces procédés de départ et de retour est de former le cheval à prendre de l'entrain et de la gaieté lorsque l'on sera obligé de sortir, et de ne pas avoir cette gaieté et cet entrain pour entrer à l'écurie; il l'aime d'ailleurs par la raison qu'il y a son séjour, ses hors-d'œuvre, sa ration quotidienne.

Le poulain sera monté, avec le licou seul, pendant un mois entier; avec le mors attaché au licou, pendant cinq jours; avec le mors attaché par le cordon lâche depuis le montant du milieu du licou jusqu'au milieu de la branche du mors, pendant six ou dix jours, selon la capacité d'éducation du poulain, et selon qu'il aura appris et su.

Ensuite on lui enlève le licou et lui embouche le mors adapté aux branches de la bride complète, têtière, rênes en sommités de feuilles de dattier ou de daûm (*balanites œgyptiaca*), rênes solides et fortes qui ne se plient, ne se déforment et ne se relâchent ou amollissent point pendant six mois. Si le poulain est difficile ou rebelle au dressage, on peut mettre au mors un canon en fer inégal, aigu, et ayant des aspérités.

Les rênes ont été fixées sous la moitié des montants du mors pendant quinze jours. Si après ce temps les résultats désirés sont obtenus, on adapte les montants et on attache les rênes à la place où elles doivent être attachées ordinairement au mors. Du moment où les montants ont été adaptés au mors, l'éducation du poulain dure encore un mois complet et pas davantage, durée qui a été celle de la première éducation pour les changements de marche à droite et à gauche, les voltes sur le grand cercle. Les tournées de chemin seront en surplus à la sortie du cercle et constitueront un assez long travail de locomotion, comme les marches des chevaux d'âge complet.

A la suite de toute cette éducation, on exerce aux évolutions d'agrément, aux choses d'une instruction supérieure, selon le gré et le choix du possesseur ou du dresseur. Il faut avoir à peu de distance un madlak ou vaste espace pour s'exercer à un élan de course après chaque tour de cercle. Mais n'incitez point, et ne frappez pas avec insistance; car il faudrait revenir à ces moyens pour chaque fois, et, de plus, les influences et effets du mors sont insuffisants, et la tête devient roide, difficile.

L'habileté intelligente, l'expérience et le mode d'éducation, chez le cavalier, sont donc des conditions de succès. Le cheval de noble race, de pur sang, arrive à un degré remarquable d'instruction dans un espace de six mois, à partir du commencement du dressage. Pour réussir promptement, il faut la connaissance des principes pratiques de l'éducation. Mais les Arabes, j'entends les Arabes d'aujourd'hui, n'ont plus en cela la patience suffisante; ils montent et dressent le jeune poulain comme le cheval d'âge parfait, par les pratiques pressées et trop exigeantes dans leur rigueur. Aussi, on voit peu de leurs chevaux acquérir de la solidité et prendre l'excellence et l'éducation des sujets supérieurs. De nos jours cependant il est des gens qui élèvent et dressent leurs chevaux, en partie, selon l'art et les principes que nous avons exposés. Souvent on prolonge trop l'emploi du sarîmah ou simple licou. Il en résulte des inconvénients : la tête se déprave, se dérange, prend des mouvements et secousses en bas et en haut, va parfois heurter le front du cavalier, heurte le nez et en fait couler le sang, ou même atteint la bouche et brise alors les *dents du rire* ou incisives et en occasionne ainsi la chute. Mais si l'on est en bataille et qu'une attaque vienne en face, c'est alors et surtout alors que le cavalier a tout à craindre.

La répugnance au mors peut faire qu'en embouchant il soit ramené par les lèvres, et le cheval se refuse à l'accepter ; alors on recourt à la contrainte, on embouche l'animal malgré lui ; ce devient par suite une habitude et désormais il faut user de contrainte pour introduire le mors. Il y a des chevaux qui ne se laissent emboucher qu'après qu'on leur a passé au cou une corde à laquelle des garçons ou serviteurs se tiennent accrochés. Ce sont là toutes conséquences de pratiques vicieuses dans le dressage, etc.

Lorsque l'on a trop peu employé le licou simple et trop peu monté le cheval, celui-ci prend le tanḥîr ou *rengorgement,* c'est-à-dire le rapprochement de la tête contre la gorge, l'encapuchonnement. Et le cheval ne relève la tête que quand on lui fait sentir par le mors une certaine astriction ou une impression pinçante. Mais ensuite le cheval s'habitue à ces impressions et il reste encapuchonné, il conserve la tête dure, sent mal les effets directeurs du mors, est difficile et incorrect aux évolutions. Les mouvements de flexion et les changements de marche s'opèrent avec précipitation et impatience, quand le cheval a été trop longtemps ou exercé au galop ou exercé aux jeux équestres.

Il est des chevaux qui se détraquent et dont les mains se troublent et se faussent dans leurs mouvements, pour une fois qu'un individu les a montés; et par une autre fois qu'ils sont montés, ils se rectifient. Mais il en est d'autres que l'on ne peut plus rectifier ; d'autres aussi que fausse la moindre chose, telle chose, non ceci, ni cela, excepté ceux qui sans être de premier sang sont néanmoins supérieurs aux berzaûn ou chevaux sans race.

Les natures ou les qualités instinctives des chevaux varient ; il en est de merveilleuses; et tel cheval parlerait s'il en avait la possibilité organique. Il en est qui ont la connaissance, qui ont le sens de l'éducation à un haut degré, qui ont l'intelligence et le sentiment de leur dignité et de leur distinction. Tel cheval ne se laisse monter que par son cavalier; tel autre se refuse à tout individu et à toute chose ; mais il y a lieu de croire que ces répugnances et rébellions ont leur cause dans de longs antécédents dont cet abrégé ne peut accepter l'indication suffisante*.

XIX.

** Du reste, ceux qui possédèrent des chevaux de mérite, les ont toujours reliés à la descendance de coursiers renommés pour leur supériorité. Mais le cheval de hautes qualités peut engendrer un produit qui n'en ait aucune. La filiation n'est pas la raison nécessaire de l'excellence d'un cheval ; cette excellence a sa cause dans la prééminence de la constitution native, dans la prééminence des qualités, et ces qualités ne sont point un don de la nature chez les animaux, mais un bien acquis par l'éducation, l'instruction, le dressage. De ces chevaux que l'on a attribués, à peu près imaginairement, à des aïeux illustres, il y eut : Sakâb ou Sikâb (a) ; — Sahab, le Nuage, cheval célèbre dans la tribu des Âmirides ou Béni Âmir; — Maïmoûn, l'Heureux, coursier du kalife Ali fils d'Abou Tâleb; — Taïiâr, le Volant, cheval d'une tribu des Katamides; lorsqu'il était lancé à grande course on ne lui voyait pas les pieds toucher le sol ; — Kadir, l'Engourdi, cheval de la grande tribu des Kahtânides ou Béni Kahtân; à le voir aussi endormi qu'il était, on l'eût cru narcotisé, engourdi de tous les membres; mais lancé sur l'hippodrome, il allait plus vite que le vent; — Abdjar, Nombril, ou Hernie, cheval du célèbre Antar fils de Cheddâd l'abside ou Arabe de la tribu des Béni Abs; Abdjar fut un des chevaux les plus extraordinaires par leur prééminence, leur infatigable solidité; — El-A'ma, l'Aveugle, cheval de la tribu des Kindah ; il était né aveugle ; dans les courses il devançait les concurrents les plus redoutables; Warl, le Survenant, cheval des Taïides; il fut élevé et dressé, dit-on, par Hâtim, si célèbre par sa générosité ; — Dâhis, et Rabrâ, qui furent le motif de longues guerres. (Voy. vol. 1, pag. 330 et suiv.) **

XX.

Du cavalier par rapport au cheval, aux soins ordinaires, surtout en guerre. — Récits : Le cheval de Balaûfar ; — le cheval d'Achar. — Du cavalier de guerre, ou de chasse, et du dresseur ou écuyer, ou du monteur médiocre. — Les deux braves, Alî et Zobaïr. — De l'art équestre chez les Arabes et chez les barbares.

* Le cavalier doit être attentif à tout ce qui concerne son cheval, au harnachement, au changement de bride, afin de

(a) C'est celui qu'à tort j'ai nommé Sakkâb; voy. vol. I, pag. 415.

voir sans cesse ce que demande le moment. Ainsi, le mors du
cheval ṭénî ou faisant sa troisième année peut fort bien ne
plus lui convenir dans la quatrième année, et le mors de la
quatrième année ne plus convenir dans l'âge parfait. Il est de
première importance encore que le cavalier, par l'exercice,
conserve et développe toujours la vigueur et l'élasticité de son
cheval, lui rappelle les évolutions des mouvements de droite et
de gauche, le maintienne dispos et prêt à tout ce qui est nécessaire en guerre, s'occupe et se mêle de lui donner la ration et de le faire boire, surtout en temps de guerre, et lorsqu'on a un ennemi habile et astucieux. Car on a toujours à
craindre quelque ruse ou malice de palefrenier et de dresseur;
trop souvent le cavalier est trompé par un cheval sur lequel il
comptait en toute confiance et qu'il trouve, dans la bataille
ou toute autre circonstance analogue, en certaines dispositions
qu'il ne soupçonnait pas. Et puis, le cavalier est alors victime
de son désappointement.

Ainsi, l'histoire des Perses rapporte que le roi Ardchîr se
mêlait aux batailles, lorsque commença à poindre l'étoile de
sa puissance. Il eut d'assez longues guerres avec un des *rois
des nations* ou mouloûk el-tawâïf, appelé Balaûfar (28).
Balaûfar avait un cheval appelé Ạddjâdj, Grondant; Ạddjâdj
était l'incomparable de son époque. Ardchîr, malgré sa bra-
voure, malgré son habileté et son expérience dans les guerres,
ne pouvait venir à bout de Balaûfar, à cause de la rapidité et
de la prestesse d'Ạddjâdj. Ne sachant plus à quel moyen recourir, Ardchîr fit suborner le palefrenier, le séduisit par
l'appât d'un riche présent, et arrêta que vers la fin de la nuit
qui précéderait le matin du combat, il fallait donner large ration à Ạddjâdj, mais le laisser sans boire. Ce fut fait. Ardchîr,
quand il sut que le stratagème était parfaitement exécuté, envoya appeler Balaûfar à un combat singulier, dans l'espace
laissé entre les deux armées. Le lieu de la rencontre était
près d'une rivière que le cheval distinguait facilement. A
l'instant où chacun des deux champions se mit à charger sur
son adversaire, le cheval de Balaûfar, apercevant l'eau, et

pressé qu'il était par la soif, emporta son maître du côté de la rivière et se précipita au milieu de l'eau afin de boire. Ardchîr suivit son ennemi, le traversa d'un coup de lance et le renversa mort.

J'ai lu quelque chose d'analogue, dans l'histoire des Arabes, un récit à propos d'Achar, fils de Hamrân, poëte djo'fide ou de la tribu des Béni Djo'fah.

Achar allait chez les Mâzinides ou Béni Mâzin prendre vengeance du sang par le sang, venger un meurtre par voie de talion. Achar, à l'improviste, le matin, tombait sur les Mâzinides, tuait ceux qu'il pouvait tuer, et détalait à grande course. Son cheval échappait à toute poursuite; aucun ne le pouvait atteindre. Une tante maternelle d'Achar était mariée chez les Mâzinides. « Je vais vous indiquer, moi, leur dit-elle, le moyen de vous débarrasser d'Achar lorsqu'il reviendra vous attaquer. Tout simplement versez du lait dans des vases et déposez-les à distance sur le chemin que prendra votre homme; Achar a habitué son cheval à boire du lait, et l'animal, dès qu'il verra le lait que vous aurez exposé, ne résistera pas, il ne pourra s'éloigner sans en boire. Au moment où le cheval aura les lèvres dans un vase, montrez-vous, lancez-vous, et vous atteindrez votre ennemi. » On suivit le conseil; et il en avint ainsi que cette femme avait dit. Le cheval céda au désir de boire; lorsqu'il humait le lait et que les lances des Mâzinides allaient tomber sur Achar, celui-ci cria : « Oh! ma mère n'a plus de fils! ma tante n'a plus de neveu! » Entendant ces paroles de malheur, la tante d'Achar lui cria : « A toi! frappe sur le fourreau de la verge de ton cheval. » Achar frappe; le cheval bondit, fuit comme l'éclair et échappe avec son maître à la troupe assaillante. « Qu'est-ce donc, dirent les Mâzinides à cette femme, qu'est-ce donc qui t'a décidée si vite à ce que tu as fait là, toi qui nous avais si bien renseignés? — Je me suis vue au nombre des infortunées privées de ceux qu'elles aiment, et je n'ai pu soutenir l'aspect de ce malheur. »

Le cheval d'Achar s'appelait Mouąlla, le Haut, le Glorieux (29). Achar a dit ces deux vers :

« Je voulais du sang des Mâzinides, et à Mouạlla
apparut un lait bien blanc.

« Deux choses contraires compliquèrent notre situation : je voulais la gloire, et Mouạlla voulait de la
crème *. »

XXI.

*A mon sens, l'art de l'équitation ou l'art équestre est le
lot spécial du cavalier ferme et courageux qui dans les combats reste ferme de cœur, ferme sur le dos de son cheval qu'il
manie comme il lui plaît, et dont il semble être une partie ,
un organe, qui, à travers les efforts et la mêlée des braves, ne
se trouble jamais dans le jeu des rênes, qui jamais ne songe à
ménager ou épargner son cheval quand il s'agit de paraître au
champ de bataille. Mais celui dont l'art a pour but de se tenir
solide sur sa selle, et d'instruire les chevaux, celui-là est un
écuyer, un dresseur, un cavalier de manége ou de champ
d'exercices.

Lorsque vous voyez un cavalier qui vous plaît par son maintien assuré à cheval, par la dextérité et la justesse avec laquelle il le manie, ne vous pressez pas de le décréter homme
d'art équestre, avant de l'avoir observé dans les combats, ou
aux luttes et jeux des manœuvres, ou aux luttes et incidents
des chasses, ou aux jeux de paume. Ou bien attendez le jour
où vous le verrez sur un cheval autre que le sien. Il y a tel
individu qui a une habileté équestre limitée à un seul cheval
qu'il a lui-même dressé, et qui, venant à en monter un autre,
n'est plus qu'un pitoyable écuyer. Tel autre individu est
solidement campé à cheval, et s'il se trouve tout à coup au milieu d'une bataille animée, ou en une autre circonstance agi-
tée, se trouble et n'a plus d'aplomb ; c'est là le poltron, le
trembleur.

Un chroniqueur raconte ceci : « Un jour, dit-il, j'adressai
au prince des croyants, le kalife Alî, fils d'Abou Talêb, qu'il
soit en la grâce de Dieu ! cette question-ci : « Quel est le plus

brave des hommes? — C'est le fils de Ṣafyah. » Cela voulait
dire, bien entendu, Zobaîr (dont le frère fut mutilé par les
ennemis de Mahomet, à la sanglante journée d'Oḥod) (*a*). J'allai chez Zobaîr : « Quel est, lui dis-je, le plus brave des
hommes? — C'est le Pur, fils de Fâtimah (fille d'Açad). » Il
désignait par là le ḳalife Alî; et il ajouta : « Seulement, il
combat toujours à pied. » Je retournai chez le ḳalife, et je lui
répétai ce que m'avait répondu Zobaîr. Alî me répliqua : « Ils
n'ont pas la force de mettre pied à terre ; nous, nous
descendons de cheval. L'homme des batailles, c'est celui qui
sait mettre pied à terre. » Je revins chez Zobaîr et je lui com-
muniquai les paroles du souverain des croyants. « Il a raison,
reprit Zobaîr ; oui, par Dieu ! il est plus brave que moi, à pied
et à cheval. »

L'art équestre est le privilége des Arabes. Il n'y a qu'un ignorant qui puisse leur contester ce talent, un jaloux, un entêté de
mensonge, qui puisse le nier. D'ailleurs, nulles preuves ne
valent le témoignage des yeux. L'homme de cœur sincère et
équitable qui considère des cavaliers arabes, reconnaît de suite
ce que Dieu leur a départi de supériorité équestre sur les autres
nations. Vous voyez le cavalier arabe sur son cheval, ne faire
pour ainsi dire qu'un seul individu avec lui dans tous les mouvements, dans toutes les évolutions. Sous le cavalier arabe vous
voyez le cheval gracieux, brillant, hardi, sembler s'admirer
soi-même. Mais si vous l'observez sous un cavalier de toute
autre nation, vous n'apercevez plus rien de cela. N'avez-vous
jamais remarqué une troupe de cavaliers arabes, après qu'un
d'eux a manœuvré longtemps sur son cheval aux jeux et évolutions du champ d'exercice, ou au milieu des bouleversements
d'une bataille? Eh bien, pas une goutte de sang n'a coulé sous
le mors de la bride, rien n'est dérangé ou déplacé, pas un bout
de courroie de la bride ou de la sangle ne s'est rompu. Les
barbares (nations non arabes) ont un entrain ardent, ont l'é-

---

(*a*) Voy. *Essai sur l'histoire des Arabes*, etc., par Caussin de Perceval,
vol. III, pag. 110, 137, etc.

nergie dans les combats, ont le courage, mais ils n'ont pas l'art
et l'habileté équestres des Arabes.

Chez les barbares, le plus fin cavalier d'entre eux est sur sa
monture, selon qu'il l'a dressée et selon les dispositions naturelles qu'elle a. Veut-il la déplacer, il n'y réussit qu'en tournant
un long espace. La monte-t-il sans éperons et sans gaule, il ne
peut la faire servir utilement. Alonge-t-il les étriers, il n'est
plus d'aplomb sur la selle. La lutte aux combats n'est pour lui
qu'un choc, non une manœuvre d'adresse, à moins que le cavalier ne se soit habitué à la souplesse et à l'énergie en montant
des chevaux arabes, et sans éperons.

Le maniement des chevaux arabes diffère essentiellement du
maniement des chevaux non arabes ; pour ceux-ci il faut serrer
et tenir durement et fortement les rênes, prodiguer les coups
et les pincements de l'éperon. Un cheval étranger qui soit vif
et rapide, vient-il à être la propriété d'un Arabe, l'Arabe lui
change la bride, le polit et le forme, l'amène à une instruction
convenable, et le cheval arrive à prendre quelque similitude
avec les chevaux arabes.

Enfin, les dispositions ou penchants des chevaux présentent
de grandes différences. Il en est de courageux, de hardis dans
la bataille, qui vont assaillir ce qui leur vient en face, qui ne
s'intimident de rien de ce qu'ils aperçoivent. Mais aussi il en
est de lâches, de trembleurs qui, dans leurs frayeurs, sont à
peine solides sur leurs membres *.

XXII.

Essayer d'élever et de dresser des chevaux, à la manière arabe.

(Il y a un vœu à exprimer. Ne se trouvera-t-il pas quelques
hommes assez débarrassés de préventions, assez amis de la
science hippique, assez décidés à oublier pendant un temps les
maximes inflexibles des écoles et à ne pas jurer, sans contrôle,
sur les paroles de leurs maîtres, assez libres d'esprit, assez dé-
pourvus de prétentions, assez jaloux d'expériences en une

science tout expérimentale, pour tenter l'élève et l'éducation de plusieurs poulains de bonne race, selon la simple doctrine arabe, rien de plus, rien de moins, dans ses prescriptions comme dans ses restrictions? Nous voulons élever les enfants des familles arabes, selon notre éducation, parce que là nous sommes supérieurs aux Arabes ; essayons d'élever des poulains selon l'éducation chevaline pratiquée et réussie depuis des siècles parmi les Arabes, parce qu'en cela les Arabes ont touché le but que nous cherchons à saisir.

Il ne s'agit ici que d'une affaire matérielle, qu'il nous faut aborder et poursuivre empiriquement, et les faits, les faits brutaux, répondront sans laisser, probablement, de place à la réplique. Déjà, m'a-t-on appris, un, un seul homme, un officier de spahis, en Algérie, a eu la pensée et la résolution de tenter l'expérience ; et il a obtenu un poulain qui est de premier rang en beauté, en force, en espérances, parmi tous les poulains à peu près du même âge.

Y eût-il insuccès, mais l'insuccès même ne serait pas une perte, ce ne serait qu'un retard dans l'éducation des sujets soumis à l'expérimentation ; ce serait une solution, par la négative, d'un problème que certes on n'accusera pas de manquer d'importance.

Nous avons à apprendre quelque chose des Arabes à cet égard. Ils obtiennent des conditions et des résultats que nous ne rencontrons pas dans nos chevaux. Je veux parler surtout du fond. Nous obtenons aussi, nous, des conditions et des résultats que les Arabes ne savent pas obtenir. Il y a donc lieu d'étudier et de comparer les deux modes d'élève et de soins, et d'éducation, et d'instruction, à rechercher ce qu'il y a de combinaisons à en pratiquer pour former un cheval arabe-français ou français-arabe. Il est démontré, en Algérie par exemple, que les chevaux arabes qui, chaque année, viennent des diverses provinces pour rivaliser aux grandes courses annuelles, sont dans des conditions que nos chevaux ne pourraient supporter. Ainsi, les Arabes arrivent à Alger de dix, de vingt, de trente lieues, en peu de temps, arrivent la veille ou l'avant-veille des courses, et paraissent sur l'hippodrome au moment voulu; et cela sans inconvénient pour les chevaux, sans qu'il s'ensuive de mal pour aucun d'eux. Ce résultat serait impossible ou à peu près, pour des chevaux élevés et préparés par nous. Il y a donc plus de fond, plus de résistance de santé, plus de vigueur intime de constitution chez le cheval élevé par les Arabes.

Sur l'hippodrome, deux chevaux semblables de puissance et de moyens, l'un monté par un Européen, l'autre par un Arabe, et si l'hippodrome est, comme à notre ordinaire, en cercle ou en ovale, n'auront pas les mêmes succès. Le cheval monté par l'Arabe sera toujours vaincu; il surviendra même, assez fréquemment, quelque déboire, c'est-à-dire, par exemple, que le cheval se détourne, se dérobe, surtout au dernier tournant de l'ovale; il est évident qu'en pareil cas la faute est au cavalier. L'Arabe ne sait pas faire partir convenablement son cheval de tel ou de tel pied; il ne sait pas tourner au détour. Mais mettez un cheval élevé à la française, à l'anglaise, à courir avec un cheval élevé à l'arabe, et fixez un terme de course assez éloigné, en plaine ou non, mais en ligne droite ou à peu près, j'ose dire que, à moins d'une grande supériorité dans le cheval français, l'arabe sera toujours vainqueur et n'éprouvera, à la suite de la course, ni maladie, ni fatigue extrême, comme risquerait d'en éprouver un cheval élevé à la manière européenne. Sur des routes telles qu'elles, on a vu fréquemment des chevaux des Arabes, avec tous les embarras de vêtements, de hardes, parcourir, en quarante minutes, un trajet de 24 kilomètres.

En résumé, nous avons donc à apprendre aux Arabes, sous le rapport du maniement du cheval, sous le rapport de l'emploi de la vitesse du cheval; mais nous avons à apprendre d'eux les moyens d'avoir le cheval de fond, de chair vigoureuse, de santé solide.)

CHAPITRE XIII.

De l'entraînement et des courses. — Moyens et procédés de l'idmâr ou entraînement ou mise en train, ou *gracilisation*.—Cinq choses pour l'entraînement. — Age et qualités du cheval pour l'entraîner. — Époque de l'année pour l'entraînement. — Durée de l'entraînement. — But de l'entraînement. — Conduite du régime. Poids des nourritures; roil de Bagdad, d'Égypte. — Séjour. — Placement et hauteur de l'auge. — Soins de propreté. — Du rouler ou vautrer. — Du *régal* de carthame. — Les promenades; les suées; frotter les membres. — Aider les sueurs si elles sont difficiles. — Symptômes de malaise; de vigueur. — De l'enlever ou tankîl, ou exercices rapides. — Courses d'essai. — Tenir les avant-bras fermes. — Du jockey. — De la selle; de la bride; des étriers; de la sangle. — Position, qualités et conduite du jockey. — Examen avant la gageure. — Longueur des espaces à parcourir. — Courses qui furent ordonnées par le Prophète. Courses de chameaux. — Les courses sont-elles permises, au point de vue de la loi ? — Les enjeux sont-ils permis?—Extraits du livre Ilm el-siâcyeh, ou La science de diriger et traiter les chevaux, ou La science hippique : — but de l'entraînement ; — nourrir sans paille, ni verdure ; — exercices ; — harnachement pour la course;—place à tenir pendant la course ; — vêtements du jockey. — Son maintien ; son attention avant et pendant la course ; — courir à poil; inconvénient ; — du cas où il y a crainte de tomber. — Extraits du manuscrit de Bagdad ; — de l'entraînement en général ; le varier selon les sujets ; — les suées ; — entraînement du cheval jeune ; — observer les effets de l'entraînement ; s'il fatigue l'animal ; s'il faut interrompre ; reprendre l'entraînement ; — essayer la course ; entraîner le cheval charnu ; — caractères du cheval qui, non entraîné, peut lutter à une course ; — essais préparatoires et fragmentés. — Extraits du Kitâb el-akouâl ; — Antiquité des courses ; — première course ; — une course sous Omar fils d'Abd el-Azîz ; ce kalife pensa à abolir les courses ; — de l'entrée en entraînement ; du mot midmâr ; — procédé d'entraînement ; — préparer à la course en quatre jours ; — essayer le cheval sur le meïtân ; meïdân ; — meïdâ, râïeh, ou étendue à parcourir ; — mikwas ou barrière ; — du jockey dans les courses ; sa conduite ; — comment on mesure que tel a devancé tel autre, au but ; — le djalab et le djanab , ou la presse et la mise à côté, sont défendus ; — la vitesse diffère selon l'âge ; différences mesurées par le temps ; — usage de la gaule ou du fouet, surtout pour le cheval arabe ; — gageures et enjeux; — courses : récits pittoresques ; — course, sous Merwân fils de Hâkem ; — courses dans l'Yémen;—course, du temps de Hichâm le kalife; jument pleine

qui est victorieuse et met bas ; — rouwâk ou station des juges ; — kaçabah
ou poteau pour juger le vainqueur des courses ; — courses à Basrah, sous
Omar ibn El-Kattab ; — Djalwa ; — Zoû l-Okkâl ; Rahîl, acheté soixante
mille francs ; il est vaincu par Zoû l-Okkâl ; — refus de vendre Zoû l-Okkâl
pour autant de pièces d'argent qu'il en eût fallu pour le couvrir ;—maûtan,
ou point de départ.

I.

Une tradition rapporte que le Prophète, sur lui soient les
grâces et les bénédictions divines! recommanda d'entraîner les
chevaux ; il voulait dire les alléger en les nourrissant d'herbe
sèche ou fourrage sec (foin ou luzerne desséchée), mais peu par
peu, quantités mesurées par quantités mesurées. Et il ajouta :
« Donnez-leur de l'eau à boire ; abreuvez-les le matin, et le
soir à la nuit ; revêtez-les de couvertures, car ils rejetteront
l'eau en suées sous ces couvertures ; par suite leur couleur se
purifiera, et leur peau s'étendra. » Le Prophète prescrivit aussi
de promener ces chevaux, à la main, deux fois chaque jour, de
les faire lancer une ou deux vives poussées de course, mais de
ne pas les faire galoper avant qu'ils ne fussent déjà ramassés et
raffermis.

Pour l'entraînement, idmâr ou *gracilisation* des chevaux,
on diminue leur nourriture, on les tient dans des endroits bien
disposés, on les y revêt de couvertures afin qu'ils suent et que
leur sueur se sèche, que par suite les chairs se durcissent, acquièrent plus de vigueur pour la course. On dit : Ce cheval est
entraîné, et je l'ai entraîné.

D'après une tradition conservée par Abou Obeïdah et reçue
d'Ibn Omar ou le fils d'Omar, le Prophète fit exécuter une
course de plusieurs chevaux, et donna le prix de la victoire. Il
avait recommandé de préparer les concurrents par l'entraînement.

La pratique de l'entraînement suppose cinq choses différentes : — 1° la qualité du cheval à entraîner ; — 2° le moment le plus favorable à l'entraînement ; — 3° le régime d'ali-
mentation, le séjour, le lieu où on laisse l'animal se rouler sur

le sol ; — 4° les genres de promenades et d'exercices ; — 5° l'espace à franchir et le poids du jockey.

II.

1° Un cheval ne doit être appliqué et admis à l'entraînement et à la préparation que s'il a toutes les qualités des bons coureurs, qualités que nous avons citées précédemment. Il devra être au moins ṭénî ou dans sa troisième année, ou bien rabâî, ou bien djeẓa', car on ne peut pas dire que le cheval d'âge parfait ait à craindre de la rapidité initiale du ṭénî et du rabâî, en raison de ce que, dans ces deux derniers âges, le poulain a une vitesse première plus grande. (Vol. I, pag. 320, 321.) Une tradition rapportée par Abou Dâoûd, dit que le Prophète fit exécuter une course de chevaux et y appela de préférence les chevaux d'âge parfait. Le cheval de bon âge ou d'âge parfait est celui qui est entré dans sa cinquième année. Dans sa première année le poulain est appelé ḥaûlî ou de l'année. Dans la seconde année, il est appelé djeẓa', ou entre l'un et l'autre, qui passe à l'âge d'utilité. Dans la troisième année on l'appelle ṭénî ou ayant *doublé* ses incisives. Dans la quatrième, il est rabâî ou quaterné. Ces expressions ont en arabe leur terme par un verbe, comme (si l'on pouvait dire en français) : *djézaer, ténier, rabaer, karaher*. Mais si le cheval est d'âge parfait, ḳâreḥ, il faut pour l'admettre à l'entraînement qu'il n'ait pas encore senti la mollesse qu'apportent les années, qu'il n'ait pas les intermittences de violence qui saccadent irrégulièrement la course chez les chevaux déjà fatigués ou déjà âgés. On n'admet pas non plus une jument qui va mettre bas ; ni un cheval qui vient de faire un long voyage, ou qui ait quelque chose des défauts ou tares dont je parlerai, par exemple s'il est borgne ou s'il a une jarde ou un éparvin, ou un effort de la cuisse ou entravement, ou s'il se coupe ou s'entre-taille. Avec de pareilles défectuosités, le cheval doit être rejeté ; car sur l'hippodrome, il serait arrêté ou devancé, ou tuerait son cavalier.

III.

2° L'époque de l'année pour l'entraînement, doit être le commencement du printemps, avant les grandes chaleurs, ou l'automne, avant les grands froids. Dans les deux saisons de la chaleur et du froid, il ne faut faire ni entraînements ni courses. Car l'époque du froid est l'époque de la mise au vert (en Égypte) et de la végétation active, et le cheval alors est plus faible. Pendant les chaleurs, le cheval ne supporte pas l'entraînement, à cause de la température chaude.

Quant à la durée de l'entraînement ou mise en train, les uns la portent à un mois, les autres à quarante jours. Le terme extrême est deux mois.

IV.

3° Ce qui a trait à la nourriture, au séjour, et à l'endroit où le cheval se roulera sur le sol, a une souveraine importance.

L'entraînement ne doit point être un moyen d'affaiblir; car il est des chevaux qui ne suffisent à la course que par ce qui leur reste de chair musculaire. L'entraînement ne consiste pas non plus en un régime qui laisse les chevaux avec la faim et la soif, mais en un régime qui les rassasie, qui les exerce à la locomotion, afin que leur chair acquière de la force, et qu'ils perdent leur graisse et leur pesanteur. Aussi, ne précipitez rien dans la conduite de l'entraînement. Tout d'abord, laissez la nourriture comme elle est en autre temps que celui de l'entraînement. Lorsque les promenades ou exercices de locomotion ont commencé, il faut augmenter la ration d'orge et d'herbe sèche (luzerne ou trèfle secs), qu'il importe de bien débarrasser de paille hachée : tout cela peu à peu, graduellement. La quantité extrême où l'on arrive, dans l'entraînement, pour chaque ration d'orge bien nettoyée de pierres et d'autres impuretés, est six ḳadaḥ; mais il y a des gens qui dépassent cette limite. (Le ḳadaḥ égale à très-peu près un litre soixante-quinze centilitres.) En herbes sèches et en paille hachée, on va de dix à quinze riṭl ou roṭl de Bagdad. Des personnes augmentent cette quantité en raison du volume et de la tournure du cheval et de l'étendue de sa peau. (Ce roṭl, ou, plus régulièrement, riṭl, a cent vingt-huit derhem et quatre septièmes de derhem ; le roṭl d'Egypte a actuellement cent quarante-quatre derhem et représente douze onces.)

On donne pour séjour à l'animal un lieu libre, spacieux, où le cheval soit seul. Avec de la terre pulvérulente, bien propre, et avec le crottin bien desséché et écrasé, on dispose une litière de l'épaisseur d'un empan et plus. Une litière entièrement de sable est préférable, en raison de ce que le cheval se déplace souvent; car il convient infiniment mieux de lui laisser les membres libres que de les maintenir par les entraves ordinaires.

Élevez assez haut la mangeoire et tenez-en l'emplacement toujours propre. Que la hauteur du creux de l'auge soit à la hauteur du poitrail. Dans ce creux vous mettez un plateau en bois, en forme de tambour de basque et percé de trous en crible, afin que la poussière de la nourriture tombe par les trous, à mesure que le cheval mange. Qu'au-dessous de la mangeoire il y ait une ouverture en long ; et qu'en face du poitrail du cheval il y ait une longe ou m a d w a r qui ne pende et ne baisse pas trop loin. Lorsque le cheval a uriné, nettoyez sous lui avec grand soin, prenez du crottin sec et du sable et étalez-les sous l'animal. Enfin, ne changez pas le garçon ou domestique ; car le cheval aime qui le sert. (Ces observations relatives à la mangeoire du cheval, etc., me paraissent transposées dans le texte. Je les ai reportées ici où elles me semblent mieux à leur place.)

Il faut que le cheval se roule par terre, mais après qu'il a mangé son orge et sa paille hachée, et aussi après que l'on vient de le promener. On le conduit à un endroit assez étendu, sur du sable mobile et fin, ou sur une terre poudreuse et douce où il n'y ait ni aspérités dures, ni pierres. Là, on laisse l'animal se vautrer, se rouler ; cela lui repose et détend les membres. Le rouler sur le sable fin, ou sur une terre douce repose les membres des animaux, contrairement au rouler sur le fumier ou les crottins secs. Quand votre cheval a fini de se rouler, essuyez et abattez ce qui lui reste attaché à la peau, et jetez sur lui sa couverture. Ensuite ramenez-le et placez-le au râtelier et à la mangeoire ; et, les restes de sa ration d'orge et de paille hachée, placez-les devant lui. Gardez-bien que le cheval ne se roule sur des pierres ou sur des aspérités dures. Selon certaines opinions, après que votre cheval s'est roulé, montez-le, et poussez-le à bon exercice pendant une grande heure ; vous lui amplifierez ainsi la peau. Mais ne le poussez pas trop vivement, de peur qu'il ne lui survienne dérangement d'organe.

On a dit : « Lorsque vous avez projet de monter votre cheval pour marcher contre les ennemis, régalez-le d'abord, » ce qui signifie : Donnez-lui, pendant deux semaines, à manger du ḳourtoum ou graine de carthame. Par là vous détergez l'ouverture de l'estomac et vous l'échauffez. Après les deux semaines, renoncez entièrement à donner le ḳourtoum.

V.

4° Les promenades (tecyr) doivent avoir lieu le matin et le soir vers la nuit, être assez prolongées pour provoquer la sueur malgré le cheval. Car toutes les fois qu'il sue, son corps s'allége, sa graisse se fond, ses flancs se ramassent, se resserrent, ses organes s'assouplissent ; les chairs qui le tiennent mou, qui gênent ses élans de course et l'empêchent de se resserrer, s'affermissent. Après cela, vous le montez, vous le faites galoper, vous le fatiguez pendant une grande heure, afin que son ventre se ramasse et se reporte en haut. Quand le ventre est ainsi remonté, si le temps est trop frais, couvrez le cheval avec deux couvertures ; si la fraîcheur est moyenne, arrrangez les choses selon l'exigence du moment. Chaque jour fatiguez ainsi le cheval, jusqu'à ce que suent même les oreilles. Tous les deux jours, vous augmentez graduellement la fatigue jusqu'à ce qu'enfin la sueur dégoutte. Rien ne chasse la graisse que les suées, car la sueur est l'eau ou suc de la graisse. Ne couvrez pas de trop, de peur qu'il n'en survienne quelque malaise au cheval. Avec la main abattez la sueur du dos et du ventre. Quand elle a séché, vous donnez la ration, dans la quantité que nous avons désignée. A la troisième heure de la journée (et la première du jour ou période de vingt-quatre heures se compte à partir du coucher du soleil), donnez à boire au cheval. Dans la matinée vous le sortez, le promenez doucement et peu de temps, afin qu'il se secoue ; si alors encore il veut se rouler par terre, laissez-le se satisfaire. Si la journée est chaude et que le vent souffle du nord, montez le cheval et promenez-le au pas ; si la journée est fraîche et qu'il y ait du vent, ne montez pas. Ainsi que nous venons de le dire, fatiguez le cheval jusqu'à la sueur. Si trop de fatigue a alangui le cheval, laissez-le reposer pendant deux ou trois jours. Du reste, n'interrompez les promenades longues que le mardi et le vendredi ; ne le fatiguez que très-peu ces deux jours-là. Lorsque vous descendez de cheval, et qu'il est fatigué, ne le mettez pas au repos immédiatement, mais promenez-le quelques instants à la main.

Quand la graisse est fondue et que l'on est arrivé au point voulu de dépouillement, vous manipulez et frottez les jambes du cheval afin qu'aux tendons ou aux articulations ne descende pas un mauvais sang, ou ne se fixent pas des douleurs ou gênes d'échauffement. Si vous vous apercevez de quelque chose en ce sens, ne fatiguez pas le cheval ; faites-le tenir les quatre membres dans l'eau. Ce moyen est excellent. Si vous négligez ces précautions et que les symptômes passent à l'état aigu, le cheval est perdu, ne peut plus servir à ce à quoi vous le prépariez. Lorsque vous voyez le cheval se tenir au repos en appuyant sur le sol par un des deux pieds, soyez sûr que l'autre pied souffre. Alors vous attachez le pied sain et vous traitez et médicamentez le pied malade, afin que le pied sain ne devienne pas malade.

Lorsque la sueur est difficile et ne sort pas bien, prenez du levain, manipulez-le et pétrissez-le dans de l'eau qu'après cela vous donnez à boire au cheval. Ensuite, de l'endive, du fakkoûs ou long concombre courbe et à côtes, un peu de holbeh ou helbeh ou fenugrec, remettent le cheval en bonne disposition et changent ses conditions présentes. Si les suées poussent promptement, le cheval est un cheval de bénédiction et de succès; ne le fatiguez pas trop celui-là, et réglez en justes mesures tout son régime, car ce cheval n'a pas besoin d'excès en rien. Apercevez-vous que le poil des flancs semble être lavé et humecté avec de l'eau, ou que le poil au-dessous de l'œil se colle sur la joue, soignez le cheval avec attention, laissez-le se reposer, réglez et mesurez bien sa ration, et l'eau qu'il doit boire. S'il paraît quelque peu abattu et qu'il ne mange pas toute sa ration, ce sont là des premiers symptômes de maladie; hâtez-vous de la prévenir; examinez ce qu'elle est, et traitez-la immédiatement.

Quand vous voyez l'œil être bien ouvert, se mouvoir avec vivacité, soyez sûr que le cheval commence à entrer en condition; ménagez-le alors; ne le fatiguez pas; allégez ses couvertures, jusqu'à ce qu'il soit au terme de l'entraînement et afin qu'il ne survienne pas de signes d'étisie. Car cette maladie une fois développée se guérit difficilement. Du reste, elle est un signe qui distingue les mauvais chevaux des bons chevaux.

Lorsque vous venez à *enlever* (tankil), c'est-à-dire lorsque vous exercez votre cheval aux grands élans de course, que l'exercice n'aille pas à la fatigue, mais qu'il se borne à un trajet d'une portée de flèche, c'est-à-dire à cinq cents coudées bagdâdiennes. (La coudée vaut un pied et demi environ, et même, à présent, soixante-dix centimètres.)

Quand le cheval a subi le régime de l'entraînement, quand vous l'avez soumis aux promenades et aux exercices, ainsi que je l'ai décrit, et que l'époque de l'épreuve et du pari est proche, dépouillez le cheval et lancez-le à parcourir à grande course un trajet égal à l'espace qu'il faudra fournir pour la joute. Pressez alors votre cheval à toute presse et qu'il arrive au terme à grande force. S'il a abouti alerte et sans efforts, sans s'ébrouer, sans que les flancs lui battent avec violence, c'est qu'il est au degré et à la mesure que l'on demande de lui, et qu'il a acquis la vigueur chaleureuse que l'on espérait. S'il aboutit fatigué, mal à l'aise, essoufflé, les bords des narines déjetées en dehors et saillantes, vous le laisserez se reposer un jour seulement; puis continuez encore l'entraînement, les promenades, les exercices, les rations de nourritures, jusqu'à ce qu'il soit sorti du point où il était; il se calmera et se remettra.

Il importe beaucoup à qui veut bien lancer le cheval de tenir très-fermes les avant-bras; c'est un moyen de prudence.

VI.

5° Le poids du jockey est à prendre en considération. Il y a des jouteurs qui établissent l'enjeu d'une course, à la condition que le jockey et la selle pèseront, ensemble, deux cents rotl (ou à peu près cent kilogrammes), ou même plus. C'est là une mauvaise convention, c'est une aberration ; car un des chevaux peut être d'âge parfait et l'autre dans sa troisième année, ou dans sa deuxième, ou dans sa quatrième année, et en ces derniers cas il ne suffira pas à une pareille charge. Le poids collectif du jockey et de la selle doit être de cent à cent trente rotl. C'est la limite la plus convenable pour tous les âges des chevaux coureurs.

La selle doit être légère et aussi la bride; les étriers seront courts, la sangle peu serrée. Les pieds du jockey doivent être collés contre les côtes du cheval et rester immobiles.

Essayez, d'ailleurs, et vérifiez ce que votre cheval vous offre d'espérances. Ensuite posez la gageure à votre concurrent; mais auparavant il faut encore examiner si les articulations de votre cheval ont les signes, bons ou mauvais, que j'ai indiqués tout à l'heure. Comparez ces signes que vous présente votre cheval et ceux que présente le cheval de votre partie adverse. Si, dans cette comparaison, l'avantage est de votre côté, pariez sans hésiter ; si la comparaison offre des chances rapprochées, c'est-à-dire à peu près égales, c'est alors un jeu au plus heureux, au plus favorisé du ciel. Reconnaissez-vous que le cheval de votre partie adverse est supérieur au vôtre, n'acceptez pas la course ; ou bien, mesurez habilement de l'œil la jeunesse ou le grand âge de ce cheval rival, sa vigueur, ce qu'il peut fournir, avant de vous engager. Sachez aussi qu'un cheval sur l'hippodrome obtient l'avantage quelquefois parce qu'il a un poids de trois rotl de moins que son émule à supporter. Si donc le cheval plus chargé devance, soyez assuré qu'il est supérieur.

D'autre part, le sawâk ou chasseur, pousseur, c'est-à-dire jockey, doit avoir le savoir hippique, connaître ce qu'est la force et ce qu'est la nature du cheval qu'il va monter et guider, être solide et ferme sur la selle pendant la course, ne faire au cheval aucun signe, ne lui pas faire sentir la gaule ou le fouet, ne le point animer de l'éperon, ne point se tenir dressé perpendiculairement à l'animal, mais se tenir un peu incliné sur le pommeau de la selle, ne pas presser et inciter au delà de ce que comportent les forces de l'animal, mais lui donner d'un simple bruit de sifflement entre les deux oreilles, si c'est possible. Car, en frappant le cheval, le jockey en rompt les élans ; en le pressant des éperons, il lui trouble la respiration ; en se tenant dressé perpendiculairement, il gêne la progression, surtout quand le vent souffle en face. Du reste, le jeu du fouet ou de la gaule sera plus ou moins fréquent selon que le cheval est long ou court.

Quant à l'espace à franchir aux courses, il devrait être d'un mille, ce qui équivaut à quatre mille coudées (d'un pied et demi au moins). Les deux Saḥîḥ (ou grands recueils des paroles et dires du Prophète) racontent qu'Ibn Omar ou le fils du kalife Omar (deuxième kalife), que Dieu leur accorde ses grâces ! a dit : « Le Prophète fit lutter de vitesse à la course des chevaux entraînés, depuis Ḥafîâ jusqu'au Ténya el-Widâ ou Défilé des Adieux (vol. I, pag. 90). Il fit aussi courir des chevaux, non entraînés, depuis ce même défilé jusqu'à la mosquée des Béni Zoraîk.» «J'étais, ajoute le fils d'Omar, au nombre des concurrents. J'arrivai le premier, et le cheval vainqueur atteignit avec moi la mosquée. » Au dire de Sofiân le taûride ou de la tribu des Béni Taûr, la distance de Ḥafiâ au Défilé des Adieux est de cinq ou six milles ; et du défilé à la mosquée des Béni Zoraîk, il y a environ un mille. Selon Moûça, fils d'Oḳbah, il y a de Ḥafiâ au Défilé des Adieux six ou sept milles. L'extrême limite des courses chez les musulmans est de trois milles, ce qui équivaut à douze mille coudées (environ six mille mètres). Assez souvent des paris de courses s'engagent pour des trajets d'une ou de deux parasanges (ou six à sept milles, ou douze à quatorze mille mètres). Mais nous ne consignons dans ce livre que ce qui est d'habitude générale pour les courses équestres, afin de préserver les cavaliers et les chevaux de courses excessives et dangereuses. Jugez, s'il plaît à Dieu ! et comprenez.

VII.

D'après Ibn Bonaîn, le Prophète fit exécuter une course, en promettant, pour prix, des manteaux qui lui avaient été envoyés de l'Yémen. Au vainqueur le Prophète donna trois manteaux ; au second ou celui qui vint en second rang, il donna deux manteaux, et au troisième il en donna un ; au quatrième il donna en prix un dinâr ou denier d'or ; au cinquième, une drachme ou derhem ; au sixième, un ḳaçabah (un roseau?), et il ajouta ces paroles : « Que Dieu t'accorde sa bénédiction, l'accorde aussi à vous tous, et aussi au vainqueur de la course ! »

Le fichkil ou le traînard est la qualification donnée à celui des chevaux en course qui est le dernier de tous. (Voy. ci-dessus, chap. XI, paragraphe II, pag. 93.) El-Asmaï prétend que l'on désigne par fichkil le cheval qui est en avant de tous les coureurs sur l'hippodrome.

Sahl fils de Sa'd dit : « Dans une course ordonnée par le Prophète, je fus vainqueur. Je montais Żarib, un cheval du

Prophète ; et le Prophète me donna un manteau rayé de l'Yémen. » — Mounzir dit : « Mon père Açad, le sâïdide, dans une course, montait El-Lizzâz, cheval du Prophète, et fut vainqueur. (Voy. vol. I, pag. 100.) Le Prophète donna à mon père un riche manteau de l'Yémen. » — D'après le dire de Dja'far, fils de Mohammed, le Prophète organisa des courses entre chevaux et entre chameaux, c'est-à-dire chevaux ensemble et chameaux ensemble; car les courses entre deux espèces différentes sont prohibées ; mais entre deux races d'une même espèce, par exemple, entre chevaux arabes engagés avec des berzaûn ou chevaux sans race, elles sont permises par la loi. (Voy. vol. I, chap. III, pag. 110.) — L'an six de l'hégire, le Prophète ordonna une course de chameaux dans laquelle la chamelle d'un Arabe bédouin battit Koṡwa (ou plutôt Adbâ), chamelle de Mahomet qui jamais jusqu'alors n'avait été distancée. Cet insuccès affecta les musulmans. Sur quoi le Prophète dit : « Dieu le veut ainsi ! Ne s'élève chose au monde que Dieu ne l'abaisse. » La même année, dans une course de chevaux, un cheval d'Abou Bekr fut vainqueur; et Abou Bekr reçut le prix. Ce furent là les deux premières courses qui s'exécutèrent parmi les musulmans. Nombre d'ulémas les ont signalées à cause de cela.

VIII.

J'ai vu les notices et récits anciens qui autorisent les courses de chevaux, et aussi l'entraînement. A cet égard, il n'y a pas lieu à contestation. Tout cela existait dans la gentilité arabe, et l'islamisme l'a consacré et consolidé. Ce n'est nullement en vue, d'ailleurs, de tourmenter les animaux; le but unique est de les dresser à la course, de les préparer à répondre aux exigences, aux nécessités des fatigues ou des dangers. On s'est demandé toutefois si c'était une simple chose permise, ou si l'exemple du Prophète avait, en cela, force d'injonction. D'après Abou Horeïrah, Abou Dâoûd El-Termézy, et Naçây, le Prophète a dit : « Point de courses autrement qu'entre animaux à pieds souples et indivisés (c'est-à-dire les chameaux), ou entre animaux à sabots (c'est-à-dire les chevaux), ou entre hommes armés. » Naçây est d'opinion que les courses ne sont licites aux yeux de la loi qu'entre animaux à ḳouff ou pieds souples et indivisés, et entre animaux à sabots ou animaux solipèdes. L'auteur du Kitâb el-feroûcìah (30) ou Livre de l'art hippique (Traité de la connaissance et de l'éducation du cheval) cite une tradition conservée par le fils d'Ọmar, Abd Allah, et indiquant que le Prophète ordonna les courses de chevaux et les courses de chameaux, les constitua comme chose permise et dit : « Il n'y aura de prix que pour les courses de chameaux, pour les courses de chevaux et pour les joutes d'hommes armés. » Le fils d'Ọmar a dit que le Prophète institua les courses de chevaux, avec mise d'enjeu. — Je demandai un jour au fils d'Ọmar, dit Moûça fils d'Ọbeïdah : « Aviez-vous des enjeux, du « temps du Prophète? — Le Prophète lui-même, me répondit « le fils d'Ọmar, proposa un enjeu pour un cheval qui était « engagé dans une course. »

Le Dieu Très-Haut sait le vrai de toutes ces choses.

IX.

** « Dépouillez de graisse les chevaux, sans contrainte ni peine, à tel point que vous leur voyiez sur les os les chairs dures comme la pierre. »

(Ce vers présente en quelques mots le but de l'entraînement. Les corollaires qu'il amène s'expriment ainsi qu'il suit.)

Le cheval étant un ensemble partie de reliefs ou renflements, partie de vides ou creux, il a besoin, lorsqu'il court, de rassembler et ramasser son être pour suffire à son ardeur durant la course. Il convient donc que le cheval soit diminué, *entraîné* de graisse, non de chair. Quand la chair se trouve allégée et débarrassée, la peau est comme dilatée et élargie pour faciliter la diffusion des esprits vitaux. Et puis, une fois que la graisse décroît, la chair augmente; et la chair, en augmentant, s'en-

veloppe sur les os et sur les nerfs ; par suite, la force grandit,
car la chair revêt de force les os et les nerfs et les tient solidement.

> « Ne nourrissez alors ni avec la paille ni avec la ver-
> dure, mais bien avec l'orge, en proportions gra-
> duelles. »

La paille (et il s'agit toujours de paille hachée quand on
parle de nourriture pour les chevaux) est un aliment très-
échauffant qui provoque l'éternument. Elle donne de la chaleur au foie, au cœur, à l'estomac, et excite à boire. Les animaux qui boivent beaucoup se détendent et s'amollissent,
leurs nerfs se relâchent; l'homme tout le premier, et le cerveau également. D'autre part, la chaleur suscitée dans l'estomac conduit au relâchement du ventre, pousse à l'expulsion
des stercora, à l'excitation du cerveau.

Dans la préparation ou entraînement des chevaux, il convient donc de ne leur donner ni paille ni verdure, sous peine
d'affaiblir l'estomac ; car, par suite, s'affaiblissent les autres
organes, attendu que c'est de lui, du foie et du cœur qu'ils
reçoivent leur nutrition. On doit donner, aux chevaux que l'on
prépare, une orge excellente et bien pleine. Décortiquée elle
sera meilleure encore, plus profitable, plus enviée de l'animal, que celle qui a ses extrémités en pointes d'aiguilles. On
augmente chaque jour la ration d'une poignée, jusqu'à ce que
l'on arrive à une waîbah (ou environ vingt-huit litres) que
l'on divise en trois rations : une est donnée dès l'aube du jour,
l'autre entre le midi et le coucher du soleil, l'autre vers le milieu de la nuit. L'eau reste en permanence auprès du cheval,
dans un vase, eau douce et fraîche.

Par nature, les chevaux aiment le mouvement. Leurs organes sont enserrés dans la ceinture de la peau, et les détritus
que renferment ces organes sont chassés au dehors par le mouvement ou la locomotion qui fait descendre, puis expulse ce
que l'estomac, les intestins et les poumons ont en eux d'excrétions. Par conséquent, il convient de promener les chevaux,
leur faisant parcourir trois fois l'hippodrome, de les retirer

ainsi et de la fraîcheur de l'air et de la demeure. Mais il ne faut point les faire galoper les jours de grande chaleur ou de grand froid. Après les promenades, lancez le cheval à course modérée, un trajet d'hippodrome. Le matin, promenez le cheval et faites-lui courir un peu plus d'un trajet d'hippodrome. Continuez d'augmenter ainsi jusqu'à ce que vous arriviez à atteindre le terme qui est convenu pour la course des concurrents. Mais qu'à ces derniers exercices préparatoires votre cheval n'ait point de sueur, ne soit pas essoufflé ou gonflé, ne laisse pas sa tête baissée mollement, ne désire point se tenir immobile, ne demande pas l'écurie.

Maintenant, sachez que pour les courses il y a des conditions de succès relatives au cheval. Ainsi, il vous faut être assuré que votre cheval est sain, beau, supérieur dans ce qu'il exécute, éprouvé dans tout ce qu'il a de qualités louables. D'autre part, il faut : — des rênes neuves, souples et fortes ; une selle d'hippodrome, légère, ayant un trousequin, revêtue d'un cuir de bœuf, choisie, souple et solide, munie, au-devant des deux pans de l'arçon antérieur, de quatre grands anneaux ronds avec des verroteries. Du reste, le poitrail (à la manière arabe) et son appendice médial ne retardent point l'élan du cheval ; ils sont comme une amulette protectrice pour le cavalier et le cheval, à condition toutefois que ces deux ornements ou accessoires ne soient ni trop serrés ni trop lâches, mais qu'ils soient tenus à leur place d'une manière convenable ; — deux sangles de grosse soie en tissu de cordonnet à la manière européenne, et, entre les deux sangles, une bande de cuir fin de Tâïf qui ait la longueur et la largeur de ces sangles, le tout réuni et cousu en une seule pièce ou sangle ; — une boucle d'où parte la sangle qui ensuite vient s'assujettir et s'accrocher à une autre boucle munie d'une longue dent mobile ou tige qui retient la sangle, l'empêche de reculer et de se desserrer. Du reste, le sanglage ne doit pas étreindre au point de gêner le cheval.

Dans la course, laissez votre rival à votre droite, et ne vous approchez pas trop près de lui ; car, s'il s'avise de frapper son cheval sur la croupe, le vôtre apercevra la gaule ou le fouet, s'en troublera, retiendra de son élan, et le cheval de votre rival vous dépassera. Et une fois que vous êtes dépassé, ne fût-ce que de deux empans, vous êtes affecté désagréablement, votre cheval se fatigue et va être cause que son émule vous précédera au but fixé.

Pour les courses ne revêtez pas d'habits lourds, embarrassants, ou usés ; l'air en s'y insinuant ne vous poussera pas en avant comme il fait dans la voile d'une barque ; mais il gênera le cheval, gênera la vigueur de l'élan. Ayez attention, avant la course, d'explorer et reconnaître, un jour à l'avance, le terrain à franchir. Vous saurez ainsi les endroits où le sol est mobile et poudreux, où il est pierreux, les endroits déclives, les endroits montants, les creux et fossés, les rencontres d'arbres renversés.

Ayez toujours bien les rênes en main, soutenant le cheval, afin qu'il ne bronche pas, mais sans faire perdre de terrain. Que votre esprit soit avec votre main pour les rendre ou les reprendre avec précaution et mesure, vous inspirant de votre savoir équestre, en telle sorte que vous ayez votre cheval dans la main pour serrer ou lâcher, pour retenir, comme avec un cheveu, l'élan exagéré de la vitesse.

Ayez soin aussi de ne pas tourner votre cheval brusquement, car alors vous lui brisez les articulations des jambes, vous lui forcez les membres, vous lui rompez les reins. Prenez garde aussi que votre cheval ne choppe.

> « Ne courez jamais à poil ; votre crainte de tomber
> embarrasserait la course de votre cheval. »

Ce vers nous suggère les observations que voici. Tel s'imagine que, s'il monte à poil un jour de grande course, il va être plus léger pour le cheval et ne risquera pas de tomber parce qu'il appliquera fermement les cuisses sur les flancs du cheval. C'est là une grave erreur. Il faut s'assurer que la selle est solidement maintenue par la sangle, afin que l'on ne puisse tomber, même ailleurs que dans les courses ou joutes de vitesse. Que sera-ce donc dans les luttes de l'hippodrome, et quand le cheval est entraîné, quand il rivalise avec d'autres? Car les animaux aussi aspirent à la préséance dans les courses ; aussi bien que les hommes, ils s'efforcent de triompher. Lorsque le cavalier sent qu'il va tomber ou risque de tomber, il se rattrape et s'attache aux rênes et par là il rompt l'élan et la rapidité de son cheval ; et les jambes du cavalier, s'il serre les cuisses sur les flancs de l'animal, rencontrent les coudes du cheval et communiquent au cœur de celui-ci la chaleur du corps humain ; le cœur du cheval s'agite d'inquiétude ; l'animal éprouve, de la part du cavalier et de la part de soi-même, quelque chose d'étrange et d'insolite ; il est troublé dans ses manières d'être accoutumées ; il est dérouté et bouleversé à ces choses inconnues ; et la conséquence est qu'il faillit à ce qu'il doit dans ce moment de lutte **.

X.

[L'idmâr ou dépouillement, amaigrissement (et que nous traduisons par notre terme technique : entraînement), est dans l'art hippique le moyen de renforcer les chairs du cheval, d'éliminer ses graisses et d'exprimer ses sucs aqueux. (Entraîner est, pour les chevaux, ce qu'est essimer pour les oiseaux. Il serait préférable peut-être d'adapter aussi ce dernier terme à la préparation des chevaux et de dire : essimer, essimage, essimement. Voy. vol. I, page **322**.)

L'idmâr ou dépouillement des chevaux n'est pas une pratique absolument unique pour tous ; toute chair ne se dépouille pas par le même idmâr, et, dans le dépouillement, il n'y a pas un système de procédés qui soient imprescriptibles dans l'application. La raison en est qu'il y a des sujets qui sont gras, d'autres qui sont riches de chairs, d'autres qui sont réfractaires à l'apparition prompte des suées, d'autres qui sont souples et faciles aux suées par la locomotion, d'autres enfin qui ne sont ni réfractaires ni faciles, mais dont la sueur exsude au moment où on le veut ; ces derniers sont les meilleurs et les plus aisés à soumettre au dépouillement.

On dirige donc la préparation ou dépouillement selon les
conditions individuelles que l'on aperçoit dans le cheval, sa
vivacité, sa lenteur, sa faiblesse, son embonpoint, sa richesse
charnue, sa résistance ou sa souplesse idiosyncrasique, sa facilité à suer au moment où on le veut. On attaque la graisse et le
tissu mou par les exercices de locomotion pressée ; on provoque
l'expulsion de la graisse par la sueur ; et on provoque la sortie
de la sueur par l'emploi bien entendu de couvertures et de camails. On continue les suées jusqu'à ce que la graisse ait
disparu, qu'il ne reste que la chair musculaire, et que le cheval soit en capacité de course puissante. S'il est docile et vif, la
graisse en sera exprimée et extraite sans fatigue. S'il est faible
ou mou, ou s'il n'arrive pas à consommer intégralement la
ration voulue, on le promène à la bride ; et s'il ne supporte
pas convenablement cet exercice, on le laisse reposer, on ne le
fatigue pas dans l'état de faiblesse ou de mollesse qu'il présente ; car alors on lui nuirait, on lui ruinerait la constitution
et les nerfs (ou tendons).

Lorsque le cheval a suffisamment de force pour pouvoir être
entraîné et qu'il est encore poulain, soumettez-le à un régime de
quarante jours avec les dattes fraîches et les rations. Ces rations seront en herbes sèches ou trèfle sec et en orge concassée, pendant une semaine. Quand l'animal ensuite s'est garni
de chair et s'est arrondi, on le monte et on le promène assez
doucement pour qu'il ne perde pas en sueur de manière à l'a-
lourdir, à l'affaiblir et à le consumer. Soyez bien attentif à
voir si son poil perd son luisant et semble se tenir comme hérissé, ébouriffé. En ce cas il faut suspendre l'entraînement.

Observez avec soin les conditions particulières que présente
le cheval lorsqu'il prend sa ration, lorsqu'il boit ; observez son
entrain, sa mollesse, sa faiblesse, son hébétude, l'agacement
ou la fermeté de ses dents. Si vous le voyez faible et alangui,
ou abattu, ou s'il laisse une partie de sa ration d'orge ou de ses
autres aliments, ou de l'eau qu'il doit boire, soyez sûr qu'il est
indisposé, et qu'il est fatigué de l'entraînement. Cela reconnu,
que l'animal se repose jusqu'à ce que vous lui retrouviez son

alacrité. Quand elle a reparu, vous le prenez au ḳabaḳ ou ja-
quemard, et ce doit être alors son plus fréquent travail. (Voy.
vol. 1, pag. 54, paragraphe V.) Si cet exercice est trop fort,
promenez le cheval à la selle et à la bride, jusqu'à ce que se
distinguent les reliefs musculaires, que la laxité commence à
s'en aller et que le ventre *boive* (se ramasse ou rétracte).

A la suite de cela, vous couvrez avec une couverture légère
et vous ordonnez au jockey de tenir le cheval au galop rapproché, de le mener avec douceur et ménagement, de ne pas
le fatiguer, de ne pas le conduire à trop grande distance, de
le ramener quand la sueur paraîtra aux oreilles. Du moment
que, sans fatigue marquée, la sueur est revenue, on répète le
fait pendant quatre ou cinq jours; ensuite on diminue les suées
pendant plusieurs jours. Une fois que le cheval est en bon état de
santé, que ses dents fonctionnent avec fermeté, on est assuré qu'il
surmontera les effets de l'entraînement, et l'on poursuit jusqu'à
ce qu'il retrouve sa légèreté et sa vivacité, que la laxité des
tissus s'évanouisse, que son ventre soit remonté, et que les reliefs musculaires se distinguent. Ensuite on augmente ce qu'il
prenait auparavant, dans une proportion mesurée sur l'état de
l'animal; et on persévère jusqu'à ce que la graisse ait disparu,
que la chair musculaire reste dégagée et qu'il soit évident qu'il
fournira facilement la course. Alors on le fait exécuter cette
course, on le lance; et s'il arrive à la limite bien disposé et
animé, sans avoir les narines abattues et sans que la sueur l'ait
précédé avant qu'il fût au but, on peut présager bon succès.
Mais, s'il arrive accablé, on modifie la conduite à tenir, on agit
comme pour tout cas d'épuisement. Ensuite on renouvelle l'essai de la course entière; et s'il arrive à la limite voulue, animé
et excité, sans avoir les narines abattues, sans essoufflement,
et sans que la sueur l'ait précédé avant qu'il fût au but, on reconnaît à cela qu'il fournira aisément la carrière. Ne l'excédez
pas, car vous l'affaibliriez au point de lui rendre impossible le
trajet de l'espace fixé. Ne lancez jamais aux courses un cheval
excédé.

Pour le cheval charnu, on le soumet aux pratiques du dé-

pouillement, sans précipitation , sans rien changer. On le
promène un jour, et il se repose le jour suivant. On le fait galoper le galop raccourci le jour où l'on veut obtenir la suée. Si
l'on remarque du relâchement ou de la mollesse, on laisse reposer. Si l'on voit de la vivacité, on applique le régime de conduite que nous avons mentionné, jusqu'à ce que le cheval
puisse facilement répondre à ce que l'on attend de lui. Si le
régime commencé suffit, on n'y ajoute rien. Lorsqu'on s'aperçoit que la chair pousse au relief, on soumet le cheval aux
exercices. Si ce développement des reliefs charnus continue,
on soumet le cheval, le jour du pas brillant ou anak, aux
exercices; et, si le cheval surmonte ces fatigues, on lui fait subir les exercices indiqués pour les autres chevaux, mais avec
patience, avec la prudence raisonnée que commande son état.
Du reste, dans tout ce que l'on exige alors, on évite de dépri-
mer et d'excéder le cheval; car cheval excédé et déprimé ne
saurait fournir sa course.]

XI.

[Il y a des chevaux qui, sans avoir été entraînés, fourniront
une course à grande vitesse, pourvu que l'espace à franchir ne
soit pas de longue étendue. Si la distance est grande, ils failli-
ront. Ces chevaux ont : — les flancs et les naseaux étalés,
étalés à l'excès; — la peau large et ample, à tel point qu'ils
semblent avoir, leur glissant large sur la chair et le corps, la
peau du chien et de la gazelle; — les deux fausses côtes se
portant en dehors et s'écartant bien des deux reins; — la commissure des lèvres épanouie. Ces chevaux ne fourniront bien la
course qu'après qu'ils auront été, non pas laissés en repos et
en inaction, mais mis en mouvement et exercés laborieuse-
ment pendant plusieurs jours, afin que le ventre prenne du
retrait et ne souffre pas pendant la course; car cette souffrance
brise l'élan. Si, auparavant, on les tient dans l'inertie, ils
s'embarrassent de graisse. Ils doivent encore, pour ces luttes
de courses, avoir terminé leur développement, développement

par suite duquel ils sont alors de rang supérieur et de résistance à l'épreuve de la fatigue, car ils ont la respiration puissante, les formes belles. La peau au-dessous du cou est distendue et rappelle en quelque sorte le fanon du taureau, apanage spécial chez eux, et disposition aidant la marche rapide et facile de la respiration.

Lorsque l'on a essayé, seul, la course et que l'on veut, le jour fixé, lancer le cheval avec les autres, lorsque d'ailleurs, à une autre occasion, on a su déjà dans un entraînement ce que ce cheval a de vigueur et de portée dans les membres, ce qu'il a de résistance à la fatigue, ce qu'il a franchi d'espace et en combien de temps il l'a franchi, ce qu'il a d'entrain et de feu, lorsque l'on sait s'il donnera tout ce qu'il a en lui par l'action de la gaule ou s'il le prodiguera sans cette action, lorsque enfin il a déjà d'une seule fois couru l'espace convenu pour la lutte, le cavalier est assuré, et cela de légitime confiance, qu'il dominera et dépassera les autres chevaux pour franchir un trajet qui sera de quarante portées de flèche, mais pas plus. Si votre cheval a montré plus de puissance des membres que les autres coureurs concurrents, vous remettez encore à l'œuvre contre eux ce qu'il a de supériorité dans une vingtaine de portées de flèche en sus des quarante précédentes. Vous l'aurez ainsi, comme il y était auparavant, en tête des autres chevaux. S'il a été dressé à cette manière de se conduire, l'aspect de la foule ne le dérangera en rien; bien plus, lorsqu'il la verra, il s'élancera de toute sa puissance d'élan. Vous le conservez dans cette disposition d'entrain, à moins que vous ne remarquiez qu'il faiblit. Si votre cheval n'a pas montré une vigueur de membres plus grande que celle des autres concurrents, si parmi eux il en est de plus vigoureux que lui et qu'il ait fourni les cent portées de flèche, on s'arrête là. On renouvelle sans inconvénient la course qu'il a déjà fournie. Si alors il a le dessous, on use de l'action de la gaule. Vous ne vous préoccupez point de ceux qui montrent d'abord plus de force de membres, et ce n'est point à cause de cette circonstance que vous frappez votre cheval; vous le briseriez tout d'abord. Si vous avez la

préoccupation dont je parle, les chevaux concurrents en
eussent-ils parmi eux qui soient plus vigoureux des membres
mais qui n'aient pas la résistance solide à la fatigue, laissez
courir votre cheval et remettez toujours en œuvre ce qu'il a de
supériorité sur les autres, à moins qu'il n'y en ait de beaucoup
plus puissants des membres. Laissez-le fournir les quarante
portées de flèche, et, afin qu'il retrouve ses moyens, ajoutez
peu à peu une vingtaine de portées de flèche. Alors frappez-le
d'un coup de gaule, à chaque dix portées. Si la tolérance de la
fatigue ne se montre que vers la quarante-cinquième portée de
flèche ou environ, c'est que cette tolérance lui fera défaut et
même aussi la vigueur des membres.

Ne prolongez pas la course au delà de cent portées de flèche,
excepté si, lorsque vous avez afin de soutenir sa course ajouté
un coup de gaule pour chaque dix portées, votre cheval était
en avant de toute l'encolure.]

XII.

* Nous allons parler des courses ou luttes de vitesse, et de
l'entraînement, exposer ce que les traditions historiques et les
chroniques en ont conservé de souvenirs.

Dans la gentilité ou paganisme arabe, ou époque d'ignorance religieuse qui a précédé l'islamisme, les Arabes rivali-
saient dans des courses hippiques, se proposaient, pour le succès, des enjeux ou gageures. Plus d'une fois, ces sortes de
courses furent des causes de guerres bien connues. Les
Arabes se faisaient un honneur, une gloire de triompher dans
les luttes équestres.

On raconte que ce fut chez les Béni Maẓḥidj (Arabes des
bords yéméniques de la mer Rouge) que pour la première fois,
dans le paganisme, deux chevaux furent mis en rivalité dans
une course. Un certain Ibn El-Afkal se trouva avec un appelé
Yézîd fils de Ḳinân, chez un roi d'une tribu arabe. Dans le
courant de la conversation, Ibn El-Afkal vint à dire : « J'ai
un cheval qui n'a pas son égal dans tout Maẓḥidj. — Et moi, ré-

pliqua Yézîd, j'ai un cheval comme il n'y en a pas sous puissance d'homme. » La conversation s'anima, s'échauffa, et aboutit à faire proposer une course. On convint d'un enjeu que le vainqueur prendrait ainsi que le cheval de l'adversaire. Les enjeux furent déposés entre les mains d'un Mourride ou Arabe de la branche des Béni Mourrah, appelé Mâchoûḥ. On courut le trajet fixé. Le cheval d'El-Afkal se nommait El-Ḥawy (la Noire), et celui d'Yézîd, El-Kâmilah (la Parfaite). Les Béni Azd et les Béni l-Ḥârit ibn Ka'b se rassemblèrent et désignèrent un endroit. Ibn El-Afkal chargea son fils Moâwiah de monter El-Ḥawy, et Yézîd confia à son fils Ḥodaîr El-Kâmilah. On lança les deux coursiers. El-Ḥawy partit comme une flèche fuit de l'arc de l'archer. Ḥodaîr précipita aussi El-Kâmilah. Sur le terrain inégal, les deux rivaux allaient de pair ; sur le terrain égal et uni, El-Kâmilah eut du dessous ; on arriva au but, mais El-Ḥawy la première.

Lorsque Soleïmân, fils du ḳalife Abd El-Mélik ibn Merwân, mourut, il avait, par l'entraînement, disposé des chevaux aux courses. Son cousin Omar, fils d'Abd El-Azîz, et qui succéda à Soleïman (an 717 de J.-C.), voulut abolir les courses d'hippodromes. On dit au ḳalife : « Prince de la foi, des courses, quelles qu'elles soient. » Et on lui avait présenté, de tous côtés, des chameaux communs. « Que m'amenez-vous là ? dit-il. Par Dieu ! je ne ferai pas monter des jeunes gens sur de pareils démons. » Des hommes montèrent les chameaux, et les lancèrent à la course. « Dieu du ciel ! » s'écrie ensuite le ḳalife ; « fais que mon cheval seul l'emporte en vitesse. » Et une course est engagée. Un Arabe monté sur son propre cheval allait être vainqueur, et déjà disait ces vers :

> « C'est par nous que s'élève le drapeau de la gloire
> pour mon cheval ;
> « C'est nous qui avons lancé ce coursier, et nous
> sommes dignes de le posséder.
> « Le vent lui-même se lançât-il ici, que nous arri
> verions avant lui. »

Le cheval de l'Arabe approchait de la limite ; mais il jette

une main sur une fourmilière et s'abat. Suivait un Arabe des
descendants du premier ḳalife Abou Bekr et il fut vainqueur.
« Voilà ! s'écria alors Omar, fils d'Ạbd el-Ạzîz ; aujourd'hui, a
devancé les autres un homme dont l'aïeul a tout devancé en
vertus *. »

XIII.

* Lorsque les chevaux qui sont en voie d'entraînement
ont commencé à avoir les suées, ils sont véritablement en-
trés en disposition, en dépouillement, ou midmâr. Le mot
midmâr s'entend de l'endroit où sont soignés les chevaux que
l'on entraîne, et aussi de la durée de l'entraînement, laquelle
est ordinairement déterminée, mais dont la limite la plus éloignée est le plus généralement de quarante jours.

Le procédé de dépouillement consiste à seller les chevaux et
à les couvrir de couvertures jusqu'à ce qu'ils suent sous cet
attirail, que les tissus mous disparaissent, que les chairs
(muscles) se fortifient, que le corps s'allége. Beaucoup ont parlé
de l'entraînement, les uns en longues observations, les autres
en courtes recommandations. Mais les bases sur lesquelles repose tout l'entraînement sont : la persistance dans l'usage des
couvertures ; les rations d'aliments secs ; les exercices ; l'abreuvement comme d'habitude ; les suées selon l'état des chairs et
des tissus mous. Or, lorsque ces derniers ont disparu, lorsque
les chairs sont affermies, lorsque l'entrain pour la course se
manifeste, lorsque le corps est allégé, on met le cheval aux
exercices, graduellement, trajet à trajet. Le Prophète fit entraîner ses chevaux par le régime sec... Mais voulez-vous amoindrir promptement le cheval gras et le *dépouiller* ou préparer
pour une course, mouillez la couverture chaque jour et jetez-la
ainsi et étalez-la sur le dos du cheval ; agissez ainsi trois ou
quatre jours et en même temps diminuez la quantité de ḥacîk
ou nourriture que l'on donne sans la mesurer, pour la nuit.
En quatre jours le cheval est préparé. Voulez-vous obtenir un
dépouillement entier, que la couverture toujours mouillée ne

quitte pas un moment le dos du cheval; dès qu'elle sèche, mouillez-la; et pendant ce temps ne donnez que la moitié du ḥacîk ou nourriture de la nuit. Par là, le cheval se dépouillera jusqu'au degré que l'on voudra.

Quand la durée de la mise en disposition est achevée, on fait sortir le cheval pour l'essayer au but. On le tient sur le m cïtân, c'est-à-dire le point d'où partent les concurrents; c'est le meïdân des temps et de la langue plus modernes. Le meïdâ est le terme ou fin de l'espace à franchir, le point ultime où se décide quel est le vainqueur et où finit la course. Le râïeh est la distance qu'il y a entre les deux limites extrêmes du trajet à parcourir, distance qui a été déterminée et convenue. Les Arabes jadis la fixaient à cent portées de flèche arabe. La portée était de cinquante coudées. La distance était souvent aussi de tels lieux connus à tels lieux connus; c'est ce que fit le Prophète, par exemple pour la course depuis Ḥafiâ jusqu'au Défilé des Adieux.

Lorsque les chevaux étaient arrivés sur le champ de course, on les rangeait contre un miḳwas ou sorte de barrière qui était une corde tendue devant eux en direction droite. (Voy. vol. I, pag. 325.) Les pieds étaient alignés dans un ordre parfait. On enlevait le miḳwas aussi lestement que possible, et tous les chevaux s'élançaient d'un seul et même coup. Chacun d'eux selon sa force de vitesse franchissait la carrière.

Dans les courses il faut, comme conditions de succès, l'habileté, l'expérience, le savoir hippique de l'écuyer ou jockey. Avant tout, il faut que le jockey soit léger de poids et soit mince. Car, ainsi qu'on le dit, si de deux jockeys sur l'hippodrome l'un est plus léger de trois roṭl et même moins encore, on s'aperçoit de cette différence à la course du cheval. De plus, le jockey doit être excellent cavalier, avoir les cuisses solides, être léger de vêtements et d'attirail sur son cheval. Lorsque se trouvent réunies les conditions de légèreté et d'habileté chez le jockey et de vigueur des membres chez le cheval, rarement la victoire fait défaut. D'autre part, le jockey doit se garder de vider la vitesse et la force de son cheval avant d'être au der-

nier quart de l'espace. Il faut, quand le cheval est échauffé,
que l'écuyer ne le presse point, le tienne au galop moyen, au
galop pressé, au galop brillant, au galop alongé (entre le galop raccourci et l'extrême galop), soit attentif aux coureurs, ne
se laisse pas devancer à tel point qu'il ait à craindre d'être sur-
passé, accorde à son cheval de se livrer en partie à son ardeur
lorsque celui-ci témoigne de la vivacité et de la vigueur d'élan,
mais sans que cette manœuvre en vienne à épuiser les ressources du cheval, se garde enfin d'être réellement distancé.
Lorsque l'on approche de la limite de l'arène, on abandonne
le cheval à toute sa puissance de course, on l'excite et le pousse,
et s'il est besoin de la gaule, on l'en frappe ; on ne néglige
aucun moyen d'incitation.

Y a-t-il parmi les coureurs une jument engagée, ayez soin
de tenir votre cheval assez loin d'elle, de ne pas être derrière
elle et près d'elle, d'être au moins à côté. Car plus d'un cheval
entier, venant à flairer l'odeur de la jument, surtout si la jument est en rut, a joué mauvais jeu.

Parmi les chevaux courants, on déclare vainqueur celui dont
l'oreille passe la première le but, mais cela quand il y a éga-
lité de longueur des encolures. Si la longueur de l'encolure
donne l'avance, on décide en faveur du coureur dont le garrot
passe le premier le but.

Le Prophète a condamné et prohibé le djalab et le djanab,
ou la presse et la mise à côté, deux pratiques des Arabes de la
gentilité. « Plus de djalab ni de djanab dans l'islamisme ! » a
dit le Prophète. Le djalab était ceci : L'Arabe intéressé à la
course donnait à monter son cheval à un autre individu pour
fournir la carrière. Lorsque l'on approchait du terme, le maître
de ce cheval accourait derrière lui, le pressait (adjlab), poussait des cris en le suivant, l'animait ainsi pour en accroître la
rapidité, dans la crainte de le voir devancé et vaincu. Le
djanab était ceci : L'Arabe faisait tenir à côté du trajet un
cheval en surplus de celui qu'il montait et qui était l'enjeu de
la course. Si ce dernier cheval, dans la course, venait à faiblir,
à avoir du dessous, l'Arabe montait le cheval réservé et conti-

nuait la course. Le Prophète a défendu ces pratiques de ruse et de fraude. Aux âges du paganisme, des guerres ont été la conséquence de pareils procédés. Telle fut la guerre dite de Dâḥis et de Ṛabrâ, qui dura quarante ans, pendant lesquels ni chamelle ni jument ne mit bas; car toutes étaient aux expéditions. (Voy. vol. I, pag. 330 à 349.)

La vitesse à la course diffère chez les chevaux et aussi chez les chameaux, en raison de leur âge, le sang fût-il aussi pur, la force fût-elle égale. Le poulain de deux ans n'a pas la vélocité du cheval de quatre ans, et le cheval de quatre ans n'a pas la course du cheval d'âge parfait, lorsqu'il y a un long espace à franchir.

Le ḳalife El-Moutawakkel (il régna de **847** à **861** de l'ère chrét.) mesura la rapidité de la course des chevaux sur un hippodrome qu'il avait, et dont la longueur était de cinq milles (ou deux lieues communes de France, au moins). On trouva que les chevaux d'un an franchissaient cet espace en un quart d'heure et un quart de dixième d'heure (= seize minutes trente secondes) ; — ceux de deux ans, en un quart d'heure ; — ceux qui font leur troisième année, en un cinquième d'heure (ou douze minutes); — ceux qui font leur quatrième année, en un sixième d'heure et deux tiers d'un dixième d'heure (ou quatorze minutes; il y a erreur ici dans le texte et le tracé arabe qui me paraît devoir, en raison de l'analogie assez rapprochée, être substitué au mot écrit, signifie : « deux huitièmes d'un dixième; » ce qui reporte le chiffre total à : « onze minutes trente secondes »); — enfin, les chevaux d'âge parfait mirent un sixième d'heure (ou dix minutes) *.

XIV.

* Quoique la gaule soit un instrument à employer à propos des chevaux, son usage pour les exciter n'est point louable. Mais les peuples non arabes s'en servent pour leurs chevaux, attendu la nature sans noblesse de ces animaux et leur tolérance de mulets à l'endroit des coups. Quant aux chevaux

arabes, chevaux de noble race, il suffit de signes et de gestes pour les animer, d'un seul coup pour les surexciter dans les grandes courses ou autres circonstances analogues. Si l'on frappe le cheval arabe d'un coup imprévu et mal à propos, ou au commencement de ce que l'on veut obtenir de lui, avant qu'il ait développé l'énergie de sa course, sa nature en lui s'indigne, parfois même il se révolte et se montre rétif, tant il a de fierté et d'orgueil, tant il est par son propre instinct entraîné à déployer sa vitesse, sa force, sa supériorité, son ardeur à la course et aux exercices de parades, même lorsqu'on ne le lui demande pas. Les Arabes vantent leurs chevaux de n'avoir pas besoin du fouet ou de la gaule pour en presser les allures, de donner d'eux-mêmes ce que l'on désire d'eux. C'est dans ce sens d'éloges que le poëte Mo'tazz a dit :

> « Nos chevaux, les rênes les rassemblaient de manière qu'en leur course ils paraissaient comme les brunes hampes des lances flexibles de Ḳaṭṭ.
>
> « Nous leur versions, certes! injustement, les coups de fouet ; nobles coursiers qui volaient de leurs mains et de leurs pieds rapides. »

C'est le mot « injustement » qui est l'éloge ; car les coups étaient inutiles pour exciter la vitesse des chevaux ; c'étaient des coups injustes. (Ḳaṭṭ, localité du Baḥrein, était célèbre par la beauté et la souplesse de ses lances *.)

XV.

* J'exposerai ici en peu de lignes ce que prescrit la loi relativement aux enjeux et gageures des courses, ce qu'elle autorise et ce qu'elle défend, ce qui se faisait du temps du Prophète et passa en principes légaux.

Un individu désigne pour enjeu à un compaing une chose déterminée, sous la condition que ce compaing, s'il est vainqueur à la course, prendra cet enjeu. Le proposant ne prendra rien de son adversaire, si ce dernier est vaincu ; et si cet adversaire est vainqueur, il prendra l'enjeu. Voilà ce qui est légal, autorisé par la loi. L'enjeu ne doit être mis que par un seul des deux concurrents. Si les deux en ont fourni chacun un et sont convenus que le vainqueur prendra les deux enjeux, ceci est un jeu d'intérêt, prohibé par la loi.

Les deux gageurs qui ont apporté chacun un enjeu, veulent-ils introduire dans leur partie un troisième individu afin de la rendre licite et de la ramener par là dans des conditions telles qu'il soit permis à chacun des deux premiers de prendre l'enjeu de son concurrent, le troisième, et on l'appelle le daḫîl ou l'intrus, rend en effet la partie licite, mais il doit être là comme un de leurs deux chevaux qui puisse vaincre. Les deux premiers individus déposent leurs enjeux; le troisième ou intrus ne dépose rien. On lance les trois chevaux. Si l'un des deux premiers est vainqueur, il prend sa mise et celle de son concurrent direct, et reste ainsi sans reproche. Si l'intrus est vainqueur, les deux mises lui appartiennent sans réserve; n'est-il pas vainqueur, il ne doit rien donner.

Le Prophète a dit : « Si l'on introduit, dans une course à deux, un troisième cheval et que l'on soit persuadé qu'il sera vainqueur, la chose est mal. S'il n'y a pas certitude qu'il vaincra, il n'y a rien là de répréhensible.

Proposer un enjeu pour une course entre deux espèces d'animaux, cheval et chameau, n'est pas licite *. »

(Nous avons consigné au vol. I, chap. III, pag. 110, les dispositions légales qui concernent les courses.)

XVI.

Course sous Merwân fils de Ḥâkam.

* Merwân, fils de Ḥâkam, étant gouverneur de Médine, écrivit à Abd Allah, fils d'Âmir, qui avait le commandement de l'Irâḳ : « Je fais entraîner des chevaux; je te propose une course. Si tu as quelque chose à envoyer, envoie-le-nous. » Le fils d'Âmir demanda quels étaient les plus habiles écuyers de Baśrah. On lui nomma Amr, fils d'Abbâd, l'ozride ou de la

tribu des Béni Ozrah, et Mouchamrak le mâzinide ou de la
tribu des Béni Mâzin. Mouchamrak, abruti par les excès, avait
tout au plus conscience de lui-même. « Je n'ai que faire de
lui; je n'en veux pas, » répondit Abd Allah, et il appela Amr.
Abd Allah lui conta l'affaire et ajouta : « Je te choisis pour
répondre au défi; j'espère que tu me serviras bien, que tu
m'aideras de tes conseils. — Tu as trouvé en moi l'homme qu'il
te faut, dit Amr. — Conseille-moi; enverrai-je des chevaux
de l'Irâk, ou bien t'expédierai-je toi avec des fonds, et tu
achèteras en chevaux ce qui t'agréera. — N'envoie pas de
chevaux. Une fois que les Arabes vont être informés de ce défi,
ils en amèneront à Médine et j'en achèterai. Cela ne m'empê-
chera pas néanmoins d'emmener un cheval. »

Amr partit, emmena une jument et prit ses provisions d'eau.
Arrivé près de Médine, il planta sa tente à un village voisin.
« Le lendemain matin, a dit Amr qui lui-même a raconté la
chose, je me rendis au marché. J'y rencontrai un Arabe tarlabide (ou de la tribu des Béni Tarlib) qui tenait un cheval
noir, d'un noir foncé magnifique. Je résolus d'acheter ce cheval. « Je veux, me dis-je, bâtir à cet homme une petite malice
et donner le change à tous ces gens-là. » J'adresse donc la
parole au tarlabide : « Est-ce que tu es venu, lui dis-je, pour
lancer ce cheval à la course qui se prépare? — Certainement, » me répondit mon homme. Ce que je venais de lui
demander était pour qu'il emmenât son cheval. Les gens qui
étaient présents s'éloignèrent de moi et de l'Arabe, en se répé-
tant : « L'écuyer de l'Irâk a dit cela et cela. » L'Arabe échappa
à leurs yeux; personne ne lui avait marchandé son cheval.
Quand le marché fut presque vide, j'allai retrouver mon
homme : « Fais donc marcher ton cheval, » lui dis-je; et
l'Arabe le fit marcher. « Viens ici, » ajoutai-je; et mon homme
s'approcha. « Veux-tu vendre ce cheval-là? repris-je alors. —
Oui, dit-il. — Combien? — Deux mille dirhem. » (Le dirhem
ou derhem, drachme arabe, ou denier d'argent, équivalait à
soixante centimes.) Je lui tournai le dos. Ensuite je revins.
« Voyons! combien ton cheval? — Deux mille dirhem. » On

me regardait; on m'écoutait. Je pressais mon homme de céder à un prix raisonnable; mais il ne voulut rien rabattre. Craignant qu'il ne remmenât sa bête, je le fis suivre par un de mes gens auquel je dis : « Achète cette bête pour la somme que cet Arabe m'a demandée. Je l'ai pressé d'en diminuer quelque chose; il a tenu bon; il ne veut pas vendre à moins de deux mille dirhem. Moi, je crains, si je retourne à la charge, que désormais il ne demande davantage. » Mon compaing va trouver l'Arabe et lui dit : « Combien vends-tu ton cheval? — Deux mille dirhem. » Et mon homme tourne le dos à l'Arabe, mais ensuite revient à lui et lui dit : « Voyons! sois donc plus accommodant. — Par Dieu! je ne rabattrai rien. Je vendrai à ce prix, ou je remmène mon cheval à son attache. Je ne m'en laisserai pas imposer par les paroles de votre Irâḳien. » Mon homme prit le cheval pour deux mille dirhem et me l'amena. Je nommai le cheval Ḳatrân (Goudron). J'achetai encore un autre cheval. Je me mis à les soigner; je les entraînai secrètement. Un jour Merwân me dit : « Qui crois-tu, Ạmr, qui soit vainqueur à notre course? — Vraiment, je n'en sais rien. Si tu me faisais voir tes chevaux, je te le dirais. » Il me les fit montrer, et ensuite il me demanda encore : « Qui sera vainqueur? — Moi, lui répondis-je. — Avec quel cheval? car, en vérité, tu n'as pas de fin coureur? — Je vaincrai avec Ḳatrân. — Quel Ḳatrân? qu'est-ce que ce Ḳatrân? — Un cheval d'un noir foncé. Ensuite, au second rang, j'aurai un autre coureur, une jument. Quand elle arrivera au but, elle sera couverte de sang et elle crèvera; c'est une bête de pure lignée, mais elle est faible. Mon autre cheval arrivera en quatrième rang (tâlî). »

Je me rendis au lieu de la course avec les chevaux concurrents. On tendit la corde. Alors je dis aux gens présents : « Voici mon cheval Ḳatrân; celle-là est ma jument une telle; et celui-là mon cheval un tel. » On eut donc le signalement de mes chevaux, et dès qu'on les eut reconnus, je criai : « Lâchez la corde. » Soudain les chevaux se lancèrent à toute vitesse. Je partis aussi, je les suivis; j'arrivai auprès d'un individu; c'était

un Médinois. « Comment est la course? lui demandai-je.
— C'est, me fit-il, ce sorcier d'Irâkien qui tient le premier
rang. Son cheval noir foncé a gagné, sans conteste. Ensuite est
arrivée sa jument, au second rang. Mais en atteignant le but
elle était toute souillée de sang, et elle est crevée. L'autre cheval de cet Irâkien est arrivé quatrième. » Quand je fus arrêté
vers le but, les curieux disaient : « Ma foi! nous n'avons jamais vu enragé plus fin coureur que lui. »

Tout était donc terminé. Mais quand j'arrivai, Merwân avait
déjà pris mes deux chevaux... On ne me laissa plus l'aborder ;
je ne pus entrer chez lui que plus tard, avec la foule. « Rends-
moi mes deux chevaux, dis-je à Merwân, et livre-moi le prix
de la course. — Qui es-tu pour me réclamer ces deux chevaux? Ils sont à mon cousin. — Il ne s'agit pas de cela. Le
prix, la chance, le danger, tout me revient. » Là-dessus,
Merwân me fit une longue histoire. Mais il finit par me resti-
tuer les deux chevaux. Il les avait utilisés comme étalons. Il
n'avait pas une jument disponible à la saillie qu'il ne l'eût fait
saillir par l'un ou l'autre. »

XVII.

Courses dans l'Yémen.

Le kalife Abd El-Mélik, fils de Merwân, écrivit à Ḥaddjâdj, fils
de Yoûcef, lui enjoignant d'ordonner aux gouverneurs et agents
de l'Irâk, du Korâçân, et de toutes les grandes localités de
l'empire, d'avoir à exécuter de brillantes et solennelles courses
de chevaux. Ḥaddjâdj (voy. vol. I, pag. 316, 492) transmit cet
ordre à son frère Moḥammed, qui était dans l'Yémen, Moḥammed avait, de chaque catégorie d'âge, cent chevaux. Il envoya,
de la part de son frère, l'ordre à tous les districts de l'Yémen,
et spécifia que la première course serait entre chevaux ayant
deux ans. Le jour fut fixé. Les chevaux furent réunis dans la
ville de Ṣanâ, le jour de la course des chevaux de deux ans.

Il se présenta une petite fille de la tribu des Béni Kaûlân, très-jeune encore, toute enveloppée dans ses longs vêtements, tant elle était émue de crainte et de pudeur ; et elle conduisait à la longe une jument noire, ayant l'étoile au front, et qui semblait être une tige de branche de palmier. « Prince des croyants, dit cette jeune enfant à Mohammed, je désire que cette jument que voilà soit inscrite pour la course. » Mohammed toisa la jument d'un œil dédaigneux et méprisant. C'était du reste un homme dur et brutal. Il glaça de crainte la jeune fille. « On n'inscrit pas, lui dit-il, une jument pareille. » La jeune Arabe demeura stupéfaite. Mais reprenant courage : « Prince des croyants, dit-elle, je suis une pauvre enfant ; je suis orpheline ; je te le jure par Dieu, mon père ne m'a rien laissé que cette jument. Si le Prince veut bien consentir à ce qu'elle soit inscrite, Dieu par elle m'enverra quelque joie et bonheur. Car tout dépend de la générosité divine. Si ma jument succombe, eh bien ! personne ne la regrettera. » Or, le prix de la course était de cent chamelles. Mohammed fit inscrire la jument. Le jour fixé pour la course des poulains de deux ans arriva. La jeune Arabe amena sa jument qui fut lancée au concours. Lorsque les rivaux approchèrent du but, la foule attentive regardait qui allait avoir succès. La jument étoilée au front avait les devants sur tous les coureurs, se précipitait comme la colombe se précipite à tire d'aile vers un reste d'eau dans un creux du désert ; et elle s'arrêta au but. Le plus rapproché des coureurs n'était pas même dans la poussière des pas de la jument victorieuse. La jeune fille bondit de joie et le voile qui la cachait lui tomba de la face, ravissante figure qu'on eût dite imprégnée d'une délicieuse eau de perle. La belle enfant caracole sur la jument, éclate de joie, improvisant ces vers :

> « Jument aux pieds légers, étoilée au front, du noble sang de Sabl,
>
> « Plus grande encore de noblesse, que nul sang intrus n'a souillée,
>
> « Elle les a devancés tous ; elle se lançait agile et leste.

« Et tous semblaient des gazelles se précipitant à la
réserve d'eau ;

« Ils la pressaient et poursuivaient de leurs pieds
rapides.

« Je le jure par le Temple sacré, par les sept chapitres longs et premiers du Korân !

« Elle ne sera (c'est-à-dire je ne serai) jamais en possession de personne tant qu'adorateur ici-bas priera
l'Éternel. »

Mohammed fit livrer à la belle Yéménite les cent chamelles.
Le soir même, de nombreux aspirants la demandaient en mariage.

Pour une autre de ces courses provoquées par ce même Mohammed, frère de Haddjâdj, se présenta entre autres concurrents un beau jeune homme, de la postérité de Seîf, fils de Zoû
Yézen (un des derniers rois de l'empire himiarite dont la capitale était Sanâ). Ce jeune homme, de sang royal, portait les
cheveux à l'enfant, partagés en deux flots qui lui ruisselaient
sur les épaules. On eût dit, à le voir, une belle arme, une
éclatante lame de sabre, bien posée sur un cheval isabelle,
d'âge parfait. « Ordonne, Prince, dit le jeune homme à Mohammed, que l'on enregistre mon cheval. » Mohammed regarda le coursier et dit à l'Himiarite : « Jeune homme, ton
cheval n'est pas de ceux que l'on inscrit. — Quoi ! réplique le
jeune homme ; c'est de mon cheval que tu parles ainsi ? — Certainement. — Tudieu ! s'il était en concurrence avec les plus
fins sâfinât, ils ne tiendraient même pas à la distance de la
poussière de ses pas. » Le frère de Haddjâdj se sentit la colère
au cœur, et : « Je veux bien inscrire ton cheval, dit-il, mais à
condition que, s'il arrive le second, je lui fais couper les jarrets. — Et s'il est vainqueur ? s'il arrive le premier ? — Cent
chamelles pour récompense, pour prix de la lutte... — J'accepte. — Fais bien attention à ce que tu viens de dire. —
Est-ce qu'un homme comme moi retire sa parole ? » La colère
de Mohammed s'anima plus vive. Il était d'ailleurs d'une nature âpre et jalouse. On demanda alors au concurrent : « Qui

montera ton cheval pour toi ? — Eh par Dieu ! personne autre
que moi ne monte mon cheval... » Cette réponse fit plaisir à
Mohammed ; il espéra que le cheval démonterait le cavalier.

On lança la course. Les Himiarites qui étaient présents
s'étaient, auparavant, approchés du jeune homme et avaient
dit : « C'est un enfant de nos rois. » Et ces mots avaient
encore aigri Mohammed. Les chevaux approchèrent du but ;
la foule examinait quel allait être le vainqueur. Une voix
crie tout à coup : « L'isabelle du prince a gagné. » La poussière se dissipa d'autour de lui et de son cheval ; la belle che-
velure du descendant des rois était toute soulevée, semblait
être devenue blanche tant elle était poudreuse. Et le jeune Himiarite disait ces vers :

> « Voilà mon isabelle, enfant des plus excellentes no-
> blesses ;
>
> « Il vole et fend l'air sous la poussière de l'arène.
>
> « Autruche légère , il déroute les invalides coureurs
> de la multitude. »

Et puis vous auriez vu les Himiarites entourer le vainqueur
et le féliciter. Mohammed se lève, renfrogné, colère, monte à
cheval, en ordonnant de livrer les cent chamelles au jeune
prince. Celui-ci les reçut, les distribua immédiatement à ses
compatriotes, et partit pour son pays.

XVIII.

**Course, sous le règne de Hichâm. — Jument pleine qui est victorieuse, et met
bas. — Station des juges. — Kaçabah ou poteau pour juger les coureurs
aux courses.**

Sous le règne de Hichâm fils du kalife Abd El-Mélik (31)
une course de chevaux fut annoncée pour être exécutée à
Rouçâfah. (Probablement à Rouçâfah près de Bagdad ; car plusieurs localités portaient ce nom, une en Syrie, une vers
Basrah, etc.) Nombre de chevaux furent amenés. Un Arabe de
la tribu des Béni Hilâl, informé des préparatifs, vint présenter

une jument pleine ; elle était de la fameuse lignée d'A'wadj et
avait pour nom Moukammal, Parfaite. Le hilâlide dit au chef
ou inspecteur des chevaux engagés : « Inscris-moi cette jument. — On n'inscrit pas une jument en cet état. — Inscris,
inscris-la. Qu'y a-t-il? Elle peut avorter, et voilà tout. » On
inscrivit la pouliche. On assura bien les selles des coursiers et
ils se lancèrent. La jument était au dernier rang; puis elle
passa, puis devança, puis resta en tête. Au moment où elle
approche du rouwâḳ, station ou tente des juges de la course,
la jument jette subitement son poulain. Le poulain suit sa
mère ; elle dépasse la ḳaçabah ou poteau où se juge quel est
le premier des coureurs; et le poulain se trouve déjà au delà
de la ḳaçabah du second coureur. A propos de ce singulier
incident le hilâlide fît une poésie sur le mètre rédjez, et dont
voici deux vers :

> « Ma Moukammal a triomphé tout en accouchant;
> « Et son poulain frais accouché allait le pas bril-
> lant. »

Cette poésie est longue; la consigner ici serait un hors-
d'œuvre. (La ḳaçabah est la perche, le poteau que l'on dressait et fichait en terre pour indiquer la limite de l'espace que
les chevaux engagés devaient franchir et pour déterminer et
juger l'ordre dans lequel ils atteignaient le but. Il paraît qu'il
y avait plusieurs poteaux pour désigner l'ordre et le degré de
précession des concurrents.)

XIX.

Omar, fils d'El-Ḳattâb, le deuxième ḳalife, écrivit à Abou-
Moûça l'acharide qui commandait à Baśrah : « Ordonne aux
mouhâdjer ou émigrés et aux tâbi' (32) ou *suivants* des disciples directs du Prophète, d'entraîner et préparer leurs chevaux. Désigne un prix pour une course qu'ils exécuteront con-
curremment. » Abou Moûça obéit. Le prix fut gagné par Djalwa,
ou Brillante, jument qui appartenait à Abd El-Raḥman, fils de
Safouân le Tamîmide ou de la tribu des Béni Tamîm. Pendant

huit années, Djalwa remporta constamment le prix des courses, jusqu'au temps où Ibn Âmir fut gouverneur ou émir de l'Irâk; et pendant nombre d'années encore, elle triompha sur l'hippodrome d'Ibn Âmir. Enfin Ibn Âmir demanda aux Béni Imrou l-Kaîs, sous-tribu d'Abd el-Rahman le propriétaire de Djalwa, de ne plus présenter cette jument aux courses. On ne l'y présenta plus.

Un Arabe des Béni Hazm acheta un cheval des Béni Imrou l-Kaîs, chez lesquels était Djalwa. Quand il l'acquit, ce cheval était encore très-jeune; c'était un poulain noir foncé. Il l'avait acheté dans l'Yamâmah et l'animal avait aux membres des okkâl ou entravons, d'où lui fut donné le nom de Zoû l-okkâl ou ayant entraves, l'Entravé. Le Hazmide expédia le poulain à un sien frère qui résidait à Basrah et écrivit ces quelques mots : « Je t'ai trouvé un fils de la coureuse arabe (Djalwa), un cheval que nul coursier, je l'espère, ne dépassera dans les courses. Dieu me laisse sans femme! je te réponds de la supériorité de ce poulain. Car je suis plus habile connaisseur que toi en chevaux de premier mérite, en chevaux qui valent les plus hauts prix. Ne le vends pour quoi que ce puisse être. Il faut le préparer, et le lancer ensuite sur l'hippodrome. Ce fut fait. Et le cheval fut vainqueur. Ce que voyant, Ibn Âmir s'écria : « Que Dieu lui enlève sa mère! voilà un coureur qui a sucé de la race du cheval des Béni Imrou l-Kaîs; » il voulait dire de Djalwa. « Voilà encore que me dérobe la victoire le cheval du Hazmide; » il voulait dire Zoû l-okkâl.

De suite, Ibn Âmir envoya dans les tribus l'écuyer qui lui entraînait les chevaux : « Va, lui dit Ibn Âmir, va me chercher un cheval chez les Bédouins. Dès que tu en rencontreras un de première race, de premier sang, achète-le; qu'aucun prix ne t'arrête et ne te paraisse trop élevé. » L'écuyer trouva chez les Béni Dja'far Ibn Kilâb un cheval qui d'un même élan avait fourni cent portées de flèche et qui avait tout vaincu dans le Hédjâz. L'écuyer demanda à acheter ce coursier qui était entre les mains de riches arabes, parents des Oméïiades. On ne voulut pas le céder à moins de cent mille (dirhem ou drachmes arabes d'argent : = 60,000 francs, monnaie de France). L'écuyer écrivit à Ibn Âmir, l'informa de l'affaire et donna le signalement du cheval. « Si le cheval est bien comme tu me le signales, répondit Ibn Âmir, achète-le. » Le cheval fut en effet payé cent mille dirhem pesants ou dirhem de Perse. Il s'appelait Raḥîl, Départ.

Dès qu'il fut arrivé, on le prépara et on l'entraîna. Puis on se mit à le mesurer avec les fins coursiers de Baṡrah. Il les dépassa tous. Seulement il n'avait point été mesuré avec Djalwa ni avec Ẓoû l-okkâl. Ibn Âmir dit alors au maître de ce dernier : « Mon cheval Raḥîl a dépassé et vaincu tous les grands coureurs de Baṡrah, veux-tu produire en lice avec lui ton Ẓoû l-okkal? Si ton cheval est vainqueur, je te donnerai un dédit ; si mon cheval est vainqueur, eh bien, moi, j'aurai l'honneur de t'avoir vaincu.—Écoute, un homme comme moi ne décide pas une affaire sans recueillir l'avis de ses contribules; je consulterai les familles qui composent ma parenté. » Les choses furent ainsi convenues, et il s'en alla.

Il se réunit avec tous ses proches et ses parents à la mosquée de Ḥarim à Baṡrah, et là il leur dit : « Vous, quelle est votre idée? Je ne veux pas, de mon gré personnel, accepter une course ; c'est vous que cela regarde ; en pareil cas je n'ai pas plus de droit que vous. L'émîr m'a proposé de mettre mon cheval en lice avec son Raḥîl qu'on lui a amené de chez les Arabes du désert. — Dieu garde, reprirent-ils tous d'une commune voix, que tu rivalises avec un seul cheval! l'hippodrome est là pour toi comme pour l'émir.—Par ma vie! dit alors un vieillard très-avancé en âge, si vous voulez imposer votre avis à votre frère, vous avez tort ; si vous voulez nuire à votre frère, c'est à vous que vous nuisez d'abord. Et toi, mon neveu, ajouta le vieillard en interpellant le maître de Ẓoû l-okkâl, tu n'es pas le premier qui ait accepté et perdu une course ; il y en a beaucoup par le temps actuel. On répète de par le monde que l'émîr de l'Irâḳ a fait chercher des chevaux par toutes les contrées, et qu'enfin on lui en a amené un qu'il a payé cent mille dirhem pesants de Perse. Il faut que le coursier de l'émîr paraisse de pair avec le tien sur l'hippodrome. Et puis, tu ne sais pas; il peut se présenter en concurrence encore un autre cheval que l'on ne connaît pas et qui vous dépasse tous les deux, toi et lui. Accepte la proposition de l'émîr. » Tous applaudirent à l'allocution et à l'idée du vieillard. Le provoqué accueillit cet avis.

Les deux chevaux furent appelés au point de départ des cent, c'est-à-dire des cent portées de flèche, étendue fixée pour la course. Le Ḥazmide envoya son cheval en ligne. Un écuyer arabe de Koûfah s'offrit pour conduire à la course. « Non! dit le Ḥazmide, non, par Dieu! je ne donne pas mon cheval à monter par un écuyer du pays de Baśrah. Je ne suis pas sûr qu'un Baśrien ne retienne pas les élans de mon cheval. »

Les deux coursiers furent lancés. Le Ḥazmide examina d'abord son cheval, du point de départ ou de réunion (maûtan). Ibn Ramîd regarda le cheval d'Ibn Âmir, ce cheval qu'il avait acheté pour l'émîr. Puis le Ḥazmide et Ibn Ramîd montent à cheval, et se mettent à suivre et à observer les coureurs; ils allaient à eux, ils en approchaient; ils passent près de Mourakka', célèbre écuyer, et poëte de la tribu des Tamîmides. « Eh bien! Mourakka', lui dit Ibn Ramîd, par la vie de mon père et de ma mère que je sacrifierais pour toi! comment était mon cheval quand il a passé devant toi?—Lequel? Raḥîl?—Oui.—Qui donc courrait comme lui depuis le moment même que tu l'as lancé?—Et mon cheval à moi? Par la vie de mon père et de ma mère que je donnerais pour te sauver la vie! qu'as-tu vu, qu'as-tu remarqué dans mon cheval? — Rien, par Dieu! je n'y ai rien vu de particulier.—Mort de ma mère! s'écrie le Ḥazmide, on aura troublé mon cheval, on retient son élan, ou bien on lui a joué quelque mauvais tour. » Mourakka' était d'humeur railleuse. « Ton cheval, continua-t-il, est noir, il a les finesses de la tête, il vient de passer à l'instant, et après lui Raḥîl alongeait, mais sans profit étaient ses efforts.—Tu me brises les reins, dit alors Ibn Ramîd à Mourakka', que Dieu te casse les reins à toi! » Puis, nos deux individus rivaux continuent leur course. Ils arrivent à l'endroit où la foule curieuse

attend. Ils trouvent Ẓoû l-oḳḳâl arrêté et tenu devant l'émîr.
Raḥîl n'était déjà plus là. Et un des assistants disait : « Lorsque
Ẓoû l-oḳḳâl était vainqueur, avait pris la potence ou ḳaçabah,
et y était arrêté, Raḥîl est arrivé. » Quand Raḥîl fut auprès de
son concurrent, Ẓoû l-oḳḳâl se jeta sur lui et le saisit à la crinière, si bien que Raḥîl baissa la tête jusqu'à heurter de la lèvre
contre le sol. « Certes! dit alors Ibn Âmir, voilà un vainqueur
qui déshonore la victoire. Arabe des Ḥazmides, ajouta-t-il ensuite en s'adressant au maître de Ẓoû l-oḳḳâl, vends-moi ton
cheval. — Jamais, jamais je ne le vendrai, pour quelque prix
que ce soit. — Voyons! choisis de ces deux choses, l'une : Si tu
veux, je te donne le même prix que m'a coûté son concurrent
Raḥîl, cent mille dirhem forts. Ou bien, si tu préfères, je fais
entraver ton cheval à l'entrave du maréchal, et le cheval ainsi
abattu et tenu, je fais jeter sur lui des pièces d'argent jusqu'à
ce qu'il en soit recouvert. » Le Ḥazmide refusa de vendre son
cheval pour quoi que ce pût être.

Pendant trois ans encore, Ẓoû l-oḳḳâl triompha aux courses.
Quand il mourut, son maître l'enterra dans sa demeure, enve-
loppé, pour suaire, de ses couvertures et de ses camails*.

<h1 style="text-align:center">CHAPITRE XIV.</h1>

Organes et parties que dans le cheval on préfère longs, ou courts, ou minces, ou épais, ou larges, ou soulevés, ou secs, ou charnus, ou unis, ou étendus, ou étroits, ou saillants, ou fins, ou petits, ou gros, ou amples, ou éloignés, ou rapprochés, etc. — Extraits du Kitâb el-akouâl; — quinze groupes de parties, savoir : longues, brèves, aiguës, développées, rapprochées, éloignées, larges, sèches, volumineuses, arrondies, fines ou déliées, élevées en relief, resserrées, gracieuses, rentrantes ou infléchies; — caractères du cheval persan : trois choses longues, trois larges, trois courtes, trois épaisses, trois élargies, trois nettes, trois noires. — Extrait du manuscrit de Bagdad.

I

On recherche et aime dans le cheval : — la beauté de la face; — la finesse des lèvres; — la longueur de l'ouverture de la bouche en haut, afin que la respiration ait une ample issue; — la longueur de la langue; car, lorsque la langue est longue, la salive est plus abondante, et cette circonstance est un soulagement dans les courses et les fatigues; — la finesse du bout du nez, cette place où se jouent les ornements accessoires; — la largeur des naseaux; — la ligne droite du chanfrein, c'est-à-dire que le nez ne soit ni camus, ni busqué, ni moutonné; — le soulevé ou saillie de l'espace interoculaire; — la sécheresse ou manque de chair aux deux os zygomatiques qui sont deux petites éminences osseuses sous-oculaires; — l'uni et l'étendue des deux joues; — la grandeur des yeux, leur noir foncé, leur vivacité de regard; — l'étroitesse des deux creux sus-orbitaires ou salières; — l'étendue de la distance qui sépare les oreilles; — la longueur suffisante des oreilles; — la largeur du front; — la

longueur de l'encolure ; — la petitesse de l'égorgeoir ; — la
sortie bien montée du garrot ; — l'élévation des épaules, à leur
partie supérieure, vers le garrot ; — la proéminence et l'étendue
de bas en haut du sternum, et des deux saillies pectorales ou
reliefs charnus préthoraciques ; — la brièveté des bras ou *courts-
bras* ; car alors les avant-bras sont plus alongés et dégagés ; —
le développement de la pointe du coude ou *rabot* du bras ; —
la finesse du sous-poitrail ; — le développement bien marqué
du tendon extérieur des deux avant-bras en avant et au-dessus
des genoux ; c'est un signe de solidité, de force d'action et de
locomotion et de vitesse à courir ; — la brièveté du canon de
chaque main, lequel est la continuation ou tige continuante
du cubitus ; — les péronés cachés ou inaperçus ou insensibles ;
ce sont les deux os que l'on voit à côté des deux canons ; —
l'ampleur du ḥaûchab ou partie inférieure du pli du paturon
au-dessous du oumm el-ḳirdân ou creux et place aux ixodes ;
l'élargissement des sabots ; — l'aigu du *couteau*, sikkîn, c'est-
à-dire du bord inférieur et antérieur de la corne ; — la petitesse
des *becs d'aigles* ou nouçoûr, ou fourchettes, et leur fermeté
solide ; — l'éloignement entre le sol et les *fesses* de la main,
c'est-à-dire les masses charnues qui forment la partie postérieure des quatre sabots, en arrière de la couronne ou achar
ou velu (c'est-à-dire le point de rencontre de la peau velue avec
la corne) ; c'est là que surgit le tâbeḳ ou javart encorné,
phlegmon encorné ; — l'étendue des soles ou centres de la face
inférieure des extrémités des mains et des pieds.

On recherche et veut aussi : — la richesse de chair sur les
deux flancs, derrière les coudes et les épaules ; car alors il y a
vigueur et force ; — le peu de longueur du dos ; — la largeur
des vertèbres et leur position en ligne uniforme et égale ; — la
longueur des côtes ; — le relief, la largeur et le charnu des deux
côtés du ḳatâh ou arrière-siége, c'est-à-dire de l'espace qui
vers les hanches est le siége de l'individu qui se met en croupe
derrière le cavalier ; — la proéminence des hanches et leur
distance ; — l'épaisseur de la racine de la queue, car c'est là
que finissent les lombes et que se trouve leur extrémité la plus

éloignée; il importe donc que ce point soit fort et vigoureux; — la largeur et la longueur des cuisses, c'est-à-dire depuis les hanches jusqu'aux jambes; — la brièveté et la largeur des jambes lorsqu'on les regarde en face; la jambe est, proprement dit, depuis le jarret au ka'b, talon, c'est-à-dire au boulet; — la position ou station droite des pieds; — la petitesse du ka'b; — la saillie du jarret très-détachée et bien dirigée.

On préfère, pour les boulets, paturons et sabots des pieds, les mêmes dispositions et caractères que nous avons signalés pour les mains, excepté la direction et station. Les pieds, on les veut dressés comme des pieux; mais ce maintien pour les mains est défectueux et répréhensible.

Voilà ce que nous avons désiré signaler relativement à ce qui constitue la conformation des chevaux de bonne race. Nous avons passé sous silence les minuties recherchées que l'on n'a pas su bien déterminer; on les lit le plus souvent sans les comprendre. Nous avons choisi et tracé ce qu'il y a de meilleur et de plus important dans les caractérisations bien observées, ce qu'il y a de plus saisissable, de plus positif, de plus appréciable à l'esprit.

Et je m'en remets au secours de Dieu.

(Sur cet ensemble de remarques, le Kitâb el-aḳouâl el-kâfiah s'énonce en procédant d'une autre manière. J'ajouterai aussi quelques indications particulières du manuscrit de Bagdad; mais j'éliminerai les répétitions.)

II

* Voici des caractères qui donnent la beauté aux organes, à l'extérieur du cheval, et qui sont des témoignages et des preuves de la pureté du sang et de la force à la course.

Ce sont :

1° La longueur : — du naśl de la tête, c'est-à-dire depuis les lèvres jusqu'au toupet; — de l'encolure; — des oreilles; — des deux avant-bras; — des épaules; — du ventre; — des cuisses; — des canons postérieurs; — du toupet.

2° La brièveté : —des bras ; —des canons antérieurs ; —du dos ; — des jambes ; — des quatre paturons ; — de l'açîb ou tronçon de la queue ou tige de la queue ; —de l'itâr ou itrah, bourrelet du sabot ; —des deux ozaïzâ ou extrémités supérieures de l'os de la hanche.

3° L'aigu : —des yeux ou le perçant du regard, sa vivacité ; —des oreilles ; —du sommet des épaules ; —des coudes ; —du cœur, c'est-à-dire l'ardeur, l'animation du cœur. — L'aigu ou sortie prononcée et fine des jarrets ; —l'aigu ou sortie conique du garrot ; — l'aigu ou relief de la saillie coxale.

4° Le développé ou élargi : —des commissures des lèvres ; —des naseaux ; —de l'ouverture buccale ou intermaxillaire ; —de la peau ; —de la cavité abdominale ; —du poitrail.

5° Le rapprochement ou le rapproché : —entre les naseaux ; — entre les deux branches des maxillaires ; —entre les deux mains ; — entre les deux coudes ; —entre les deux sommets des épaules ; — entre les genoux et les flancs ; —entre le garrot et l'arrière-siége ; —entre les fausses côtes et les deux maadd ou plateaux, endroits où portent les quartiers de la selle ; — entre le sommet des cuisses et la racine de la queue ; — entre l'articulation de la cuisse avec le canon et le ka'b ou boulet ; — entre le jarret et le pli du jarret ; —entre la dernière fausse côte et la saillie coxale ; —entre les cartilages des épaules.

6° L'éloignement ou grande distance : —entre les oreilles ; —entre les yeux ; —entre les sommets des deux maxillaires ; —du toupet au ma'zarah ou origine proprement dite de la crinière ou passage de la têtière ; —du garrot aux épaules ; —des bras aux genoux ; —des aisselles aux coudes ; —de la saillie coxale au plan de la cuisse ; — de la saillie coxale à l'articulation de la jambe avec le canon ; —du plan de la cuisse au pli du jarret ; —du jarret à la saillie coxale ; —entre les cartilages costaux sur la région épigastrique ; —grande distance enfin entre le toupet et la plante ou le *sol* du bipède antérieur.

7° La largeur : — du front ; — de la joue ; — de la partie occipitale ou origine supérieure du cou ; —du birkah ou étang, c'est-à-dire la poitrine ; — des canons ; — du siége du cavalier; — du flanc; — de l'abdomen ; — de l'arrière-siége ou siége du cavalier en croupe; — des hanches et des cuisses; — des hypochondres; — des jambes et des épaules.

8° La sécheresse ou absence de chair : — au front et aux côtés du nez ou os zygomatiques ; — au chanfrein; — au devant des deux jambes et des boulets; — à la racine du nez entre les sourcils; — à l'articulation de la cuisse et du canon ; — à la saillie coxale ou coxendicienne; — au sommet de la pointe du garrot; — à la face plantaire des sabots; — à la convexité des oreilles; — à la partie mince des avant-bras.

9° Le volumineux ou le volume : — du globe de l'œil ; — des cuisses;—du coude;—des deux colombes, h'amâmah, ou côtés centraux du poitrail; — des sabots; — des deux maạdd ou places sur lesquelles appuient les quartiers de la selle ; — de la masse charnue de chaque bras en haut; — des deux mirda' ou côtés du poitrail; — des deux épaules.

10° L'arrondi : — des avant-bras; — des canons, — des paturons et boulets; — des quatre jambes.

11° Le délié ou la finesse : — du bout du nez; — des naseaux; — des paupières; — de l'os formant l'arcade sus-orbitaire ou surcilière; — des oreilles; — de la peau ou cuir, ihâb; — des ondulations de la peau sur les régions latérales du poitrail; — des côtés des naseaux.

12° L'épais ou le relief : — de la racine de la queue; — des masses musculaires ou charnues ; — du tronçon ou tige de la queue; — des habl ou cordes; ce sont les nerfs (c'est-à-dire les tendons) du kaçarah ou espace entre les deux saillies coxales; — du bourrelet du sabot; — de l'extrémité de la cuisse; — des veines jugulaires; — des veines émulgentes ou ombilicales (qui courent le long du ventre, ou veines des ars).

13° Le resserré ou l'étroitesse : — du trou auditif; — des ars; — des salières ou creux sus-orbitaires; — entre les deux genoux; — de l'espace des fourchettes.

14° La gracilité et le gracieux : — du museau ou ensemble labial; — du poitrail depuis le voisinage des coudes; — de toutes les jointures, ou faśś, ou articulations; tout affrontement ou rencontre de deux os entre eux est un faṡṡ; — des fourchettes; — des lèvres; — de la rondeur des oreilles.

15° Le rentrant ou l'inflexion du coude et de l'articulation de la cuisse et du canon *.

III.

* Le Kesra ou roi de Perse disait : « Ce qui caractérise la beauté de notre race chevaline, ce sont : — trois choses longues, — trois choses larges, — trois choses courtes, — trois choses épaisses, — trois choses élargies ou étendues, — trois choses nettes et pures, — trois choses noires. — 1° Les trois longues sont les oreilles, l'encolure, les cuisses ; — 2° les trois larges sont le front, la poitrine, l'encolure ; — 3° les trois courtes sont le dos, le tronçon de la queue, les paturons; — 4° les trois épaisses sont le toupet, les jarrets, les cuisses. » Mais, à mon gré, les cuisses larges sont préférables aux cuisses longues. Que ces deux qualités, longueur et largeur, soient réunies, cela ne me répugne point. Le Kesra continua ainsi : « — 5° Les trois choses élargies ou étendues sont les naseaux, le poitrail, la cavité du corps (poitrine et abdomen); — 6° les choses nettes et pures sont les lèvres, les yeux, les ongles *. » (Les trois choses noires sont omises dans le texte arabe. Parmi les choses nettes et pures, on compte la peau au lieu des lèvres.)

IV.

[On désire que soit court le nerf ou tendon situé au-dessus des hypochondres; — que soit large le pli ou conque des oreilles; — que soient sèches les mains, et secs aussi les tendons forts des mains et des pieds; — que soient bien garnis les deux maạdd ou lieux d'appui des quartiers de la selle, la masse charnue supérieure des bras et des cuisses ; — que l'œil soit loin de l'oreille; — que les joues soient fines, les genoux fins, la couronne fine, la mamelle fine; — que les crins du toupet

ne soient pas d'abondance exagérée et qu'ils ne soient pas
rares et courts; que soient doux et souples les crins ou poils
qui poussent à la racine du toupet et de la crinière et que soit
uni le lieu d'implantation du toupet; ces deux choses sont
spéciales aux chevaux de haute noblesse; les poils que nous indiquons sont fins et doux comme une soie cordelée; s'ils sont
durs ou rudes, le cheval est au moins de sang mêlé, un hédjin;
— que, dans la course, les oreilles soient tenues élevées; c'est
un signe de la vigueur des reins et de leur solidité; — que la
queue soit longue.]

CHAPITRE XV.

I.

Dieu a dit dans son saint Livre (Koran, chap. II, vers. 275) : « Ceux qui dépensent utilement, la nuit et le jour, et en secret et aux yeux de tous, ceux-là leur récompense est auprès de leur Seigneur; pour eux il n'est pas de crainte, et ils ne seront point attristés. » D'après Saïd, qui d'ailleurs s'appuie sur des autorités respectées, la révélation de ces paroles sacrées a été à l'intention de ceux qui consacrent des chevaux à la défense de la foi. Selon Ibn Abbàs, ces paroles révélées ont trait à la nourriture des chevaux. Abou Oumâmah, le bâhilide ou de la tribu des Béni Bâhilah, déclare que les dépenses dont il s'agit dans cette révélation concernent les chevaux que l'on entretient dans la voie de Dieu, c'est-à-dire pour la défense et la propagation de la foi islamique. El-Wâhidî, en citant cette explication d'Abou Oumâmah, ajoute : « On a répété que cette révélation a trait à la nourriture des animaux, mais il paraît évident que ce sont les animaux consacrés et destinés à la guerre sainte. »

Mohammed fils d'Okbah rapporte ces paroles-ci, que son père tenait lui-même de son père : « Nous arrivâmes un jour chez Tamîm, le dâride ou de la famille des Béni el-Dàr. Il préparait la ration de son cheval, puis il la lui donna lui-même. » Abou Rokayah (père de Rokayah), lui dîmes-nous alors, est-ce que tu n'as personne qui te puisse suppléer pour cela ? — Si ; mais j'ai entendu le Prophète dire les paroles que voici : « Celui qui entretient un cheval pour la gloire et la défense de la foi, qui soigne de sa propre main et nettoie la ration de ce cheval, obtient de Dieu, pour chaque grain d'orge, une grâce, une indulgence. » Ibn Mâdjah cite également ces paroles : Ibn Âčim a raconté, d'après Charahbil fils de Mouslim, que Raûh, fils de Zinbâ' le djouzâmide, ou de la tribu des Béni Djouzâm, étant allé rendre visite à Tamîm le dâride, le trouva auprès de sa famille, occupé à nettoyer de l'orge pour son cheval, et qu'ensuite Tamîm donna cette orge au cheval. « Est-ce que tu n'as personne parmi tous ces gens-là qui te puisse suppléer et faire ce travail à ta place ? — Si ; mais j'ai entendu le Prophète dire : « Il n'y a pas un musulman qui nettoie et donne l'orge à son cheval, sans que Dieu n'inscrive et ne réserve, pour chaque grain d'orge, une indulgence. »

Sahl fils de Sa'd dit : « Le Prophète eut trois chevaux qui étaient nourris chez Sahl, fils de Sahl. Et j'ai entendu le Prophète dire : « Je leur ai donné, à ces chevaux, les noms de

Lezzâz, Laḥik, Zarib (voy. vol. I, page 100). » Le premier lui
fut envoyé en présent par le moukaûḳis, ou gouverneur de
l'Égypte; le second fut un cadeau que lui fit Rabyah, fils d'A-
bou l-Barâ; le troisième fut un présent de Farwah, fils d'Ạmr
le djouẓâmide. »

II

La nourriture des animaux de service se considère sous trois
rapports : — 1° au point de vue des produits locaux et du
pays même où sont les animaux; — 2° au point de vue de la
nécessité et de l'habitude; — 3° au point de vue de l'état de
débilitation et de l'état de maladie.

1° Au point de vue des denrées locales, et du pays. Parmi
les animaux que nous avons en Égypte, les chevaux entiers,
d'âge parfait, de développement complet et de race supérieure,
reçoivent par jour en rations : — deux moudd d'orge bien
nettoyée, ce qui équivaut aujourd'hui à un quart de waïbah
égyptien ; — et douze roṭl égyptiens de paille hachée que l'on
a criblée au gros crible (pour la débarrasser de poussière, de
terre, de pierres et de petits débris). Ces proportions et quantités sont ainsi calculées à cause de la chaleur du pays, et
parce que l'on craint l'influence de la haute température, surtout si le palefrenier pèche du côté de l'expérience. (Le moudd
vaut six roṭl et demi ou environ trois kilogrammes. Le roṭl
vaut douze onces ou environ un demi-kilogramme; et le ḳadaḥ vaut un litre et trois quarts.)

Pour la jument, le poulain, le cheval rond et massif, la ration d'orge est de deux à trois ḳadaḥ, plus ou moins. En paille
hachée et criblée et en trèfle sec, on donne huit roṭl. Cette
quantité est calculée en raison de la chaleur du pays. J'ai vu
des chevaux qui mangeaient plus de six ḳadaḥ d'orge, et plus
de vingt roṭl d'herbe sèche, de paille hachée et de ḳourṭ sec
ou trèfle, ou luzerne sèche (*trifolium alexandrinum*, *medicago
sativa*), et cela en tout temps, l'été et l'hiver, sans qu'il en
ṛésultât rien de mal. Je fais remarquer cette circonstance parce

qu'elle ne produit ni inconvénient ni changement pour le cheval. Les mulets que l'on monte ont la même nourriture. On prétend que l'on peut donner même deux makkoûk ou un waïbah d'orge, cinq rotl de kourt ou trèfle sec, et dix rotl de paille hachée.

Du reste, les quantités que nous signalons ne sont pas des limites absolues. Il faut savoir reconnaître si le cheval comporte plus de nourriture, et alors augmentez-en la quantité; ou s'il en comporte moins, et alors diminuez-la. Si le cheval prend du corps, donnez-lui un makkoûk et demi; s'il ne grossit pas, mêlez, outre cela, de l'orge, du derîs ou regain de trèfle alexandrin (*trifolium alexandrinum*), et de la paille hachée. Si le cheval est fatigué et ne prend pas de développement, ne lui donnez pas d'orge, autrement il lui surviendra des accidents erysipélateux; donnez-lui auparavant du kourt sans orge.

III

La conduite du régime alimentaire exige une expérience consommée. Ainsi, il y a des chevaux faibles qui mangent beaucoup, mais ils digèrent mal. Dans ce cas, on nourrit par poids et mesures; il faut voir ce que le cheval digère et ne lui donner que la quantité appropriée. Il y a aussi des chevaux faibles qui peuvent manger jusqu'à quarante rotl bagdadiens. Au cheval faible, il faut augmenter graduellement les quantités à partir de huit rotl, mais pas au-dessous. Évitez toujours de donner la ration d'orge et de faire boire presque en même temps. Donnez l'orge autant qu'il en faut et saupoudrez-la d'un peu de sel.

Ne négligez jamais une minute ce qu'exige la santé de votre cheval; car il n'a pas la parole pour se plaindre de ce qu'il souffre ou de ce qui le gêne. Faites-le boire assez souvent, par là il se rafraîchit, on empêche la chaleur, on lui tient le corps frais, et puis la croupe s'élargit, ses chairs se fortifient, il mange davantage, et il en résulte pour lui de précieux avantages.

Ne donnez ni à boire ni à manger au cheval au moment où il est fatigué, autrement il risque des irritations, on lui ruine les pieds et les mains, on lui occasionne des névralgies, des malaises. Lorsque vous le conduisez boire au fleuve, à la rivière, au cours d'eau, lavez-lui la queue après qu'il a fini de s'a-breuver; par là vous le rafraîchissez, vous enlevez ce qu'il peut ressentir de chaleur. Pour le cheval gras, boire beaucoup ne saurait être avantageux.

<h2 style="text-align:center">IV</h2>

A l'écurie, ayez soin que l'aire où le cheval a les quatre membres soit bien sèche. L'écurie pavée en pierres larges, ou dont le sol est bien sablé de sable fin, est préférable et meilleure. Le petit gravier est encore plus convenable, est excellent. Mais, en tout cela, ne laissez pas de terre ou de poussière ; car, en s'imprégnant d'urine, elle exhalerait des odeurs et des émanations fétides, et dégraderait les sabots. La plupart des accidents ou dégradations qui affectent les sabots naissent et viennent du sol ; il a le bien et il a le mal, il a ou l'humidité, ou la sécheresse. Un sol résistant régularise et dresse le sabot. Dans les pays chauds, il importe de bien soigner tout ce qui concerne le cheval, de tenir à sec la place où il reste, au moyen du sable et du crottin desséché, etc. Ces précautions forment le sabot, le rendent meilleur, le consolident. La fraîcheur et l'humidité le ramollissent et l'élargissent.

<h2 style="text-align:center">V.</h2>

Quant aux pâturages verts, on donne aux animaux, en Égypte, le bersîm ou trèfle alexandrin (*trifolium alexandrinum*), excellent pâturage qui, lavant les entrailles, en expulse le mal, et qui produit une chair abondante. Mais par la raison même que le bersîm lave l'intérieur du corps et le remue, si le cheval qui mange ce pâturage a quelque maladie interne, cette maladie est mise alors en mouvement et tue

l'animal. Le bersîm est le meilleur de tous les pâturages verts
pour les chevaux. Tout cheval que vous en privez est frustré
par là d'un avantage dont il aurait profité. Tant que vous le
pouvez, laissez au vert. Des personnes y laissent une semaine
seulement ; le résultat en est absolument nul. Le moins qu'il
faille est une durée de deux semaines. Le mieux est une durée
de quarante ou cinquante jours. Ensuite on donne de l'orge
qui a trempé dans l'eau.

Dans les pays de l'Irâk, on ne donne pas d'herbes vertes aux
chevaux. Les maquignons (dekâcherah) suivent, là, le régime de rations dont nous avons parlé, engraissent promptement alors les animaux, leur remplissent les organes.

Il faut une assiduité de tous les instants à maintenir le cheval proprement. Vous pouvez , si tel est votre gré, lui donner
le takçîl, ou *vert d'orge*, ou *vert d'escourgeon*. Attachez alors
le cheval dans un grand espace, à l'air libre ; vous coupez le
vert et vous en mettez en petite quantité devant le cheval. Vous
présentez à boire assez souvent. Lorsqu'il est relâché et dévoyé,
garantissez-le bien du froid. Quand le dévoiement a cessé, diminuez les couvertures. Ces précautions et ces pratiques sont
les moyens salutaires.

Avant de mettre au vert, montez le cheval pendant plusieurs
jours; après quoi, vous le liez au pâturage, et vous l'y laissez à
demeure. Si le cheval vient à être pris de gale, d'échaubou-
lures, ramassez de ses matières stercorales et faites-lui-en des
frictions sur les endroits attaqués ; ce moyen est efficace. Quand
le cheval se roule par terre, ne laissez pas ensuite la boue ou le
sable lui revêtir la peau ; autrement, ce qu'il mange ne lui
sert de rien. Autant qu'il vous est possible, nettoyez sous votre
cheval, nettoyez-lui les boulets, les extrémités inférieures.
Entretenez sous lui du sable sec, car l'humidité dégrade et
ruine les sabots. Pendant que le cheval mange le vert, donnez-
lui aussi du sel, de deux jours l'un, ou tous les trois jours,
une fois seulement, ou, s'il n'y a pas lieu de faire mieux, une
fois par semaine. Au Korâçân, il y a des pays où l'on prend un
fragment de sel et on le jette dans la ration, afin qu'à chaque

instant le cheval le lèche ; et, s'il ne le lèche pas, on le lui glisse dans la bouche et on lui maintient la tête élevée. Cet emploi du sel est des plus rationnels pour accroître les forces.

La consommation abondante du vert a d'excellents résultats ; en un lieu spacieux et à l'air libre, cela réjouit le cœur de l'animal.

Certaines gens promènent et exercent le cheval pendant qu'il est au vert, en vue d'empêcher l'effet nuisible de l'humidité sur les sabots. Cette précaution n'a nul avantage réel pour le temps de la mise au vert. Durant tout ce temps, il ne faut ni fatiguer le cheval ni l'exercer beaucoup.

D'après Makhoul, le Prophète a dit : « Traitez le cheval avec attention et déférence ; revêtez-le d'une couverture qui soit douce et garnisse le poitrail. » La couverture du cheval sans race ou berzaûn sera en poil. En hiver, mettez un abâ, c'est-à-dire un surtout, par-dessus la couverture. En été, supprimez-le ; le tissu en poil tient le cheval frais. Essuyez et appropriez le cheval, de manière à lui rendre le poil voyant, brillant. Ne couvrez avec les tissus en poil ni la jument, ni le mulet, ni la mule ; ils épileraient la peau, causeraient des démangeaisons psoriques. Toutes les fois que la couverture est mouillée, changez-la. La couverture ou la housse que l'on tient sanglée sur le cheval doit être longue d'une coudée (ou soixante-douze ou soixante-quinze centimètres). — Recommandez au garçon ou palefrenier de ne pas frotter avec force la croupe de la jument et des mulets ou des mules afin de ne pas susciter de psore. — On a prétendu que les chevaux devaient passer la nuit sans couverture.

Au Saïd ou Haute-Égypte on fait paître aux chevaux le kotteîh, plante qui ressemble au fassah (des maghrebins) ou fisfiçah, et dont la fleur est jaune. (Le fassah, ou fissah est une luzerne, la luzerne ou bersîm du Hédjâz, *medicago sativa ;* c'est notre luzerne modifiée par le climat.)

En Syrie, les chevaux consomment plus de fourrage et d'orge qu'en Égypte, parce qu'en Syrie l'orge est un aliment plus léger, n'ayant ni la pesanteur, ni le corps, ni le fourni de celle

d'Égypte, et aussi parce que le climat est plus froid. Le régime
du vert, en Syrie, se compose de fiṡṡah ou luzerne, de ḳaċîl
ou vert d'orge, de vesces vertes en tiges. L'endroit où vous
donnez le vert d'escourgeon doit être spacieux, ou en pleine
campagne. Le ḳaċîl ou vert d'escourgeon est fourni par une
orge qu'on sème, dont le grain est blanchâtre; et vous le donnez en nourriture lorsque la tige est verte et grande; petite,
elle ne vaut rien. Rejetez celle qui prend l'épi ou les barbules;
autrement il pénètre de ces barbules dans le larynx, et de là la
toux.

Pendant le régime du ḳaċîl comme vous savez qu'il doit être,
à quelque moment que le cheval demande à boire, présentez-
lui de l'eau. La personne qui conduit ce régime ne doit donner
le vert d'orge que par petites quantités successives, de façon
qu'il n'en reste rien devant l'animal et que l'aspect d'une quantité grande ne lui remplisse pas l'œil (c'est-à-dire ne lui laisse
pas d'indifférence ou de dégoût). Le cheval que vous avez au
vert d'orge n'a pas assez d'un seul serviteur, il a besoin d'en
avoir deux, ou trois; car il faut une assiduité constante de
soins.

La règle suivie pour ce régime chez les Baṛâdah (peut-être
les Bagdadiens) et dans l'Arménie est de placer le cheval, seul,
en un endroit bien propre; de fermer toutes les ouvertures ou
fenêtres et d'être ainsi dans l'obscurité; de tendre à la porte
une couverture; de couvrir le cheval et de le garantir de l'air
et du froid. Personne autre que le palefrenier n'entre auprès du
cheval. Sous les pieds de l'animal on a eu soin de creuser un
puisard ou fosse profonde, qu'on a recouvert d'un plan solide.
Par-dessus on étale une couche de sable avec du petit gravier,
jusqu'à une épaisseur d'un palme ou empan. Cette fosse reçoit
l'urine du cheval, et l'aire où il est demeure toujours sèche. Le
palefrenier observe attentivement le cheval, enlève toutes les
matières stercorales rejetées par l'animal lorsqu'il est dévoyé.
On empêche ainsi les exhalaisons qui, agissant sur la peau, en
obstrueraient les pores. L'escourgeon vert, dès qu'il est coupé,
doit être emporté avant qu'il ait senti l'action des rayons so-

laires; ne le déposez pas même en un lieu aéré et exposé au soleil.

Quand le vert d'orge est terminé et qu'arrive la chaleur, on ne doit pas donner en nourriture au cheval plus de vingt roîl d'orge; et il convient de l'accompagner de poids égal de derîs ou regain de trèfle (ou autre plante fourragère). Le cheval retirera un grand avantage de ce mélange. On soumet les berzaûn au même régime. Lorsque les chevaux sont petits et délicats et que tel persiste dans son état de faiblesse, on lui coupe menu de la guimauve ou kaîmîah, on la jette dans un vase, on verse de l'eau dessus, et on laisse ainsi jusqu'à ce que la plante y ait bien digéré et macéré. Puis on moud ou broie de l'orge assez grossièrement; on dispose sur la mangeoire un autre vase où l'on verse deux roîl de cette eau de guimauve et quatre roîl de l'orge moulue ou concassée; et on ajoute encore de l'eau. Après que l'animal a terminé, on lui en donne de nouveau; car l'orge broyée ou moulue est une nourriture plus profitable que l'orge en grains entiers. Vous pouvez donner au cheval un kaîl et demi d'orge broyée ou moulue, et il la consommera; mais il ne mangera pas un kaîl d'orge sèche et entière. (Le kaîl vaut deux roub'; le roub' équivaut à sept litres et dix centilitres.) Si vous laissez l'orge sans la broyer ou la moudre, arrosez-la avec de l'eau de guimauve. Le cheval faible et débilité en mangera, et il la digérera mieux que l'orge sèche.

Dans les contrées syriennes qui bordent la Méditerranée et aussi en d'autres contrées intérieures, on laisse paître les chevaux dans les prairies; on leur donne en rations le kersennah vert (sorte d'orobe vulgaire ou ers, de pois de pigeon).

VI.

2° Au point de vue de la nécessité et de l'habitude. Au Hédjàz et dans l'Yémen, la nourriture la plus générale des chevaux est le dourah ou maïs et le daksah ou l'herbe sauvage. Parfois ils mangent des noyaux de dattes, des dattes sèches, des feuilles d'arbres. J'ai entendu raconter que les Abyssiniens des rivages de la mer Rouge n'ont en nourriture pour eux et leurs chevaux que du poisson qu'ils dessèchent au soleil et qu'ensuite ils mangent et donnent à manger à leurs chevaux.

Certains Arabes des montagnes du Nedjd habituent leurs chevaux à manger de la viande séchée et à boire du vin, les abreuvent avec le lait, leur font paître les feuilles des arbres appelés etl (tamarix) et zachm. (J'ignore ce qu'est cet arbre.) On assure que l'on donne aussi du pain aux chevaux.

Les Arabes du désert et qui sont particulièrement appelés Arabes-Arabes (Arab el-Aribah), Arabes d'origine arabe pure, font boire à leurs chevaux du lait frais de chamelle. Ce lait, à cause de sa légèreté, est d'un avantage extraordinaire pour les chevaux. D'autre part, les rois, les sultans, à certains jours, font boire à leurs chevaux du lait de chamelle où l'on a mis de la neige. Mais sans neige ce lait serait plus profitable.

VII.

3° Au point de vue de la débilitation et de la maladie. Beaucoup de maquignons prennent les chevaux affaiblis, épuisés, et les nourrissent de fèves, de lupins macérés dans l'eau, et leur préparent et donnent aussi du derchetek ou derchik. Ce dernier genre d'aliment se compose de cette manière-ci : on coupe menu de la luzerne sèche ou du trèfle sec; on mêle avec de la paille hachée et criblée; on verse de l'eau dessus; puis on laisse sécher, et on donne à manger. On y ajoute parfois de l'orge bien nettoyée de poussière, de terre, et purifiée de toute odeur mauvaise. Selon d'autres indications, la préparation alimentaire appelée derchik se compose avec du foin vert et du vert d'orge coupés menu, qu'ensuite on mêle, et que l'on donne alors au cheval, mais non à l'en rassasier. Après cela, on lave avec grand soin une quantité d'orge, on décante l'eau et on mêle à cette orge, dans la mangeoire, un peu de foin ou kourt. On ne fait jamais ce dernier mélange dans la musette.

Certaines personnes défendent de mêler l'orge avec des herbes ou sèches ou vertes, parce qu'il en résulte des inconvénients. D'autres mêlent les herbes à l'orge et déclarent que ce mélange est des plus salutaires. Des maquignons font griller l'orge et en préparent une sorte de bouillie qui engraisse rapidement les animaux. D'autres mélangent du ḥelbeh ou fenugrec à l'orge; cette composition donne de l'éclat au poil et engraisse promptement. Moi, je dis qu'elle suscite des prurits cutanés. Aux Indes il y a une graine qui ressemble au riz, que l'on broie avec de la viande. On donne cette préparation aux chevaux et elle les engraisse en peu de temps.

Après que le cheval a mangé le trèfle ou le foin vert et l'escourgeon, on le laisse se rouler par terre très-souvent. Mais il ne faut donner le foin vert ou le trèfle que quand il fait frais; autrement, il faut retarder. Le ḳourt ou trèfle vert nettoie l'intérieur du cheval; le trèfle sec est l'analogue de la paille et n'a pas grand avantage. Le ḳourt se sème au commencement de la saison qui suit l'été, à la saison fraîche. Si c'est trop tard, il n'y a plus à compter sur son emploi.

Dans certains pays on nourrit le cheval avec le bourṛoul. Voici comment. On place le cheval dans une pièce isolée et assez obscure. On broie de l'orge et on en donne au cheval le double de ce qu'on lui en donnait en grains, la nuit et le jour. De plus on dispose, à demeure, auprès de lui, un vase d'eau (afin qu'il puisse boire à volonté). On ne fait aucun pansage, et on ne laisse pas l'animal se rouler par terre; tout cela pendant quarante jours. Après ce temps, on sort le cheval de sa retraite; il est alors pleinement engraissé.

Au point de vue des maladies, le régime a de nombreuses variétés. On a recours, par exemple, au chiendent, aux feuilles de leblâb (*dolichos leblâb*, montant comme les convolvulus, à feuilles larges et fortes, à siliques ayant une sorte de gros haricot), aux feuilles de vigne, aux feuilles de sycomore, à l'endive ou *cichorium intybum*, au ḥalfa ou *arundo epigeios*, aux feuilles de roseau, au pourpier cultivé, aux pastèques vertes. Nous parlerons de ce qui a trait à l'usage de ces substances et autres, à leurs propriétés et avantages, lorsque nous indiquerons la thérapeutique alimentaire et médicamenteuse des maladies, s'il plaît à Dieu.

Et Dieu est la science suprême !

VIII.

* Le cheval affaibli, épuisé, présente les caractères et symptômes suivants : les flancs secs et remontés ; la respiration haute ; la difficulté de marcher quelque temps ; il supporte avec peine l'insolation, en telle sorte que, s'il est arrêté au soleil, il est oppressé et suant ; ce qu'il mange de sa ration d'orge, ou de haci̇k ou nourritures qu'on donne pour la nuit, ne lui profite en rien, quelque quantité qu'il en consomme.

Pour relever le cheval de cette débilité, on procède ainsi. On pulvérise un mi̇tḳâl de rhubarbe de Chine ; on l'enveloppe ensuite dans un morceau de grosse toile que l'on noue fermement et que l'on jette dans le baquet d'eau où le cheval boit habituellement. L'eau jaunit par le fait de la rhubarbe. (Le mi̇tḳâl vaut un dirhem et demi ; et le dirhem est égal à trois grammes trois cent trente-trois milligrammes.) On réussit, par un moyen détourné, à faire boire cette eau à l'animal : on place le tout dans l'obscurité ; quand le cheval a soif, on approche l'eau vers lui ; altéré qu'il est, il boit avec empressement, et cette boisson lui va courir dans les vaisseaux. Ensuite, on lui fait aspirer deux ḳaflah ou dirhem d'eau de rose dans lesquels on a mêlé deux ḳîrât de camphre. (Le ḳîrât ou carat vaut à peu près deux décigrammes.) Puis on nourrit de vert d'orge et d'herbes sauvages vertes ; on laisse, pour les intervalles et pour la nuit, de l'orge simple. Par suite, la chaleur maladive s'éteint dans l'animal et il guérit, grâce à la bonté divine *.

IX.

* Si ensuite vous voulez engraisser le cheval, donnez-lui à boire un mélange de cinq roti̇l de mi̇zr, poids de Bagdad, et

de quatre onces de s a l î t ou huile de sésame (**33**). On fait boire cette préparation une fois tous les dix jours, et à jeun. Ensuite on prend un roțl et demi, poids d'Égypte, de ḥolbeh, ḥelbeh, fenugrec, on le met dans de l'eau chaude et on l'y laisse depuis le matin jusqu'à l'heure du ḥacîk ou heure de jeter la nourriture devant l'animal pour la nuit. On retire alors de l'eau le ḥelbeh, on le sèche un peu, on le mêle au ḥacîk ou nourriture de la nuit ; de plus, on y mêle un demi-roțl de coriandre sèche et on met le tout dans l'auge. On recommence ainsi tous les jours jusqu'à ce que l'animal engraisse. Si vous voulez qu'il acquière un embonpoint plus considérable, continuez le traitement jusqu'à ce que vous ayez obtenu ce que vous désirez. (Un peu de levûre de bière pourrait remplacer le mizr.)

Quand vous avez fait prendre au cheval le mizr avec l'huile, comme nous venons de l'indiquer, et le ḥelbeh macéré dans l'eau, puis un peu séché, puis mêlé d'un demi-roțl de coriandre, il convient de donner, après cela, du vert et de faire boire de l'eau simple aux heures accoutumées. D'autre part, le garçon ou palefrenier sera attentif à nettoyer le cheval, à balayer et arroser sous l'animal, à lui entretenir de la lumière durant la nuit, à lui donner à boire le saḳy el-ṛaflah ou le coup de l'improviste, coup de surprise, de surcroît, c'est-à-dire lui donner à boire à une heure après l'éché ou aḥâ (lequel est le moment d'une heure et demie après le coucher du soleil). On procède de la manière suivante : le cheval mange le soir à la nuit un bon repas ; puis il boit à satiété. Cette attention amène promptement à engraisser ; le poil se fournit et devient magnifique *.

X

* Voici des observations et prescriptions que l'on a trouvées écrites de la main du sultan El-Mélik el-Moudjâhed (ou souverain défenseur de la religion). Entre autres choses il dit ceci :

« Le service ou devoir du palefrenier s'applique à tout ce

qui concerne les animaux de service et au cheval particulièrement. La chose importante, essentielle, est une extrême propreté. Enlever les crottins, les ordures, les poils, les plumes,
tout excrément, toute urine, doit être une préoccupation constante, vigilante; ensuite, tenir en bon état et en leurs places
les ustensiles et instruments de pansage, tels que les licous,
les liens, les entravons, la musette, le seau, le vase à boire.
Le lit ou coucher doit être en sable blanc, choisi, qui ne garde
pas les déjections et ne se salisse pas facilement, ou en crottins
bien séchés au soleil; car le crottin est plus sale. Pour frotter
et essuyer le corps du cheval, il faut la miḥassah ou étrille
en fer ordinaire; le kaffah ou main, c'est-à-dire la natte de
crins. (Voy. Dictionnaire d'hippiatrique, etc., de Cardini, au
mot Pansage.) Le bourchânah ou époussette, disque
épais composé de morceaux de serge cousus les uns sur les
autres, avec lequel on essuie et débarrasse les endroits salis,
les poils, la crasse et les saletés qu'a seulement détachés l'é-
trille, ou qui tiennent encore. On a aussi un morceau de grosse
toile, c'est-à-dire un chamlah, ou bien un morceau d'étoffe
de laine.

« Le premier travail, dès que le soleil est levé, est d'étriller
une fois la surface du corps; puis de passer le kaffah, puis le
bourchânah, afin de bien épousseter, d'abattre tout ce que
l'étrille a détaché de crasse. Vers le midi, ou peu après midi,
on recommence. On rafraîchit et arrange la queue et la crinière
chaque matin; on les peigne à l'eau; on en enlève les kers
ou saletés, les ḥalam ou insectes parasites ricins ou ixodes
qui se fixent aux environs, et partout ailleurs; on nettoie le
toupet et les yeux.

« On fait boire, dès le commencement du jour, au lever du
soleil, puis à midi ou un peu auparavant, puis avant l'aṣr (ou
heure mitoyenne entre le midi et le coucher du soleil). Ensuite
on donne le ḥacik. On donne encore à boire à une heure
après l'éché ou ạcha (l'ạcha est une heure et demie après le
coucher du soleil); c'est ce qu'on nomme le saḳy el-ṛaflah,
la buvée de l'improviste, le coup de la surprise, et les uns le

considèrent comme de première importance, les autres comme
pratique *ad libitum*, les autres comme pratique répréhensible.
Mais cette habitude a une incontestable utilité, est nécessaire,
est d'application spéciale pour les pays chauds; car il faut
abreuver le cheval une et même deux fois pendant la nuit; il
lui faut donner aussi le hacîk ou nourriture de la nuit; et le
meilleur hacîk, le plus approprié, le plus avantageux, est
l'orge, et en seconde ligne, le maïs de choix, blanc, à la quantité de quinze rotl égyptiens. Pour les chevaux qui mangent
modérément, cette quantité est plus que suffisante. Du reste,
la proportion est selon ce qu'exigent l'avantage et le bien de
l'animal*. »

XI.

*Entraver le cheval lui est avantageux. Les entraves doivent
être parfaitement adaptées et mesurées à la longueur et à la
brièveté du corps de l'animal. Si elles sont trop longues, le
dos s'alonge et les quatre membres se relâchent et s'alanguissent.
Si elles sont courtes, le cheval arrive à être sous lui du derrière,
à avoir le bipède postérieur cambré; à être sous lui du devant,
à avoir le bipède antérieur dévié. La meilleure manière d'attacher le cheval est de lui tenir les deux mains par une entrave à deux entravons, et de tenir un seul pied par une entrave isolée.

On met le licou sur le nez qu'il entoure, et la nourriture est
devant l'animal; tel est le midwar, ou *tournant*, ou licou à
longe, que les Persans nomment kerdadjour. C'est ainsi que
l'on attache le cheval qui a pris un poitrail lourd ou comprimé;
par là on alonge l'encolure de l'animal, on ramasse le dos, on
améliore et corrige la poitrine, on régularise les quatre membres.
Les Arabes ont une confiance constante dans cette pratique, ou
manière d'attacher*.

XII.

*Les Turks, dit-on, donnent aussi aux chevaux des *léchées*
ou *looks* de beurre qui a été fondu. C'est la chose la plus avantageuse qui puisse être donnée à tous les chevaux, mais sans
renoncer absolument aux autres moyens. Elle engraisse, elle
amène du brillant au poil, purifie la couleur, assouplit le poitrail et les quatre membres, fortifie l'animal. Si au bipède antérieur les tendons sont rétractés et roides, et que l'on prolonge l'usage du beurre fondu, les paturons et les membres
s'adoucissent et se dégagent, les mains se régularisent, les
sabots s'améliorent et deviennent plus doux.

On en recueille les avantages, surtout pour les parcours des
trajets pierreux et raboteux, et aussi contre les gerçures ou
malandres et solandres, les formes et peignes, les seimes. Si
on continue pendant un assez long temps l'usage interne du
beurre fondu, le paturon ou lieu des entravons s'adoucissent,
s'assouplissent merveilleusement.

Ajouter, pour ḥacîk, un peu de djouldjoulân ou graine
de coriandre dans du maïs, est une pratique excellente. Elle
engraisse le cheval; elle adoucit les parties qui ont besoin
d'être adoucies*.

CHAPITRE XVI.

Harnachement, harnais, ou kiçouah. — Le harnachement comprend quatre
sortes d'objets ou pièces. — Les brides; l'iwân; le fekk; le salam ou mors
en bois; le djérâdjer, ou mors pesant; — le fâoûs du mors; bride nâcérî.
— Poids du mors et de la bride chez les Zindj. — Caveçons ou signettes;—
caveçon à clou intérieur au sur-nez ou djakwah. — Le *récen*. — Longe
d'attache. — Rênes ou lewâwîn. — Selles : selle soubkî, kawârezmienne ,
zâhérienne, nâcérî ou nâcérienne. — Adapter la selle au *couteau* du dos.—
Le bahr de la selle. — Les parures pendantes; talismans; verroteries. —
Housse; kenbach ou chelîl, voile de la croupe; leurs couleurs, selon le pelage. — Surtouts et camails, ou moudebbât et barâki'. — Remarques sur
l'incomplet des indications précédentes. — Extraits du Kitâb el-akouâl : —
des parties de la bride; leurs noms et proportions. — Selle à quartiers en
fibres de dattier, et qui appartint au Prophète. — Rênes en fibres de daûm;
en fil retors. — Bride d'Émesse. — Selle kawârezmienne. — Dépendances et
parties de la selle; poitrail; croupière; mirchahah ou couverture de dessous, etc.; — éperons, kilâb ou mihmâz. — Extraits du Kitâb ilm el-siâcyeh : — que le cavalier ait ses armes de guerre : casque en tasse, brassarts, cuirasse, épaulière ou firtoûs en trois pièces, grévières et pieds; —
longueur de l'arc; cordes d'arc; flèches et carquois ; — le sabre cambré , à
pointe mousse; frapper le coup en serrant les dents; — les quatre pièces
de la selle; la housse; les étriers; les étrivières; coussins, garnitures ; —
sangle à quatre bandes de soie réunies en une bande; — taymankyah ou
sacoches en cuir particulier, à mettre les provisions, le briquet, de l'argent,
du soufre, de l'huile, un réchaud, du hélîledj citrin, etc.; toutes ces choses
sont utiles.

I.

Le kiçouah, vêtement, ou appareil des harnais, comprend
quatre catégories d'objets ou pièces : — 1° la bride et les caveçons ou les signettes ou les camarres ; — 2° les rênes, les parures et cordons à talismans; — 3° les selles et les couvertures;
— 4° les kanbès ou kenbach ou caparaçons, les surtouts ,
et les camails.

II.

Les brides doivent être à la mesure des chevaux, être selon leurs diversités naturelles, selon qu'ils ont la tête dure et dif-ficile. Ainsi, lorsque le cheval vient de finir sa deuxième année, ou que l'on commence à le monter et le dresser, il faut lui emboucher l'îwân. Quand il a un peu grandi et qu'il fait sa troisième année, on lui embouche le fekk ou brisé, sorte de bride légère, qui n'a pas non plus d'anneau sous-mentonnier (ou ḥakamah), anneau de fer qui, entourant la mâchoire infé-rieure, repose sur la barbe (et sert de gourmette. Il s'agit, je pense, de brides munies de mors à branches très-légères fixées à de simples licous, sans muserolle, ni sous-gorge, ni frontal). Quand le cheval est dans sa quatrième année, ou bien est d'âge parfait, il faut lui emboucher un mors qui lui soit parfaitement approprié et adapté; car parfois le cheval a besoin d'un mors ordinaire, d'un salam ou bâton de bois fixé à deux montants en corde, d'un mors djérâdjer ou mors pesant ou bride pesante. Ces deux dernières sortes s'emploient quand le cheval a la tête difficile et roide ; car alors il prend la branche du mors entre les dents, domine et emporte le cavalier, fait force contre lui. Lorsque le djérâdjer est dans la bouche, il fait basculer la branche que serrent les dents, et le cheval n'appuie plus que sur le mors. D'autres chevaux ont besoin d'un mors à pointes; c'est lorsqu'ils sortent la langue et l'étalent. Pour certaines montures, il convient d'employer le mors sans faqûs, c'est-à-dire sans bascule ou palette (la-quelle occupe la place de la liberté de langue de nos mors et va appuyer sur le palais). C'est lorsque ces montures sont des mulets et des chevaux communs et lourds, qui vont et que l'on conduit au pas simple et à l'amble ordinaire. Il m'a été assuré qu'en Abyssinie et en Éthiopie au pays des Zindj (jusqu'à Zanguebar), le poids du mors et de la bride pour les mulets, va jusqu'à environ cinquante rotl égyptiens. Du reste, je ne vois rien de supérieur à la bride nâċérî, inventée de notre temps, depuis peu. Elle convient à tous les chevaux, et l'animal auquel on a embouché cette bride, peut boire dans un koûz, ou grand verre en fer-blanc. (La bride arabe a toujours le mors à la genette ou ḥakamah.)

Les caveçons ou signettes doivent aussi être bien adaptés et appropriés aux chevaux. Lorsque le cheval est impatient, tend le nez ou se balance la tête impatiemment, a la tête difficile et rude, il faut élargir les lanières ou d o u âl du caveçon, et dans le d j a k w a h, c'est-à-dire l'arc ou sur-nez, fixer un clou qui saille en dedans. A chaque fois que le cheval tend le nez, ou agite impatiemment la tête, le clou appuie sur le chanfrein; on fait perdre ainsi cette mauvaise tendance. Le caveçon et le sur-nez ou r é c e n doivent toujours être entretenus souples et doux, au moyen d'onctions huileuses. Examinez bien l'endroit ou point d'appui du caveçon, afin que cet endroit ne se dégrade en rien, car ensuite il y surgirait des poils hétéroclites. — Aux chevaux qui ont la manie de se détacher, il faut fixer la longe du caveçon à une main du cheval, et cette longe doit être liée au mur. En voyage, on aura une longe solide et joignant bien; ou bien on liera à longues entraves attachées à la main, ou bien on enduira le caveçon d'aloès. — Pour les poulains, le caveçon est monté en cordelles de fibres de dattier, ou bien est un appareil mince en chaînettes d'apprentissage.

Les longes ou rênes, léwâwîn, servent à conduire le cheval dans les locomotions, ou bien à lui maintenir la tête relevée dans les diverses stations et positions.

III.

Quant à ce qui regarde l'emploi des selles, lorsque l'on commence à monter les jeunes poulains, il leur faut endosser la selle soubḳy; elle est d'un modèle gracieux et léger, est basse du pommeau et du trousséquin, légère des bandes. Au cheval qui a le dos long, il faut endosser la selle du Ḳawârezm (province du nord de l'Asie), ou selle kawârezmienne, ou bien la selle żâhéry, ou selle żâhérienne (du nom du sultan égyptien Żâher Bîbaras). Si le cheval a le dos ensellé, ou l'échine raboteuse par suite de la saillie du *couteau* ou série des pointes des vertèbres, on sépare les bandes ou bien on monte avec les coussins. Du reste, je ne vois rien de préférable à la selle nâċérî ou nâċérienne, invention de cette époque-ci. Cette selle convient à tous les chevaux, à cause de la largeur et de l'aisance de son baḥr, ou cintre, ou arcade. Elle facilite le travail et l'exercice du cavalier apprenti, en raison du pommeau et du troussequin et du peu de profondeur du siége.

IV.

Les kalâïd (sing. kalâdah) ou parures pendantes et flottantes, cordons ou cordelles à talismans, se placent autour de la tête et au commencement du cou. On y suspend ou attache des verroteries et petits coquillages, des brimborions en corne de daim ou de cerf, ou une queue de bête sauvage. Souvent on met au cou et vers le haut de la tête, des cordonnets de diverses couleurs, ou des cordons en poil de chameau, ou des cordons bien tordus ayant des verroteries bleues.

V.

La housse ou couverte, et le kenbach ou chelîl ou voile flottant sur la croupe, varieront de couleur selon la robe du cheval. Pour le cheval noir, la housse est blanche, avec franges blanches ; pour le cheval blanc, elle est noire ; pour le bai, elle est rouge ; pour l'alezan, elle est jaune de miel, ou écaille de poisson. Si le pelage est isabelle, le jaune me paraît lui être mieux approprié. Mais, pour le cheval gras, le voile à la croupe lui convient également, surtout en été. Le cheval maigre, ou à croupe en pointe, ou à flancs minces, ou à queue déviée de côté, la couverte lui convient toujours, adaptée pour la couleur à la robe du cheval, car la couverte lui couvre le corps. Toutes ces choses sont de luxe et de parure.

Lorsque les chevaux sont à l'attache, ou lorsque les poulains sont en liberté au pâtis, la couverte appelée el-abâ el-wadyât, couverte des garnitures, est la plus convenable. A mon avis, cette housse imaginée cette année, pour cet été, est la meilleure qui se puisse trouver; elle se compose de trois pièces, et recouvre le corps ou tronc tout entier, le protége contre la chaleur et aussi contre le froid, car en été elle évente et en hiver elle garantit du froid.

Les surtouts et les camails ou couvre-têtes (moudebbât et barâḳi') préservent de la poussière, des piqûres des mouches, sont principalement utiles lorsque le cheval cherche à se débarrasser et délier la tête, lorsqu'il est de nature impatiente, ou est dégarni de poils, ou se trouve en un endroit abondant en mouches.

Telles sont, aussi complétement désignées que possible, toutes les parties du harnachement.

VI.

(J'accepterais volontiers cette déclaration de notre auteur et le témoignage de satisfaction qu'il semble se rendre à lui-même, s'il avait mis moins de sobriété, moins de parcimonie dans les descriptions et les indications. On serait presque tenté de supposer qu'il a cru, ou au moins il l'a désiré, que le harnachement de son époque, irait comme dernier mot du bien à la postérité. Mais la postérité, en sa qualité d'immortelle coquette, veut toujours rajeunir, c'est-à-dire, pour elle, changer ce qu'elle reçoit, accoutrements, ou quoi que ce puisse être, du passé. Les harnais ou accoutrements de l'époque du Nâċérî, ont eu leurs déchéances, comme toutes les autres choses. Trop souvent on écrit pour les contemporains seulement; et dans les objets d'art ou d'industrie, objets aussi peu vivaces d'ailleurs que des harnais, la description par la parole est trop abstraite. Il faudrait des dessins, des figures, à défaut de modèles et de

musées. Mais comment demander des dessins aux Arabes surtout? Les Arabes n'en ont jamais su faire. Même les arabesques,
les belles constructions, l'art architectonique, ne furent jamais
des œuvres de doigts arabes. De tout temps, les Arabes ont été
déshérités des beaux-arts.

Ce sont des dessins que notre auteur eût dû nous laisser,
pour bien faire comprendre les descriptions ou les données
qu'il présente avec un certain amour. Qui sait aujourd'hui ce
que furent les selles żâbériennes, ḳawârczmiennes, nâċériennes?
ce que furent ces accessoires de mors qui, par un mécanisme
spécial et agissant sur la bouche seulement, étaient sans doute
des inventions dues aux Ségundos, aux Zilgers, aux Pelliers de
ce temps-là ?)

<h2 style="text-align:center">VII.</h2>

* La premièrè pièce du harnachement est la bride, l i d j â m,
mot arabisé et d'origine persane. Elle a : — le c h a k î m a h ;
ce sont les deux branches montantes du mors, sur les deux
côtés de la tète ; — la pioche, f â s, ou canon, qui est le m i n-
ṛ a r a h, l'agaçant par frottement ; — les deux i ẓ a r, ou les
deux montants de la têtière ; — le i ċ â b ou bandeau, bande-
lette, frontail, la bande de cuir qui passant sur le front tient
unis les deux montants ; — les rênes, i w â n, que tout le monde
connait. On dit : « Le cheval a les rênes aux oreilles, »
lorsque, allant d'une course vigoureuse, il alonge les mains
jusqu'à les porter vers l'articulation de la tête et du cou. C'est
en ce sens que No'mân, fils de Mouḳarrib, a dit : « Que les
hommes sautent à cheval, et soudain leurs coursiers ont les
rênes aux oreilles (youḳarritoû-hâ aïnnet-hâ); »—le ḥak a m a h,
ou fer en cercle qui passe sur le nez ; il y a deux ḥakamah,
celui que nous venons d'indiquer ou sur-nez, et l'autre qui
passe au haut de la lèvre inférieure, et qu'aujourd'hui on
nomme djahfalah, labre, sous-barbe. Jadis les Arabes faisaient cette sous-barbe, ce labre ou cette gourmette, en cuir
brut et en chanvre ; ils voulaient le courage, non la parure.

Abou Abd el-Rahman, le fihride ou de la tribu des Béni Fihr, raconta ceci : « Je fus à la journée de Honaîn (voy. vol. I, pag. 471), avec le Prophète..... Nous avions marché par une journée brûlante. Nous nous mîmes à l'ombre d'un arbre. Quand le soleil fut disparu, je revêtis mon armure ; je montai à cheval ; j'allai me présenter au Prophète ; il était sous une grande tente. Arrivé devant lui : « Salut ! Prophète de Dieu, lui dis-je ; sur toi soient la miséricorde et les bénédictions divines ! Voici le moment de se mettre en route. — C'est vrai, dit le Prophète. Bilâl ! » appela-t-il aussitôt. Bilâl bondit subitement de dessous un arbre qui lui avait donné un ombrage incertain et médiocre. « Je suis à toi, répondit Bilâl ; me voilà, Prophète de Dieu ; deux fois heureux sois-tu ! Que ne puis-je sacrifier ma vie pour racheter la tienne ! — Selle mon cheval, dit le Prophète. » Et Bilâl sortit une selle dont les quartiers étaient en tissu de fibres de dattier et n'avaient ni parure, ni effet. Le Prophète monta à cheval et nous montâmes aussi. »

Il importe essentiellement que la bride soit légère, soit courte de montants ; car, si la garniture ou chakîmah baisse ou s'agite de manière à battre les dents du cheval, elle le gêne et le tourmente, le préoccupe en dehors de ce qu'on veut de lui. D'autre part, les rênes ne seront ni assez longues pour que le cheval puisse jouer de la tête, ni assez courtes pour que, tenues aux mains du cavalier, elles ne permettent pas au cheval de prendre toute l'étendue de course qu'on a le droit d'attendre. La longueur ou la brièveté des rênes sera en raison de la longueur ou de la brièveté qu'a l'encolure du cheval. Toutefois, il entre encore dans les qualités des chevaux qu'ils comportent des rênes courtes malgré la longueur de l'encolure. Du reste, les branches du mors sont la base de la puissance d'action de la bride, et la solidité de leur ajustement ou adaptation est la condition souverainement importante.

Des Arabes se fabriquent des rênes en aṭr ou fibres sèches de daûm ou palmier daûm (cucifera thebaica, de Delile ; borassus flabelliformis, de Forskal), à cause de la résistance qu'elles présentent, et parce qu'elles empêchent mieux le cheval de se détraquer. Nous, nous ne préférons ces rênes que pour le poulain pendant les exercices du dressage. Du moment que le cheval a terminé son éducation, les rênes en tissu à fil retors sont de beaucoup préférables, en raison de leur souplesse. L'usage permanent des rênes en fibres de daûm affaiblit, amollit le cou du cheval et amortit l'animation.

La bride de Ḥims ou Emesse n'a aucun avantage pour le maniement du cheval arabe, et les Arabes ne s'en servent jamais. L'arcade renversée et solide du dessous de la bride n'est qu'un ornement, et les Arabes la remplacent par une cordelle ou un cordon en fibres de dattier ou autre substance; c'est leur récen ou sous-barbe ou genette *.

VIII.

* La selle ḳawârezmienne est la plus légère et la moins gênante pour les chevaux. Mais elle ne peut nous convenir pour la guerre. Les Persans la préfèrent parce que le plus ordinairement, en bataille, ils lancent le trait et la flèche; et alors cette selle, munie, d'ailleurs, d'étriers très-courts, est plus favorable et plus commode. La selle arabe, pour pointer et porter le coup de lance, est plus aisée, plus assurée et plus solide pour le cavalier. Du reste, il faut, par-dessus tout, rechercher et préférer les selles les moins pesantes. Le poitrail doit aussi être employé. Le ṭafar ou croupière est, à notre gré, une laideur dégoûtante et est d'une inutilité absolue. La sangle en laine est la meilleure; nous n'aimons point la sangle en coton. Mais la bride, les étrivières et d'autres parties du harnachement doivent être en cuir, surtout en cuir d'Égypte, ou, à défaut de celui-ci, en cuir de Ṡanâ (dans l'Yémen) ou de So'd (près de Wâdy el Ḳora ou Val-des-Bourgades, dans le canton de Ḥidjr, au nord de Médine).

Le mirchaḥah (ou vulgairement marchaḥah, est la couverte qui) se met sous la selle. Mieux il est garni, ou plus le tissu feutré qui le forme est nourri, mieux la selle est maintenue et plus elle est commode pour le cheval. En outre, la selle est plus sûre, et aussi elle risque moins de blesser que lorsqu'elle est placée à nu, attendu encore le poids du cavalier. Les Arabes appelaient cette couverture mîṭarah. Le bidâd ou écartement, est l'écartement des deux quartiers de la selle. La pièce d'étoffe que l'on dispose flottante sur la croupe est le kenbach ou chelîl. Kenbach est le nom persan. (Aujourd'hui ce que l'on appelle marchaḥah est la selle wahabite. Voy. vol. I, pag. 217.)

Le mihmâz ou éperon n'est point d'usage parmi les Arabes. Toutefois ils en ont parlé dans leurs poésies, et ils appelaient les éperons kilâb, chiens. On ne s'en servait que pour le cheval chamoûs ou réfractaire (qui résiste au cavalier et cherche à le démonter). L'éperon n'est bon que pour les kaûden ou chevaux communs et sans race *.

IX.

** Dieu vous fasse triompher ! Sachez que la guerre donne pâture aux pillages, aux sabres, aux lances, aux flèches, et puis aussi à l'homme. Le cavalier a donc à s'armer lui et son cheval. Le Prophète a combattu couvert d'une double cuirasse ; il se fortifia par un fossé de retranchement, et il dit alors : « Qui de vous fera sentinelle vers moi pendant cette nuit ? — Moi, » dit Sa'd, fils d'Obâdah, l'ansâride ou auxiliaire du Prophète. Et Sa'd fit la garde. Le Dieu suprême dit, dans son saint Koran (chap. VIII, vers. 62) : « Armez, disposez contre eux (les infidèles) tout ce que vous pourrez de forces, de chevaux en réserves. »

  « Faites à votre tête un abri sous le casque en tasse,
  à la large nuquière en mailles de fer,

  « Le tout trempé de la trempe de l'Europe ; et à vos
  bras donnez des brassarts de l'acier pur et résistant.

  « Revêtez la cuirasse à la base alongée

  « Jusque vers les genoux ; protégez vos épaules avec
  le firtoûs (ou épaulière et brassart en trois pièces
  d'acier). »

Ce sont là autant de protections contre les coups des masses d'armes, des sabres, des lances. A leur tour, les grévières et les pieds en fines mailles d'acier préservent les membres inférieurs. Le poëte ajoute :

« Dans vos bottines de cuir revêtez d'autres bottines en mailles d'acier ; et vos pieds aussi,

« Couvrez-les de deux feuilles d'acier (une en avant, une en arrière) qui les protégent contre les atteintes dangereuses. »

En guerre, le cavalier ne doit pas avoir un arc qui soit plus long que la moitié de sa personne (depuis le siége au sommet de la tête). Le cavalier alors a plus de force pour tirer la corde à lui et pour décocher la flèche. Chaque homme doit avoir avec soi au moins trois cordes d'arc en soie excellente. Il doit maintenir ses flèches bien droites, les polir au papier dur, défendre leur empennure de l'humidité, et les garder dans un récipient (carquois) léger et en corne. Et le poëte continue :

« Aie le sabre cambré, à la pointe mousse ; et lorsque

« Tu frappes, serre ferme les canines dans ta bouche. »

Le sabre doit être cambré, mouçannam ou en dos de chameau, à extrémité mousse, c'est-à-dire en pointe qui ne soit pas alongée et fine, car elle s'ébrécherait ou se briserait promptement. Et puis le sabre non cambré se casse avec plus de facilité. En assenant le coup de sabre, serre les canines comme fait le lion sur sa proie ; c'est la recommandation du Prophète.

« Quatre pièces forment la selle, pièces bien adaptées entre elles,

« Ensemble réunies et couvertes par une seule housse tannée en peau de bœuf (ou de bête sauvage).

« Soutiens l'étrier en large plateau sur un sous-appui, et attache-le à des étrivières (alâïk)

« De soie tissue en cordonnet retors, comme les nattes des cheveux. »

Le sous-appui est un fer long, d'un empan de large, ayant

deux ouvertures que traversent deux clous à extrémités arrondies, l'un fixant ce sous-appui, et l'autre le tenant, par le haut de l'arcade qu'il forme, à un suspensoir ou étrivière.—D'autre part, la selle, complétée par ses coussins et mamelles, est comme l'homme qui a tous ses organes complets et sains. Sans l'adaptation de ces autres dépendances, on aurait deux sortes d'objets, séparées, non conciliées et unies; ce serait comme l'eau avec l'huile. Ces coussins ou garnitures doivent être en laine douce, à fil fin et moelleux (mirazz), bien feutrés, remplis de poil de chameau. Et puis :

> « La sangle a quatre bandes, toutes en tissu de soie;
>
> « De même soie sont le poitrail et les grigris ou parures d'accessoires.
>
> « Attache à la selle deux taymankyah,
>
> « En manière de sacoche, où tu aies de l'orge, provision de sagesse.
>
> « Emporte en argent, en eau, ce qu'il te sera possible,
>
> « Ces deux excellents compagnons au dehors et chez toi.
>
> « Et du helyledj, portes-en pour les blessures vives;
>
> « C'est le reconfort du cœur, la thériaque qui remet tout. »

Quelques explications pour ces vers. — Les quatre bandes de soie qui, réunies par côté, forment la sangle, sont recouvertes d'un cuir doux de Tâïf (près de la Mekke), enduit ou graissé de manière à ce que l'eau ne le pénètre pas. Le tout est cousu en une sangle. Avec une pareille sangle le cheval monté est soumis à tous les exercices sans qu'il se blesse, sans que son cavalier tourne et tombe. —Les taymankyah sont des besaces ou sacoches en cuir de Tâïf. Sur le côté du cheval on a une pièce ou panneau de cuir ciré de Ḳitâ préparé avec une peau de chèvre, laquelle peau a été traitée par la sandaraque, l'huile de noix, la poix, et est de la même étendue que la besace. Cette peau de chèvre garantit le côté du

cheval des effets de la sueur. Dans un seul des deux pendants
de la besace ou bissac, on met six ḳadaḥ (le ḳadaḥ vaut un
litre et soixante-quinze centilitres environ) d'orge bien nettoyée, une pierre à feu ou briquet, de l'amadou, du soufre, un
petit vase en cuivre contenant de l'huile, un petit réchaud, un
paquet de heliledj ou ehliledj citrin et pulvérisé très-fin, du
sang-dragon, de l'ambre jaune, de la racine des braves ou
irḳ el-djebbâr, toutes choses qui ont leur emploi chacune à son moment. (Le heliledj, ou mieux ehliledj, est un
myrobalan, un *balanites œgyptiaca*. Nous aurons occasion de
parler des myrobalans ou myrobolans, dans le vol. III. Le
myrobalan citrin est le myrobalan emblic.)

D'autre part, l'homme intelligent et prudent, surtout s'il
est roi, prévoit le possible éloigné et aussi le possible rapproché. Le Prophète l'a dit : « N'ayez jamais la certitude de
triompher de l'ennemi ; car il peut vaincre comme vous. » Et
l'on sait ce qui avint au Prophète à la terrible journée d'Ohod.
(Les musulmans furent battus ; Mahomet fut blessé et faillit
être tué. Voy. Caussin de Perceval, Essai sur l'histoire des
Arabes, etc., vol. III, pag. 89 et suiv.) — Et puis, un roi peut
se trouver isolé de son armée ; alors, avec ce dont il se sera
muni, il aura de quoi manger et boire, pourvoir à ses besoins
jusqu'à ce qu'il revienne à un endroit qui lui appartient. —
Le heliledj citrin, en poudre fine, se met sur les blessures, et
ensuite on les bande. Cette poudre amène la cicatrisation par
le rapprochement des lèvres de la plaie, qui par suite se guérit
sans donner plus de sang ni fournir de suppuration **.

CHAPITRE XVII.

Des signes, chyah, ou couleurs qui diffèrent de l'ensemble de la robe du
cheval. — Pelage sourd, unicolore. — Signes blancs; leurs noms. — Onze
sortes de marques en tête ou signes blancs. — La pelote et l'étoile ou le
disque. — Les ouadâh ou blancs ailleurs qu'à la tête ou aux quatre membres; naturels, ou accidentels. — Extrait du Kitâb el-aḳouâl : — blanc
au toupet; à la queue; — marques de la tête; leurs noms et variétés. —
Signes blancs ailleurs qu'à la tête et aux quatre membres. — Des mots rafr
et kabâl.

I.

On donne le nom de chyah, ou signe, à toute place dont
la couleur diffère de la couleur la plus générale de la robe. Le
pelage, lorsqu'il n'a aucun chyah ou signe, quelle que soit la
couleur du poil, est qualifié açamm, sourd, sans rien qui
parle ou le signale, ou behîm, unicolore. Ces qualifications
s'appliquent au cheval entier et à la jument.

II.

En fait de signes blancs il y a : — la marque en tête, ou
rourrah; — le disque, ou ḳourśah; — le sur-lèvre trian-
gulé, ou le raṭamah; — la balzane, ou taḥdjîl; — la mèche
au front, ou chaaf; — la tache axillaire ou abdominale, ou
nabaṭ; — la flamme en queue, ou chaal; — le blanc en tête ou
à l'extrémité caudale, śibar; — le blanc en lèvre inférieure,
ou lamaz; — la marque en face, ou ya'çoûb, roi des abeilles,
abeille en face; — le turban ou *turbanement*, ta'mîm, blanc en

front et oreilles ; — la grande tache, ou balaḳ. — La marque
en tête est la marque blanche sur la face, et se distingue en
onze variétés dont nous parlerons tout à l'heure.

Signe ou chyah se dit aussi en particulier de tout blanc qui
siége à la face ou aux bipèdes. Si le pelage n'a de blanc nulle
part, il est unicolore (et le cheval est zain). S'il y a une
marque en tête ou tache et qu'il n'y ait aucun blanc aux quatre
membres, le cheval est dit : sourd des quatre jambes. On dit :
sourd unicolore, pour désigner qu'il n'y a aucun blanc sur le
corps ni sur les membres.

Voici les onze sortes de marques en tête. On dit : — 1° mar-
qué-souffleté, pour le cheval dont la marque blanche s'étend
jusqu'aux deux yeux ou jusqu'à un œil seulement, ou jusqu'aux
deux joues ou à une seule joue ; — 2° marque ou signe en
voile, lorsque la marque va jusqu'à envahir les deux yeux en
entier et les côtés des deux joues. On ajoute : si le blanc
occupe toute la face et que cependant les yeux voient dans le
noir, c'est-à-dire soient environnés de noir, le cheval est annoncé : moubarka', ou face voilée, ou à masque (c'est le cheval belle face) ; — 3° mais si, de plus, les paupières d'un œil sont
sous poil blanc, on signale par : mourrab, ou blanc d'un œil ;
et si le blanc occupe les paupières des deux yeux, on signale :
mourrab el-etneìn, ou blanc des deux. En terme général
on dit : arrab, cheval à œil blanc ou vairon ; — 4° signe ou
blanc répandu, lorsqu'il s'étend sur le chanfrein et s'étale sur
le visage, mais sans atteindre en rien jusqu'aux yeux ; c'est le
châdeḳ ; — 5° signe en torrent, sâïl, ou blanc coulant,
lorsque le blanc s'étale en large sur le front entre les yeux, et se
prolonge en se rétrécissant sur le chanfrein jusqu'en bas ; c'est
ce que l'on nomme *lisse en tête*, liste ; — 6° signe en spadice
ou en chimrâḳ, ou ramuscule du régime du dattier, lorsque
le blanc va du front au bout du nez, en une ligne mince qui
descend sans s'élargir ni se rétrécir en aucun point, et qui
reste partout égale ; c'est la *liste* étroite et régulière ; — 7° signe
brisé, abrupt, mounsarim, si le blanc est large en un point,
resserré en un autre point, et interrompu en un troisième ;

par exemple, large au front, interrompu entre les deux yeux,
étroit sur le chanfrein ; — 8° blanc interrompu ou coupé,
mounkati', s'il descend du front jusqu'entre les yeux, et là
s'interrompt et s'arrête, de manière qu'il n'y en ait absolument rien sur le chanfrein ; selon d'autres personnes, tout blanc
qui, au front, est petit ou grand, arrive au passage du sur-nez
et s'interrompt là, est nommé blanc interrompu. Le blanc qui
va des naseaux en suivant le nez jusqu'entre les yeux, mais
sans atteindre au front, est encore nommé blanc interrompu
(liste interrompue); — 9° le blanc passereau ou oŝfoûrî, si
la pelote est juste au milieu de la face, mais entre les deux
yeux ; — 10° blanc quelques poils, marqué peu de poils, aṛarr
cha'rât, lorsque la pelote n'est formée que de très-peu de
poils blancs au milieu du front. (C'est ce que nous signalons
par : quelques poils en tête.) — 11° Enturbané, turbané,
lorsque le blanc descend jusque vers l'arcade surcilière, mais
sans atteindre la paupière.

Le ḳourḥah, pelote, est plus petit que le ṛourrah, étoile
ou disque. Celui-ci est la tache qui dépasse le diamètre d'une
drachme ; l'autre est la tache qui est du diamètre d'une
drachme, et au-dessous. Le cheval est signalé : « à pelote en
tête » lorsqu'il a une pelote qui s'interrompt avant le mersen
ou passage du sur-nez. Lorsque la pelote est petite, on dit :
pelote légère. Lorsque la pelote est mêlée de poils non blancs,
on dit : pelote grisonnée (ou herminée).

Le raṭamah ou rouṭm, blanc sur nez, est la tache blanche
qui se trouve sur la babine supérieure, laquelle est l'analogue
de la lèvre de l'homme, et qui, petite ou grande, va jusqu'au
passage du sur-nez de la bride ou du licou.

Tels sont tous les signes ou taches et marques en tête, aussi
complétement qu'on les a indiqués, je l'espère.

III.

Les ouaḍaḥ (dont le pluriel est aouḍâḥ) sont toutes les
taches blanches ou les blancs qui existent à l'encolure, au
toupet, à la queue, au dos, aux flancs, et même au passage de

la sangle, etc., par suite des excoriations ou blessures dues à
la sangle, à la selle, aux frottements, à toute cause accidentelle ou mécanique. (Cette explication des ouadâh se trouve
au chapitre dix-huit du texte arabe. Il m'a semblé plus à propos de la placer ici, en raison surtout du complément que je
vais extraire du Kitâb el-akouâl. Cet extrait, je l'abrége, comme
je ferai d'ailleurs en toute occasion pareille, de manière à présenter seulement ce qui est omis ou ce qui me paraît moins
complet dans ce qu'expose le Nâćérî).

IV.

* La mèche, ou chaaf, se dit du toupet grisonné; s'il est
entièrement blanc, le cheval est signalé : aśbar, ou blanc
toupet; même signalement par le mot aśbar, teint, si le blanc
est à l'extrémité de la queue.

De notre temps, on appelle le kourhah ou pelote, qu'il
soit petit ou grand, du nom d'étoile, nedjm. Si la pelote est
venue parce que les poils ont été arrachés, elle est dite mardah,
poussée, surcrue, surcroissante. (C'est la *fausse étoile*.) Lorsque
le blanc de face a atteint jusqu'à un seul œil, le cheval est signalé par les qualificatifs achra' et achia'; mais je ne vois
point à quelle signification radicale je pourrais rattacher ces
deux mots. (Le sens pourrait bien être pris de chirâ', une
voile, ce qui voudrait dire blanc d'une voile, d'un œil; — et
de chyâ', petit foyer, blanc d'un foyer.)

Le mounśarim est le rourrah ou signe en tête petit par
endroits et brisé; s'il est par points séparés, on le nomme
moustarânn, moucheté. Le rourrah bien arrondi, comme
une rose, est le watîrah ou anneau, c'est-à-dire l'anneau ou
la bague qui sert de but pour apprendre à pointer le coup de
lance. Toute marque blanche en tête, lorsqu'elle est sur le
haut du nez, qu'elle est ensuite interrompue avant d'être au
niveau du haut des naseaux et de remonter sur le chanfrein,
soit qu'elle aille en s'élargissant, ou qu'elle s'alonge droite,
qu'elle soit mince ou forte, et lorsqu'elle arrive jusqu'à l'ex-

trême limite supérieure du nez au ḳolaïḵâ, limite qui est l'a-
nalogue de l'iṛnîn ou haut du nez, vers les sourcils chez
l'homme, est le ya'çoub ou roi des abeilles, l'abeille en face.
On a aussi décrit l'abeille en face, une ligne blanche qui descend de la marque en tête, ou ṛourrah, jusqu'à venir toucher
l'extrémité osseuse du nez, et qui ensuite s'interrompt. Le
lamaż est, selon Naḋr, le blanc entre les deux lèvres et allant
toucher la langue.

Le cheval est signalé : — par le terme adrâ, paré de cheve-
lure, lorsque les oreilles sont peintes de blanc; — par aṣḳa'
ou crâne blanc, lorsque le blanc est au milieu du haut de la
tête;—par mouạmmam, à turban, enturbané, lorsque le blanc
s'étend à l'implantation du toupet et alentour; — par aṛcha,
voilé de blanc, ou par aṛḳam, chef blanc, si toute la tête est
blanche; — par aḵnaf, à nuque blanche, à nuquière, si la
nuque est blanche; — par adra', blanc du haut, si la tête et
l'encolure sont blanches; ou, selon El-Djaûhary (l'auteur du
dictionnaire arabe le Saḥâḥ), si la tête seulement est blanche.
Adra' se dit encore, d'après le même auteur, de tout cheval et
de toute femme ayant la tête noire et tout le reste blanc. Des
nuits du mois lunaire, les trois qui suivent les nuits *blanches*
ou éclairées par la lune, sont désignées par le mot doura'
(plur. de adra'), parce que leur commencement est noir et le
reste blanc ou éclairé *.

V.

* Un cheval est signalé par : — arḥal, ayant charge de
blanc, porte-bât, lorsqu'il a le dos blanc; — azar ou cein-
turé, s'il a les reins blancs; allusion à l'izâr ou vêtement que
l'homme se ceint aux reins; — achạl ou flambé, lorsqu'il a
une masse blanche dans l'épaisseur de la queue; ce blanc
caudal déplaît aux Arabes; — aṣbaṛ, teint en blanc, ou ḳabâl,
tronqué, si toute la queue ou l'extrémité de la queue est
blanche; — moutarraf, ou pris des deux bouts, si la tête et
la queue seules sont blanches; de même, si elles seules sont

noires ; — akṣaf, teint aux hypochondres, lorsque le blanc est à un ou aux deux flancs ; — anbat, ventre marqué, lorsque le blanc va jusqu'au ventre ; selon Ibn Chomeïl, le cheval anbat est celui qui a du blanc vers les deux rafr ou la partie apparente des ars et la partie apparente des aines ou pli des cuisses ; — akradj, embesacé, ensacoché, si le ventre et les flancs sont blancs jusque vers le dos ; le terme akradj rappelle le mot kourdj, besace, sacoche, *hippopera*. — Le mot rafr, pli des aisselles et des aines, et le mot kabâl que nous venons de voir, se trouvent avec le sens que nous indiquons, dans ce vers du mètre rédjez :

« On m'a marié à une kabâl ou tordue, tronquée, avec bosse au dos,

« Toute grêle des aisselles et des aines, et épaisse des genoux *. »

CHAPITRE XVIII.

I.

La balzane, tahdjil, est la tache ou marque blanche ou le blanc qui se voit aux quatre membres inférieurs, ou à trois de ces membres, ou à deux pieds.

Il n'y a pas de balzane à une main qu'il n'y en ait en même temps à un pied, ou aux deux pieds ; il n'y a pas de balzane aux deux mains qu'il n'y en ait en même temps à un pied ou aux deux pieds ou une tache blanche à la face. Il n'y a pas de différence, c'est-à-dire il y a balzane, que cette balzane soit petite ou grande, lorsque le blanc tourne et entoure tel membre inférieur. Des hippologues et des hippiâtres disent : La balzane est le blanc qui va jusqu'à mi-canon.

Le mouhmal, ou chargé, est le cheval dont les quatre membres ont du blanc qui occupe le tiers, ou la moitié, ou les deux tiers des canons sans descendre au-dessous des boulets et sans atteindre les genoux et les jarrets.

Le cheval dont la main est de la couleur du corps et sans trace de blanc, est qualifié talik el-yed, libre de la main.

Tout membre ayant du blanc est qualifié moumsak, pris; et
tout membre qui n'a pas de blanc est dit moutlaḵ, libre,
net. Si du blanc est à un des deux pieds, le cheval est ardjel,
pédié, marqué d'un pied. Nous allons revenir là-dessus.

II.

Il y a douze variétés de la balzane. — 1ᵘ Les quatre balzanes d'arrêt, lorsqu'elles occupent les quatre membres et les
entourent, mais sans atteindre jusqu'aux genoux et aux jarrets.
— 2° Les balzanes montantes, ou en tedjbîb, lorsqu'elles
prennent les quatre membres, les entourent et montent au
delà des genoux. — 3° L'appuyé, a'çam, ou ayant un appui,
est le cheval qui n'a du blanc qu'à une seule des deux mains,
rien aux deux pieds, et ce blanc s'élève au delà du genou. —
4° Les balzanes dites longues mitaines (mitaines qui s'attachent
au coude) ou ḵouffâz, sont celles qui occupent les deux
mains qu'elles entourent de blanc jusque sur les genoux, mais
il n'en est pas ainsi aux deux pieds. — 5° La balzane est
mouçawwir, ou en bracelet, lorsque le blanc prend au boulet
de la main et au-dessus, sans avoir trace au paturon. — 6° En
chevillère ou en périscélide, mouḵalḵal, si cette même
disposition est à un pied. — 7° En caleçon, mouçarwal,
lorsqu'elle se prolonge jusqu'au bras ou jusqu'à la cuisse. Si le
blanc occupe les quatre membres et dépasse en haut les genoux et les jarrets jusqu'à une grande distance, le cheval est
mouçarwal, ayant la balzane-caleçon (ou balzane très-haut
chaussée). — 8° La balzane moużaffar ou victorieuse ou de
la victoire est celle qui occupe le paturon sans envahir le boulet. — 9° Le cheval ardjel ou pris du pied, ou *pédié*, est
celui qui a une seule balzane, petite ou grande, à un pied ou
membre postérieur, et rien aux trois membres. — 10° Le
cheval balzané des rawâbeḥ ou gagnants, et libre des sawâ-
meḥ ou aisés ou faciles, est celui qui a les deux pieds balzanés
de quelque manière que ce soit, mais sans avoir trace de blanc

aux mains ; par suite, s'il a du blanc aux deux mains et n'en a pas signe aux pieds, on le signale : balzané des faciles, et libre des gagnants.

Lorsqu'un des bipèdes latéraux porte balzane, on signale par : balzané du chaḳḳ droit ou bipède droit et libre du gauche, ou *vice versâ* ; ou bien, par : pris des droits et libre des gauches et réciproquement ; ou encore par : pris des deux droits, des deux gauches. (C'est le *travat* d'autrefois.) Si les deux balzanes sont à un bipède diagonal, on signale par : balzanes en entraves (c'est-à-dire croisées, comme on met les entraves aux chevaux en repos) ; cette circonstance déplaît et répugne. (C'est le *transtravat* d'autrefois.)

Les poils blancs qui se présentent par place sur le pelage, et au paturon sans l'entourer, forment ce que l'on nomme cho'lah, une flamme, une mèche (ou balzane incomplète) ; et le qualificatif est achạl, flammé, ayant mèche. Mais, si le blanc entoure le paturon, on le nomme *la balzane* (c'est-à-dire la balzane simple ou balzane proprement dite). On spécifie ensuite selon que nous avons indiqué. Si la peau sur laquelle gît *la balzane* est blanche, l'ongle est blanc, et la balzane est qualifiée achhab ou fond blanc. Si la peau est noire, l'ongle est noir ; si cette peau est mouwaḳḳaf ou *retenue*, c'est-à-dire retenant du blanc et du noir, blanche et noire, l'ongle aussi est rayé de blanc et de noir ; mais il n'y a pas directement, sous le blanc de la *retenue* ou variation rayée de la peau, une raie blanche à l'ongle, ni sous la strie de noir une ligne noire sur l'ongle.

Examinez et sachez cela.

III.

* Le cheval ayant du blanc aux deux mains est dit : appuyé des deux mains, a'çam el-yédeîn. Les Arabes modernes n'aiment point le cheval ainsi marqué, et ils le nomment pétrisseur, addjân. Mais si, outre cela, il a un blanc à la face, il est dit

balzané, et l'épithète d'*appuyé* ne lui est pas accordée. Si le blanc n'est qu'à une main, et si un blanc est aussi à la face, le qualificatif *appuyé* est seul applicable, et non point celui de balzané.

Si le blanc est à l'arrière des paturons des mains ou des pieds, et n'en fait pas le tour, le cheval est signalé par : mounaḷ, ferré ou chaussé de telle main, ou de tel pied, ou des deux mains, ou des deux pieds. Le cheval est dit ardjel, ou pris du pied, ou *pédié*, lorsque le blanc est à un paturon d'un seul pied, sans trace de blanc aux mains, et le tient tout autour au-dessus du bourrelet, mais ne s'étend pas jusqu'au canon. Ce signe répugne lorsqu'il n'y a pas de tache blanche à la face; il ne répugne pas lorsqu'il y a une pelote au front, ou la marque en tête, ou rourrah. Bien plus, on aime ce signe et on le loue lorsqu'il y a pelote au front. Ainsi, Mourakḳich-el-Aṣrar (ou Mourakḳich le jeune, poëte d'avant l'islamisme) a dit à l'éloge d'un cheval :

> « Coursier de noble sang, d'illustre race, il est sans reproche, bai brillant et pur, pris du pied et pelote en tête. »

Le cheval pris du pied ne déplaît que s'il est pris du pied droit (34).

Si le blanc est aux deux pieds ensemble, on appelle cela takḍîm, et le cheval est akḍam, ayant chevillères ou périscélides simples, c'est-à-dire, non en cercle solide ou métallique. Le mot est dérivé de ḳadamah, sorte de chevillères en agates ou autres choses analogues, ou même en cuir, que les femmes arabes se mettaient aux malléoles des pieds, en place de ḳalḳâl ou chevillères en cercle solide. Le takḍîm est le blanc qui ne monte pas au delà des paturons. Du reste, toutes les fois que le blanc est aux quatre membres, ou seulement à trois d'entre eux, à partir du dessus des paturons jusqu'aux genoux qu'il ne dépasse pas, le cheval est toujours dit balzané; car c'est là qu'est la place propre de l'iḥdjâl ou *balzanement*.

Lorsque les balzanes sont à un bipède diagonal, le cheval est désigné par choukkâl ou entravé, et mieux entravé par diagonale, et c'est là le véritable choukkâl. D'après d'autres opinions, le choukkâl est le balzané à trois des quatre membres, un pied étant libre, c'est-à-dire non balzané (car c'est de cette façon que s'attachent les entraves aux chevaux en repos); ou même encore c'est le cheval à trois membres libres et un seul pied balzané.

CHAPITRE XIX.

I.

Les allures simples ou ordinaires sont au nombre de dix. La
plupart sont naturelles, non apprises.

1° Le hemledjeh ou pas accéléré de voyage est une allure
naturelle, non un résultat d'instruction. Beaucoup de chevaux
communs ou akdich vont le pas accéléré de voyage sans qu'on
les y ait dressés.

2° L'amble pressé et juste, ou rahwanah, rahwoû, est
une allure artificielle, c'est-à-dire apprise. Pour y former et
habituer le cheval, on lui attache au paturon de chaque main
une corde nommée rayâh, guide-marche, et que l'on fixe par
l'autre bout au trousBequin de la selle. Le cavalier monte par-
dessus ces cordes. Il exerce jusqu'à ce que le cheval sache accomplir l'allure amblée; tous les jours on augmente le temps
d'exercice jusqu'à acquisition complète de l'amble. Certains
chevaux, par incapacité, ne réussissent pas par ce moyen à

prendre cette allure. On leur attache alors un troisième guide-marche au pied, et on monte ainsi et exerce la bête, qui finit ensuite par aller l'amble juste.

3° Le mekhâm ou trot ralenti est, d'après ce que l'on dit, la plus agréable de toutes les allures simples, la plus douce et la plus commode pour qui monte l'animal. Elle est ou artificielle, ou naturelle.

4° Le derkâwy. Mon père, Dieu l'ait en grâce! a vu un cheval qui allait le pas accéléré de voyage et remuait la tête de droite et de gauche, et le cavalier avait à peine un léger mouvement de corps. « Voilà, dit alors mon père, l'allure derkâwy ou derkâwyenne. C'est la plus agréable des allures. »

5° Le ḳâtoûny, cadinien, ou pas des cadines (ou pas de la haquenée). On prétend qu'il est naturel et ne se donne pas par l'éducation. On l'a appelé *cadinien*, parce que dans la progression cette allure commode convient pour les femmes, ne communique ni mouvement ni secousse. De là le nom de pas ordinaire ou de sultane. (C'est l'amble doux et souple des haquenées, des anciennes montures des nobles dames et damoiselles.)

6° Le néâdjy ou amble vite de la chamelle est une allure naturelle rapprochée de l'amble ḳatoûny pour la tenue et l'élégance.

7° El-cyhl wa el-ḥott (dénomination arabe du langage vulgaire), c'est-à-dire l'enlever et le poser, ou le levé-battu, est l'amble frappé et cru qui appartient aux mulets et aux akdîch ou chevaux communs et de très-basse origine. Mulet et akdîch, étant jeunes, sont laissés avec de longs guide-marche à suivre leur mère par derrière, et ils s'habituent à prendre l'allure dite levé-battu.

8° Le rahwân moutlaḳ, l'amble absolu et dégagé, appartient spécialement aux mulets et aux mules. Rarement on le rencontre chez le kadîch ou akdîch. C'est un résultat d'éducation. Et même beaucoup de montures ne peuvent arriver à l'avoir sans l'emploi du long guide-marche à un des deux pieds, et sans que quelqu'un conduise, devant le dresseur et à la longe du licou, l'animal auquel on veut apprendre ce pas. Alors le dresseur tient et manie le rayâḥ ou guide-marche, afin de former à l'allure.

9° Le rakḍ ou la poussée est l'amble à quatre battues ou heurts, appelé encore l'amble aux deux côtés. (C'est probablement le traquenard.) Il est particulier et naturel aux kadîch, à l'exclusion des mulets ; car ces derniers ne donnent pas des côtés dans la progression.

10° Le faûḳâny ou le haut, l'amble haut ou supérieur. C'est le plus alongé et le plus haut des pas compris dans le mot ambles. Il est naturel aux mulets et mules, à l'exclusion des kadîch. Des monteurs m'ont assuré que, à leur avis, cette allure relevée, ou *air relevé*, est naturelle et bien plus fréquente chez les mulets que chez les autres montures, parce que les mulets sont de double origine animale domestique. Les animaux domestiques sont d'un ordre plus noble. Par suite, l'allure faûḳâny ou relevée et alongée se trouve être naturelle. Dès lors, si l'animal est encore exercé à ce pas relevé, il le prend au suprême de la perfection. Le cheval de race et le kadîch ou akdîch ont des membres originellement plus vigoureux que le mulet ; et si le maître ou dresseur les soumet à l'apprentissage du faûḳâny, ce travail leur est rude. On les fatigue, on use la force de leur tête et de leurs membres, et on ne réussit pas.

Du reste, en général, la plupart de ces allures amblées sont naturelles et ne se donnent pas par éducation.

Dieu, la majesté sublime, sait mieux que nous la vérité !

(Nous avons parlé précédemment d'autres allures.)

II.

* Les écrivains hippiâtres diffèrent des anciens Arabes sur la détermination de l'allure ạnaḳ (que nous avons nommée l'allure fière, le pas brillant). Les uns veulent que ce soit la plus lente marche, et les autres le plus petit galop. Mais, en réalité, dans l'ạnaḳ, le cheval éloigne les pas et alonge vers le galop ;

pour nous c'est le ḳazaz, le trot relevé. Il y a encore, en fait d'aṇaḳ, le tekaddous ou bon trot des animaux chargés ou chevaux de somme, et le naḳdy ou le trot alongé ou mélange du trot et de l'aṇaḳ.

Le harwalah et le hemledjeh sont la même allure, le pas accéléré de voyage, le pas des mulets, des chevaux communs, des chevaux de demi-sang employés aux voyages. (Le traité du Fiḳh el-loṛah, ou Connaissance de la langue arabe, par Abou Manṡoûr el-Ta'laby, définit le pas harwalah : « Allure entre la marche et la course; » et le hemledjeh : « Rapprocher les pas et les précipiter.») Les chevaux fins ne revêtent bien cette allure que par l'instruction; et quand ils l'ont apprise et y sont rompus, ils sont devenus moins vites à courir. Les chevaux qui vont naturellement le hemledjeh sont appelés, dans le vulgaire, rahwân ou ambleurs.

Le iradna ou iradnah, le latéral ou l'oblique, est le pas qui porte avec animation sur un des deux côtés.

On dit que le cheval bat, i a k r a', lorsqu'il part commençant la course. — Le ṛarb d'un cheval est sa vitesse lancée à l'extrême. — Dans la course il y a le myah, le coulant, ou le boudâhah, l'attaque; c'est le premier temps de la course, du cheval qui part. Après cela est le taḳrîb ou galop raccourci; puis le ȧdoû ou galop; puis le ḥadar ou grand galop; puis le irḳâ ou élan épanché; puis l'iḥtifâl ou élan plein; puis l'ilhâb ou l'enflammement ou le feu de la course; puis l'ihdâb ou l'effort, l'intensité suprême; puis l'ihmâdj ou le coup de nerf, le moment où le cheval prodigue et dépense toute sa puissance de course; puis enfin le ilâlah ou le reste, qui est le moment où les jambes vont flageoler, tourner comme les jambes de la grande araignée, où elles n'ont plus rien à fournir en plus à la course; puis le sikât ou relâchement; puis le foutoûr ou la suspension, le manque; puis le taḳhîr ou la mise à bout; puis le a'yâ ou l'épuisement; puis le zâḥif ou le traîne-pied *.

III.

(Le traité du Fiḵh el-loṛah explique quelques allures chevalines, ainsi qu'il suit) :

Le cheval, — dans l'allure irtidjâl ou aledj, ou grand pas
pressé, grand pas allègre, mêle le hemledjeh et le anaḵ ; — dans
le ḵabob, ou le trot, lève en haut l'avant-main pour se
porter en progression, et ramène l'une après l'autre les deux
mains, puis aussitôt ramasse et rapporte les deux pieds ; —
dans le odjatla ou bon petit train, va d'une vitesse entre le
trot et le galop raccourci ; — dans le galop rapproché, enlève
ensemble les deux mains et les ramène ensemble sur le sol ;
on nomme ḍaba', brassement, l'enlever et le tourner des
sabots vers l'avant-bras, et ḵanaf ou ḵanîf, diduction, détournement, l'enlever et le tourner des sabots en dehors ; —
dans le teraḵḵouś ou le danser, le piaffer, se soulève par
des mouvements trides en tenant le pas très-raccourci ; —
dans le radaïân, ou le piaffer sur place ou *passage* sur place,
frappe et refrappe de la corne sur le sol ; — dans le daḥr,
ou le heurte-bas, jette ou frappe la main sans élever la pince
loin du sol.

CHAPITRE XX.

I.

Les marques ou empreintes, dârah (pluriel : dârât), sont en huit catégories.

1° Les marques davidiennes. Elles étaient au nombre de sept, comme le nombre des climats de la surface terrestre ; car les populations indigènes de chacun d'eux employaient des marques spéciales. Mais les marques davidiennes proprement dites sont celles qui, d'après les récits traditionnels, étaient appliquées sur les chevaux du prophète David, sur lui soit la bénédiction du ciel ! Tout cheval qui en était empreint se trouvait ainsi garanti et à l'abri de la tranchée-colique, et des convulsions intestinales ou tortillements intestinaux. Les marques davidiennes dont le souvenir a été conservé sont les cinq que voici :

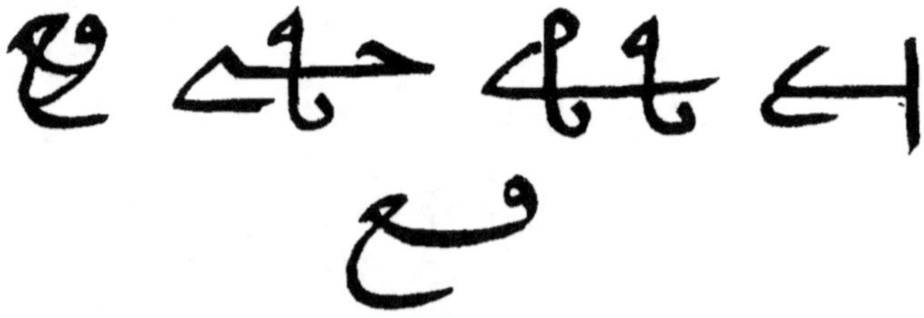

2° Les marques égyptiennes, aujourd'hui, sont selon le nom

et les armoiries ou attributs héraldiques (renk) du propriétaire du cheval. Anciennement elles étaient ainsi :

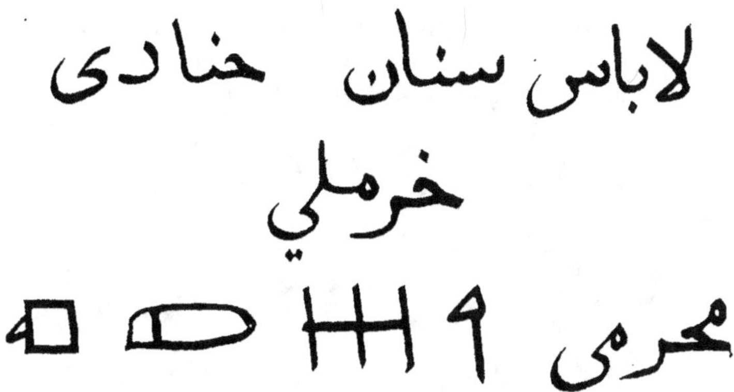

3° Les marques grecques étaient très-nombreuses. Je n'indique que les quelques-unes que voici, afin de ne pas laisser
de lacune dans l'exposé que nous donnons ici des marques.

4° Les marques indiennes sont ainsi :

5° Les marques syriennes, aujourd'hui, varient selon le nom et les attributs héraldiques des propriétaires des chevaux. Mais aux temps des kalifes elles étaient ainsi :

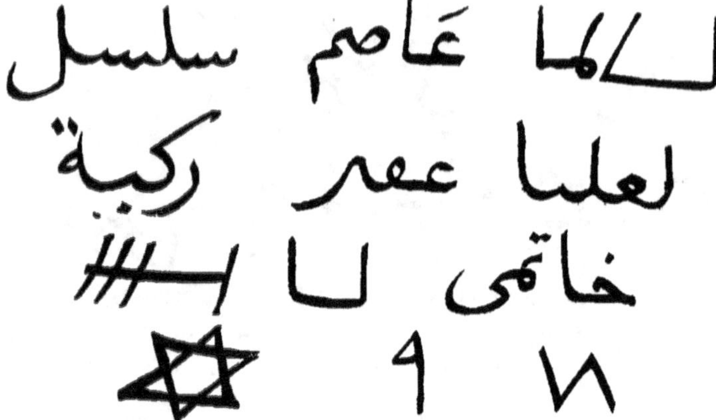

6° Les marques alépines ont les formes suivantes :

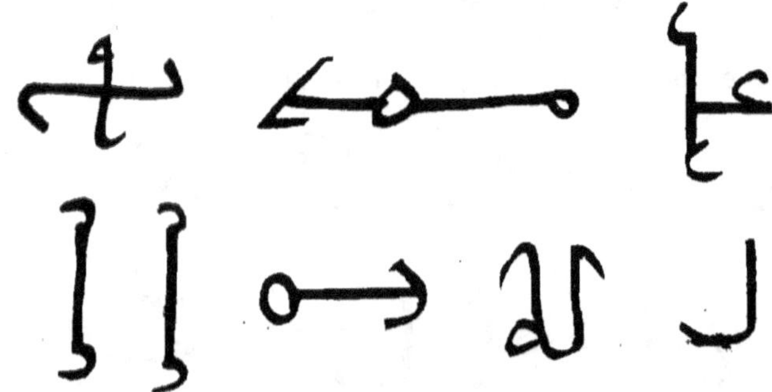

La figure de l'empreinte que faisait appliquer, dit-on, le premier kalife, Abou Bekr, le fidèle croyant si sincère, avait cette forme-ci :

7° Les empreintes magrébines sont ainsi :

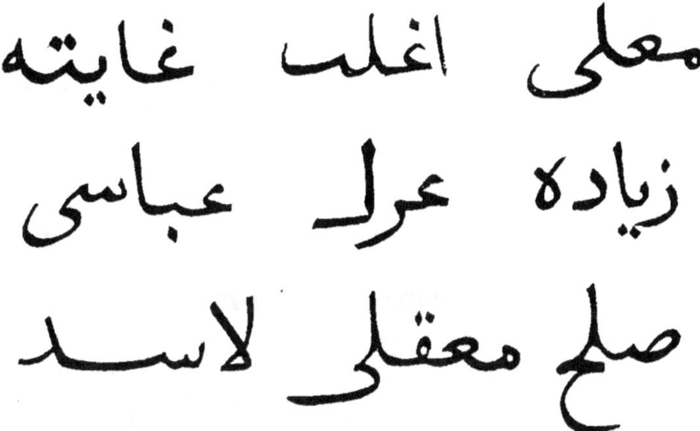

8° Les figures des empreintes franques ou européennes
sont les suivantes :

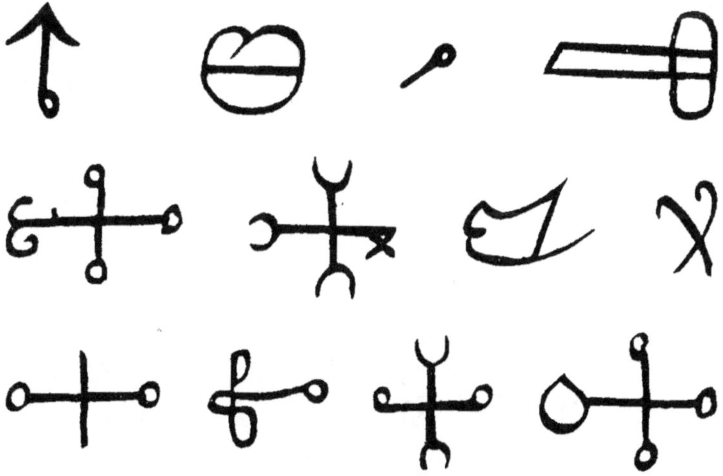

Tel est l'ensemble abrégé des marques usitées sur toute la
terre.

Voyez, et retenez-les, par la grâce de Dieu.

DEUXIÈME EXPOSITION.

La deuxième exposition de ce traité de la Perfection des deux arts comprend dix chapitres traitant des nuances ou robes chevalines, — des nuances des mulets et de celles des ânes.

CHAPITRE PREMIER.

I.

Beaucoup de philosophes et même beaucoup d'Arabes ont prétendu que, dans la classification descriptive ou gamme des nuances, le rouge ou bai devait passer avant le noir. Comme réfutation, il y a les paroles du Prophète conservées par Okbah fils d'Âmir (et par d'autres que je crois inutile de nommer ici) : « Lorsque tu veux aller en expédition ou razia, achète-toi un cheval noir qui ait la marque blanche en tête, qui soit balzané, libre seulement de la main droite. Tu feras alors bon butin, et tu reviendras sain et sauf. »

Le meilleur cheval est le cheval noir, avec la pelote en tête, avec le blanc sur la lèvre supérieure, avec balzanes, excepté à la main droite. — Le meilleur cheval est le cheval noir, avec la pelote en tête et le blanc sur la lèvre supérieure; après lui est le noir qui a pelote en tête, trois balzanes, excepté à la main droite; après lui est le noir, avec marque en tête. Zeïd ajoute : « Si tu ne trouves pas un cheval noir, prends-le komeït ou bai brun, avec les marques blanches » qui viennent d'être indiquées. Le komeït est le cheval dont la nuance du pelage n'a ni alezan ni noir absolu, mais le rouge mêlé de noir. (C'est le bai foncé, le bai brun.)

Tout ce qui précède montre que, dans l'ordre de préséance, le noir est même avant le bai et avant l'alezan (ou bai avec du blanc à telle ou telle des extrémités. — Je supprime ici quelques détails que donne le texte sur la construction des mots arabes et leur prononciation, à propos de la question dont il s'agit).

Un Arabe vint se présenter au Prophète, et : « Prophète de Dieu, lui dit-il, je voudrais acheter un cheval, ou même l'entretenir pour les réserves de la guerre. — Achète, reprit le Prophète, achète un cheval noir ayant la pelote en tête, le blanc sur la lèvre supérieure, trois balzanes, mais la main droite libre. »

Le Prophète fit courir son cheval noir avec d'autres chevaux des musulmans. La course eut lieu à Mouḥaṣṣab (basfond couvert de graviers et de petits cailloux ou ḥaçab , amenés par les torrents, et), à peu de distance de la Mekke. Le cheval du Prophète fut vainqueur. Le Prophète était agenouillé les genoux par terre, le siége appuyé sur les talons penchés et couchés de côté, et était resté ainsi jusqu'à ce que le cheval passa devant lui : « C'est une mer (qui se précipite), » s'écria l'Envoyé céleste. Une autre version dit : Il était accroupi, comme nous venons de l'indiquer; puis, après la course, il essuya la face du cheval en prononçant ces mots : « Tu es véritablement une mer ; » et le cheval, depuis ce jour, fut appelé Baḥr, mer. Selon l'historien Ibn Atîr, ce cheval était bai foncé. Mais cette indication a été rectifiée, et il a été reconnu comme étant de robe noire. Du reste, le Prophète est le premier qui ait qualifié un coursier par l'épithète *mer*. Un autre récit dit : Le Prophète fit exécuter une course; son cheval noir était en tête des coureurs lancés. Le cheval étonna la foule, et tous de s'écrier tout d'un coup : « C'est le noir ! c'est le noir ! » Il passa devant le Prophète, et les crins de la queue qui au départ était nouée, jouaient libres au vent. Le Prophète était accroupi sur les genoux, le siége posé sur les talons : « Certes, s'écria-t-il, c'est une mer (qui se précipite). »

II.

Les nuances du noir de la robe sont au nombre de cinq :

1° Le noir foncé, edhem hâlek, est celui que nous désignons, nous, par noir nubien. (C'est le noir jayet, le moreau.)

2° Le noir moins tranché, edhem djaùny, est le noir franc.

3° Le noir louche ou mal teint, ahwa, est moins foncé que le noir franc. Le cheval ahwa ou noir mal teint a le nez et les côtés des reins ou parties molles des hypochondres rouge noir. « Les chevaux de poil ahwa, a dit le Prophète, sont excellents. Les chevaux sur lesquels on peut toujours compter (parce qu'ils ont en eux forces et bénédictions), sont les ahwa ou sous poil noir mal teint. » Le cheval noir louche ou mal teint a, en sous-ordres, les teintes suivantes : — Le louche asbah ou à noir plus complet; c'est lorsque le rouge ou bai du nez est peu étendu, tourne fortement au noir, et que le blanc domine à l'extrémité du nez; — le louche athal ou avec teinte roussâtre; c'est lorsqu'il y a de l'isabelle et du louvet ou gris de fer mélangés en nuance trouble et confuse; — le louche akhar ou presque mat, ou presque sans limpidité; c'est lorsqu'il y a de l'obscur et du confus dans le rouge ou bai du poil sur les narines, dans le noir le long de l'échine et dans le reflet blanc des côtés des reins. Le noir nuancé de rouge ou bai est spécialement désigné par le mot kahbah.

4° Le noir asbah, ou complet ou simple.

5° Le noir ahmar, ou noir ayant du bai ou rouge, ou le bai-noir. Cette nuance se rapproche du noir et du gris foncé de fer. Nous ne mettons pas de différence entre ce ton et celui de noir-de-fer-bai. Ce que le cheval alors a de bai est sur les narines, et il a une certaine nuance isabelle aux côtés des reins. On a dit que ces nuances des narines et des côtés des reins ne sont pas des caractères nécessaires. On veut aussi que cette robe soit une simple nuance du noir moins accentuée que le noir tranché ou franc.

Au point de vue des qualités, le cheval noir foncé est celui qui a le plus d'entrain, le plus de distinction dans les instincts, le plus de pureté dans le pelage, lequel brille et éclate de vifs reflets.

On qualifie le beau noir — de noir nubien, noir de Nubie, — noir de ténèbres, noir profond ou ṛarbîb, — noir de nuit noire, ou de noire obscurité ou dadjoûdjî. Le noir franc est moins ferme et profond que le noir nubien ; il a plus de transparence, et a quelque chose d'une légère teinte baie. Le noir mal teint est moins prononcé que le noir franc ; il emporte le ton bai noirâtre aux narines et aux côtés des reins. Le noir aḵhab ou cendré est du gris tournant au noir. (C'est le noir de l'éléphant et du buffle domestique, dit le Kitâb el-aḵouâl.) Mais, d'après Ibn el-A'râby, le terme aḵhab désigne le bai foncé mêlé de cendré ; pour d'autres, c'est le blanc trouble, le blanc sale.

Noir plus complet, signale le cheval qui sur le nez a du bai tournant au noir louche, et sur le reste du corps un noir obscur et sans transparence. — Le noir rouillé, ou ṡadâ, est celui qui semble être comme mêlé d'alezan saure. — Le noir biḵâ' ou commun est appelé simplement, par les Arabes, edhem. C'est du noir qui tourne au bai et a une teinte rappelant une nuance d'huile ; on la nomme intermédiaire entre le noir et le bai ; d'une cuisse à l'autre le pelage a un ton bai allant à l'isabelle. Il présente aussi du noir ; le nez est de pelage bai, et d'une cuisse à l'autre il y a de l'isabelle (ṡoufr). On le nomme mo'ẓama, le relevé, le beau. — Il y a encore le cheval djalandjî, ou brillant, qui est d'un beau noir pur, et qui a du noir entre une cuisse et l'autre et aux quatre membres, plus une teinte d'isabelle tournant vers le bai au cou, à la queue, aux flancs et au ventre.

Nous avons observé et reconnu que lorsque la peau du cheval est noire elle porte le poil noir, et quand elle est blanche elle donne un poil blanc; la peau et le poil sont blancs.

III.

* D'après Âcim, fils d'Okkâl le bâhilide, les chevaux noirs sont les rois des chevaux; les alezans en sont les grands coureurs; les bais sont les chevaux vigoureux *.

CHAPITRE II.

I.

Au second rang, ou après le noir, vient l'alezan ou roux
(achḳar, chouḳrah). Les mérites et la supériorité de ce
pelage sont consignés dans une foule de récits. Le Prophète a
dit : « Les chevaux alezans ont forces et bénédictions. » Parmi
les chevaux du Prophète, Sabḥah était alezane. Le Prophète
l'avait achetée d'un Arabe de la tribu des Béni Djoheïnah pour
dix chameaux, et il l'engagea dans une course, un jeudi. Le
Prophète lui-même tendit la corde du point de départ, puis la
lâcha. « Soubḥân Allah ! Dieu de majesté ! » dit le Prophète. Et
la brillante alezane avançait, gagnait de l'espace, si bien que
celui qui la montait enleva la palme. Elle rivalisait avec les
plus beaux coureurs. Elle fut nommée Sabḥah, du mot
soubḥân prononcé par le Prophète; mais voici ce qu'explique
Ibn Mâlek, à propos de ce nom de Sabḥah : Elle fut victo-

rieuse ; et le Prophète en témoigna sa joie et son admiration.
Le nom de Sabḥah fut ensuite donné à cette jument, par application de l'expression consacrée : « Le cheval nage, » lorsqu'il
alonge à l'extrême les membres antérieurs dans la course ; « le
cheval nage sa course. »

Dja'far fils d'Abou Tâleb, que Dieu le comble de grâces ! eut
une jument alezane appelée Sabḥah, qu'il montait à la journée de Moûtah, où il succomba martyr (frappé de cinquante
blessures). Sabḥah fut sacrifiée en holocauste de deuil ; on lui
coupa les jarrets (et on la laissa ainsi jusqu'à ce qu'elle
expirât. Ce genre de sacrifice était en usage dans les temps
antéislamiques. Les chameaux étaient sacrifiés de cette même
manière sur les tombeaux des hommes dont on révérait et ho-
norait la mémoire). Sabḥah fut le premier cheval que l'on immola sous cette forme, après l'apparition de l'islamisme (a).

La supériorité de l'alezan s'est constatée aussi par des faits.
Ainsi, d'après Ibn Wahb, dans une expédition qui fut envoyée
par le Prophète, le premier Arabe qui vint annoncer la victoire
montait un cheval alezan. Quand les musulmans se furent mis
en route pour l'expédition de Taboûk, les provisions d'eau
furent sur le point de manquer. Le Prophète détacha des cavaliers dans toutes les directions, afin de chercher de l'eau.
Celui qui le premier en trouva montait un cheval alezan ;
le second, aussi un cheval alezan ; le troisième encore, un alezan. « Dieu du ciel, mon Dieu, s'écria alors le Prophète, bénis
le cheval alezan. »

Sachez ceci. L'alezan, a c h ḳ a r, est le rouge pur (rouge pur
de cannelle) ; le bai-brun ou alezan brûlé, k o m e ï t, est le
rouge, c'est-à-dire le bai dans lequel entre la teinte foncée
arabe ou ḳ o u n o u w et aussi le ton du pelage noir.

« L'alezan, a dit le Prophète, est l'excellent cheval. A défaut
de l'alezan, prenez le noir avec la marque en tête, à trois
balzanes, à la main droite libre, c'est-à-dire non balzanée. »

(a) Voy. pour l'expédition de Taboûk et la journée de Moûtah, l'*Essai sur
l'histoire des Arabes*, etc., par M. Caussin de Perceval, vol. III, liv. VIII.

Il y a la parole proverbiale que vcici : « Si l'on vous dit que l'on voit tel alezan voler, croyez-le. »

II.

L'alezan se distingue en sept nuances ou variétés.

1° L'alezan simple ou connu. (Ici le texte a une lacune en blanc ; il manque quelques mots qui devaient donner l'explication.)

2° L'alezan kaloûkî, ou alezan nuance de kaloûk, est celui dont le roux est de teinte forte et est recouvert ou lavé, à sa surface, de jaune analogue aux stigmates du safran. (Alezan saure. Le kaloûk est un parfum d'Arabie, de couleur rouge-jaunâtre et dans la composition duquel entrent le safran et autres aromates.) Parfois le dos, depuis la crinière jusqu'à la queue, a le ramâmah ou raie de mulet plus ou moins noire et tranchant sur le reste du pelage.

3° L'alezan adbas ou vineux foncé est celui dont le roux est fortement nuancé, comme couvert d'un ton noir ; mais le toupet, la crinière et la queue ont moins de noir que le reste du corps. C'est la robe qu'aujourd'hui en Égypte nous désignons par bârîr.

4° L'alezan moudemma ou sanguin (ou alezan-cerise) est celui qui a l'extrémité des poils comme d'un bai ou rouge clair et la base est de couleur comme teinte de henné (orangé foncé) virant au jaune isabelle, alezan doré. (Le henné est la feuille séchée du *lawsonia inermis*, dont on se sert en poudre, mêlée à un peu d'huile ou d'eau, pour teindre les ongles, les cheveux, etc.)

5° L'alezan amrar, ou briqueté, est d'un ton rouge obscur et mat, sans nuance tirant au jaune. Il rappelle le mourrah pur et net (qui est une terre d'un rouge de brique assez franc). Le toupet, la crinière et la queue sont d'un roux lavé ou comme blanchissant, ashab.

6° L'alezan aouladj ou subintrant : robe dont les poils

ont l'extrémité baie et la racine blanchâtre; le toupet, la crinière et la queue blanchâtres. (Alezan clair.)

7° L'alezan aṡdâ ou rouillé est très-rapproché du vineux foncé ; seulement, il est plus transparent de couleur que l'alezan vineux. — L'alezan ou le bai qui rappelle une teinte de rouille, est toujours signalé alezan rouillé, bai rouillé.

Selon d'autres hippiâtres, la robe alezane a huit variétés : alezan connu; kaloûḳî ou saure; vineux foncé; sanguin; briqueté; afḋaḥ ou blanchâtre (pâle, lavé); rouillé; silṛad ou alezan pur, alezan doré. Les indications descriptives en sont les mêmes (excepté ce qui suit). — L'alezan afḋaḥ, ou blanchâtre, ou lavé, tourne au blanc et est peu foncé. — L'alezan silṛad est celui dont le pelage est alezan pur. — On a encore distingué : — l'alezan ạmîḳ ou profond, foncé, ayant la nuance des stigmates du safran ; la tête est d'une nuance qui penche au bai foncé plus que le reste du corps; — l'alezan dont les poils ont l'extrémité jaunâtre, isabelle, et la racine rouge orangé foncé comme la teinte donnée par le henné; — l'alezan à tête de conserve bien cuite, la tête et la queue étant sous poil noirâtre; — l'alezan tournant à l'isabelle et nettement marqué, dont les poils ont la racine de ton alezan et l'extrémité blanchâtre ; la queue et l'encolure sont blanchâtres; les Persans l'appellent kerwaûch ; — l'alezan ḳirf ou ḳiraf, ou écorce de grenade ou cannelle foncé ; il tient de l'alezan pur ou silṛad ; — l'alezan aṡfar ou tournant à l'isabelle; on dit : isabelle safrané à nuance de safran bien marquée; c'est un ton blanchâtre que surmonte une nuance de bai; — l'alezan aṛiar ou différencié, dont la nuance alezane renferme du poil blanc. (Alezan fortement rubicond.)

III.

* Les Arabes ont une prédilection particulière pour le cheval alezan, tant il a été souvent le vainqueur des courses, le cheval par excellence. Le Prophète a dit : « Si l'on pouvait

réunir tous les chevaux arabes sur un seul espace, le vainqueur
à la course serait certainement un alezan. » Nous avons entendu parler d'un alezan du kalife Merwân, qui, pendant
trente années, fut vainqueur aux courses; jamais cheval
d'autre nuance n'a eu pareille célébrité *.

CHAPITRE III.

I.

Dans la gamme des nuances chevalines, le bai (ou, suivant
le mot arabe, l'aḥmar, rouge, rouge brun) vient après les couleurs précédentes, en raison des paroles énoncées par le Prophète et que nous avons citées. Nous avons vu qu'il a dit : « A
défaut de cheval noir, prenez le bai foncé. » Il a donc mis, en
ligne exceptionnelle, le bai après le noir. Les Arabes ont toujours vanté dans le cheval bai sa solidité, sa courageuse et
dure patience, sa vigueur. On l'a souvent mis au premier rang
pour ces trois qualités.

Le kalife Omar, fils d'El-Kattab, demanda à Kaïs, fils de Zo-
heïr : « Quel est le cheval que vous avez trouvé, vous autres, le
plus dur et le plus patient, dans vos guerres? — C'est le bai
foncé, ou komeît. » Selon un récit, les Béni Abs (la tribu des
cavaliers, et d'Antar) déclaraient : « En guerre, nous n'avons
rien de plus résistant et de plus dur que le cheval bai, et que le
chameau rouge. » Du reste, ce qui différencie le bai de l'alezan, c'est la crinière et la queue ; si ces deux parties sont rouge

foncé ou baies, le cheval est achḳar, alezan; si elles sont noires, le cheval est komeît ou bai.

Abou Obeïdah cite ces paroles du Prophète : « Tout ce dont vous avez besoin, chargez-en le cheval bai à trois balzanes, à main droite libre, à blanc sur les extrémités du nez. » Dans les dictons courants est celui-ci : « Quand on vous dit qu'un cheval bai est tombé du haut d'une montagne sans se faire de mal, croyez-le. » Pour les Persans, la nuance baie est la robe par excellence.

II.

On distingue onze variétés de pelages bais.

1° Le bai aḥamm ou charbonné; komeît aḥamm. D'après El-Asmaï, le cheval le plus ferme de peau et de sabots est le bai charbonné (le bai foncé), celui dont le rouge ou le ton bai est le plus foncé et le plus noirci. Il se confond parfois avec le noir aḥwa ou mal teint; il n'en diffère que par le rouge plus clair des flancs et de la partie molle des hypochondres.

2° Le bai aśḥam ou noir isabellisé ou teinté d'isabelle.

3° Il est dit aïkam ou à face sombre, s'il a l'avant-nez noir.

4° Le bai moudemma ou sanguin est celui dont l'extrémité des poils est d'un rouge brun foncé, comme du zindjofr (plus régulièrement sindjofr) cinabre (en fragments, non le cinabre de Chine qui est d'un beau rouge de rose); de plus, le nez et les cuisses ont du gris de fer olivâtre. On dit aussi que le bai sanguin est le bai foncé ou bai brun. (Cette variété me paraît être notre bai marron.)

5° Le bai aḥmar ou rouge (bai-cerise) est teint d'un rouge plus vif que le bai sanguin; c'est le bai le plus beau. On a dit aussi que la nuance de cette robe est sans mélange d'aucune autre couleur, ni de noir, ni d'alezan, ni d'isabelle, ni d'autre, mais que ce pelage est le bai ou rouge pur, le bai aҫamm ou sourd, c'est-à-dire unicolore. Peu de chevaux bai-cerise sont balzanés, ou ont la marque blanche au front; et encore alors n'ont-ils ordinairement qu'un pied balzané, les mains sont libres, et quand existe la marque au front, ce sont simplement *quelques poils en tête;* rarement la marque est complète.

6° Le bai mouzahhab ou doré a l'extrémité des poils nuancée d'un jaune qui a un œil doré, et la robe a un reflet éclatant au soleil.

7° Le bai mouhlif ou incertain, clair, peu foncé, est le bai le moins accentué, le plus inférieur, tournant à l'alezan. On a dit même qu'il est entre le gris et le bai. C'est la nuance aṣhar, ou roux foncé chez le chameau.

8° Le bai aklaf ou rouge noir, est indéterminé dans sa nuance baie. Seulement vous voyez que l'extrémité des poils est noire, et pour cette raison on le nomme simplement roux noir.

9° Le bai aṣdâ ou rouille, a une teinte de rouille, c'est-à-dire obscure et trouble. L'aspect, ou œil rouillé, est une sur-teinte ou teinte superficielle qui peut se rencontrer sur toutes les nuances de robes, excepté sur la robe véritablement noire. Le bai rouillé a une légère nuance isabelle, avec une nuance superficielle de rouille de fer.

10° Le bai wardî ou bai rose, est celui qui a une surteinte de roux tournant à l'isabelle. La peau et les origines des poils sont noires. On a dérivé son nom de la rose odorante. Ce bai est intermédiaire entre le bai charbonné et le bai qui est ale-zané. On dit aussi : bai rose pur, et bai rose cendré, arbas; celui-ci est le samandî des Persans; il a dans le pelage une teinte de blanc cendré obscur.

11° Le bai ahwa ou mal teint, est celui où vous voyez les poils rouges dominés par une forte nuance de noir, c'est-à-dire que chaque poil rouge a près de lui un poil noir. C'est cette variété de bai que l'on connaît aujourd'hui parmi nous sous la désignation de eyker, louche.

On a encore caractérisé le bai wardî ou bai rose en ces termes : c'est celui dont la teinte baie a une surteinte de roux, dont la base des poils est blanchâtre, dont le dos, depuis le garrot jusqu'à la queue, a une raie d'un roux lavé, et dont les

membres inférieurs ont parfois du blanc sale. D'autres désignations caractérisent de cette manière-ci : Le cheval wardî ou bai-
rose a une couleur de rose foncée ; les poils sont jaunâtres et
bais, et ont les racines noires ; du noir prend sur le dos jusqu'à
la queue ; les deux genoux sont noirs par en bas ; la pointe des
poils est comme dorée ; les membres inférieurs sont moudam-
ladj ou à brassières, c'est-à-dire zébrés comme ceux des ânes
sauvages.

On a aussi caractérisé le bai machouï ou rôti, brûlé : celui
dont le pelage est d'un bai foncé sans rien de blanc sur aucune
partie du corps.

Les nuances de la robe baie ont encore été distinguées en
dix variétés, rangées dans l'ordre suivant : le bai rouge, le bai
doré, le bai rouge noir, le bai mal teint, le bai charbonné, le
bai sanguin, le bai rôti ou brûlé, le bai louche, le bai rose et
le bai rouillé. (Les descriptions de ces nuances sont les mêmes
que celles qui viennent d'être exposées ; je me dispense de les
répéter.)

III.

*La nuance baie est un rouge foncé avec brun foncé. Le
cheval bai est le plus solide du dos et des sabots. Le bai mal
teint fut de tout temps la robe aimée des Arabes. « Montrez-
nous donc, disaient-ils, un cheval bai, mal teint, avec une tache
blanche au front. » On en voit si rarement! C'est dans cette
variété de robe que se trouve d'ailleurs la suprême supériorité
de race. On dit aussi, bai aśda ou plus noir, et bai ahda ou
direct, plus pur et plus franc de couleur baie. Le célèbre philo-
logue et grammairien Sibaweyh questionna un appelé Ḳalîl,
à propos du mot komeît, bai. « C'est, répondit Ḳalîl, un diminutif (comme nous disons rougeaud ou rougelet, dans le sens
d'un diminutif) ; et on a pris ce terme ainsi, parce qu'il indique
une nuance entre noir et rouge, mais n'étant ni l'un ni l'autre.
Par la forme de diminutif on a voulu exprimer une nuance rapprochée de ces deux couleurs en même temps. »

Le bai sanguin est celui qui a tout le sommet du corps plus foncé en nuance baie que le reste du pelage; et plus on approche des parties molles latérales des hypochondres, plus la nuance se purifie, mais elle n'a rien du ton isabelle.

Le bai mouḥlif ou incertain, c'est-à-dire sur la nuance duquel on jurerait qu'elle est telle ou telle, est la plus infime couleur baie; l'aspect de la queue, de la crinière, des petits poils qui sont à la base du toupet, tourne à l'alezan. La crinière du cheval se rapproche en nuance de l'alezan, et le reste du pelage, on le dirait noir, et vous le dites bai. La robe baie alors n'est donc pas nettement exprimée; tel jurerait qu'elle est baie, et tel qu'elle ne l'est pas. (L'épithète mouḥlif est dérivée de la racine verbale ḥalaf, jurer.)

A mon compte, le bai sanguin et le bai doré ont le premier rang. On reconnaît partout que ces deux variétés appartiennent aux chevaux les plus solides, les plus durs à la fatigue, les plus forts de peau et de sabots. Nous en avons tenté l'épreuve, et l'expérience a vérifié le fait. Voici un des plus remarquables récits que l'histoire ait à ce sujet.

Il y avait à Maûċil (Mossoul) un grand nombre de ḳawâredj, c'est-à-dire schismatiques. (Le nom de ḳawâredj leur est conservé comme nom distinct.) Ils soutinrent une guerre acharnée contre le ḳalife Merwân II fils de Moḥammed et petit-fils de Merwân Ier, et le dernier souverain de la dynastie des Omeïïah (Omeïades, Ommiades. Il régna de 744 à 750, ère chrétienne, et eut sa capitale à Damas). Les luttes armées entre ce ḳalife et les ḳawâredj ou ḳâridjites furent longues et les rencontres nombreuses.

Parmi ces ardents schismatiques était un certain Cheïbân, fils d'Abd el-Izz, fils d'El-Yachkourî. Un parti considérable de ḳâridjites s'était attaché à lui et l'avait reconnu pour chef. Merwân le mit en fuite dans plusieurs rencontres. Cheïbân se retira vers Maûċil, s'arrêta à l'est de la ville, et là s'enferma avec sa troupe dans un camp retranché. Merwân, au milieu de son armée, vint trouver l'ennemi et campa tout près de lui.

Pendant neuf mois on se battit. Puis Cheïban décampa, alla se
fixer ailleurs et s'entoura de retranchements. Merwân suivit
encore l'ennemi. Pendant onze mois, les attaques et les luttes
se renouvelèrent tous les jours, matin et soir. Le ķalife avait
avec lui cent trente mille hommes; Cheïban n'en avait que
vingt-cinq mille, et, malgré cette différence de nombre, le sec-
taire était le plus souvent vainqueur. On dit même qu'il battit
le ķalife environ soixante-dix fois.

Parmi les partisans affidés de Cheïbân, était un appelé El-
Djaûn fils de Kilâb, résidant à Chann, endroit voisin de Maûċil.
El-Djaûn fournissait à Cheïbân des vivres et des fourrages.
Merwân, de son côté, avait écrit à Ibn Hobeïrah, qui commandait à Wâcit, d'envoyer des renforts à l'armée ķalifale. Ibn
Hobeïrah expédia Ạbd Allah, fils d'Ạbbâs le kindide, et Âmir
fils de Dobeïrah, avec vingt mille hommes. Ces deux chefs, en
arrivant à Chann, furent rencontrés par El-Djaûn avec sa troupe.
Ils le mirent en déroute et le tuèrent. De ce jour-là, les provisions manquèrent à Cheïbân, qui dès lors se trouva lui et les
siens dans une situation des plus embarrassées. Merwân les
serra de près, les harcela de combats incessants. Il était d'ailleurs renforcé par la troupe que lui avait envoyée Ibn Hobeïrah.
Cheïbân se vit dans la nécessité de décamper; sa troupe di-
minua. Jamais, a-t-on dit, jamais fugitif ne fut plus inébran-
lable d'esprit, plus résolu de cœur que Cheïbân. Dans sa fuite,
sa cavalerie fut coupée, loin de lui. « Vois, dit-il à son serviteur, examine qui nous vient sur nos traces.—J'aperçois, dit
le serviteur, un cavalier sur un cheval blanc. — Tourne de
manière qu'il ait le soleil en face; car le cheval blanc se détourne, ne sait pas tenir quand il est vis-à-vis de la lumière du
soleil, se trouble quand il la reçoit sur les yeux. » Un instant
après : « Regarde, dit Cheïbân à son homme, regarde encore. »
Le serviteur examina à l'horizon : « Je vois, reprit-il, un cavalier sur un cheval noir. — Tourne et prends par les endroits
fangeux, par les terrains mous et pierreux. » Quelques moments après : « Regarde, dit derechef Cheïban à son serviteur,

regarde encore. —Je vois, dit bientôt le serviteur, un cavalier sur un cheval bai.—Prends ma monture et donne-moi la tienne; contre un bai il faut un bai. » Or le cheval du serviteur était de robe baie. Et Cheïban fait volte-face contre le cavalier et le tue.

Nous avons maintes fois eu de ces preuves de supériorité dans nos propres chevaux *.

CHAPITRE IV.

I.

Le cheval a ch h a b, gris (qualification qui comprend et le
gris et le blanc), est la monture des souverains et des grands.
La variété dite ẕ a b â n î est celle qui va le pas le plus rapide et
le meilleur; c'est celle que les anciens désignaient par la qualification de b e y d â n î, albinos, mais par comparaison au blanc
d'autruche. Cette nuance est spécifiée dès les temps passés,
comme étant particulièrement celle des chevaux d'un pas très-
accéléré, d'une grande sûreté et de bon augure.

Par robe grise ou a ch h ab, on entend celle où le blanc domine sur le noir. On signale cheval gris tout cheval sous poil
à deux nuances dont l'une n'occupe pas, à elle seule, sur le
pelage, un espace grand comme un n o k t a h ou empreinte du
bout du doigt et au delà. La robe grise, a-t-on dit encore, est
le pelage blanc, mais non de la pureté du blanc de papier, et
reposant sur une peau noirâtre.

II.

La robe grise se distingue en sept variétés.

1° Le gris blanc ou clair; cette nuance n'est point le blanc
pur. Si le pelage a, à travers les poils blancs, quelque peu de

poils bais et noirs, on le signale par gris moulemma' ou dis-
colore, ou tacheté. S'il n'a que des poils noirs sans en avoir de
bais, il est qualifié ḥaldjoûn, pointé, pourvu qu'il ne présente
absolument pas de poils bais. (Ḥaldjoûn rappelle le coton nou-
vellement séparé de sa graine et n'étant pas encore très-propre.
Il s'agirait donc ici du gris sale).

2° Le gris ḳortâcî, blanc de papier. C'est le pelage d'un
blanc très-prononcé et très-net, semblable aux wadaḥ ou
marques et taches blanches des robes de couleur foncée. Car
ces taches ou marques sont d'un blanc très-net et bien exprimé.
Le blanc de ce pelage n'est mêlé d'aucune trace d'autre couleur; la peau est blanche. Telle la robe blanc de papier. Parfois elle a une nuance bleuâtre ou ardoisée aux deux yeux ou
à un œil seul; et alors on caractérise encore le signalement
selon ce qui se présente là, ou de bleuâtre, ou de noir de cohel
(ou sulfure natif bleuâtre d'antimoine). Si le tour des yeux est
teinté de noir, on signale par : « blanc cohélisé ou blanc avec
cohel; » mais il faut pour cela que cette teinte aille jusqu'à
brunir les paupières et le tour des yeux.

3° Gris amaṭ ou gris de loup glabre, se dit du cheval auquel vous voyez le museau, les arcades oculaires des deux
yeux, la bouche et les fesses gris de loup glabre tournant à une
nuance baie. Cette couleur exige l'emploi des caparaçons, des
camails et accessoires flottants; car, lorsque les grosses mouches
(les hippobosques, etc.) viennent se poser sur l'animal, elles le
tourmentent, l'irritent, et, quand elles le piquent, elles le
saignent.

4° Le gris marchoûch ou aspergé, *gouttelé*, est connu sous
la désignation de doubbânî, brun couleur de mouche, taché
de brun de mouche. (Au lieu de doubbânî ou encore debbânî,
qui sont deux prononciations estropiées dans le langage vulgaire, il faut ẓoubbânî, du mot ẓoubâb, mouches.) Le gris
gouttelé est celui que vous voyez marqué de fines piquetures
formées par des poils non blancs, soit bistrés, soit noirs. Les
chevaux de ce pelage sont d'excellents marcheurs.

5° Le gris bawaz ou confondu, ou gris détruit, est connu. Si le mélange est de poils bistrés ou bais, on qualifie par bawaz el-ḥamrah, confondu de rouge ou bai ; si le mélange est de poils noirs, on dit confondu de cohel. Il y a même des pelages gris confondus qui approchent vers le noir et qui reposent sur peau noire ; on dit alors confondu de blanc. Des pelages confondus ou de gris confondu ont des *bulles* ou taches noires ; on les nomme zarzoûrî, d'étourneau. (C'est le gris pommelé, le gris d'étourneau.) Mais si les taches noires sont plus nombreuses que les blanches, les Arabes l'appellent ḳalâdjî, semé de grains noirs, à graines noires. Si les taches noires (ou paquets noirs) sont moins nombreuses que le blanc, on qualifie par demerboûz, demi-confondu. Enfin, s'il y a des taches en cercles ou en ronds, l'on dit moufallas, écaillé, en écaille de poisson.

6° Le demerboûz ou demi-confondu est dans la forme du boûz ou bawaz, à la différence près que le corps est moudannar, ou dinârisé, marqué comme de deniers d'or, en forme de dinâr ou deniers d'or, et ce qu'il y a de poils bistrés miroite ; de là l'épithète de dinârisé.

7° Le gris saûcénî ou liliacé est le pelage dans lequel l'extrémité libre des poils blancs est teintée d'un ton isabelle qui tourne au bai. Alors les tours des yeux sont bleuâtres, quelquefois ils sont bleus, jamais ils ne sont noirs ; de là la qualification de saûcénî ou liliacé.

On a distingué encore — le gris sinâbî ou sinapisé, c'est-à-dire dans lequel on voit le noir mêlé de blanchâtre, ou bien le bai ou bistré mêlé de blanchâtre. Cette nuance est plus fréquente en Syrie que dans l'Irâḳ. Le sinâb, d'où est pris l'épithète sinâbî, est un condiment de graine de moutarde et de raisins secs. Selon d'autres indications, c'est la couleur de la graine de moutarde. — Le gris aḍḥa ou blanchâtre ou gris-clair. — Le gris ramâdî ou cendré, surteinté d'une nuance cendrée ou poussiéreuse et mate.

III.

* Le gris ou **chahbah** est la nuance dans laquelle le blanc domine sur le noir, ou lui est mêlé en proportions égales ; c'est dans les animaux la même chose que le grisonné (**chamt**) ou les cheveux gris chez l'homme.

Le gris **adḥa** ou blanchâtre ou gris-clair est celui où les poils blancs prédominent.

Dans le gris papier ou blanc de papier, le blanc est net et pur de poils noirs. (C'est le blanc mat ou de lait.) Aujourd'hui on le nomme gris pur, **akḍar śâfî**. Si la pureté est complète et que les deux yeux aient les paupières teintées de rouge-brun, on signale l'animal : gris **boûc î** ou gris de roseau. Le cheval de cette nuance est le moins dur à la fatigue, le plus délicat de peau. Cette robe est recherchée et aimée des Persans et des Indiens. (La nuance dont il s'agit paraît être celle du pelage **boûz**, précédemment cité. Le mot **boûz** serait pour **boûś**, lequel serait le mot exact.)

Lorsque le gris va presque à l'isabelle clair, on le dit **saûcénî**.

Si le noir et le blanc s'équilibrent, on a le gris **zarzoûrî** ou d'étourneau.

Si le blanc est semé de taches noires, comme des écailles, on dit gris écaillé ; et si le gris est mélangé de noir bleuâtre en petites taches, on dit gris **sâmirî**, gris putois, entre noir et blanc *.

CHAPITRE V.

De la robe isabelle ; — de ses variétés au nombre de sept. — Isabelle samandî
ou d'onagre , onagrin. — Comment on classait autrefois l'isabelle. — Abou
Obeïdah distingue trois variétés d'isabelle. — Isabelle doré.

I.

Le pelage isabelle ou (selon le mot arabe) le pelage jaune,
aŝfar, se distingue en sept variétés :

1° L'isabelle ordinaire, connu, ma'roûf, a la nuance tran-
chée et bien marquée, nuance de l'or bruni, avec quelques
parties allant au noir. Les crins de la crinière et de la queue
sont d'un blanc jaunissant. Parfois le pelage a des poils noirs
mêlés aux poils jaunes, et la crinière et la queue sont fauves,
aŝhab. L'isabelle koḥlî ou cohélisé, est teinté de keuḥl ou
cohel (sulfure natif d'antimoine); et alors les crins, c'est-à-dire
les crins de la crinière et de la queue, sont de couleur brun de
musc, ce que l'on désigne par le terme hirdânî, brun d'autruche. Pour nous il y a l'isabelle noir, que l'on désigne par
someît; les crins d'en bas (des membres), de la crinière et de
la queue sont noîrs, et les yeux sont bleuâtres. Pour nous, il
y a encore l'isabelle moubaḳḳa' ou tacheté de taches comme
des deniers d'or ; il tourne au blanc. Les deux crins sont de
couleur isabelle.

2° Isabelle moudannar ou dinârisé, ou marqué de taches
en deniers d'or, se dit du pelage qui, sur le corps et par endroits, a des taches comme des dînâr ou ducats d'or, bien que
tout soit de nuance analogue. Les deux crins sont blancs. Cette
variété est le zârah des Persans.

3° L'isabelle samandî ou d'onagre, onagrin, est celui qui tourne à la nuance baie et est un peu plus clair que le roussi. Ce pelage a une raie noire qui court du garrot à la queue, et que l'on appelle ramâmah, nuage, traînée sombre (ou la raie de mulet).

4° L'isabelle ḥabéchî ou abyssin, ou de ton abyssin, se dit du pelage isabelle ordinaire, mais lorsque les coudes et les jarrets, la queue et la crinière sont noirs.

5° L'isabelle fouine ou belette, nuance mustéline, irsî, a sa nuance foncée jusqu'à être presque baie. C'est, comme le terme l'indique, la couleur de la belette. Certains amateurs désignent cette nuance par le mot wardî ou rosée, rose.

6° L'isabelle ḳoulah ou roussi est une nuance connue, intermédiaire entre la nuance samandî ou onagrine et la nuance irsî ou mustéline.

7° L'isabelle herrouwî (en langage vulgaire) est l'isabelle chat, celui dont la nuance est blanchâtre. Dans le pelage de cette variété, la queue et la crinière sont d'isabelle lavé ou pâle, aśhab.

II.

* La robe isabelle est connue. Les anciens, au rapport d'El-Asmaï, n'appelaient aśfar ou isabelle le pelage d'un cheval que lorsque la queue et la crinière étaient de cette même couleur ; l'isabelle dont les deux crins étaient noirs allait à la catégorie des bais. Abou Obeïdah a distingué la nuance isabelle en trois variétés :

1° L'isabelle a'far ou blanchissant, clair, ou pelage isabelle aux flancs, à l'encolure et sur toute la longueur de l'épine dorsale jusqu'à la fin de la région sacrée ; le nez, le devant du cou ou arc cervical antérieur, la partie molle des hypochondres, la face sont de nuance isabelle ; le toupet, la crinière et la queue sont noirs ; le pelage a une teinte lavée.

2° L'isabelle fâḳi' ou foncé est de nuance fortement exprimée ; les crins de la queue , de la crinière et du toupet sont le plus souvent blancs.

3° L'isabelle nâċi', pur, franc, étend sa couleur sur toute l'épine dorsale ; le dos de l'animal a des *pointes*, c'est-à-dire des raies ou lignes fauves ; la couleur isabelle revêt les flancs, le cou, les parties molles des hypochondres ; le fauve couvre les canons ; le noir non foncé teint les crins du toupet, de la crinière et de la queue.

A ces variétés on a ajouté l'isabelle zèhèbî ou doré, qui, a-t-on dit, est le même que le liliacé *.

CHAPITRE VI.

I.

Le louvet ou a k d a r, vert, verdâtre, a cinq variétés :

1° Le louvet d e ï z e d j ; dénomination persane. C'est le louvet
à face noircie, a d r am ; ou à face sombre, a t k am ; circonstances qui se présentent chez les ânes. (C'est le louvet cap de
more.) On raconte qu'El-Haddjâdj (voy. vol. I, pag. 316, 492)
dit un jour au surveillant de ses montures : « Selle-moi l'adram
ou le louvet à face noircie. » L'individu sortit, ne sachant pas
ce qu'avait voulu lui dire son maître, et alla demander à Yézîd,
fils d'El-Hakam : « Parmi les montures d'El-Haddjâdj y a-t-il
un deïzedj? — Oui, répondit Yézîd. — Eh bien! va le lui
seller. » D'après l'explication d'El-Cheïbâni, l'adram, parmi les
chevaux, est celui dont la face se distingue, par la couleur noire,
de la couleur du reste du corps. Abou Obeïdah définit le cheval
adram pur et véritable, celui qui n'a absolument rien du louvet;
et il ajoute : « Le deïzedj est le cheval dont le corps est ainsi
que nous venons de le signaler (c'est-à-dire louvet), et dont la
face, les oreilles et le nez ont une nuance cendrée ; parfois
tout le corps a cette teinte ; et c'est là le deïzedj. »

2° Le louvet a t k am ou sombre, noirâtre, se rapproche
beaucoup du louvet noirci ; seulement la face et les lèvres sont
d'un noir plus prononcé que tout le corps.

3° Le louvet a h a m m ou charbonné est le pelage qui, sur le corps entier, est de ton louvet-clair, plus clair que le deïzedj, mais surteinté de bleu, c'est-à-dire de noir; et le nez, le museau et les oreilles ont une surteinte de louvet très-visible; c'est là ce que l'on spécialise par charbonné. Cette variété, a-t-on dit, est le louvet inférieur tournant au noir.

4° Le louvet at̠hal, louche, est celui qui sur tout le corps a une teinte jaune isabelle comme la couleur de la coloquinte ancienne et passée.

5° Le louvet aoura̠k ou gris-bruni est celui qui a une surteinte tournant au lapis-lazuli. Le cheval de cette nuance a, depuis le garrot jusqu'à la racine de la queue, une raie d'un noir foncé. Ce pelage, a-t-on dit, est le louvet supérieur, et le caractère de cette supériorité est la raie noire.

* De notre temps, le louvet est appelé robe olive *.

CHAPITRE VII.

La robe pie, ablaḳ, a dix variétés.

1° Le pie adra' ou pie blanc de corps, ou corps blanc, est
e pelage à blanc abondant sur tout le corps, mais sans blanc
à la tête et à l'encolure. On a défini encore de cette autre manière : « pelage noir à la tête, et blanc sur le reste du corps; »
et encore : « pelage blanc à la tête et à l'encolure. » On a appliqué la qualification d'adra' à trois nuits du mois lunaire.
(Voy. ci-dessus, pag. 264.)

2° Le pie moutarraf ou pie aux deux bouts blancs, se dit
du cheval dont la tête et tout le corps ont du blanc, dont le
corps est pie de quelque manière que ce soit, pourvu que la
tête et la queue soient blanches; de là la désignation : aux deux
bouts blancs.

3° Le pie mounaḳḳat, pointé, tacheté, signifie le pelage
dont les ronds ou taches du corps sont d'égale grandeur, quelle
que soit d'ailleurs la nuance de la robe, qu'elle soit noire, ou
isabelle, ou brune.

4° Le pie adjouaf ou ventral est le cheval dont le ventre,
spécialement, est en entier brun-bai, ou noir, et le reste du
corps d'une toute autre couleur.

5° Le pie moulemma' ou tacheté est celui dont les blancs
sont de formes alongées de manière que le blanc et le bai soient
par moitié.

6° Pie moubarnas, en bournous, en capuchon, mantelé,

se dit quand les oreilles et le toupet sont uniquement de nuance baie, et diffèrent alors du reste du corps qui a le pelage pie de quelque couleur que ce soit.

7° Pie anbat, à ventre atteint, à ventre marqué, signale que les parties blanches montent jusqu'au ventre ; et si le ventre est seulement marqué ou est envahi entièrement de blanc, et que le reste du corps n'en ait pas, c'est, surtout alors, le pie anbat.

8° Le pie akradj, à besaces ou sacoches, embesacé, est le cheval dont tout l'abdomen et le dos sont blancs, et dont les flancs, la croupe et l'encolure ont une autre couleur.

9° Le pie fangeux, tân, se dit du cheval à la croupe duquel vous voyez des taches noires ou blanches, égales, parfois même des taches d'alezan ou de brun-bai, et parfois de ces différentes taches sur tout le corps, mais toujours égales.

10° Le pie charançon, ou sîs, indique que le museau, les orbites des yeux et la croupe sont semés de points petits ou grands.

Le cheval, dont le dos est blanc, est signalé pie arḥal, pie bâté, pie porte-bât, ayant charge de blanc. — La qualification pie akṣab ou abondant signale le cheval dont les hypochondres ou parties molles au-dessous des reins, de chaque côté, sont blancs et dont la tache blanche va du ventre aux deux flancs ; et de plus, la robe est d'un gris cendré formé de noir et de blanc.

Tout cheval réunissant deux couleurs est dit kaċîf ou bi-colore.

Enfin on applique la désignation ablaḳ, pie, à toute robe ; ainsi l'on dit : bai pie, alezan pie, isabelle pie, noir pie.

CHAPITRE VIII.

De la robe marquetée ou multicolore, et de ses trois variétés. — Descriptions.
— On distingue un marqueté dînârîsé; un marqueté tigré.

La robe marquetée, abrach, est encore qualifiée par : sinapique, śinâbî. Ce dernier mot caractérise une robe où se
trouvent réunies toutes les nuances des divers pelages. Car on
rencontre des chevaux qui les présentent toutes, et sur lesquels
vous voyez en même temps des crins d'un rouge bai, des crins
noirs, des crins isabelles, des crins blancs, sur lesquels aussi
vous voyez des taches *dînârîsées*, des points ou mouchetures
en blanc, des châmah, c'est-à-dire des signes ou *nœvi* particuliers. Ces choses peuvent se trouver sur un seul et même
animal; et, lorsque cela a lieu ainsi, c'est le cas auquel s'applique spécialement le terme śinâbî, sinapique. (Nous avons
indiqué plus haut, page 300, ce à quoi se rapporte ce terme
de śinâbî.)

Le marqueté a trois variétés.

1° Le marqueté śinâbî, dont nous venons de parler.

2° Le marqueté moulemma', à taches, est ainsi que nous
l'indiquons. Seulement le corps a de grandes taches blanches
comme des châmah ou nœvi sur un fond brun-bai (ḥamrah),
ou alezan. Si les crins blancs, les crins bais, les noirs et les
isabelles sont en quantité égale sur la face, on distingue cette
variante par le terme châl, le châle. Le marqueté à taches,
dit-on aussi, est le signalement du pelage qui, sur le corps de
l'animal, a des taches disséminées et différentes de la nuance
générale. On désigne encore alors par les termes abḳa',
achiam, signé. Selon des hippiâtres, l'achiam est le cheval

qui a un châmah ou signe blanc ; et, selon d'autres, un signe qui n'est pas de couleur blanche. Si le signe est alongé, on signale par mouwalla', flammé ; s'il est à l'arrière-train, ou sur le côté droit, ce signe répugne et déplaît. Nous parlerons, plus loin, des choses qui déplaisent dans le cheval.

3° Le marqueté, abrach, ou marqueté proprement dit, s'applique au cheval dont tout le pelage est arrosé d'un grand nombre de points blancs et de points noirs, en quantités égales.

Le marqueté proprement dit, selon certains hippiâtres, est le cheval qui a des piqûres ou du piqué de blanc comme le léopard, ou encore celui qui a le pelage varié de petits points différant, par la couleur, de la nuance du pelage, mais particulièrement chez le cheval noir et le cheval alezan ; ce qui peut résulter de la soif vive endurée longtemps.

On a distingué encore : — un marqueté moudannar ou dinârisé, que signalent des points qui ne sont pas très-petits ; — un marqueté anmar ou tigré, que signalent des macules blanches et d'autres de quelque nuance que ce soit, toutes disposées comme chez le léopard ou le tigre.

On n'a plus indiqué de détermination par châl, ou par noir ; on ne dit que : isabelle śinâbî et louvet śinâbî.

Telles sont les caractérisations des nuances ou robes chevalines et de leurs variétés.

REMARQUES.

A propos des couleurs et robes des chevaux. — Du sens et des propriétés des couleurs : blanc ; vert ; jaune. — Du sens des couleurs par rapport aux chevaux : — l'isabelle protége contre les djinn ; — le bai est le sultan des chevaux ; — l'alezan assure le succès ; — l'alezan vineux est la monture des voyages, et pour la guerre ; — alterner le bai et l'alezan. — Le cheval noir ; la couleur noire est la couleur de dignité. — Le cheval pie déplaît ; avec lui est le marqueté. — Paroles pieuses, etc., à prononcer en montant à cheval. — Monter les chevaux de telle robe, en tels jours de la semaine.

I.

* Les couleurs ont leurs propriétés, leurs significations, leurs avantages. Le Prophète a dit : « Les meilleurs vêtements pour vous sont les vêtements blancs. » Le blanc caractérise et rehausse l'intelligence, la gravité, la dignité. Il est de principe chez les souverains, lorsqu'ils veulent attirer les regards de leurs sujets, de leurs troupes, et relever l'imposant de leur majesté, de monter à cheval vêtus de blanc ; car le blanc est un augure de bénédiction. Quand le Prophète vit ses cheveux commencer à blanchir : « Seigneur, dit-il en s'adressant à Dieu, qu'est-ce que cela ? — Cela, répondit une voix venant de l'Éternel, cela est le cachet de la gravité, de la dignité, de la maturité et de l'intelligence. »

Selon une parole du Prophète, la couleur verte réjouit et fortifie la vue. Jadis les rois portaient souvent des vêtements verts.

Le jaune, à mon sens, est la plus brillante et la plus belle, la plus distinguée, la plus éclatante des couleurs ; elle en réunit nombre d'autres. Le jaune a pour propriété spéciale de réjouir plus que toutes les autres couleurs. C'est ce qu'indique le saint Koran dans ces mots (du chap. II, verset 64, lorsque Dieu commande aux Hébreux de sacrifier une vache) : « Que

ce soit une vache d'un jaune (isabelle) foncé, d'une nuance
qui réjouisse les yeux de ceux qui la verront. » Aussi, on a
déclaré que la plus convenable couleur que les savants, les
ulémas, quand le souci les atteint, puissent avoir devant
les regards, est celle des objets jaunes. De même pour les
sultans *.

II.

* Lorsque dans une écurie il n'y a pas de cheval isabelle
(c'est-à-dire jaune), l'œil des djinn ou esprits malveillants y
exerce son influence sur les chevaux d'autres nuances ; mais il
n'a pas de puissance là où se trouve un cheval isabelle. J'ai
plusieurs chevaux de cette robe, mon Tâdj, cheval parfait ; et
sa sœur Badrah, jument incomparable ; et Sakr, si connu,
d'une beauté au-dessus de toute description ; et puis mon
El-Izz, qui dans le monde n'a pas son égal. De tous j'aurai
occasion de parler, je l'espère.

Au cheval bai ou rouge-brun appartient le sultanat hippique
et appartient la force.

Que le souverain qui veut réussir en quoi que ce soit monte
un cheval alezan, et le succès sera rapide. Moi aussi j'ai un
alezan, à pelage sans tache, appelé Hiçâm, le frère de Misk. De
chevaux! il est peu de chevaux renommés qui l'égalent, que
dis-je? il n'y en a pas.

L'alezan vineux foncé, au pelage teinté d'isabelle et d'alezan
pur, est la monture de qui a long voyage à faire, de qui va
tenter les dangers de la guerre ; c'est le cheval à monter pour
les premiers temps de ces entreprises. Puis, le cheval solide,
c'est le bai, le brun foncé ; le bon cheval, c'est l'alezan. Que le
souverain qui veut franchir de longues distances monte l'alezan,
le bai, et, s'il est possible d'alterner souvent, qu'il le fasse,
c'est le mieux.

Quant au cheval noir, les Arabes ont reconnu et déclaré
u'en lui est le cheval excellent. Et puis, la couleur noire a ses
avantages ; elle impose, elle a un aspect de fermeté et d'ordre,

ce que n'ont pas les autres couleurs. Lorsqu'un souverain monte un cheval noir et est vêtu de noir, et que le monde regarde, le sentiment du respect et de la crainte pénètre les âmes. C'est en raison de ce qu'en toute circonstance signifie et inspire le noir, que l'on a dit : « le point noir ou central du cœur; le point noir de l'œil, » et que les kalifes de la dynastie des abbâcides avaient adopté, pour vêtements de leur dignité, les vêtements noirs. Plus encore; la Sagesse éternelle a établi que les écrits, les livres seraient tracés en noir, à cause de ce qu'il a de majestueux.

Le cheval pie est le cheval infime pour les Arabes, surtout parce que cet extérieur est l'emblème des hypocrites de la religion, qui se colorent de leur duplicité. « Le cheval pie, ont dit les Arabes, est moins fort que s'il n'avait qu'une couleur. » A côté de lui est rangé l'abrach ou marqueté *.

III.

* Le souverain, a-t-on dit, lorsqu'il se dispose à monter à cheval, doit réciter le Fâtiḥah (ou prière qui est le chapitre d'*ouverture* ou d'introduction du Koran); et, au moment où le prince met le pied à l'étrier, dire ces paroles : « Au nom de Dieu! que soit exaltée la majesté de Celui qui nous a soumis cet animal, à nous qui n'avions rien qui le pût attirer sous notre main. Au Seigneur des puissances nous reviendrons tous. » En prenant le cheval pour les combats, le souverain dit : « Dieu est grand! Dieu est grand! Il n'y a de Dieu que le Dieu. Dieu est grand! A Dieu appartient la louange! » Moi aussi je dis ces paroles; mais j'y ajoute celles-ci (dont les premières commencent le chap. XCVII du Koran : « La destinée; » les secondes le chapitre CX : « L'assistance, ») : « Nous l'avons fait descendre (le Koran) dans la nuit de la destinée » (cette nuit du 23 au 24 du mois de ramadân ou mois de jeûne, dans laquelle se décide tout ce qui doit arriver pendant l'année suivante); et « quand nous viennent l'assistance de Dieu et la

victoire. » Ces paroles sont toutes remplies de magnifiques allégresses*.

IV.

*Quant à monter tels chevaux en tels jours, voici les règles à prendre. Il faut monter les chevaux noirs, le samedi; les chevaux blancs, le dimanche; les louvets, le lundi; les bais, le mardi; les chevaux pies, le mercredi; les alezans, le jeudi; les chevaux à pelote en tête et balzans, le vendredi (ou jour férié des musulmans) *.

CHAPITRE IX.

I.

Les nuances de pelage chez les mulets se distinguent en sept variétés.

1° Le bai, aḥmar, c'est-à-dire rouge ; c'est la même couleur que celle que nous avons décrite pour les chevaux bais.

2° Le gris foncé, adṛam, c'est-à-dire tournant en noir ; — le louvet ou aḵdar est la nuance où il y a du deïzedj ou gris de fer.

3° L'alezan, achḵar, le même que la couleur alezane chevaline dont nous avons parlé ; nous ne reviendrons pas sur ce point.

4° Le gris-blanc, achhab ; même observation.

5° Le blanc fauve, ou aḵmar.

6° Le roussi, ḵoulah.

7° Le gris de fer, ou deïzedj. Ce mot deïzedj, d'origine persane, spécifie le louvet grisâtre, plus clair que le gris foncé tournant au noir. Cette variété a la raie de mulet.

II.

Du reste, les nuances des robes chez les mulets ont les mêmes désignations de variétés que chez les chevaux : c'est la nuance samandî, ou de l'âne sauvage (teinte qui se rapproche de celle de la gazelle); c'est aussi la nuance rouge ou rosâtre, la nuance sinapique. De même encore il y a les taches, les balzanes, les marques en tête, comme chez les chevaux. Il n'est de spécial pour les mulets que le ton roussi, ḳoulah, et le ton blanc fauve, aḳmar; les chevaux n'ont pas ces nuances bien nettes. Chez les mulets, lorsque cette dernière nuance apporte sa teinte sur les nuances baie, ou alezane, ou louvet, on dit : bai teint de blanc fauve, ou alezan teint de blanc fauve, ou louvet teint de blanc fauve. On désigne aussi, comme chez les chevaux, le pie, les marques en tête, les balzanes. Les chyah ou signes des ânes diffèrent de ceux des autres animaux de service.

III.

L'âne abraḳ, à teinte saillante, est de nuance entre le rouge ou bai et le gris; — le zeîtoûnî ou couleur olive, olive, a la nuance entre le noir et l'alezan ou roux. On applique le qualificatif aswad, noir, à l'âne, mais non le qualificatif edhem, ou noir luisant.

Retenez en mémoire ces choses, Dieu le veuille! Et Dieu est la science suprême.

CHAPITRE X.

Des nuances ou pelages des ânes ; — les sept variétés de ces pelages. — Particularités pour certaines désignations de nuances chez l'âne seulement.

I.

On distingue chez les ânes sept sortes de pelages.

1° Le gris, achhab, est celui dont la couleur grise tourne vers le bai.

2° Le noir, aswad, se dit de l'âne dont le ventre, le museau et le tour des orbites sont blanchâtres ou blancs, et dont le reste du corps est noir.

3° Le louvet, ou gris de fer, aḳdar, est la couleur qui est entre l'alezan et le louvet chevalin.

4° Le pelage à teinte saillante, abraḳ, est entre le bai ou rouge et le gris ; le corps est dìnârisé, c'est-à-dire ayant des taches de la grandeur du denier d'or.

5° Le pelage alezan est alezan clair ; il est parfois surteinté de bai.

6° L'olive, ou olivâtre, zeîtoûnî, est le pelage de nuance entre le noir et l'alezan, ou roux.

7° Le pierreux, ḥadjarî, est couleur de pierre, gris de pierre.

II.

On qualifie pour les ânes, de même que pour les autres animaux de service, les marques en tête, les balzanes, les taches pies. Mais, pour l'âne, il est des qualifications spéciales, telles que celle de aswad, zeîtoûnî, abrak. La première et la dernière ne s'appliquent jamais au cheval; la seconde, jamais au mulet, pas plus que celle de ḥadjarî. (Voy. la fin du chapitre précédent.)

Retenez ces choses, Dieu le veuille! En lui est tout succès. Dieu est la suprême science.

TROISIÈME EXPOSITION.

La troisième exposition de ce Traité de la perfection des deux arts comprend dix chapitres : — sur les réserves des chevaux pour les guerres ; — sur les chevaux qu'il faut ne pas mettre à ces réserves ; — sur les molettes ou épis ; — sur le cheval pur sang ; — sur les différences du cheval mâle et de la jument ; — sur les cris des chevaux ; — sur les conformations et productions anormales, et sur les différences des familles chevalines ; — sur l'appréciation hippique des poulains de lait ; — sur les produits des chevaux communs ; — sur les produits ânes et mulets.

CHAPITRE PREMIER.

Des qualités et conditions préférées dans les chevaux pour les réserves des guerres, et aussi pour l'usage particulier ou ordinaire. — Du choix quant aux robes, aux marques de blanc, aux molettes, aux poils entortillés.

I.

Les chevaux que l'on réserve soit pour la guerre, dans les réserves ou points fortifiés et points d'observation sur les frontières, soit pour le service et les besoins personnels et individuels, en un mot pour les ribât, doivent présenter certaines conditions que voici.

D'après Ibn Akou Hizâm, les hommes éclairés, dans l'Inde, préfèrent en chevaux ceux qui sont d'une nuance grisâtre comme l'œuf de volaille, c'est-à-dire gris-blanc, coquille d'œuf; c'est ce que nous appelons aujourd'hui marchoûch, gris aspergé ou gouttelé. Là, les chevaux de ce pelage sont les meilleurs marcheurs, les plus renommés, les plus remarquables à l'œuvre, les plus élevés de rang; ils sont les montures royales, les plus utiles dans la guerre. Qui a un cheval de cette robe est toujours vainqueur, atteint le but de ses entreprises et projets.

On doit rechercher (pour les usages dont nous parlons) : — le bai foncé, ou l'alezan rouillé; — le pelage fleur de lin, que l'on connaît aujourd'hui sous la désignation de louvet ou gris de fer; — la robe couleur de musc teinté de gris de mouche : c'est le noir moins tranché ou djaûnî; — la robe couleur d'onagre ou d'âne sauvage, c'est-à-dire couleur samandî ou

rousse et les extrémités inférieures noires ; —le noir foncé ;
—le pelage isabelle avec le tour des yeux bleuâtre ;—le pelage
tout entier semé de menus points blancs et rouges ou bruns,
ce que l'on désigne par doubbânî ou gris moucheté de points
couleur de mouche. Ces variétés sont celles qui annoncent le
plus de sûreté dans les chevaux et le plus d'avantages.

II.

Les Indiens assurent encore que l'on doit rechercher, pour
l'usage ou particulier ou autre, le cheval qui a : — une molette à la place de la mamelle, ou à la lèvre supérieure, — ou
bien une molette qui tend à former quatre rayons sur le poitrail, — ou deux épis à la tête ou aux hypochondres, — ou un
seul épi à l'égorgeoir, ou à l'encolure, ou au passage du licou
sur le nez. De même encore lorsque les oreilles ont une villo-
sité comme une mousse maritime. Dans ces conditions, le
cheval se garde en possession et emploi; avec lui on accomplit
les projets, on a succès ou salut en guerre, on n'a que de
bons services à attendre.

Selon.nous, il y a bon profit à utiliser le cheval — qui au
poitrail a quatre points marqués en quatre endroits, — ou qui a
des poils tournés ou emmêlés en large et en long, — ou qui a
des poils entortillés au cou ou aux parties molles des hypochondres, — ou qui a un épi à l'égorgeoir, ou au cou, ou au
sur-nez.

Telles sont les indications les plus exactes qui se rapportent
aux conditions à rechercher relativement aux couleurs, aux
épis, etc.

Et Dieu est la toute-science.

CHAPITRE II.

De ce qui est à éviter ou à exclure, à propos des chevaux de réserves et d'usage particulier ou ordinaire. — Manière de juger, à cet égard, chez les Indiens. — L'auteur de ce livre n'a rien expérimenté sur les sujets en question.

I.

On a dit qu'il ne faut point employer ou garder pour les réserves, ou pour les usages ordinaires, le cheval — qui porte un épi au devant du membre antérieur, ou au-dessous des yeux, ou aux deux côtés vers la racine de la queue, ou au pli du genou ou du jarret, ou sur le tour de l'orbite, ou sur la joue, ou à la lèvre inférieure, ou au point de rencontre des branches de la ganache;—ou bien qui a sur le ventre des poils ébouriffés et non couchés, ou un épi au nombril, ou des dents dépassant la lèvre, ou deux dents saillantes à la manière des défenses ou canines du porc, ou des raies noires, au lieu d'être grisâtres, à la langue; — ou bien qui a le pelage soit couleur rouge-brun, soit blanc, soit isabelle, soit gris surteinté de bai, et, avec tel ou tel de ces pelages, le dedans des lèvres, les gencives et l'extérieur de la ganache noirs; — ou bien qui est de robe noire et a l'intérieur des lèvres piqué de blanc, ou les gencives et l'intérieur de la commissure des lèvres marqués de points noirs, ou l'extérieur de la lèvre pointillé comme s'il était semé de graines de sésame; — ou bien qui a deux molettes à la descente du garrot.

On donne encore deux conditions qui excluent le cheval des emplois ou usages que nous avons indiqués : — 1° lorsqu'il a sur les testicules une lanuginosité noire qui diffère de la nuance générale du pelage, ou bien lorsqu'il y a, au front seulement, des poils qui ne sont pas de la couleur de la robe; — 2° lorsque, à la naissance, vous voyez les testicules saillants.

II.

Dans les Indes, toutes ces circonstances éliminent les chevaux des services dont nous voulons parler. Et il en est de même encore — pour le cheval à nombre de couleurs mêlées comme dans le dourrâdj ou francolin; c'est le sinapique taché; — pour le cheval à nuance de belette, ou de loup, ou de singe, ou d'éléphant, ou de lion; — ou pour le cheval qui a au ventre des poils ébouriffés, non couchés, ou qui a plus de quarante dents, ou dont les dents paraissent au dehors de l'extrémité de la lèvre; — ou pour le cheval qui a la robe noire et en même temps des points blancs en dedans des gencives et de la lèvre, ou bien des lanuginosités d'une autre nuance que le pelage, aux testicules, ou bien encore, au front, des poils différant de tout le reste de la couleur générale; — ou pour le cheval auquel, à sa naissance, on voit les testicules saillants; — ou encore pour celui qui a des lignes noires transversales sur les dents.

III.

Tous ces signes ou dispositions (énoncés dans les deux paragraphes qui précèdent) sont des conditions qui excluent des services importants. Je n'ai pas, à ce sujet, fait d'expériences par moi-même. Mais j'enregistre ici tout ce qu'ont dit là-dessus les Indiens, les Persans, les Arabes, les hippiâtres, etc., afin que ce livre présente ce qu'a possédé la science des savants et des hommes de mérite et de supériorité.

CHAPITRE III.

I.

Les épis ou molettes dont les Arabes ont parlé, et sur lesquels
les anciens et aussi Ibn Ḳoteïbah se sont prononcés, sont au
nombre de dix-huit. De ces épis, les uns sont considérés comme
des signes favorables, les autres comme des signes que l'on
réprouve, et les autres sont jugés comme indifférents. (J'ai
donné déjà quelques observations concernant les ronds ou
dâïrah, au pluriel : dawâïr, épis ou molettes. Voy. vol. I,
page 194 et suiv.)

Deux de ces épis sont recherchés et jugés comme ayant un
sens de bon augure : — 1° l'un est l'épi du mouaṃwad ou
du retour, et est connu aussi sous le nom d'épi du miḳwad
ou de la rêne. Il est situé et est très-apparent sur le plan latéral
de l'encolure vers l'endroit des ornements accessoires ou
ḳalâdah contre la sous-gorge, près de la crinière. (A propos de cette molette, le Kitâb el-aḳouâl dit : « C'est l'épi
iẓarîah des modernes ou épi de la têtière; on aime qu'il

y en ait deux; c'est encore l'épi osfoûrîah, ou vers l'os osfoûr ou os saillant de la tête, de chaque côté. On n'aime réellement cet épi que lorsqu'il est double, un de chaque côté; s'il n'y en a qu'un, le cheval est comme *borgne* d'épi. Si les deux manquent, cette absence complète inspire encore plus d'aversion, et alors on signale, aujourd'hui, l'animal par le terme : *aveugle* d'épis. El-Asmaï est le seul qui parle de cette circonstance. ») — 2° L'autre épi est celui du hakah ou du haut-col, situé sur la surface du cou et d'un seul côté. S'il y en a un de chaque côté, cet épi prend le nom de nâfiz, le traversant, le passant outre. Ibn Koteïbah a reconnu l'existence et le sens de cet épi. Le cheval mahkoû' ou portant l'épi du haut-col, est, dit-on, abka, c'est-à-dire résistant de vie, résistant de force à courir. (Mais, d'après le Kitâb el-akouâl, on prétend qu'il n'est jamais vainqueur dans les courses.)

II.

Les épis qui ont répugné à cause de leur valeur ominique défavorable sont au nombre de cinq : — 1° l'épi du natîh ou du coup de front (ou, pour mieux dire, de l'animal frappé d'un coup de front, *arietando perculsus*) est double et est placé au milieu du front. — 2° L'épi du lâhiz ou de la proéminence, est sur chacune des deux apophyses supérieures de la mâchoire mobile qui sont sous les oreilles. — 3° L'épi du kat' ou de l'entaille, ou bien l'épi du kâli' ou de l'enlevant, est à l'ensellure ou lieu où se pose la selle, ou, selon d'autres hippiâtres, à l'arrière du garrot. — 4° L'épi du nâkis ou du frappant, du fouet, se trouve dans l'espace allant de la saillie des hanches ou endroit que le cheval fouette de sa queue, aux deux kâbil ou veines de la cuisse. — 5° L'épi du hakah ou du haut-col fut, dans le principe, regardé comme favorable par les Arabes, puis ils le prirent en répugnance comme néfaste.

III.

Les épis considérés comme nuls ou insignifiants sont au nombre de onze : — 1° L'épi du maḥiyâ ou du pudibond ou du siége de la pudeur, est comme attaché à la base et à la racine du toupet. — 2° L'épi du laṫamah ou du soufflet, du heurt, est au milieu du cou. — 3° L'épi des deux benîḳah ou des deux goussets ou pointes du haut de la chemise, sont à la partie inférieure du cou avant le sternum. — 4° L'épi du nâḥir ou de la veine cervicale, est situé au djérân ou au bas du devant du cou. Le djérân est le devant du cou depuis l'é-gorgeoir jusqu'au creux cervical inférieur ou creux du poitrail, c'est-à-dire de l'ornement appelé poitrail. — 5° L'épi des deux śaḳr ou des deux gerfauts ou laniers, est situé sur les deux os ḥiddjah ou saillies osseuses vers la partie molle des hypochondres; c'est là le commencement de l'arrière-main. — 6° L'épi du ḥarb ou de la guerre, est au-dessous du précédent. (Tous ces épis, excepté celui du maḥiyâ, étant doubles, forment un nombre de onze.)

De tous les épis, dit Ibn Ḳoteïbah, les Arabes aimaient celui du monawwad ou du retour, et celui du milieu du cou, appelé samâmah, l'épi du martinet.

(L'auteur du Nâċérî cite une autre copie d'Ibn Ḳoteïbah, où il est dit que des dix-huit sortes d'épis quatre seulement avaient la répugnance des anciens Arabes; le cinquième n'est plus dans cette catégorie. Dans la troisième série, le benîḳah est nommé épi du teneffous ou de la respiration. Les indications sont exposées une seconde fois, à très-peu près, dans les mêmes termes que ceux que nous venons de voir.)

IV.

* L'épi du laṫâh ou du front est au milieu du front, et n'est de mauvais augure que s'il est double; dans ce dernier cas seulement le cheval est qualifié naṫîḥ, ayant le coup de front.

— L'épi du samâmah ou du martinet (qui est l'épi du haut-col) est sur la largeur et au milieu de l'encolure ; s'il se trouve plus en arrière, de sorte qu'il soit assez près de l'épaule, il est, chez les modernes, pris en répugnance, et ils le comparent à la branche ou palme de dattier. Si cet épi est en avant, il n'inspire pas de répugnance. — L'épi du nâḥir ou de la veine cervicale, placé au-dessous du devant du cou vers le poitrail, est nommé par les modernes la palme du bonheur, naḳlah el-sooûd. Cette molette est double. — L'épi du ḳâli' ou de l'enlevant est à l'ensellure, et les modernes le nomment la branche du garrot ou palme du garrot, naḳlah el-ḥârek. — L'épi du fouet est, chez les modernes, l'épi des kawâcheḥ ou du haut des hanches au sommet des cuisses, en arrière, de manière qu'il y ait entre l'épi et la racine de la queue une distance d'une palme ou empan. — Ni les philologues, ni les auteurs de quelque espèce que ce soit, ne parlent de l'épi ẓarâ. ou épi brachial, que l'on observe parfois sur un des membres antérieurs, et qui, pour certaines personnes, est défavorable, et, pour d'autres, ne l'est pas. Les anciens Arabes l'appelaient mouḥraḳah, le brûlé, le point de feu *.

V.

* Les Indiens ont quelques manières de voir particulières, quant aux appréciations des signes hippiques. Ils pensent que le cheval qui a un épi vers la place de la mamelle ou sur la lèvre supérieure, est digne d'être gardé, mais que l'on doit répugner à avoir un cheval qui n'a aucun épi ni sur la face ni sur le poitrail. (D'autres circonstances d'épis, ou de robes, ou de la bouche, etc., et dont nous avons vu l'exposé dans les deux chapitres précédents, indiquent ce qu'il y a à observer et à considérer pour admettre et appliquer les chevaux aux services. Nous ne répéterons pas ici ces données).

Aux Indes, on est persuadé que certains signes ou certaines conditions sont tellement favorables que le possesseur d'un cheval qui les présente, ne sera point malade, ne vieillira point, et même ne mourra pas ; et, dans d'autres cas, il y a des possibilités capables d'annuler une fatalité même.

Un marchand que nous avons connu à Aden, nous a raconté que des Indiens qui, il y a déjà longtemps, vinrent à une grande foire à Aden, remarquèrent un cheval chez lequel ils reconnurent toutes les qualités et conditions qu'ils aiment et qu'ils recherchent. Ils en poussèrent le prix jusqu'à des sommes hyperboliques. On leur demanda pourquoi ils exagéraient ainsi. « C'est, répondirent-ils, que ce cheval est tel que notre roi, s'il le prend pour lui, vivra cent années ; et même, ajoutèrent plusieurs autres, ne se cassera point par le grand âge, n'éprouvera plus de chagrins, ne sera jamais malade. » Ils partirent pour les Indes et emmenèrent le cheval. On annonça au roi la bienheureuse arrivée de ce cheval de bonheur. Le roi donna les ordres les plus précis, les plus sévères, pour que l'on traitât l'animal avec la plus grande déférence et la plus soigneuse attention. On fut bientôt rendu au palais. Le prince, ne se contenant plus de joie, sortit de sa demeure, et alla à la rencontre du cheval. Dès que l'on fut près de l'animal, le roi et tout son entourage se prosternèrent devant lui. Le roi s'approcha pour contempler, pour examiner tous les détails de cette bête si vantée, et, lorsqu'il en fut à la croupe, le cheval lui détacha une ruade en pleine poitrine et le tua roide sur place. Que le bon Dieu nous éloigne de pareilles erreurs et de pareilles fatalités *!

(Ce petit récit est une satire évidente et une condamnation du savoir hippique des Indiens ; c'est aussi un exemple de ce que veut et opère parfois la fatalité. — Notre auteur expose, en un autre endroit de son livre, ce qu'il a d'expérience et ce qu'il pense des molettes. Voici ce qu'il dit.)

VI.

* En fait d'épis ou ronds, et d'épis alongés ou en forme de naklah ou branche de dattier, il en est de nécessaires. Ainsi, il faut qu'un cheval ait les deux épis de la têtière, vers la ver-

tèbre inter-auriculaire, au commencement de la place d'implantation de la crinière et du toupet. Si ces épis sont plus en arrière d'un empan vers le milieu de la largeur de l'encolure, peu importe ; s'ils sont au nombre de quatre, tant mieux ! cela est meilleur que trois, pourvu cependant qu'ils ne soient pas au delà de la moitié de l'encolure, et que l'épi du pudibond soit au commencement du front sous le toupet. Il n'y a pas de mal non plus que le front porte un épi; s'il y en a deux, égaux, l'indication est défavorable, c'est le coup de front; mais elle est acceptable s'ils sont placés l'un au-dessus de l'autre, non à côté l'un de l'autre comme seraient deux cornes, ou bien si ces épis frontaux sont au nombre de trois. Je n'exige point que là il n'y ait jamais d'épi; car la plupart des chevaux ont nécessairement au front des épis alongés ; et nous jugeons en conséquence. Si les trois épis sont placés en triangle, deux en haut et un en bas, nous n'y voyons rien de répugnant ou de défavorable, et cela en raison du troisième épi inférieur; car ce triangle se trouve dans la composition de trois figures que l'art de la divination par le sable ou amomancie nomme noušrah dâkilah, victoire entrante ou rentrante, atabah dâkilah, seuil intérieur, kabd dâkil, poignée rentrante (35); ou bien ce triangle est placé à la manière des étoiles qui forment la constellation des pléiades. Personne ne s'est arrêté à expliquer cette disposition. On ne veut pas non plus des épis placés l'un au-dessus de l'autre, ou en carré.

Les épis de la lèvre supérieure, s'ils sont au nombre de trois, annoncent un cheval rempli de dispositions bénies, favorables, portant bonheur ; c'est le cheval qui convient aux souverains, aux princes, à l'accomplissement des projets. Au gré et au dire de tout le monde, on aime et on demande que ces molettes labiales soient au nombre de trois, ou de deux, ou d'une, et que des rameaux ou palmes de bon augure ou épis alongés favorables soient au poitrail. Il n'y a rien de contraire et de mal à ce que les tout jeunes poulains issus de noble sang aient l'épi brachial, car rarement, très-rarement il manque chez le che-

val. Le ra'n ou épi du haut mont, placé sur la surface du cou
et qui est le haḳah ou épi du haut-col chez les anciens, est
ordinairement réprouvé; souvent on n'en tient pas compte,
pas plus que de celui des hypochondres *.

VII.

* Les épis répugnants ou défavorables, dont il faut se défier,
sont les suivants. Défiez-vous, à tout excès de défiance, et,
d'après l'unanime avis de tout le monde, défiez-vous et puis
gardez-vous de la branche ou épi alongé au garrot, ou à l'implantation de la crinière, et qui oblique un peu à droite ou à
gauche, ou qui se porte en arrière sur le dos ou vers le milieu
du corps. Absolument parlant, tout épi qui va de la base de la
crinière sur le garrot et s'alonge jusque vers la queue, doit
être pris en défiance; c'est l'épi alongé du garrot ou épi-
branche du garrot. On réprouve et repousse également l'épi
alongé ou naḳlah qui courrait tout le long du poitrail. On
accepte l'épi qui est au ventre. Celui qui est près du nombril a
été déclaré louable par des hippiâtres; de même pour ceux des
kawâcheh ou du haut des hanches, lesquels sont au sommet
des cuisses, en arrière, en telle sorte qu'il y ait entre eux et la
racine de la queue la distance d'un empan. Mais s'ils sont
jusqu'à l'implantation de la queue, on n'en tient pas compte,
on les estime comme nuls; et, dans cette dernière position, on
les nomme les deux ṛarzah, les deux sutures.

Du reste, on n'aime point le grand nombre'd'épis; et l'on
s'en défie lorsqu'ils sont voisins des endroits spéciaux aux épis
de mauvais augure *.

VIII.

Stigmates ou simaḥ, ou signes artificiels ou naturels.

* Des stigmates ou simah sont le résultat de faits ou incidents naturels; d'autres sont des marques artificielles. — Le

doumma' ou sillon larmier est une raie sur le trajet du conduit lacrymal et au côté des joues. — Le ilât ou stigmate de la bride est artificiel et s'imprime en large sur l'encolure ; ou c'est simplement le résultat d'une marque pratiquée exprès, ou de l'effet d'une corde ou d'un cordon, etc., que l'on aura tenu attaché à la place où est le stigmate. Si le signe est imprimé en long sur l'encolure, il prend le nom de sitâ', lance, alongé. S'il est vers la partie inférieure ou le dessous du cou et en long, on le nomme anakah, le mis au col, le cervical.— Le moultemmah ou rassemblé, multiple, est au nombril et en forme de croix : — Le kyât ou aiguille est un stigmate artificiel sur la cuisse, alongé, et placé en travers. — Le kichâh ou sur-hanche est à l'endroit que dénonce la dénomination. — Le tendjîd, *nedjdisation*, signalement des nedjdi, n'est point signalé par les anciens. Ce sont trois lignes qui se trouvent sur les deux côtés du passage où pose le sur-nez du licou, et à la face interne des quatre membres *.

CHAPITRE IV.

Du cheval pur sang ; du cheval de fond ; du cheval de considération. —
Comment le Prophète fixa les parts du butin pour les divers chevaux. —
Question sur ce sujet adressée au kalife Omar fils d'El-Kattâb. — Le diable
n'inquiète point le propriétaire d'un cheval pur sang.—Comment il importe
au vrai cavalier de connaître le pur sang. — Qualités distinctives du cheval
pur sang ; sa force surtout ; de là on a dit : « Il a des ailes.» Caractères physiques. — Des crins petits sous la crinière. — Épreuve du boire par terre.
— Extraits du manuscrit de Bagdad : — cheval de fond et de grande vitesse ;
— le fond avec ou sans la vitesse. — Chebrîz, cheval du Cosroës Pérose. —
Extraits du Kitâb el-akouâl : — célébrités chevalines à l'époque du Prophète
et de ses disciples directs. — La jument El-Kiçâ el-balkâ, montée par Abou
Mihdjan à la bataille de Kâdécîeh ; récit à ce sujet ; — célébrités chevalines
dans les temps antéislamiques ; — le prophète David eut la passion des chevaux ; —Salomon hérita de mille chevaux de race pure ; il en tua lui-même
neuf cents ; — Zâd el-Râkeb ; le fameux A'wadj, père de la famille hippique
des a'wadjiah ou *awadjiens* ; il fut la plus grande célébrité chevaline, et le
plus riche en postérité ; — Cause du nom A'wadj, c'est-à-dire courbé, dos
cambré ; naissance de ce cheval ; —Sabal, mère d'A'wadj, et sa descendance.
— Chevaux sauvages dans l'Yémen ; — A'wadj le petit ; A'wadj le grand ; —
Zâïd ; le palefrenier n'entrait vers lui qu'avec permission ; — Achkar-Merwân ; il ne voulait saillir que les jeunes juments ; — un cheval qui a sailli
sa mère et se coupe le pénis ; — Haroûn acheté mille dîuâr ; traitement
qu'il a subi ; aux courses, Haroûn se laissait approcher par ses rivaux ; —
vingt chevaux d'un même propriétaire furent les premiers sur l'hippodrome ;
— Boteîn ; — A'wadj arrive à une eau aussi vite qu'un ganga. — Un autre
Zâïd ; — famille des *farkadiens* ; — Kattâr ; on lui coupe les oreilles et épile
la queue ; — Açâ, jument d'un coupeur de chemins ; — Tilâl ; elle parla ; —
famille des *atiliens* ; — le cavalier Kaçâf ; proverbe à propos de la fatalité ;
— Balâ, jument achetée avant sa naissance ; — Hamoûm, jument dont la
portée est vendue, en raison d'une course précédente ; — Kounta ou Hermaphrodite. — Zoû-l-Maznah ; il se jetait par terre quand il avait vaincu ; —
Zoû-l-Maûtah ; il tombait en syncope, quand il avait vaincu ; — famille des
zarifiens ;—Dâddî ; sa mort ;—El-Mounkar, ou le Rebuté ; cause de ce nom ;
vainqueur à trois épreuves de suite ; — Hirâwah el-Arab ou massue des
Arabes ; — famille des *wadjihiens* ; — Sindân, dont on fit le portrait ; — le
cheval de l'ange Gabriel ; l'ange prend les ordres du Prophète ; — de l'histoire des chevaux de l'Yémen ; — chevaux d'Amr Mouzeïkiâ ; — le premier
cheval connu dans l'Yémen après l'islamisme ; — célébrités chevalines sous

la dynastie des princes raçoûlides, dans l'Yémen ; — El-Ra'd ; El-Djahfali.
Conserver la race et le sang; — El-Fîl ; vendu et non livré ; récit ; — Zend :
sauteur vigoureux ; —Dîbâdj ; il refusa de se laisser monter, après un coup
qui lui fut donné; — El-Ward , eut l'encolure traversée par un javelot , et
continua de combattre ; — chevaux des souverains raçoûlides ; — indifférence à recueillir les faits historiques ; — Sakb ; — Miftâh ; — le chérif Katâdah culbute d'un coup de pied le kalife et le cheval ; — chevaux du kalife
El-Mélik el-Mansoûr ; — course où Kâmil est vainqueur ; — prix élevés des
chevaux ; — présents en beaux chevaux ; — chevaux du roi Moumbid el-
Dîn Omar ; — chevaux du prince El-Maçoûd el-Haçan ; — chevaux du roi
El-Wâtek ; — chevaux d'El-Mansoûr El-Moueïied Dâoûd ; l'auteur du Kitâb
el-akouâl en reçut mille chevaux en héritage. — Zahr el-Naûfar ; on en fit
le portrait; — chevaux d'El-Mouzaffar ; — Bahr ; ses trois bonds, au départ ;
— chevaux de Zâfir ; de Nâcer ; — des chevaux qui ont appartenu à l'auteur
du Kitâb el-akouâl ; — leur éloge , en général ; — Sekrân ; son éloge à propos d'un saut extraordinaire; — autres célébrités hippiques ; — Tarab ; il
dansait ; — Misk ; ses qualités ; éloge de Misk et de sa supériorité;—Hiçâm
ou Hoçâm , cheval superbe, ainsi que Sakr ; — plusieurs périrent en une
épizootie ; — vers où l'auteur du Kitâb el-akouâl regrette la perte de Misk
et de Sakr ; un tombeau leur fut fait à tous deux, avec inscription ;—Tâdj,
l'image de Sakr ; — Nachouân ; il eut aussi un tombeau avec épitaphe ; —
Ronaïm ; percé d'une flèche au front, il continue de combattre ;—juments :
Badrah ; Dourrah, sœur de Misk, et fille de Badrah.

I.

Nous avons maintenant à faire connaître et à décrire le
cheval atik ou pur sang, le cheval saboûr ou de fond, ou
dur à la fatigue, le cheval kérîm ou de considération.

Les grands cavaliers et chevaliers des temps antéislamiques
ont, dans leurs vers, dépeint et vanté les chevaux de noble
race, en ont dit les caractères et les qualités. Le Prophète lui
aussi les a élevés au-dessus de tous les autres chevaux. C'est
lui qui a fixé pour le cheval pur sang deux parts du butin pris
sur les ennemis, et une part pour le cavalier. A la journée de
Honaîn, cette attribution des parts fut exécutée, deux au cheval,
une au cavalier. De cette sorte, l'homme et le cheval ensemble
eurent, pour eux deux, trois lots. Ce fut le Prophète le premier,
disent encore les traditions, qui assigna au cheval deux parts,
excepté lorsque ce cheval est métis ou sang mêlé, né d'une

mère nabatéenne, c'est-à-dire non arabe, et d'un père arabe ;
en ce cas il n'a qu'un lot ; — ou lorsque le cheval est sans race,
berzaûn, né de père et mère nabatéens ; — ou lorsqu'il est
mouḳrif ou métis bas, issu de mère arabe et de père étranger.

Abou Moûça (comme déjà nous avons vu) écrivit au ḳalife
Omar fils de Ḳattâb : « Nous avons trouvé, dans l'Iraḳ, des
chevaux larges et vigoureux ; que juges-tu, prince de la foi,
qu'il leur faille accorder comme part du butin ? » Le ḳalife répondit : « Ces chevaux-là sont des berzaûn. Ceux d'entre eux
qui se rapprochent le plus du pur sang, donne-leur un lot
seulement ; les autres laisse-les. »

Lorsque la Mekke fut prise par le Prophète, Zobeîr commandait la gauche de la troupe assaillante, et Miḳdâd la droite.
Après que l'on fut entré dans la ville, et lorsqu'on leur donna
à tous les deux les lots de leurs deux chevaux, en présence
du Prophète, celui-ci se mit à essuyer avec son vêtement la
poussière qui couvrait les deux chevaux, et dit : « J'ai fixé
pour le cheval deux parts, et une pour le cavalier. Quiconque
viendrait à détruire cette règle, que Dieu le détruise et le
perde ! »

Comme glorification qualificative du cheval de race pure, le
Prophète a dit : « Les malins génies ne tourmentent pas d'hallucinations celui qui dans sa demeure a un cheval de sang
noble. » Mais la véritable et exacte expression dont s'est servi
le Prophète (dit notre auteur après quelques lignes de discussion
sur l'authenticité de tels termes dans les textes des traditionnistes) est : « Le cheïtân ou Satan, le diable, ne tourmente
pas d'hallucinations celui qui, dans sa demeure, a un cheval
de sang noble. » On a dit même que le diable n'entre pas dans
une maison où il y a un cheval pur sang. On raconte qu'un
homme alla trouver le Prophète et lui dit : « Apôtre de Dieu,
la nuit je suis lapidé, tourmenté par le diable.—Aie chez toi
un cheval de race pure, » dit le Prophète. L'homme suivit le
conseil et ne fut plus tourmenté. Des savants ont déclaré que
Satan prend la fuite quand il entend la voix du cheval pur
sang.

II.

Maintenant disons ceci : Le cavalier doit nécessairement connaître et distinguer le cheval pur sang. La plus simple conséquence qu'entraîne cette connaissance, c'est qu'il se choisisse un cheval de fond et de solidité, avec lequel il puisse affronter un ennemi. Si le cavalier n'a ni l'œil, ni la connaissance suffisante, pour distinguer et juger le cheval de race, il ne saurait être sûr de ne pas choisir un cheval qui le laissera en arrière au moment critique. On le trompera sur la faiblesse de l'animal qui, par suite, dans les grands mouvements, restera isolé et périra avec son cavalier.

Les chroniques apprennent que jadis les véritables hommes de cheval, n'allaient jamais en expédition que sur des chevaux de haute race, de vigueur et de fond. D'autre part, l'individu qui n'a pas l'expérience et le savoir hippiques s'en référera à un cavalier ou un connaisseur habile et scrupuleux dans l'appréciation de tout ce que peut présenter un animal; mais encore alors, ou l'on ne répondra pas exactement à ce qu'exige la rigueur de la vérité, à ce que l'on a droit d'attendre de la sûreté de l'œil et de l'examen ; ou bien encore, quoique l'on ait invoqué l'aide des plus experts connaisseurs, on n'aura peut-être qu'un cheval répréhensible, même un demi-sang, un hédjin.

En fait de caractères qui signalent les valeurs méritoires des chevaux, nous allons donner ici un contingent qui peut être utile à quiconque veut se former une expérience hippique dans les applications, dans les circonstances de détails, dans l'appréciation des chevaux et de leurs dispositions ou conditions essentielles.

III.

Nous avons à tracer les qualités distinctives du cheval pur sang. C'est le premier et le plus noble de tous les autres ani-

maux, le plus puissant de force, le plus riche de résistance et
de fond, le moins exigeant pour le manger et le boire dans les
longs trajets des déserts, dans les expéditions, dans les voyages.
Les auteurs anciens l'ont déclaré le plus fort des animaux domestiques. En effet, le plus que porte le chameau est mille
rotl de Bagdad, et, lorsqu'il a sur lui cette somme, il ne se lève
debout qu'avec effort et avec précaution ; il ne peut avec ce
poids aller au pas de course. Nous voyons, au contraire, le
cheval de noble race porter son cavalier avec bagages, armes,
armure, provisions, rations, et encore avoir la résistance d'un
drapeau tenu par la main du cavalier au milieu d'un grand
vent. Tout cela dépasse bien un millier de rotl de Bagdad ; et
cependant ce cheval ainsi chargé va un jour tout entier,
sans se fatiguer, sans souffrir de la faim ni de la soif. De là
nous jugeons que nul animal domestique ne surpasse le cheval en vigueur, en fond et en force. C'est pour cela que les
sages ont dit que le cheval a deux ailes, et qu'une fois qu'il les
a déployées il ne fait plus attention à ce qu'il porte de fardeau ; il les met en travail et il va.

Ce cheval de pur sang, ce cheval fort, c'est celui qui a la
respiration puissante, l'intérieur du corps et les narines larges
et spacieux, l'encolure longue, le montoir, c'est-à-dire l'emplacement vers le garrot, robuste, les cuisses pleines, les
hanches vigoureuses, les articulations nettes et dégagées, les
sabots solides. Mais sachez que de ces qualités aucune n'est
bien complète que dans des conditions voulues, assez rares, et
qui font le cheval parfait. Ainsi, la respiration est-elle puissante
et les voies respiratoires sont-elles resserrées, l'animal ne peut
exploiter cette puissance de respiration ; et, si on l'engage en
une longue course et qu'il doive faire une grande dépense de
fond, la respiration s'agite et s'inquiète en lui, ne sort point
avec ampleur, et par suite il est en anxiété, il souffre, il est
retenu dans sa course. Si, ayant une respiration puissante, il
a aussi de larges voies respiratoires, mais des cavités intérieures resserrées, la respiration ne joue pas dans un espace
suffisant, il ne peut atteindre à une longue distance, à un but

éloigné. La longueur de l'encolure sert dans la course ; c'est un appui, un moyen d'équilibre. La grosseur des cuisses est la condition de soutien et de solidité. Le dégagé, la pureté des articulations des membres favorise la fermeté du maintien des tendons sur elles et est une garantie contre les gonflements et les déviations. La force des sabots donne une base résistante aux colonnes des membres qui rencontrent et battent le sol et la roche.

On a dit qu'un témoignage positif de la qualité de pur sang et de fond, est la souplesse des crins petits, ou ch a k î r a h, qui accompagnent dans toute la longueur la base de la crinière ; chez le cheval pur sang ils sont moelleux, doux, soyeux comme la soie peignée et bien préparée ; leur dureté indique toujours un sang mêlé, un produit métis, de père ou de mère non arabe.

Si les caractères de pur sang ne vous paraissent pas bien déterminés, mettez de l'eau dans un vase plat, par terre, et faites-y boire le cheval. Si le cheval arrive à boire sans plier les genoux, sans incliner la pince de devant, c'est un pur sang ; car seul il arrive à boire, par terre, sans fléchir ni les pinces ni les genoux. Là est le cachet du cheval de mérite noble.

Il a l'extrémité des oreilles noirâtre.

Tel est, avec ce que jusqu'ici nous avons indiqué çà et là dans ce livre, l'ensemble des caractères qui constituent le cheval pur sang et doué d'un grand fond.

Et Dieu sait de toute science la réalité des choses.

IV.

[Il est des chevaux qui ont un grand fond (ṡabr), et qui n'ont pas la grande force de vitesse (ẓerââh, ou, comme nous dirions, la membrure des bras). Dans ce cas, l'encolure n'est pas suffisamment alongée et charnue, les cuisses ne sont pas au degré de grosseur voulu et par conséquent ne sont pas riches en chairs ; les membres, dans la course, sont ramassés, ne s'alongent et ne se développent pas assez ; le jarret est vigoureux, mais court ; la respiration est énergique ; les cavités du corps sont spacieuses ; pour ces raisons, l'animal a de la résistance et du fond, mais il n'atteint pas au degré du cheval de grande vitesse. Par suite, plus les quatre membres, l'encolure, la membrure sont alongés, plus l'animal est rapide. Mais le suprême des qualités est un grand fond uni à la grande membrure ; là est le cheval parfait.

Lorsqu'il y a les avantages de la membrure et le manque de fond, le cheval a l'encolure et les bras ou zerâ' longs, les cuisses bien fournies de muscles, les quatre membres alongés et souples ; mais il n'a pas, dans le reste de sa constitution, les qualités que nous avons énumérées et que l'on demande. Aussi, il faillit lorsqu'il est besoin de dépenser des ressources d'un grand fond, d'atteindre au terme d'une longue distance. Il est, en effet, fort de construction, mais le jarret manque de vigueur, et le pied lui fait défaut ; il ne sait pas se roidir dans les longues épreuves ; l'arrière-main n'est pas assez robuste, et quand il faut du fond, les deux pieds faiblissent.]

* Le kesra Barwiz (ou Parwiz, que nos histoires nomment le Cosroës Pérose et qui occupa le trône de Perse depuis 590 à 628 de J. C.) eut un cheval du nom de Chebrîz, et remarquable par ses hautes qualités ; ce qui distinguait Chebrîz avant tout, c'est qu'il surpassait tous les chevaux par la longueur de ses membres. Aussi, faisait-il, chaque nuit, trente parasanges. (C'est l'équivalent de quatre-vingt-dix milles arabes, et le mille est de trois mille cinq cents coudées, la coudée étant mesurée depuis la pointe du coude jusqu'à l'extrémité du médius chez un homme de taille moyenne. En évaluant la coudée à un pied et demi, on a une distance d'environ seize mille myriamètres ou à peu près trente-trois lieues de poste.) Chebrîz ne mangeait que de ce dont mangeait son maître. A chaque fer il avait huit clous *.

V.

**Célébrités chevalines à l'époque du Prophète et de ses disciples directs. —
El-Kiçâ el-balkâ, jument que montait Abou Miḥdjan à la bataille de Ḳâdécieh ; récit, à ce sujet.**

* Dans ce que nous allons tracer et exposer comme aperçu
historique des chevaux les plus célèbres de l'antiquité, les
chevaux du Prophète ont droit aux prémices de notre récit,
parce qu'ils ont eu l'honneur d'appartenir au saint Envoyé de
Dieu. (Mais nous en avons déjà parlé dans notre volume précédent, chap. II, pag. 99 et suiv., et dans ce volume-ci. Nous
passerons donc à ce que l'on a raconté des chevaux de nom
qui ont appartenu à des disciples directs du Prophète, c'est-à-
dire disciples qui ont vu Mahomet, qui l'ont servi dans sa conquête religieuse. Les disciples seconds ou, comme dit le mot
arabe, les *suivants*, sont ceux qui virent et connurent des
disciples directs, après la mort de Mahomet.)

Moulâwah, Belle-Prestance, cheval d'Abou Bourdah. A la
sanglante et malheureuse journée d'Oḥod, où le Prophète faillit
périr, il n'y avait parmi les musulmans que le cheval d'Abou
Bourdah et Sakb, cheval du Prophète. — Sabḥah, la Nage,
nageuse, jument alezane qui appartenait à Dja'far fils d'Abou
Tâleb. A la bataille de Moûtah, Dja'far montait Sabḥah. Il succomba martyr (et couvert de cinquante blessures toutes reçues
par devant ; nous en avons parlé précédemment). On immola
Sabḥah en lui coupant les jarrets (et on la laissa mourir ainsi).
Ce fut la première immolation de ce genre qui fut faite dans
l'islamisme. On peut aussi considérer Sabḥah comme ayant
été des chevaux du Prophète, auquel Dja'far l'avait donnée.
Du vivant du Prophète, Ali (qui plus tard fut le quatrième kalife) avait une jument appelée Sâbiḳah, qu'il engagea dans une
course.

Une autre Sabḥah appartint à Zeîd fils de Ḥâriṭah. Ouçâmah
fils de ce Zeîd la montait lorsque Abou Bekr, dès les premiers

jours de son kalifat, ordonna le départ pour l'expédition dans le Balkâ. Cette expédition avait été décidée par Mahomet et confiée au commandement d'Ouçâmah, jeune homme de vingt ans. Mahomet mourut avant que l'armée ne partît; Abou Bekr l'expédia. (Le Balkâ, dont le nom rappelle celui du roi moabite Balak fils de Séphor, duquel parle Josué, chap. XIV, est le pays de Moab à l'est de la Judée, près de la mer Morte.) — Sabḥah fut encore le nom d'une jument que Miḳdâd fils d'El-Aswad montait au combat de Bedr. — Ẓoû-l-Limmah, Belle-Chevelure, cheval d'Oḳâchah fils de Mouhsin l'açadide. Oḳâchah avait le sobriquet de : cavalier de Belle-Chevelure ; — un cheval de ce même nom appartint à Maḥmoûd fils de Salamah.

Mandoûb, l'Appelé ; — Sabal et, selon d'autres avis, Sayl, cheval de Marṭad, de la tribu des Béni Ḥany. — Ba'zadjah, cheval de Miḳdâd ; Miḳdâd fut le premier musulman qui participa, à cheval, aux expéditions de la guerre sainte. — El-Ya'çoûb, Roi des abeilles. — Ḥamr, le Généreux. — Ma'roûf, Connu, Ya'çoûb, Ẓoû-l-niâl, le Ferré naturellement, ainsi appelé à cause de la solidité de ses sabots, Ẓou-l-Ḳimâr, le Porte-voile, ou Belle-crinière, furent quatre chevaux de Zobeîr fils d'El-Awwâm. Zobeîr fut tué à la journée du chameau; il montait Ẓoû-l-Ḳimâr. — El-Djénâḥ, l'Aile, cheval d'Oḳâchah. — Sarḥân, Agile, cheval de Mouḥriz fils de Naḍlah. — Djérâdeh, Sauterelle. — Djalwa, la Brillante, jument d'Abou-l-Abbas Obeïdah fils de Moâwiah ; on le surnomma : le cavalier de la Brillante. — Alwa, Dépassant les bornes, jument de Solaîk le ratafânide. — Laḥîḳ, le Gagneur, cheval de Sa'd fils de Zeîd; autre cheval de Moâwiah fils d'Abou Sofiân; autre encore, de Huceîn le fils du kalife Alî. — Ward, la Rose, cheval de Ḥamzah fils d'Abd el-Mouttaleb; Ḥamzah a dit ce vers :

> « Je n'ai rien, rien que mes armes et mon Ward,
> Ward d'âge parfait, du sang de la descendance de Ẓoû-
> l-Oḳḳâl. »

— Ẓoû-l-Ḳourḳ, le Troué-à-l'oreille. — Harim, le Vieux, cheval du poëte Abou Zaraḥ (non pas Abou Zorbah) dont le nom réel est Âmir, fils de Ka'b. — Adjdal, le Voltigeur. — Yahmoûm, Tourbillonnement, cheval de Huceîn fils d'Ali. Huceîn fut appelé le cavalier de Yahmoûm. Ce cheval était de la lignée d'El-Asdjady, le Doré, fils du célèbre A'wadj. Yahmoûm fut vainqueur à une course, du temps de Moâwiah et lorsque Merwân fils de Hakam commandait à Médine. La foule vint féliciter Huceîn ; le cheval fut promené au milieu des dames des Béni Hâchem, et elles s'empressèrent de lui verser des parfums sur le toupet. (Tous les chevaux cités dans cet alinéa, excepté Ba'zadjah et Zoû-l-niâl, figurent dans le nobiliaire hippique de notre premier volume.)

Rizâm, le Dur, appartint à Okâchah. — Habbar, Qui-fait-le-beau, appartint à Tâbit fils d'Akram ; — Djerwah, Petite-coloquinte, à Abou Katâdah ; — Lammâ', Éclatant, à Abbâd fils de Bichr ; — Masnoûn, l'Agé, à Oçaîd fils de Zabîr ; — Djawwa, Ardent, à Bichr fils d'Obaîs ; — Rayâr, Jaloux, à Kâled fils d'El-Walîd le makzoûmide.

El-Kiçâ el-balkâ, la Robe pie, fut une jument de Sa'd fils d'Abou Wakkâs. Abou Mihdjan monta cette jument à la mémorable bataille de Kâdécieh. (Cette bataille fut gagnée par les musulmans contre les Perses, au commencement de l'année 636 de J. C.) (24). Le kalife Omar fils d'El-Kattâb, après la victoire remportée (634 de J. C.) en Syrie, par les musulmans sur les Roûm ou Grecs du Bas-Empire, à la journée de Yarmoûk (la rivière d'Hieromax), résolut d'envoyer des troupes combattre les Perses. Il expédia donc Sa'd fils d'Abou Wakkâs, dans l'Irâk, à la tête d'un corps d'armée assez considérable. Les Perses informés de l'approche des musulmans, se réunirent en conseil, et il fut décidé que l'on irait combattre ces ennemis, sous le commandement de Roustam. Roustam se mit en route avec cent vingt mille hommes. Les musulmans étaient au nombre de dix mille ; ils avaient presque tous, pour armures de solidité, des sortes de bâts qu'ils avaient revêtus et garnis de plaques de fer et qui leur servaient de boucliers. Sur la tête ils portaient des courroies que l'on emploie pour les lourds fardeaux, et que chaque homme avait pliées et entrelacées,

et il les avait mises ainsi sur sa tête en manière de coiffure
protectrice. Les pointes des lances étaient des cornes d'an-
tilopes. Les Persans avaient leurs vêtements de fer, leurs
armures et armes. Sa'd restait enfermé dans la citadelle
d'Ozaïb, car il souffrait d'ulcères qui lui couvraient le corps.
Il avait confié le commandement de l'armée musulmane à Kâled fils de Orfoutah. Abou Mihdjan, dont le vrai nom est Habib fils d'Omaïr le takafide ou de la tribu des Béni Takîf, se
trouvait avec Sa'd dans le château et avait les fers aux pieds.
Il était là, détenu, en punition de ses constantes récidives à
boire du vin. Nombre de fois il avait été ainsi châtié pour cette
malheureuse faute. Abou Mihdjan apercevant comment marchait la lutte contre les Perses, se prit à dire ces deux vers :

> « Certes ! je souffre assez de voir ainsi les lances
> tomber sur nos cavaliers; et je suis là, enchaîné, re-
> tenu dans les fers.

> « Que je veuille me lever, mes fers m'accablent; tout
> ce qui peut abattre un homme se tient accroché à moi
> sans entendre ma voix qui réclame. »

Puis s'adressant à Selma fille d'Abou Hafsah et mère du fils
de Sa'd : « Selma, dit-il, fais-moi sortir d'ici, et tu auras de
Dieu récompense et succès. Si je ne suis pas tué, je reviendrai
ici, et tu me remettras mes fers à mes pieds. » Elle débarrassa
Abou Mihdjan de ses liens, lui donna à monter la jument de
Sa'd, Balkâ, et le laissa partir. Abou Mihdjan s'élance sur les
rangs des Perses, et combat d'un combat furieux. Sa'd, du
haut du château, observait la bataille. Sa'd aperçoit son cheval
sous Abou Mihdjan, mais en croyait à peine ses yeux. « Tudieu !
dit-il à un individu qu'il avait près de soi; en vérité, on jurerait que c'est là Abou Mihdjan. — Mais est-ce qu'il n'est pas
ici, les fers aux pieds ! » Après que la bataille fut terminée,
que Dieu eut tué Roustam, général des Perses, et mis leurs
troupes en déroute, Abou Mihdjan revint au château, à sa place
première, et se remit les fers aux pieds. Sa'd descendit du fort
et trouva Balkâ toute en sueur; il reconnut de suite qu'elle
avait été montée. Il questionne Selma, et eelle-ci raconte l'af-

faire et ce qui en est résulté. Sa'd rendit à Abou Miḥdjan la liberté et dit : « Dieu ! puissé-je ne l'avoir jamais mis en prison ! » Du reste, cette histoire a de longs détails, a des vers ; mais ici n'est pas sa place *.

VI.

Célébrités chevalines dans les âges antéislamiques et au temps de l'islamisme. — Le Prophète David eut la passion des chevaux.—Salomon hérita de mille chevaux de race ; il en tua lui-même neuf cents. — Zâd el-Râkeb. — Le fameux A'wadj, père de la famille hippique des *awadjiens*. — Sabal, mère d'A'wadj.—Cause du nom A'wadj, ou dos cambré. — A'wadj le petit ; A'wadj le grand. — Zâïd ; — Haroûn, etc. — Famille hippique des *farkadiens* ; — celle des *zarifiens* ; — celle des *wadjihiens*. — Autres célébrités.

* Primitivement le cheval était à l'état sauvage comme les autres animaux sauvages, en dehors de la puissance de l'homme ; Ismaël, le fils d'Abraham, fut le premier qui monta le cheval, le premier auquel Dieu le soumit. (Nous avons raconté cette légende. Nous avons dit aussi que le père de la race des chevaux arabes fut Zâd el-Râkeb.)

David aimait passionnément les chevaux. Tout cheval dont il entendait parler, comme étant grand coureur, et issu de sang pur, David envoyait l'acquérir. Ce saint prophète réunit ainsi mille chevaux d'un mérite incomparable. Salomon reçut l'héritage royal, et il répétait : « Mon père ne m'a pas laissé de bien qui me soit plus cher que ces chevaux. » Salomon les engagea dans des épreuves intéressées, dans des courses.

Un jour il voulut passer en revue ces chevaux, en dresser l'état : « Que l'on me présente, dit le roi, tous mes chevaux, afin que j'en voie et connaisse les signes, les noms et les filiations. » Il se mit à cette inspection, et l'heure de la prière de l'après-midi passa, et il continua, ainsi occupé, jusqu'à ce que le soleil disparut et se cacha sous les voiles du soir. Salomon s'aperçut alors qu'il avait oublié de prier, et il soupira en voyant qu'il avait manqué à son devoir pieux. Il en demanda pardon à Dieu : « Maudite soit la richesse qui fait oublier de penser au Seigneur de toute majesté ! » dit-il. On avait présenté à Salomon

neuf cents chevaux; et soudain il saisit un sabre et se mit à
leur couper et les jambes et le cou. Il ne resta plus que les
cent chevaux qui n'avaient pas été amenés encore. « Les cent
chevaux qui restent, dit-il, sont plus précieux pour moi que les
neuf cents que j'ai vus et qui m'ont empêché de penser à mon
Dieu. » Il soigna et admira ces cent chevaux jusqu'au jour où
Dieu le retira de ce monde. Zâd el-Râkeb fut un de ces chevaux;
et c'est de lui, de sa descendance, que sortirent A'wadj, Wadjîh, Rourâb, Lâḥiķ, Sabal ou l'Averse, que d'autres nommèrent Saîl, Torrent, deux noms qui rentrent dans la même
intention significative.

Sabal fut la mère d'A'wadj et appartint aux Béni Ranî Ibn
A'çour. C'est d'A'wadj qu'un poëte a dit :

> « Noble coursier fils d'un noble coursier, et fils de
> Sabal. »

C'est à cet A'wadj que l'on veut rattacher la descendance
nobiliaire des chevaux qualifiés de a'wadjyah, awadjiens,
et de bénât A'wadj, filles ou postérité d'A'wadj. Du reste,
aucun cheval arabe n'eut une plus nombreuse et plus brillante
lignée que A'wadj. El-Asmaï, dans son Kitâb el-faras, Traité
du cheval, livre du cheval, dit : « A'wadj appartenait aux Béni-
Akel el-mourâr, de la grande tribu des Béni-Kindah. Il appartint plus tard aux Béni Hilâl. » Ibn el-A'râbî raconte, et en
cela il est plus explicite, que A'wadj fut pris aux Kindides par
les Béni Solaîm, qu'il passa ensuite aux Béni Âmir, puis appartint aux Béni Hilâl. El-Asmaï continue : « Voici quelle fut
la cause de la dénomination a'wadj, courbé, dos cambré.
Lorsque Sabal venait de mettre bas son poulain, un cheîķ de
la tribu des Béni Bâhilah le vit et remarqua que la lèvre du
jeune animal se trouvait à la hauteur de l'aine de la mère.
« Hâtez-vous, dit le cheîķ à des gens de la tribu, hâtez-vous
de recueillir ce cheval; ne risquez pas de le laisser bondir et
sauter. » On s'empressa d'aller vers le poulain. Il était né dans
la nuit même. On s'émerveilla de l'aspect et de la force du
jeune animal. La tribu dut décamper le jour même. On emmena bien entendu le poulain; il suivit sa mère le reste de la

journée et la nuit. Au matin suivant, on plaça et attacha le poulain sur un chameau entre deux sacs qui servaient d'appui. Mais bientôt le poulain se débattit dans ses liens, à tel point, qu'il s'en courba l'échine. De là, le nom de A'wadj, ou Courbé, dos creux, qu'il reçut. »

D'après une tradition transmise par El-Kelbî, le premier cheval qui donna les produits de l'Arabie, fut Zâd el-Râkeb donné aux Azdides. Les Béni Tağlib ou Tağlabides, informés de l'apparition de ce cheval, vinrent demander qu'on le laissât saillir une de leurs juments. Ils recueillirent de là Hodjeîs, Lionceau, qui devint supérieur à son père. Alors les Béni Bekr, tribu sœur des Tağlabides, vinrent demander à ceux-ci une saillie de leur coursier. Il en naquit El-Dînârî, Pièce-d'or, Denier-d'or, qui aussi devint plus beau que son père Hodjeîs. Les Béni Âmir, autre tribu sœur des deux précédentes, entendirent bientôt vanter les qualités et les mérites d'El-Dînâri, et allèrent prier les Tağlabides de laisser saillir Sabal par ce merveilleux coursier. La saillie fut accordée. Sabal avait le plus beau sang qu'on eût vu jusqu'alors; elle avait eu pour mère Sawâdah, Noiraude, et, pour père, Kannâś, Chasseur. Sawâdah eut pour mère Kaçâmah, Jurement, Serment, et pour père Fayâḍ, Débordant, tous deux appartenant aux Béni Dja'dah. On a prétendu que le père de Fayâḍ était du sang de Ḥaûchabah, nom d'une contrée (miḵlâf) de l'Yémen, et du sang de la jument Bâz, Faucon, tous deux chevaux sauvages du pays de Ḥaû-chabah. Et Bâz était le nom du fils d'Omaîm fils de Loûḍ fils de Sâm (Sem) fils de Noûḥ (Noé). A l'époque de Bâz, les chevaux de ces contrées-là vivaient encore à l'état sauvage, et personne n'en avait souci. Mouḥriz dit, d'après son père Dja'far et d'après son grand-père, que la mère du A'wadj des Béni Hilâl n'était point fils de descendants de Zâd el-Râkeb, lequel Zâd el-Râkeb existait à une époque de beaucoup antérieure à cela, mais que cet A'wadj était du sang de juments issues de Ḥaûchabah et de Bâz, et que le A'wadj issu d'une des filles d'El-Dînârî avait d'abord appartenu aux Béni Solaîm et passa ensuite en la possession de Bah'râ. Quant au A'wadj l'ancien, il eut pour mère Sabal qui descendait de Haûchabah et de Bâz.

Rourâb, Corbeau, Lâḥiḳ, Atteignant, et Wadjîh, Grand-sei-gneur, n'ont pas eu la renommée de A'wadj. Seulement on ra-conte que la mère de Lâḥiḳ le mit bas dans une attaque entre tribus ou dans une fuite, et en pleine course sous le cavalier. Et le poulain atteignit la troupe des cavaliers à leur pied-à-terre; il courut en suivant la course de sa mère qui ne le quitta point alors. Nous reviendrons bientôt à quelques détails.

Le A'wadj dont nous venons de parler est A'wadj le petit. A'wadj le grand était dans la tribu des Béni Ṛanî ou descen-dants de Ṛanî fils d'A̧çour fils de Sa'd fils de Ḳaîs fils d'A̧îlân (et non Ṛaîlân, comme on l'écrit partout). A'wadj le grand (que désormais nous nommerons simplement A'wadj) fut le plus célèbre des chevaux arabes, fut le plus riche en postérité. — De sa lignée directe fut l'illustre Nawâb, Vicaire, Substitut, cheval de Ziâd fils d'Omeiïah. Nawâb était fils de Boteîn, ou Petit-ventre, Levretté, fils de Bîtâu, la Sangle, fils de Ḥaroûn, ou Rétif, fils d'A̧țâtî, Bien-doué, fils de Ḳouzaz, ou Lièvre mâle, fils de Ẓoû-l-Soûfah, ou le Laineux, ou Long crin, c'est-à-dire longue crinière, fils d'A'wadj le grand. (Ceci rectifie une er-reur de filiation à propos de Ẓoû-l-Soûfah. Voy. vol. I, pag. 421.) Le petit A'wadj fut chez les Béni Hilâl.

Ẓaïd, Résistant, appartint à Hichâm fils du kalife A̧bd el-Mé-lik et fut frère de Nawâb fils de Boteîn. Dans les courses Ẓaïd se maintenait toujours devant son plus proche rival, à distance d'une longueur de lance. Le palefrenier de Ẓaïd n'entrait au-près de lui qu'avec la permission de Ẓaïd lui-même; le palefre-nier, avant d'entrer, agitait la musette, et si le cheval faisait entendre alors son petit hennissement, le serviteur entrait avec la ration. Si Ẓaïd ne répondait pas, ou si le groom se trompait et entrait, le cheval se tournait contre lui, le mordait et le pu-nissait ainsi par une rudesse.

Ẓaïd fut le père d'Achḳar-Merwân ou Alezan de Merwân. Pendant trente ans, dit-on, Achḳar-Merwân fut toujours vain-queur dans les courses où il fut engagé; jamais il ne fut dépassé sur l'hippodrome. Achḳar-Merwân était borgne. Dans les montres, les jeunes pouliches qu'on lui présentait, il allait de suite les saillir. Si on lui présentait une jument déjà un peu âgée, il la laissait et s'en détournait.

Comme exemple de sentiment particulier, El-Aouzâî raconta ceci. « Nous étions, dit-il, à l'étang. On amena un cheval et on lui présenta sa mère afin qu'il la saillît. Il refusa. On fit entrer la jument dans un lieu complétement obscur; on la couvrit d'une grande couverture, et on approcha le cheval, qui aussitôt saillit la jument. Lorsqu'il eut terminé, il la flaira, la reconnut. Subitement il porta la tête vers sa verge, la mordit et la coupa. Il mourut presque à l'instant. »

Achḳar-Merwân est compté au nombre des chevaux arabes de plus pur sang et était d'une généalogie exactement connue jusqu'au neuvième degré : Achḳar fils de Ẓâïd fils de Boteîn fils de Bitân fils de Ḥaroûn fils d'Aṭâṭî fils de Ḳouzaz fils de Ẓoû-l-Soûfah fils de A'wadj le grand.

Ḥaroûn, Rétif, devint d'abord la propriété de Mouslim fils d'Amr le bâhilide. Mouslim en avait poussé le prix à une somme extraordinaire, en concurrence avec Mouhalleb fils d'Abou Ṡafrah, un jour que Ḥaroûn était à Baṡrah avec son maître; Mouslim avait acheté ce cheval mille dînâr ou deniers d'or. Mouslim était des plus habiles connaisseurs en chevaux et des appréciateurs les plus éclairés, à telles enseignes qu'on l'appelait le sâïs, ou le groom par excellence, tant il avait d'expérience et de tact. Le cheval avait été pris de marl ou tranchée-colique si violente, que les hypochondres, à leur partie postérieure, en étaient restés resserrés et rapprochés l'un contre l'autre. De plus, on accusait le cheval d'être rétif. Et Mouhalleb disait : « Voilà! un cheval rétif enlevé pour mille dînâr! c'est de la folie!—Mais, lui fit-on observer, il est du sang de A'wadj.—Et quand ce serait A'wadj lui-même! dès qu'il a ce vice, il n'aurait jamais dû être porté à un prix pareil. »Lorsque le cheval fut acheté, Mouslim le laissa prendre une soif très-vive, puis fit apporter de l'eau qu'il laissa rafraîchir et qu'ensuite il présenta à l'animal. Celui-ci but jusqu'à satiété; Mouslim le fit monter; on le travailla au galop; et les hypochondres

se détendirent, se développèrent. Haroûn pendant vingt ans
de suite, fut vainqueur sur les champs de course. Lorsqu'il
était lancé sur l'arène et qu'il avait dépassé ses rivaux, il ré-
sistait, faisait le rétif jusqu'à ce qu'ils lui eussent serré la piste;
mais alors il partait de plein élan, et il était vainqueur. C'est
cette disposition qui lui valut le nom de Haroûn, Rétif.

Bitân, la Sangle, fut le père de Boteîn ou Levretté. Ce furent
deux merveilles hippiques de la gentilité et de l'islamisme. A
Baṡrah on engagea une course. Le vainqueur fut un cheval de
Mouslim; le mouçellâ, ou second, cheval de Mouslim; le troisième, de même; le quatrième encore, et ainsi jusqu'au vingtième, tous appartenant à Mouslim, sans que personne en pos-
sédât la moindre part (36). A la mort de Mouslim, Haddjâdj fils
de Yoûcef prit Boteîn et l'envoya au kalife Abd el-Mélik fils de
Merwân, qui le donna en présent à son fils El-Walîd. Hichâm
frère d'El-Walîd appliqua Boteîn aux saillies et il en eut Żâïd
que nous avons cité et qui fut père d'Achkar-Merwân. Un jour,
au cavalier de A'wadj on parlait de son cheval. « Une fois, dit
le cavalier, je m'étais égaré dans les espaces du désert des Béni
Témîm. J'avisai un kaṫâh (tetrao kata , ganga) qui volait.
« Par Dieu, pensai-je alors, ce kaṫâh doit diriger son vol du côté
d'une eau. » Je le suivis. Je secouai et tins ferme les rênes, et
j'arrivai à l'eau avec l'oiseau. »

Il y eut un autre Żâïd, fils de Kaṫâr ou Hoche-queue, qui
appartint à Abd El-Azìz fils du kalife Merwân. Ce Żâïd eut une
grande renommée et fut cité en proverbe comme cheval de
malheur. Il fut le père de Farkad, Étoile de l'Ourse, auquel se
rattache la variété ou espèce des farkadyah, ou chevaux farkadiens. Kaṫâr était fils d'un cheval d'Égypte, qui avait appartenu à Lébîd fils de Rabîah. Abd el-Azîz, alors gouverneur de
l'Égypte, demanda ce cheval qui lui fut refusé. Dans une expédition contre les Africains (du Magreb, de l'ancienne Africa),
Lébîd succomba. Et le gouverneur de l'Afrikîah envoya en présent à Abd el-Azîz plusieurs chevaux parmi lesquels se trouvait
Kaṫâr. La crinière et la queue avaient considérablement grandi. On examina les chevaux, et personne ne reconnut Kaṫâr.

« La fille de Lébìd, se dit-on alors, le reconnaîtra sûrement. »
Abd el-Azîz envoya le cheval soupçonné à cette fille. Dès qu'elle
aperçut l'animal, elle le reconnut en effet, mais elle dit à ceux
qui le lui avaient amené : « Je suis une femme; sortez de chez
moi, afin que je puisse attentivement et librement examiner ce
cheval. » On sortit; et de suite elle coupa les oreilles à Kattâr
et lui épila entièrement la queue. « Tudieu! s'écria la fille, je
ne veux pas que personne, après mon père, te monte comme
tu étais. » Puis elle dit aux envoyés d'Abd el-Azîz lorsqu'ils
revinrent : « C'est bien Kattâr; c'est lui-même. Allez, prenez-
le. Que Dieu ne vous donne par lui rien de bon! » Abd el-
Azîz garda Kattâr, et l'employa comme étalon. Il en naquit le
Zâïd de malheur dont nous voulons parler. Telle fut aussi Aça
ou Bâton, la jument de l'infortuné Djézìmeh. (Voy. vol. I,
pag. 311 et 386.)

Une autre Açâ appartint à El-Aknas fils de Chihâb; une autre
à Chebìb fils de Koreîb le taïide; avec elle Chebìb coupait les
chemins; c'était sous le kalifat d'Alî fils d'Abou Tâleb. On détacha contre le larron, Ahmed fils de Chamìt le badjalide ou
Arabe de la tribu des Béni Badjìlah. Ahmed partit avec son
frère et plusieurs cavaliers. Chebìb détala, et c'est à ce propos
qu'il a dit ces vers :

> « Dès que j'avisai les deux gaillards fils de Chamìt
> sur le chemin des Taïides, et la route était ouverte de-
> vant moi,

> « J'enfourchai bien vite mon Açâ; car je savais que
> j'étais un gibier perdu, s'ils venaient à me prendre.

> « Si je les avais attendus un seul instant, un rien,
> ils me traînaient au cheîk, maître de Boteîn,

> « Boteîn aux fortes pinces du devant, intrépide dans
> les chances périlleuses, enrichi de toutes les qualités. »

Himâleh, Baudrier ou Cordon, fut un cheval de Tolaïhah fils
de Kouwaïled l'açadide. Ce Tolaïhah, surnommé le cavalier de
Himâleh, s'était déclaré prophète. C'était un cavalier renommé,
un batailleur redoutable et vanté, qui à lui seul en valait mille.
Il tua Okâchah, puis se déclara musulman; il demeura fidèle à

la foi islamique. Abou Bekr était alors kalife. — Un autre Himâleh avait appartenu, avant l'islamisme, à Âmir fils de Tofaîl.
— Djalwa, l'Éclat, la Brillante, fut une jument de Koufâf, fils
de Noudbah le solamide ou des Béni Solaïm dont il portait le
drapeau, à la prise de la Mekke. (Voy. le *Nobiliaire*.) — Obeîd,
Petit-valet, Varlet, était un cheval d'Abbâs fils de Mirdâs le solamide. — Barzah, Apparition, Vitesse, appartint aussi à ce même
Abbâs qui avant l'installation de l'islamisme avait le surnom de
cavalier d'Obeîd. Il eut encore en chevaux célèbres, Saûbah,
Rapide au but, et Sammoût, Silencieux, qui furent prônés dans
tant de poésies.

Plusieurs chevaux eurent le nom de Haouwa; un d'eux fut à
Dirâr fils de Kattâb le fihride, le poëte et le cavalier des Koreïchides et qui se convertit le jour de la prise de la Mekke; un
autre fut à El-Afkal le mazhidjide. — Tilâl, Vestige. Le cavalier
de la célèbre Tilâl était Bekîr fils de Cheddâd, qui fut à la bataille de Kâdécîeh. Le gros de l'armée hésitait à franchir la rivière de l'Atîk. Bekîr crie à Tilâl : « Saute! » Elle se rassembla,
sauta, et atteignit le bord opposé. Les infidèles furent mis en
déroute complète. D'après le récit d'Abou Obeïdah, Bekîr dit à
Tilâl : « Saute! » Et la jument tournant la tête vers lui :
« Saute! reprit-elle, de par le Seigneur de la Ka'bah! » Et
Tilâl saute la rivière ; la largeur en était de quarante coudées.

Zoû-l-Chimrâk ou Ayant panicule de palmier, Paniculé,
appartint à Mâlik fils de Aûf, de la tribu des Béni Nadr. Mâlik
commandait les Hawâzinides à la journée de Honaîn, et ce
jour-là même il embrassa l'islamisme. — Adjdal, Volant, Voltigeur, cheval d'Ibn Zourârah, fils d'Okbah, gouverneur du
Korâçân. A la moitié de l'hippodrome, Adjdal avait toujours
dépassé ses concurrents. Le Korâçân n'eut pas de coursier plus
renommé qu'Adjdal. — El-Chamoûs, le Revêche, cheval de
Moutanna fils de Hâritah ; — autre cheval d'Abd Allah fils
dÂmir, de la tribu des Abchamî. — Kizâm, le Rapide, était à
la bataille de Yarmoûk. Mille musulmans restèrent sur place.
Djaïiâch, le cavalier de Kizâm, eut un pied coupé dans la mêlée
et ne s'en aperçut qu'en revenant à son poste. Alors il apos-

tropha son pied dans un vers, ce qui le fit surnommer l'apos-
tropheur de son pied.—Latim, Souffleté, eut pour cavalier et
maître Obeîd Allah fils d'Omar fils d'El-Kattâb. Obeîd Allah
fut tué à la journée de Siffîn.—Faîd, le Débordement, eut
pour cavalier Otbah fils d'Abou Sofiân. Otbah combattit aussi
à la journée de Siffîn : c'était l'extravagant des Koreïchides.
Il fut envoyé par son frère pour succéder à Amr fils d'El-Aś,
dans le gouvernement de l'Égypte, conquise depuis peu. Otbah
allait au Nil avec les premiers personnages de son entourage,
et leur montrait comment il savait nager les mains liées derrière le dos.—Il y eut plusieurs juments du nom de Kâmilah,
et plusieurs chevaux du nom de Kâmil. (Voy. le *Nobiliaire*,
vol. I.)—Deux chevaux eurent le nom de Dobeib, Petit-lacerta-
libyca.—Un grand coureur fut appelé Kibtî, Copte, et son
nom devint une qualification qui resta à son maître et cavalier
que dès lors on appela Abd el-Mélik el-Kibtî.—Atîf, Docile,
Doux, fut célèbre parmi les grands coureurs. Il appartenait à
Abd el-Azîz fils de Hâtim le bâhilide. Atîf était de la descendance de Haroûn et fut la souche de la famille hippique des
chevaux atîfiens.—Sâti', ou Long-col, fut un des chevaux
d'Abbas fils de Walîd. — Mouçawam, Marqué, Précieux, était,
ainsi qu'Adjdal, fils de la jument Karhâ, ou Pelote en tête, et
frère de Homeîr ou rougeaude fille de Karhâ. Mouçawam était
à Abd Allah, Arabe des Béni Kocheîr. —El-A'râbî, l'Arabe, fut
célèbre comme grand coureur, et appartint à Abbâd fils de
Ziâd fils d'Omeïiah. On n'a pas su quel fut le père d'El-A'râbî.
—Samhah, Facile, jument de Djéry fils de Kâled. — Radîr,
l'Étang, cheval d'Ibn el-Ahwaś. — Hazfah, le Jet, appartint à
Kâled. (Voy. le *Nobiliaire*.) — Heddâd, Brisant, à Moâwiah
fils d'Okaîl el-Akial, aïeul de la belle Leylah el-Akialiah, cette
femme célèbre par ses amours. — Ka'çâ, Docile, à Zoheîr l'abside. (Voy. vol. I, page 224.) — Kaûçâ, l'OEil-bleu, à Taûbah
fils de Homeîr ami de Leylah. — Chammâ, Chanfrein-busqué,
jument de Moâwiah. (Voy. vol. I, page 346, etc.) — Kansâ,
Camarde. (Voy. le *Nobiliaire*.) — Djerwah, Petite-coloquinte,
fut un cheval de Cheddâd l'abside, fils de Moâwiah et père

d'Antarah. Un autre Djerwah appartint à Abou Ḳatâdah, comme
déjà nous l'avons indiqué.—Ibn el-Naâmeh, le Fils de Naâmeh,
était un cheval d'Antarah ; Naâmeh, l'Autruche, était une jument de Hâreṭ. — Sélis, Souple, appartint au poëte Mouhalhil
frère deǐ Kolaîb. — Sabṭ, Crinière-pendante-et-lisse, cheval de
la tribu des Béni Sadoûs. — Ḳourzoul, l'Entrave, était un
cheval de Tofaîl fils de Mâlik.

   Ḳaċâf, les Flancs-blancs. Deux chevaux eurent ce nom. (Voy.
le *Nobiliaire* aux mots Ḳaċâf et Ḳiċâf.) Chomeîr, le cavalier
d'un Ḳaċâf, fut un rusé batailleur. Le cheval de Chomeîr ne se
mettait jamais en avant ; en une bataille, Chomeîr était toujours le dernier à l'arrière des combattants, et toujours était le
premier à détaler. Un jour, une flèche vint se ficher en terre
devant lui et demeura à s'agiter. « Par Dieu ! dit-il, il faut
qu'elle soit tombée sur quelque chose. » Il descend de cheval,
fouille un peu le sol, et voit que la flèche est plantée sur le dos
d'une gerboise. « Oh ! s'écria Chomeîr, décidément ni l'homme
n'est rien, ni la gerboise n'est rien, devant la destinée. » Cette
réflexion devint proverbe. Chomeîr passa sur les devants de la
troupe ; il se battit vigoureusement, fut le plus brave de tous.
On attribue au sens de ce proverbe une autre origine que
voici : Dans une guerre contre les Perses, on répétait parmi
les Arabes que les grands et chefs des Perses ne périssaient
pas en bataille, protégés qu'ils étaient par le fer et par la manière dont ils étaient défendus. Sur ce dire, le cavalier de
Ḳaċâf se précipite allant droit sur le général ennemi, le
frappe d'un coup de lance et le traverse d'outre en outre. Puis,
s'en retournant vers les Arabes : « Ils meurent très-bien ! »
leur dit-il. On se rue sur les Perses et on les met en pleine
déroute. Ce jour-là la pointe de la lance du cavalier de Ḳaċâf,
était une corne d'antilope. De ce coup d'audace naquit aussi
ce dicton : « Plus hardi même que le cavalier de Ḳaċâf. »

   La Ziam d'Aḳnas (voy. le *Nobiliaire*) eut pour mère El-
Ḳanâh, la Hampe, et pour père Ẕoû-l-Ḳalâdah, Beau-paré,
étalon de haute réputation, mais dont on ne connaît pas qui
fut le cavalier. —Adann, Brèves-mains, cheval de la tribu de

Béni Yerboû', célèbre coureur, dont Asmaï a dit : « Jamais cheval brèves-mains n'a vaincu sur un hippodrome, que le Brèves-mains des Béni Yerboû'. »—Il y eut encore l'Ablak ou le Robe-pie des Béni Lakm, cheval égyptien. — L'Ararr ou Étoile au front, le cheval de Żarîf l'anbâride, Żarîf qui a dit ce vers :

> « Sous moi j'ai Ararr ; sur ma peau j'ai, étalée, une zarf ou cotte de mailles souples qui repousse le sabre en l'ébréchant. »

— Tarîb, Fortes-côtes, cheval de Kabîçah. — Bahrâm (ce nom est un nom propre), cheval de No'mân fils d'Okbah. — Tourrah, Gland (parure), ou effigie, cheval acheté par Sa'çaah fils de Moâwiah, pour soixante-dix mille derhem ou pièces d'argent. —Balâ, Goulue, jument d'Aswad fils de Rifâah, qui l'avait achetée de Kalîfah fils de Watilah pour dix mille derhem, lorsqu'elle était encore dans le ventre de sa mère. Les fils d'Aswad le blâmèrent d'un achat aussi chanceux, en disant : « Tu nous ruines à acheter ainsi pour dix mille derhem un fœtus encore dans le ventre de sa mère. —Point du tout, répliqua-t-il, je vous ai acheté là une fortune. »

Moutemattîr, le Pleuvant, frère de Balâ, cheval de Hayân fils de Mourrah. — Bâriz, Apparaissant, cheval de Chams fils de Sohaïb le djarmide, fut vainqueur dans une course que provoqua Yézîd fils de Moâwiah. — Bâriz fils de Bâriz, ou fils du précédent Bâriz, fut vainqueur dans une grande course qu'avait ordonnée Abd el-Mélik fils de Merwân, le kalife.

El-Hamoûm, la Bouillante, jument célèbre, de la lignée de Haroûn. Elle appartenait à Hakam fils d'Ararah le namiride. Hichâm fils du kalife Abd el-Mélik écrivit à un de ses gouverneurs de province : « Cherche-moi, chez les Arabes de la tribu des Béni Bâhilah, un cheval du sang de Haroûn.» Le gouverneur alla trouver Hakam et lui dit : « Le prince des croyants m'a écrit de lui chercher et acquérir un cheval de la descendance de Haroûn. Reçois donc de moi le prix que tu voudras avoir de Hamoûm. — Hamoûm a un tel prix pour moi que rien ne pourrait me consoler de l'avoir vendue. Mais je donnerai au prince des croyants un fils de Hamoûm, lequel, l'année passée, a déjà

tout vaincu dans une grande course. » Or, le poulain en question était né récemment. A la réponse de Ḥakam, on se prit à
rire. « Eh quoi donc vous porte à rire? s'écrie Ḥakam. Qu'y a-
t il donc de si étrange dans mes paroles? L'année passée, j'ai
envoyé sa mère à la grande course de Rabiah; Hamoûm était
alors aḳoûḳ de ce poulain qui attendait et se formait dans le
ventre de sa mère; et elle fut victorieuse à cette course. » Le
poulain fut envoyé en effet à Hichâm. Peu de temps après, on
provoqua une course, en rivalité avec le fils de Hamoûm; ses
premières dents de lait n'étaient pas encore tombées; il fut
vainqueur. Une jument est dite aḳoûḳ, lorsque l'on est assuré
qu'elle est en gestation, c'est-à-dire lorsque trois mois sont accomplis depuis la fécondation.

Djénâḥ-ṛourâb, Aile-de-corbeau, fut un étalon célèbre, dont
on ne connaît pas le cavalier. On sait seulement que celui-ci a
dit ce vers à propos de son cheval :

« Jaloux que tu es! la mort ne m'attrapera pas;
mon Aile-de-corbeau la déroutera. »

Djihinnâm, Profond, appartint à Ḳaïs fils de Ḥassân, le cheï-
bânide. — Ḥomeïrah, Rougeaude, bai-clair, appartint à Cheïtân
le djouchamide. Elle était citée comme motif de malheur, parce
que, après avoir été conduite à un pâtis où elle resta tout le jour,
elle laissa en s'en retournant des traces de ses pas qni furent
reconnues par une troupe de Béni Açad et de Béni Ẓoubiân errants au hasard et cherchant curée. « Voilà, dirent-ils, qui ne
doit pas être loin de nous. » On suivit les traces, on se précipita sur la station et on attrapa bon butin.

Ḳounṭa, Hermaphrodite, avait ce qu'a le mâle et ce qu'a la
femelle, et était pissard, c'est-à-dire qu'il urinait en galopant.
Ḳounṭa appartint à Ạmr fils d'Ạmr fils d'Ọdas. (Tous les chevaux
nommés dans cet alinéa vécurent avant l'islamisme.) — Ḳazwâ,
Longue-oreille, cheval de Cheïtân le Yerboûïde. — Djélîl, le Beau,
cheval de Mouḳsim fils de Koṭeîr. — Dâḥis, Ṛabrâ, Zou l-Oḳḳâl
ont été cités précédemment (dans ce volume et dans le vol. I).
— Derhem, Drachme, fut un cheval de Ḳidâch fils de Zoheîr
l'Ạmiride. C'est de Ḳidâch qu'est ce vers :

« Alors les apercevant je dis à Abd Allah : « Le bien-être soit sur toi! Apporte-moi et mon sabre et ma Drachme. »

— Żoû-l-Râbech, Ongle-marqué, cheval de Samḥ le ḳaûlânide.
— Żât-el-Adjm, Tronçon-de-queue, cheval de Zibriḳân fils de Bedr , des Béni Sa'd.

Żoû-l-Maznah, l'Ayant-nuage, cheval de Ḥoçân, était de la postérité de Ḥaroûn. Quand Żoû-l-Maznah avait vaincu à la course, il lui prenait un grondement de gosier, il se jetait par terre, et après un assez long moment il se remettait debout, se secouait, et poussait son petit hennissement. Ce cheval fut acheté par Bichr fils de Merwân, à Koûfah, pour mille dînâr ou deniers d'or, et Bichr l'envoya à son frère Abd el-Mélik. — Żoû-l-Maûtah, Ayant-syncope, cheval de la tribu des Béni Saloûl, fut ainsi nommé parce que, après qu'il avait vaincu, il tombait en syncope et restait ainsi jusqu'à ce qu'on l'aspergeât avec de l'eau; alors il revenait à lui-même. Il était de la descendance d'A'wadj. Il paraît que Żoû-l-Maznah et Żoû-l-Maûtah désignent un seul et même cheval. Le tracé des deux noms en arabe, à cause de leur presque similitude, autorise à admettre cette opinion. Du reste, je n'ai rien trouvé qui justifiât l'existence distincte de Żoû-l-Maznah. (Le récit précédent corrige ce que j'ai indiqué au *Nobiliaire*, pour expliquer la signification de Żoû-l-Maûtah.)

Darloûl, Insidieux, était d'origine égyptienne et appartint à Homeîr fils de Wâïl. — Riâl, Coup-de-lance, cheval d'une famille des Béni Dobeîb.—Ra'châ, Trembleuse, jument renommée en Arabie. —Roudaïn (voy. *le Nobiliaire*) appartint à Bichr qui en a dit!

« Non, El-Aḳtâr n'est pas supérieur à mon Roudaïn.»

El-Raḳîb, la Vedette, cheval de Zibriḳân fils de Bedr. — Sourah, Célérité, jument de Żarîf fils d'Amr le namiride. Il la fit saillir et elle donna Żarifî, c'est-à-dire le Zarifien qui fut ainsi nommé du nom de son maître et qui fut la souche de la famille des chevaux żarîfyah ou zarifiens. — Samḥah, Docilité, 'ument de Ḥizâm fils de Ḳâled.

Dâddî, Lutteur, Antagoniste, fils d'A'wadj, appartenait à Ibn el-Mouhârebiah le hilâlide ou des Béni Hilâl. La tribu partit, un jour, emmenant Dâddî; il était vieux; il tomba mort en route. Alors une vieille femme s'écrie : « Femmes de la tribu des Âmirides, jetez un rabah, car vous avez à regretter l'étoile des étoiles de la renommée; Dâddî ne se relèvera plus. » Et il n'y eut pas une femme âmiride qui ne brisât un rabah ou porte-parfum sur le vieux cheval expiré. — Taïbah, la Bonne, jument de Hawwas l'açadide. — El-Taïiâr, le Volant, cheval de Tirâr l'adawide; un autre El-Taïiâr appartint à Reïçân ou Ressân. — Zalîm, Jeune-autruche, jument de Rabîah fils de Moukaddam. — Aliân, le Haut, cheval d'Omeïrah fils de Hâdjer le kinânide. — Adjlâ, la Rapide, jument qui fut à Alî le kalife et de laquelle un poëte a dit :

> « Elle dépasse ses rivaux à la course, cette Adjlâ;
> elle les a dépassés, et elle était hablâ (pleine). »

— Adjâdjah, le Cri-de-guerre, cheval de Souwaïd, fils de Bedr. — El-Rarîb, le Merveilleux, fut acquis à Koûfah par Abbâd, fils de Ziâd, fils de Mouhallab, et fut conduit en Syrie, où Abbâd le donna en présent à Moâwiah. El-Rarîb vainquit à la course les chevaux syriens, et fut, pour cela, appelé le merveilleux, l'étonnant. — Razâl, Gazelle, ou, selon une autre leçon, Kabâl, Destruction. On ignore quel fut le sexe de ce cheval. (Voy. Kabâl, au *Nobiliaire*.) — Kabîlah, Tribu, jument de Mirdâs fils de Hisn, vécut avant l'islamisme. — El-Moukâteb, l'Inscrit, cheval sans race, d'origine berbère ou brèbe ; il vainquit à la course le fameux Zâïd fils du Boteïn qui appartint à Hichâm fils d'Abd el-Mélik. — El-Moudjnihah, le Court-vite, Allant à tire-d'aile, cheval de Târek fils de Damrah.

El-Mounkar, le Repoussé, le Rebuté, était isabelle. Personne ne voulait engager de course avec lui, tant on le mésestimait. Il fut le père de Zarîfî, ce cheval de Zarîf, fils d'Amr, dont nous parlions tout à l'heure. Maslamah, fils d'Abd el-Mélik, appela à une grande course les Mésopotamiens. Zarîf vint concourir avec son Mounkar. La lutte eut lieu, et Mounkar triompha. A la suite de quoi Ditâr, fils de Sinân, se prit à dire :

« Tu as vaincu, enfant de dégoût; sois content. »
Maslamah, vexé de ces paroles humiliantes pour tous, s'écria :
« Recommencez; à une seconde épreuve; il y a là quelque
artifice. » On recommença une autre course; Mounkar fut vainqueur. La colère de Maslamah avait pris feu : « Faites-le recommencer encore, cria-t-il; qu'on l'épuise et le brise. » Une
troisième fois Mounkar triompha, et sans en éprouver de suites
fâcheuses. C'est après cette épreuve à triple victoire, que Zarîf
soumit sa jument Sourah à la saillie de Mounkar, et Sourah
devint mère de Zarîfi.

Mamdoûr, Lunule-à-l'ongle, appartint à Harb, fils de Dirâr,
de la tribu des Béni Dabbah. — Mihâdj, l'Alongeant, cheval de
Mâlik, fils de Aûf, de Basrah. Mâlik était le chef des Béni
Hawâzin à la journée de Honaïn, et c'est là qu'il s'écria :

« En avant, Mihâdj ! voilà une journée terrible; tel
que moi sur tel que toi, ça s'échauffe et ça se précipite.»
— Moudâdd, le Contraire, l'Opposé, jument d'Amr, fils d'Â-
dìah. — Hirâwah el-A'râb, Massue-des-Arabes, jument célèbre
aux temps antéislamiques. Elle appartint à Rayân, et elle vainquit dans les courses, pendant quinze ans, les chevaux de
l'Irâk. Chaque année Rayân jouait une grande course contre
Abd el-Kaîs, mettant pour enjeu une ventrée (c'est-à-dire une
portée de poulain). — Wadjîh, Grand-seigneur, est ce cheval
renommé qui appartint aux Béni Açad, et qui fut la souche de
la famille chevaline des chevaux wadjîhyah ou wadjîhiens.
Un poëte, décrivant un cheval, a dit :

« Noir coursier de la famille de Wadjîh et de Lâhik,
le noir de la nuit est sa robe, le blanc du matin est ses
balzanes;

« Et puis on dirait que le croissant de la lune au
jour du Fitr, lui éclate sur la face; aussi, nous voyons
toutes les affections se pencher vers lui. »

(Le jour du Fitr est le jour de la rupture du jeûne après le
mois de ramadân terminé; c'est le 1er du mois de chawwâl, par
conséquent le jour de la nouvelle lune.) — Addjâdj, cheval de
Bélaûfar dont nous avons raconté la mort.

Sindân, ou Enclume, cheval persan, obtint une telle renommée de beauté que l'on en représenta l'image dans nombre
de localités. Même encore aujourd'hui l'on en voit, dit-on,
l'image à Ḳarmin. Ce qu'il y avait de plus remarquable chez
Sindân, pour les Perses, c'est que sur lui la selle ne se portait
ni en avant ni en arrière, et qu'il n'était besoin ni de poitrail
ni de ṭafar ou croupière. Mais cette qualité est ordinaire chez
nos chevaux arabes; elle manque rarement. —Wamîd, Trait-
d'éclair, appartenait à un jeune Arabe des Béni Ṛassân. El-
Mounzir, fils d'Imrou-l-Ḳaïs, appela les Arabes à une course
solennelle. Les tribus affluèrent de toute contrée. Vint aussi
un jeune Taïide appelé Ma'ḳal, fils de Djidâḥ, avec une jument
alezane marquée de la pelote en tête, et cette jument fut victorieuse. Wamîd arriva le second. Le maître et cavalier de celui-ci s'écria : « Wamîd est arrivé le second, et la victorieuse
ne l'a pas précédé du temps de l'apparition d'un éclair. »—
El-Yaĉîr, le Fort-peu, cheval de Baĉîr le sa'dide, et à propos
duquel Baĉîr a dit :

> « Allons! envoyez un message qui annonce aux Béni
> Sa'd que j'ai vaincu à la course avec Fort-peu.

> « Moi et Fort-peu, quand nous sommes ensemble,
> nous savons suffire à toutes les circonstances. »

Sada, Rosée de la nuit, cheval de Walîd, fils d'Abd el-Mélik,
qui avec ce coursier chassait les bêtes sauvages. Beaucoup de
vers ont célébré ce cheval. —Tall, Rosée, appartint à Maslamah, fils d'Abd el-Mélik, fils de Merwân. —Aḥzam, Gros du
passage de la sangle, appartint à Noubeïchab qui tua Rabîaḥ
fils de Moukaddam. (Voy. vol. I, pag. 285 à 303.) Aḥzam est
une qualification de mérite; Ahdam, qui a le sens contraire,
est une désignation de démérite.

Ḥeïzoûm est le nom du cheval qu'à la journée de Bedr,
montait Gabriel qui commandait les anges et jetait la terreur
parmi les ennemis du Prophète. A cette bataille de Bedr,
disent les traditions les plus respectables, un mécréant, dont
l'ange Gabriel pressait la poursuite, entendit, par-dessus sa
tête, un claquement de fouet, et une voix de cavalier criait :

« En avant, Ḥeïzoûm ! en avant ! » Et l'infidèle tomba renversé ; il eut le nez brisé et la figure fendue en deux. Ceci se
passa aux yeux de tous. El-Anṣârî alla raconter le fait au Prophète, qui répliqua : « Tu as raison, tu dis vrai ; ce sont les
troupes du troisième ciel. » Du reste, les chevaux des anges
sont robe-pie. Après la bataille, Gabriel, cuirassé, la lance à la
main, monté sur une jument baie, et couvert de poussière, se
présenta au Prophète et lui dit : « Mahomet, Dieu m'a envoyé à toi et m'a ordonné de ne te quitter que lorsque tu y
consentiras ; y consens-tu maintenant ? — Oui, j'y consens, »
répondit le Prophète. Et l'ange partit.

Ces récits et plusieurs autres que nous ne rapporterons pas
ici, sont des récits véridiques ; ils prouvent la noble grandeur
de notre Prophète, démontrent ce que Dieu lui avait prodigué,
à l'exclusion de tous les autres envoyés célestes, en priviléges,
en honneur, en supériorité dans ce monde, et enfin certifient
de ce qu'au cheval il a été dévolu de mérites et de relief au milieu des habitants de cette terre et parmi les créatures du
ciel *.

VII.

De l'histoire des chevaux de l'Yémen. — Chevaux d'Ạmr Mouzeïḳiâ. — Le
premier cheval qui fut connu dans l'Yémen, depuis l'islamisme.

Les noms des chevaux des Tobba' ou rois himiarites qui
dans l'antiquité antéislamique gouvernèrent l'Yémen (37), ne
nous sont point parvenus. Mais les histoires et chroniques de
l'Yémen parlent du grand nombre des chevaux dans ces âges
reculés. Elles racontent ceci : Ạmr fils d'Ạmir, le plus ancien
des Tobba', et connu, d'ailleurs, sous le sobriquet de Mouzeïḳiâ ou le déchireur, fut ainsi surnommé, d'après la forme
du langage himiarique, parce que chaque jour ce prince chan-
geait deux fois de vêtement, et chaque soir, au coucher, les
déchirait. Il répugnait à mettre deux fois un vêtement, et il ne
voulait pas que personne, après lui, s'en revêtît. Mouzeïḳiâ,
quand il eut appris (de la devineresse Żarifah) que la grande

digue de Mâreb serait bientôt détruite et le pays submergé, se
prépara à émigrer de l'Yémen. Il choisit parmi ses chevaux,
c'est-à-dire sa cavalerie, exclusivement les chevaux de robe-
pie; il laissa tous les autres. Le nombre de ceux qu'il choisit
s'éleva à quatre-vingt mille; c'est le chiffre que signale un
poëte de l'Yémen dans une longue pièce de vers; il dit :

> « Quatre-vingt mille, en nombre, et tous de robe-
> pie. »

Mais le premier cheval qui, dans le royaume de l'Yémen
(après l'islamisme), eut son nom conservé dans les récits, fut
Heïzoûm. Heïzoûm appartenait à Mahdi fils d'Ali fils de Mahdî,
dont le père, à Zébîd, marcha contre les Abyssins, et dont
l'ascendance généalogique, passant par les Acharides (ou postérité d'El-Achar ou Naît fils d'Oudad, au delà d'Adnan qui est
le vingt-unième aïeul de Mahomet), se rattachait à Kahtân (le
Jectân ou Joctân de la Bible et père des Yéménites). Du reste,
l'histoire de cette guerre avec les Abyssins est connue. (J'en ai
parlé dans le paragraphe III des Indications préliminaires de
ce volume.) Alî régna dans l'Yémen, et après lui son fils Mahdî.
Sous le règne du fils d'Alî, nombre de gens, en public et sans
vergogne, buvaient du vin et s'abandonnaient à d'autres excès
et actes coupables, tant les sentiments religieux, a-t-on dit,
étaient alors dépravés.

Mahdî fils d'Alî fut informé qu'à Aden on buvait ostensible-
ment du vin; le roi, avec ses gens, monta à cheval, partit pour
Aden, y arriva, et y fit un massacre effrayant. De retour à sa
demeure, à Zébîd, il se prit, dans sa colère, à dire ces vers :

> « Quoi! on boira du vin sur le rocher d'Aden, et le
> sabre et la lance resteront inutiles sur le sable!
>
> « Non, non! Mahdî est le cavalier intrépide, et la
> poitrine de Heïzoûm remplit largement sa sangle. »

— Zaïiâl, Longue-queue, fut un cheval qu'avait Ibn el-Solaîhi
le jour où ce prince fut tué à Mahdjam, dans l'attaque si connue
qu'il eut à soutenir à l'improviste contre les Abyssins *.

VIII.

Célébrités chevalines sous la dynastie des princes raçoûlides, dans l'Yémen. El-Ra'd; — El-Djaḥfalî. — Conserver la race et le sang. — El-Fîl; vendu et non livré; récit. — Zend, le sauteur. — Dîbâdj refusa de se laisser monter après un coup qui lui fut donné. — El-Ward eut l'encolure traversée par un javelot et continua de combattre.

* Nous allons parler maintenant des notabilités chevalines que, dans l'Yémen, eurent les grands de l'État et les Arabes sous la dynastie des Raçoûlides. (Voy. Indications préliminaires, paragraphe III de ce volume) (a).

El-Ra'd, le Tonnerre, fut un cheval des hautes familles aristocratiques ou princières. Il fut renommé pour la noble descendance dont il fut l'origine, et il devint une des gloires hippiques dont s'enorgueillirent les Arabes, dont furent si fiers les Ṛouzz ou personnages des entourages des souverains, et dont les estimations vénales s'élevaient bien au delà de celles de tous les autres chevaux. Les récits ont varié singulièrement à l'endroit d'El-Ra'd; les dires sur lui se sont multipliés, et nous n'avons rencontré aucune donnée qui présentât quelque chose de positif sur les détails de sa vie. Mais nulle part on n'a contesté la réalité de ceci : Il était des chevaux de la haute aristocratie, des chevaux d'illustre race et de pur sang.

De sa postérité authentique fut El-Djaḥfalî, le Princier, cheval de l'émîr Alî fils d'Ibrahîm, et il était le type de comparaison de tout beau cheval. El-Djaḥfalî fut fils d'El-Ra'd et eut une nombreuse lignée, mâle et femelle, chez les chevaux des grands. Ses produits, on les appliquait aux saillies, on s'en glorifiait, on les recherchait aux plus hauts prix pour les rois, les émirs, les grands. Combien, néanmoins, dans l'Yémen, nous avons vu de chevaux qui, comparés et mesurés en qua-

---

(a) Nous faisons ici une transposition du texte, afin de terminer ce chapitre par les notabilités chevalines sous la dynastie des princes raçoulides, et ensuite par celles que posséda l'auteur du Kitâb el-akouâl.

lités à El-Ra'd, lui eussent fait honte! C'est que, pour les Arabes, en conservant la race et le sang des familles hippiques, on développe et fortifie les conditions de beauté et de mérite.

Parmi les chevaux célèbres de l'Yémen islamique il y eut encore : — El-Fîl, l'Éléphant, cheval du chérif Ḳatâdah. El-Fîl appartint aussi à un des grands personnages, ou personnage de l'aristocratie, qui le vendit à un roi raçoûlide pour trois mille dînâr ou deniers d'or, une fourrure ou pelisse d'honneur, et un vêtement. Le noble vendeur, après qu'il eut touché le prix de cette vente, demanda au roi de lui prêter le cheval afin de s'en retourner en toute sécurité; car des Arabes avaient à prendre sur lui une vendette ou talion de sang. Lorsque ceux qui recherchaient cette vengeance sanglante (vengeance légale, d'ailleurs, dans le désert), eurent appris que le cheval était vendu, ils se concertèrent afin de surprendre leur victime. Ils crurent que le personnage s'en retournerait à pied ou sur un autre cheval que le sien, et plusieurs cavaliers allèrent attendre leur ennemi à distance. Le cavalier d'El-Fîl se précipita sur un d'eux, et le tua roide lui et le cheval que cet Arabe montait. Les autres prirent la fuite. Arrivé à sa demeure, le personnage renvoya le prix qu'il avait reçu, donna de longues raisons et arriva à dire : « Il ne convenait point, en vérité, que je vendisse qui devait sitôt sauver mon sang. » — El-Tahhâm, le Complet, — El-Lodjeîn, l'Argent, — El-Châhîn, le Faucon-pèlerin, furent trois chevaux ayant appartenu au chérif Ḳatâdah.

En chevaux célèbres il y eut aussi :—Abou-l-Ḥanâïm, Père-aux-captures, le Grand-butineur,—Sinân, Pointe-de-lance,—et Sekrân, l'Enivré, qui tous trois appartinrent au chérif Ạlî fils d'Ạbd Allah; — El-Rîchân, l'Empenné, appartenait au chérif Dâoûd fils d'Abd Allah; — El-Ḥachîchî, l'Herborescent, était à l'émir Chihâb el-Dîn fils de Charaf el-Dîn, de la famille des raçoûlides. — El-Ạïyoûḳ, la Chèvre (étoile de la constellation du cocher), fut aussi à ce même Chihâb el-Dîn. —Abou l-Ḥârât, le Père-aux-incursions; —El-Ẓanab, la Queue, Belle-queue; — El-Dâwî, le Susurrant; — El-Taoûd, le Grand-mont; — El-Ḳâdî,

le Kâdi, le Juge; ces quatre chevaux appartinrent à l'émir Az-
damar de la famille du kalife ou souverain. — Sabbâh, Nageur:
—Tammâh, Désireux; — El-Bâz, le Faucon ; — El-Sâbek, le
Devançant, quatre chevaux de l'émir Taki fils d'El-Boukârî.—
Ankâ, Griffon, Hippocampe, jument qui fut célèbre à Sanâ et
dont on ne connaît pas quel fut le cavalier ou maître. — El-
Bouhsoulî, le Trapu, cheval de l'émir Bahâ El-Zarzoûrî le Kurde,
appartint ensuite à Moueïied; chez ce cheval la longueur de
l'encolure depuis l'os saillant de l'occiput jusqu'au garrot était
la même que la longueur depuis le garrot jusqu'à la racine de
la queue. —Rourâb, Corbeau, était un cheval appartenant à
une des familles des grands personnages; —de même El-Ral-
lâb, le Triomphant. — Abou l-Rârât, le Père-aux-incursions,
c'est-à-dire le cheval de bataille; —El-Mikdâm, l'Audacieux;
El-Machhoûr, le Célèbre; — El-Ramâm, le Nuage; ces quatre
chevaux appartinrent à l'émir Izz el-Dîn, de la famille du
kalife. — El-Wahch, le Sauvage, cheval renommé qui appartint
à une famille aristocratique.—Salhab, Long-corps, jument des
Arabes yéméniques, qui eut un grand renom.—Tammâh, Désireux, fut à l'émir Fakr el-Dîn Omar fils de Raïkach, frère
maternel du souverain ou kalife. Il paraît que Fakr el-Dîn,
dans ses réunions de buveurs, faisait jouer et passer son Tammâh à travers les vases et les coupes sans que le cheval brisât
rien. —El-Sâbek, le Devançant;—El Sekrân, l'Enivré, appartinrent tous deux aussi à ce Fakr el-Dîn.—El-Widâh le Taché-
de-blanc;—El-Maûçouf, le Bien-doué; ces deux chevaux, entre
autres, furent à l'émir Chems el-Dîn Ali fils d'Abbas fils de Mohammed fils d'Abd el-Djélil.—El-Hardi, l'Animé, fut un des
chevaux de l'émir Fakr el-Dîn Abou Bekr fils de Chadjar. —
El-Daûlas, le Trompeur, le Tricheur, fut à l'émir Choudjâ' el-
Dîn Omar fils d'Alâ el-Dîn, de la famille de Chihâb.—Doreïnî,
l'Extravagant, fut un des chevaux de l'émir Seïf el-Dîn Torul;
de même El-Haçoua, Caillou, et Abou Châmah, Père-au-nævus,
Ayant-nævus. — Rannâm, Butineur, cheval célèbre des Béni
Hâtim, ainsi que Sarîh, le Pur; c'est à propos de ces deux célébrités hippiques qu'a été composé le Kitâb el-Sarîh ou

Traité du pur.—El-Mouännas, Familier, fut un cheval de l'eunuque Iftikâr el-Dîn Yâḳoût intendant du trésor du kalife à Doumlouah (38).

El-Zend, le Cubitus, le Fort-bras, fut un des chevaux de l'émir Bedr el-Dîn Ḥaçan fils de Bahrâm. Sur un champ de bataille, Bedr el-Dîn, monté sur son Zend, saisit à bras le corps Alî fils de Moûça. Tout d'un coup les chérifs entourent Bedr el-Dîn qui alors frappe son cheval. Zend saute un saut extraordinaire qui le transporte au dernier des assaillants, et Bedr el-Dîn se dérobe au danger, échappe à ses ennemis. Zend fut ensuite parmi les chevaux du roi El-Moueïied qui plus tard le donna à un des cavaliers arabes. — El-Ḥabbâch, l'Abyssinisé, fut un cheval de ce même Bedr el-Dîn. — Hilâl, Croissant de la nouvelle lune , fut un des chevaux de l'eunuque Tâdj el-Dîn Bedr, de la maison du kalife, fondateur des écoles appelées de son nom tâdjiennes, à Zébîd.

Heïfâ, Sans-ventre, Levrettée, fut une jument qu'entre autres chevaux posséda le chérif Imâd el-Dîn Idrîs fils d'Alî. Cette jument était de pelage louvet. On raconte qu'elle eut un membre antérieur coupé dans un combat qui eut lieu entre cet Idrîs et les hauts personnages. Elle continua, sautant à trois membres, ayant sur elle son maître, et elle le déroba au danger. — El-Anbarah, l'Ambre, l'Ambrée ; — El-Dourrah, la Perle ; deux juments d'Ibn Soheil El-Djahfalî ou personnage de l'aristocratie. — El-Foûtah, la Stole, jument qui fut au nombre des chevaux d'Adjâlem. — El-Zindjîah, la Zindj, ou Zanguébarienne, jument célèbre du chérif Mohammed fils de Ḳâled ; il la monta, partit de Zébîd, craignant d'être surpris par le souverain le roi Moueïied et s'enfuit à Ṣabyâ son pays. Le lendemain matin, Mohammed était au ḥirz ou parc appelé le parc du Ḳâïd ou chef militaire ; c'est l'endroit nommé Ḥârat el-Maḥâleb.

Dîbâdj, Tramé d'or, célèbre cheval de Chems el-Dîn Yoûcef fils de Ḳaïçar. Avec ce cheval il partit en incursion depuis Abîn jusqu'à Beïdâ sur les limites de Mouwazza' ; et il avait armure complète, et son Dîbâdj était bardé. Il franchit ainsi d'un trait un parcours d'une distance d'un jour et une nuit de piéton.

Lorsque Chems el-Dîn se fut arrêté à l'endroit où il voulait, le
cheval fit mine de se coucher sur le côté. Chems el-Dîn le
frappa d'un coup de bâton ou de masse sur l'encolure. Le cheval
bondit; et à partir de ce moment se montra rebelle et hostile
à son maître. Il fut impossible à Chems el-Dîn de le monter
désormais; il imagina toutes les ruses, tous les moyens pour y
parvenir, rien ne réussit. Il restait à l'écart, inaperçu; on bri-
dait et sellait Dîbâdj, on lui bandait ensuite les yeux; Chems
el-Dîn enfourchait sa monture et avait soin de ne pas laisser
entendre le moindre son de voix. A peine le cheval avait-il les
yeux libres et avait-il aperçu son maître, qu'il se couchait par
terre, qu'il usait des malices et manières les plus insidieuses
jusqu'à ce qu'il l'eût forcé à le quitter. Il fallut vendre le cheval;
il fut acheté au prix de onze cents dînâr par l'émir Izz el-Dîn
Ḳatâdah fils de Moḥammed fils d'Ibrahîm. A son nouveau
maître, Dîbâdj ne refusa jamais le bénéfice complet de ses
hautes qualités, de sa supériorité, de son admirable docilité.
Mais à peine entendait-il seulement la voix du fils de Ḳaïçar
qui l'avait frappé et cela au lieu où les cavaliers se réunis-
saient par exemple pour les grandes fêtes ou cérémonies, etc.,
qu'il ruait, donnait des pieds, montrait son mécontentement,
jusqu'à ce que son ennemi se fût éloigné. Alors Dîbâdj redeve-
nait calme. Là se manifeste la nature des chevaux arabes, ce
qu'ils ont de noble dignité, de fierté, nature privilégiée qui
n'est point départie aux autres races chevalines.

El-Ward, la Rose, cheval alezan qui appartint à l'émir Chems
el-Dîn Alî fils d'El-Homâm, qui l'avait avec lui à une expédition dans le haut Yémen au mont de Laûz. El-Ward reçut un
javelot qui lui transperça l'encolure en travers et lui demeura
planté au cou tant que dura le combat. Nous avons appris de
témoins oculaires, qu'El-Ward, en cette circonstance, et avec
le javelot dans les chairs, continua de combattre chargeant
tout ennemi devant lui, le frappant des deux mains, culbutant
et écrasant quiconque lui arrivait sus, absolument comme eût
combattu un guerrier d'intrépidité et d'adresse.

IX.

Chevaux des souverains raçoûlides. — Sakb; Miftâh. — Le chérif Katâdah culbute d'un coup de pied le kalife et le cheval. — Chevaux du kalife El-Mansoûr. — Kâmil vainqueur. — Prix élevé des chevaux. — Chevaux de Moumhid el-Dîn; d'El-Haçan; d'El-Wâtek; d'El-Moueïied Dâoûd; d'El-Mouzaffar. — Bahr; ses trois sauts, au départ. — Chevaux de Żâfir; de Nâcer.

Quant aux chevaux nobles que possédèrent spécialement les rois ou souverains raçoulides de l'Yémen, il ne nous est pas parvenu un seul nom de ceux qu'a eus le roi victorieux, le martyr, Omar fils d'Alî fils de Raçoul, que Dieu l'ait en grâce (a)! On sait seulement que ce prince eut un grand nombre de ses propres chevaux dans ses luttes armées avec les Égyptiens, dans les victoires qu'il remporta sur le roi de l'Yémen après la mort d'El-Mélik el-Maçoud (ou le roi heureux) fils d'Aïioûb. Ce sont longues histoires que nous n'avons pas à raconter ici.

On ignore aussi tous les noms des chevaux du prince Açad el-Dîn (le lion de la religion) Mohammed fils de Haçan fils d'Alî fils de Raçoûl; on sait seulement qu'Açad el-Dîn fut renommé par son courage, sa force excessive, son intrépide audace, qualités unies en lui à une mémorable générosité. Nous avons appris de personnes dignes de confiance, qu'une fois, en une heure seulement, il donna en cadeaux quatre-vingts de ses chevaux fins et d'élite. Tous les chevaux de ce souverain avaient leurs noms; mais ces noms ne sont pas parvenus jusqu'à nous, tant on est indifférent aujourd'hui à recueillir les circonstances et les détails des événements. De l'histoire on n'aime que l'ombre. Il avait un cheval appelé El-Sakb, le Versement, la Précipitation, auquel il faisait boire du vin matin et soir. Quand il enivrait le cheval et qu'ensuite il le mettait à

(a) Voyez le deuxième avant-dernier alinéa des *Indications* préliminaires de ce vol. II, § IV, pag. XII.

grande course et l'émotionnait vivement, le sang venait aux
naseaux du coursier. Un des chevaux célèbres de ce prince
portait le nom de Miftâḥ, la Clef, que maintes poésies ont vanté.
Le prince lui-même se glorifia de son Miftâḥ dans des vers;
tels sont ceux-ci où il interpelle les habitants de la ville de
Ṡanâ et des pays des alentours :

> « Interrogez Miftâḥ, quand viennent s'accumuler les
> périls sinistres;

> « Moi, le premier je cours aux combats, et le dernier
> je fais la paix. »

Ces mots sont extraits d'une assez longue poésie. Il a dit encore ce vers :

> « Je n'ai, moi, que mon cheval, que ma lance re-
> doutée des ennemis, et mon sabre à la lame éclatante. »

Le chérif Ḳatâdah, dit l'histoire, si vanté pour son courage
bouillant dans les mêlées et pour sa vigueur, fut provoqué par
le ḳalife à un combat singulier, en un jour de bataille. Le
chérif se présente sans défense et sans armes, fond sur le ḳalife,
le prend en travers lui et son cheval, d'un grand coup de pied
culbute et étend par terre la bête et l'homme, et : « En vérité!
dit alors le vaincu, tu es le lion de Dieu, ô chérif. » Depuis ce
jour, le ḳalife ne chercha plus à nuire ou à faire du mal au
chérif et le laissa. Du reste, les aventures, les prouesses, l'intrépidité, l'audace, la force corporelle du chérif étaient choses
connues, étaient les motifs de toutes les conversations, étaient
autant de merveilles inouïes.

Parmi les chevaux renommés qui appartinrent au ḳalife El-
Mélik el-Manṡoûr (roi triomphant) Yoûcef fils d'Omar fils d'Alî
fils de Raçoûl, ceux qui eurent le plus de célébrité par les incidents de leur existence et par leurs qualités brillantes furent :
— Borâḳ (nom du cheval céleste ou sorte d'hippogriffe mi-hu-
main, mi-cheval, centaure enfin, sur lequel Mahomet fit son
ascension ou voyage dans les sept cieux); — Ḳattâr, Hoche-
queue; — Kâmil, Parfait; ce Kâmil, dans une course, vainquit les chevaux des chérifs des Béni-Haçau. Elle avait été pro-
posée et acceptée à la suite d'une conversation où ces chérifs

préconisaient et soutenaient la supériorité de la jument sur le
cheval entier. « La jument, avaient-ils dit, est plus rapide à la
course, et plus utile en guerre, en bataille. » C'était en pleine
réunion, chez le ḳalife même, que cette opinion se prononçait.
« Quant à la guerre, dit-il, vous avez tous vu ce qu'elle a d'é-
vénements, d'exigences ; pour vous, c'est de l'expérience
acquise. Quant à la rapidité et à la supériorité à la course, l'é-
preuve nous est aisée. Les chevaux sont là ; l'espace, l'hippodrome est là. Choisissez parmi vos chevaux ceux que vous
voudrez. » Les chérifs choisirent parmi leurs juments ce qu'ils
avaient de plus fin et de plus rapide. Elles furent lancées avec
les chevaux entiers du ḳalife ; Kâmil fut vainqueur. L'assemblée
était nombreuse en courtisans, en poëtes, en émirs. Parmi eux
se trouvait l'émir fils d'Abou l-Fahd ; il improvisa ces deux vers
à l'éloge du vainqueur :

> « Il est Kâmil, parfait, il réunit la beauté tout en-
> tière du sommet de la tête à l'extrémité des pieds.

> « Il a devancé tous les plus nobles coursiers ; ils ont
> été distancés, présage que donnait le nom dont la réa-
> lité significative lui est imprimée. »

Des chevaux de ce même ḳalife furent encore : — El-Mouch-
tamir, le Bras-retroussé, le Disposé, — et Fâïḳ, le Supérieur.
Fâïḳ, à ce que nous avons su, était alezan, doué de toutes les
qualités, portait tous les signes et épis qu'estiment si haut les
Indiens. Des marchands venus de l'Inde à Aden, pour une
grande foire, remarquèrent Fâïḳ ; car le ḳalife était alors à
Aden. Ils offrirent de Fâïḳ une somme de douze mille dînâr.
Le ḳalife répugna à vendre son cheval à ces étrangers, et refusa
l'offre. Ensuite il le donna à un émir. C'est du moins ce que
nous ont appris des personnes de bonne foi qui ont vu le ḳalife. .

Du reste, ce degré d'évaluation n'a rien de récusable, ni rien
d'extraordinaire. Nous aussi, nous achetons à de pareils prix et
plus cher encore un cheval de qualités parfaites, et dès lors
digne de servir de monture aux rois. Mes propres chevaux, à
moi, ceux que j'ai pour mon usage personnel, ne sont pas au-
dessous de ce qu'énonce ce récit. De même faisaient nos pères,

que Dieu les ait en sa miséricorde! C'est par là d'ailleurs et par
autres choses analogues, que les rois se distinguent des autres
hommes. Et puis, donner des présents de haut prix, qui ont la
supériorité de mérite pour les yeux et pour l'esprit, a quelque
chose de noble qui flatte plus vivement le prince généreux, le
prince arabe pur, que s'il acquérait les objets pour soi-même.

Parmi les chevaux du même kalife, furent aussi : — El-
Kamar, la Lune, qu'il aimait de prédilection ; — Lâhik, l'Atteignant à la course, qui obtint une grande renommée et eut peu
d'égaux en son temps ; il était alezan ; le plus souvent le kalife
s'en servait de préférence à tout autre dans les combats, et il
l'avait pour monture à la bataille qu'il livra à l'imâm, et à la
suite de laquelle cet imâm fut pris à Sanâ ; — El-Fahd, Loup-
cervier, guépard ; — El-Haffâf, le Léger, l'agile, l'effleurant ; —
El-Osloûdj, Gracieuse-bouture ; — Razâl, Gazelle ; — Salhab,
Long-corps ; — Fasfâs, Bredouillant ; — El-Kirtâs el-Zahabî,
Feuille-d'or ; — El-Wahch, le Sauvage ; — Isfint, Vin, bon vin ;
— Sada, Rosée de la nuit ; — El-Ward, la Rose ; — El-Bahr, la
Mer ; — Dâhis, conçu malgré l'introduction de la main dans
le vagin de la mère (voy. l'histoire du vrai Dâhis, vol. I, p. 330
et suiv.); — El-Moudjalla, Éclatant ; — Abou l-Ranâïm, Père
aux captures, butineur ; — El-Dâwî, le Susurraut ; — Kortâs ou
Kirtâs, Papier-blanc ; — Fath, Victoire ; — Wacîm, le Beau ; —
Barâkich, Versicolore, polychrome ; — El-Djémel, le Chameau ;
— El-Miftâh, la Clef.

En fait de juments, le même kalife a eu : Dja'lah, Petite
palme, née de parents qui étaient de la tribu des Béni Hâtim ;
— Oumm Âmir, Mère-d'Âmir ; — Touffâhah, Pomme ; —
Hamâmah, Colombe ; — El-Touraïâ, les Pléiades ; — El-Zayâ,
la Parée ; — Fourdjeh, Curiosité, spectacle ; — Nasrah, Succès ;
— El-Rarrâ, Ayant pelote en tête ; — Açâ, Bâton, baguette ;
— El-Naâmah, l'Autruche ; — El-Ankâ, la Griffonne ; — El-
Amâmîah, l'En-avant ; — Kadîdjâ, l'Abortive.

De tous ces chevaux du kalife Yoûcef fils d'Omar, il n'en fut
pas un auquel ne se rattachèrent des récits élogieux, des
prouesses méritantes, dont nous ne pouvons, sans sortir des

limites de cet abrégé, détailler le nombre et le merveilleux. Et puis, le renom de ces événements a été le fait de ces chevaux, et le renom de ces chevaux n'a pas été le fait des événements.

Parmi les chevaux qui, ayant appartenu au roi noble ou Mélik el-Achraf Moumhid el-Dîn Omar fils de Yoûcef fils d'Omar fils d'Alî fils de Raçoûl, furent vantés dans l'Yémen, il y eut ceux que voici : — El-Maûdj, le Flot, coursier de haute race, de robe isabelle, ayant la queue, la crinière et le toupet blancs. Il nous est parvenu que ce prince Omar fils de Yoûcef teignait en noir les crins de ces trois parties afin de présenter l'harmonie plus noble de l'isabelle à deux crins noirs, harmonie qui a plus de caractère de race et de distinction, et qui exclut la roture du demi-sang et l'infériorité que généralement comportent les deux crins blancs du pelage. — El-Ra'd, le Tonnerre ; — El-Taïiâr, le Torrent ; — El-Mirtâdj, le Verrou ; — El-Abrîz, le Combattant ; — El-Mandjanîk, la Catapulte ; — El-Sirhâ, le Loup ; — El-Razaât, les Incursions ; — El-Bahr, la Mer ; — El-Meïmoûn, Fortuné ; — El-Rachîd, l'Allant droit, l'émancipé ou libre ; — Rîhân, Basilic ; — Misk, le Musc ; — Taûd, Grand mont ; — El-Maûdj, le Flot ; — Châhîn, Faucon-pèlerin ; — El-Sabbâh, le Nageur ; — El-Nâdî, l'Échappé, qui fut, de son temps, le plus remarquable de beauté : il était sous poil noir ; — El-Mouchtehâ, le Désiré ; — El-Rîhân el-Kalîfah, le Basilic-kalife. Tels furent les chevaux de Moumhid el-Dîn qui ont eu le plus de célébrité, qui furent le plus admirés et présentèrent le plus de qualités. Du reste, nous ne nous laisserons pas aller à citer tout ce que ce prince posséda de chevaux, le nombre en est trop grand.

Des chevaux maçoûdiens, c'est-à-dire qui ont appartenu au prince El-Maçoûd (heureux) el-Haçan fils de Yoûcef fils d'Omar fils d'Alî fils de Raçoûl, il ne nous est parvenu, en fait de célébrités, que les noms de quelques coursiers : — Batal, Guerrier, brave ; mais quel cheval c'était que ce Batal ! cheval sans égal, introuvable. El-Haçan n'eût-il eu que lui, ce suffirait ; mais il en posséda un nombre considérable, chevaux de première noblesse. Il eut : — El-Wichâh, Baudrier de cuir paré de gemmes ; — El Hattâl, le Pas-grave, le marchant-beau ; — Sakb, Versement, précipitation ; — El-Abrîz, le Combattant ; — El-Kourâdî, le Kourâdien, ainsi nommé du nom d'El-Kourâdî, un des vénérables ou cheîk de l'aristocratie ; — El-Kâmilah, la Parfaite ; — Naśrah, Succès ; — El-Rarrâ, Ayant pelote au front.

Quant aux chevaux wâtekiens, c'est-à-dire que posséda El-Mélik (le roi) el-Wâtek (confiant en Dieu) Ibrahîm fils de Youcef, comme il partit à Zafâr nous n'avons appris que les noms de quelques-uns de ces chevaux. Ce prince recherchait et choisissait les sujets de hautes qualités et de pur sang. Sa passion, à lui, était de rivaliser avec tous les rois par la richesse de ses vêtements et la beauté de ses chevaux. Ainsi, parmi ses plus remarquables coursiers, il eut des sujets d'une incontestable excellence, sans rivaux ; tels furent : —El-Nisr, l'Aigle ; — El-Ya'toûr (j'ignore le sens de ce mot) ; — El-Kâmil, Parfait ; — El-Mandjanîk, la Catapulte : ce cheval était de robe noire ; — — El-Hâdî, le Calme ; — El-Mouçallîah, Consolante.

El-Warrâd, l'Arrivant, fut un des chevaux d'El-Mélik el-Manśoûr. Ce prince recherchait avec empressement les chevaux de robe isabelle. Il eut aussi le célèbre El-Zib, le Loup, qui néanmoins n'était pas isabelle.

Les chevaux remarquables de feu le sultan ou souverain El-Mélik el-Manśoûr el-Moueïied Dâoûd (David) fils de Youcef, étaient posés en types de comparaison. Il n'acceptait pas qu'ils eussent des égaux, et qu'il y eût ailleurs que chez lui ou venant d'ailleurs que de chez lui, un cheval de qualités irréprochables et de sang parfaitement pur. J'ai hérité d'El-Moueïied Dâoûd, de mille chevaux. Par le nombre de ses chevaux, Dâoûd fut un second David (Dâoûd) pour quiconque sait réfléchir et sait juger en pareille matière. Ils disparurent presque tous, excepté une centaine, dans les troubles qui surgirent, et la plupart de ce qui resta succomba dans le siége de Taïzz. Mais Dieu récompensa ensuite généreusement son serviteur.

Des nobles chevaux d'El-Moueïied Dâoûd furent : —El-Sakb,

le Versement, l'averse, cheval d'une résistance excessive; —
Dâḥis; — Miftâḥ; — El-Bâz, le Faucon, cheval d'excellence,
cheval unique, de pelage louvet à nuance pure et belle, cheval
d'élégance et de grâce, tenant de la nature et de la couleur du
faucon; — El-Ṛazâl el-Ẓâfirî, la Gazelle Ẓâfirienne, appartenant
à Ẓâfir. — El-Ḳamarî el-Ẓâfirî, le Lunaire de Ẓâfir; ou mieux:
El-Ḳoumrî el-Ẓafirî, la Tourterelle à collier Ẓâfirienne, ou appartenant à Ẓâfirî; — El-Râziḳî, le Donnant; ces trois derniers
étaient sous robe pie. El-Râziḳî appartint d'abord au chérif El-
Mahdî fils de Izz el-Dîn. Feu le souverain El-Moueïied montait
ce cheval le jour qu'il entra à Ṣanâ lors d'une insurrection. —
Noûr, Éclat lumineux, cheval louvet, dinârisé. — El-Ṛazâl el-
Moueïiedî, la Gazelle moueïiédienne, sous robe pie. — Daû el-
Ṣabâḥ, Lumière du matin.

Zahr el-Naûfar, Fleur-de-nénuphar, fut un cheval hors ligne,
incomparable, bai foncé, d'une longueur d'encolure extraordinaire, d'une beauté et d'une supériorité introuvables. Son
maître El-Moueïied aimait à le monter pour jouer à la paume,
pour l'exercice de la hache d'armes, tant ce cheval était souple,
docile et bien dressé. El-Moueïied fit peindre le portrait de ce
cheval. Il avint que le peintre ne put arriver à la ressemblance que par le jeu et l'agencement de douze nuances. —
Mouzaffah, Vélocité, cheval louvet, de robe pure et nette, de
conformation magnifique, de proportions et qualités parfaites,
d'éducation exquise. Son groom le laissait au milieu de juments, sans le lier ou l'attacher, et Mouzaffah ne bougeait
mais, ne témoignait pas la moindre émotion. — El-Ḳâdî, le
Ḳâdi ou juge, autre que celui que sous ce nom nous avons
cité plus haut, cheval superbe, sous poil noir. — El-Mouch-
temer, Bras retroussé, manches retroussées; sous poil bai.
— Ḳattâb, Prédicant, cheval louvet, qui n'eut pas d'égaux
en qualités de premier ordre. — Oḳâb, Vautour. — El-Zindjî,
le Zindj ou Zanguébarien; il était sous poil noir. — El-Aḳîḳ,
l'Agate, cheval qui était de robe pie. — Dîbâdj, Trame-d'or,
était de pelage louvet. — Daḥḥâḳ, le Fier; il était louvet, dinârisé. — El-Lâḥiḳ, l'Atteignant; il était noir pie. — Ṛallâb, Vain-

quant; il était bai, et d'une longueur excessive. — El-Mandja-
nik̲, la Catapulte, le bélier ; cheval alezan, d'une structure très-
puissante. — El-K̲ourâdî, le K̲ourâdien ; cheval isabelle qui reçut
le nom d'un appelé K̲ourâdî, un des vénérables de l'aristocratie. — El-Rîchân, l'Empenné; cheval achra', c'est-à-dire,
dans le langage commun, robe-pie. — Wadjîh, Grand-personnage; cheval louvet, de proportions admirables, d'une nuance
pure et nette. Wadjîh était des produits de Ṣanâ, et fut donné
en présent à Moueïied par l'émir Açad el-Dîn Moḥammed fils
de Ḥaçan fils de Noûr, confiné alors à Ṣanâ. Moueïied se plaisait
à monter ce cheval aux jours de fêtes et de cérémonies. — Ay-
toûr fut célèbre par sa noblesse, sa vitesse, sa forte constitution. — El-Misk, le Musc; sous robe noire. — El-Ra'd, le Tonnerre, autre que le Ra'd que nous avons précédemment cité;
cheval bai, d'une puissante structure. — El-Abladj, Sautillant;
il était noir, dinârisé. — Sabâḥ el-Âfiah, le Matin de la vigueur.
— El-Marzabân, le Satrape. — El-Ṭarab, la Gaieté. — Rak̲k̲âś,
Danseur. — El-Béchîr, Donnant bonne nouvelle. — Doudjâ,
Nuit noire ; jument étonnante par la beauté des formes, d'une
supériorité incomparable. — El-Naśr, le Succès. — Nachwân,
l'Enivré. — Dâïrî, Libertin. — El-Haṭṭâl, l'Allure-grave. — El-
Ṭaïiâh, le Fier, le superbe. — El-Seîr, la Marche. — El-
Ramâm, le Nuage. — Mordjân, Corail. — El-Misk el-Abbâcî, le
Musc abbâcide ou appartenant à Abbâs. — El-Yerâ', le Roseau.
Rayân, Abreuvé. — El-Zahab, l'Or. — Nimr, Tigre. — Miṭk̲âl, le
Miṭk̲âl (poids d'or de vingt-quatre grains). On lui ajouta le mot
mouteyak̲k̲alah lequel n'a pas de sens, mais qui avait pour but
de le préserver du mauvais œil ou *cattivo occhio*, tant ce cheval
était remarquable de beauté.

Les juments de Moueïied n'étaient point au-dessous de ce
que nous avons indiqué des chevaux entiers. Parmi elles il y
eut : — Itlâl, la Fine-pluie. Et qu'Itlâl était belle! Elle ne laissait pas de traces de ses pas; — Za'farânah, Safranée, jument
extraordinaire par la beauté des formes, la pureté du pelage,
la hauteur de stature, la noblesse de race, la vigueur, etc., et
toutes les qualités les plus aimées et les plus admirées dans les

chevaux de pur sang;—Saïdah, Félicie;—Naâmah, Autruche;
—Laïla; nom de femme;—Yâkoûtah, la Gemme;—Seïâlah,
la Précipitante, allant comme un torrent;—Holwah, Douce,
doucette;—El-Zahrah, la Fleur;—Touffâhah, Pomme;—El-
Touraïiâ, les Pléiades;—Haïlâ, Levrettée;—El-Aroûs, la
Fiancée; elle s'illustra surtout par sa vitesse à la course, et
aussi par ses prouesses dans les luttes particulières ou combats
singuliers.

Parmi les chevaux remarquables de mon frère El-Mélik el-
Moużaffar el-Darrâm (le roi triomphant et le lion), il y avait:
—El-Rannâm, le Gagne-butin; cheval louvet, puissant de
constitution, capable de tout, doué de toutes les qualités les
plus vantées, pour ainsi dire sans égal;—El-Bahr, la Mer;
cheval sous robe isabelle; il fut sans émule à son époque; on
le montait avec plaisir et confiance dans les fêtes, les représentations, les cérémonies, à cause de sa gaieté gracieuse, de ses
jeux délicats et faciles, de sa beauté de formes. Lorsque son
maître l'arrêtait au point de départ de la grande place pour la
traverser, dans les jours de solennités, et hochait la bride,
Bahr sautait trois sauts de suite, puis partait d'un galop comme
un oiseau à tire-d'aile. Quand Bahr mourut, son maître s'affligea
d'affliction extrême;—Meïmoûn, Fortuné; il succéda à Bahr
auquel d'ailleurs il ressemblait, et, comme lui, il sautait;—
Saïd, Heureux; il était de pelage noir, de pur sang, d'émi-
nente supériorité;—Kamar, la Lune; il ressemblait à Rannâm,
était, comme lui, de pelage louvet.

Mon frère El-Mélik el-Żâfir (ou prince triomphant) eut entre
autres célébrités hippiques: —Kamar; — Razâl, Gazelle; —
El-Wakh, Ongle-dur; — El-Rîchân, l'Empenné; —Hérâwah,
Massue, masse-d'arme;—El-Miftâh, la Clef;—Djahâmah, Face-
austère;—El-Mirtâdj, le Verrou; —El-Saïâlah, la Coulante, la
précipitante.

El-Maûdj, le Courant des flots, le flot, était un des chevaux
d'El-Mélik el-Nâċer (roi victorieux) Djélâl el-Dîn fils d'el-Mélik
el-Achraf. El-Maûdj eut une grande célébrité et était de race
arabe du plus pur sang*.

X.

Des chevaux qui ont appartenu à l'auteur du Kitâb el-akouâl. — Leur éloge.
— Sekrân; éloge à propos d'un saut extraordinaire. — Tarab; il dansait.
Misk; Ṡakr; Hiçâm ou Ḥoçâm. — Vers à l'éloge de Misk et de Ṡakr morts
dans une épizootie. — On leur fit à tous deux un tombeau, avec inscription.
De même à Nachouân. — Roualm; percé d'une flèche au front, il continua
de combattre. — Juments : — Badrah; Dourrah, sœur de Misk et fille de
Badrah.

* Je vais donner une indication abrégée (un stud-book) des
chevaux que j'ai eus, que j'ai préférés pour montures particulières, que je me suis choisis parmi les produits les plus illustres
du plus beau sang arabe, que j'ai gardés en réserve pour les
guerres, non comme objets de luxe et de pure vanité. Les uns,
je les ai acquis, les autres naquirent chez moi. Ils différèrent
de nuances et d'âges, mais non de noblesse et d'éducation. C'est
d'eux qu'un de nos poëtes de notre époque et de notre gouvernement, a dit ces vers :

« En chevaux de noble sang tu as tout ce qu'il y a
de parfait; leur course fuit avec quatre pieds des quatre
vents;

« Ils sont contents d'être dociles à ta main; et cependant, dit le proverbe, qui a l'instinct de la démarche
fière aime à s'en faire un relief. (Et cependant, ils
savent par instinct tenir leurs fières allures.)

« La nature a imprimé les signes qui leur marquent
le pelage, et leurs robes sont variées comme un parterre
se varie de ses fleurs.

« Les diversités en eux ont leurs différences bien
tranchées; mais leurs origines remontent jusqu'à la
souche d'A'wadj.

« Leurs avant-mains élevées se dressent majestueuses;
il semble qu'ils vont s'abreuver à la voie lactée.

« Les plus dures pierres se brisent en éclats sous
leurs cornes solides, et leurs hennissements font trem-
bler les hautes citadelles. »

De ces chevaux fut Sekrân, l'Enivré. Je le montais, un jour, en une plaine que barraient une eau et des bords fangeux. Je rassemblai mon Sekrân pour l'enlever au saut; Sekrân s'élança, sauta... Je mesurai la longueur de l'espace ainsi franchi ; elle était de vingt-sept coudées. C'est en parlant de ce saut inouï , que notre poëte, dans la poésie dont nous venons de citer quelques vers, a dit :

« Sekrân s'est enlevé avec toi de ce saut merveilleux dont l'œil des étoiles a failli avoir peur.

« Si les rênes n'eussent contenu son élan, il serait revenu important avec lui les pléiades du ciel.

« Tu l'as habitué à heurter les escadrons , et il s'y est accoutumé; et voilà qu'il a voulu heurter les étoiles.

« J'avais bien ouï parler de coups pareils; mais cette fois-ci (comme dit le proverbe), voir a été plus vrai (et plus étonnant) que tous les récits. » .

J'ai eu plusieurs autres sujets de première race : — Izz, Majesté; — Hoçâm , Sabre, cimeterre; — Silâh , la Paix; — Sakr, Épervier;—Nâċer, Vainquant, aidant; — Kattâr, Hoche-queue; — Heïkal wakif, Statue debout; — Anzar, Remarquable;—Mandjanîk, Bélier, baliste; — Rallâb, Triomphant; Okâb, Vautour; — El-Bâhî, le Charmant; — Faradj, Contentement; — Ma'na, Signification ; — Tib, Parfum; — Chanab, Moustache; — El-Hattal, le Pas-grave; — Sakb , Versement , averse;—El-Tarab, la Joie. Lorsque Tarab entendait les bruits joyeux et animés des tablakânah, ou des tambourins arabes, il dansait de joie sous son cavalier, comme danse en se dandinant et se contorsionnant le plus habile danseur , au rhythme des battements et de la mesure. — Wadjih, Grand-personnage. El-Kamar, la Lune. — El-Bahr, la Mer. — Meïmoûn, Fortuné. — El-Tâdj, la Couronne. — Ramâm , le Nuage. — El-Rizk, le Bienfait. — Daû el-Sabah. Lumière du matin. — El-Rannâm, le Butineur. — El-Bâz, le Faucon. — Abou châmah, Père au nævus, au grain de beauté. — El-Zend, le Bras, bras-fort ; — El-Châhîn , le Faucon-pèlerin. — Djédid, Nouveau. — Sabâh el-Âfiah, le Matin de la santé , fraîcheur de santé. — Taûb,

el-Acil, Vêtement du noble. — Nachouân , l'Enivré. — El-
Mouallâ, le Haut. — Naïim, le Moelleux, doux au toucher. —
Rîhân, Basilic. —El-Solwân, le Reconfort. — El-Miftâh, la Clef.
— Nasr, Succès. — El-Raïhab, Ténèbres. — Moubârek , Béni
de Dieu. — El-Mirtâdj, le Verrou. — Widâh, Tache blanche.
— El-Sahâb, la Nuée. —Fath , Victoire. — Kamarî, Lunaire ;
ou Koumri, Tourterelle à collier. —Żafar, Triomphe. —Razâl,
Gazelle. —Saîd, Heureux. — Ward el-Leîl, Rose de la nuit.—
Mouâfâ, Vigoureux.—El-Naddjâm , l'Astrologue. — Atifi, l'A-
tifien, ou descendant d'Atif (voy. paragraphe VI de ce cha-
pitre, pag. 351). — Nardjis, Narcisse. — Yâkoût, la Gemme.

Enfin, j'arrive à Misk, le Musc. Il était du sang des chevaux
des grands personnages; il descendait d'El-Ra'd , ce cheval si
renommé parmi les Arabes, et qui eut la célébrité d'un A'wadj.
Misk avait au degré suprême la beauté de la conformation et
des instincts, la pureté de race, le mérite, l'excellence de nature , la noblesse , l'éducation. Il avait toutes les qualités admirées et aimées , tous les signes qui embellissent et plaisent ,
la robe la plus admirable, les balzanes superbes, la liste blanche
à la face, tous les dons naturels les plus complets. C'est lui que
j'ai décrit et représenté dans une poésie sur le mètre red-
jez (a) à vers pressés (ou qui courent allégés d'un hémistiche
et rimés à chacun des hémistiches); en voici les premiers
vers :

  « Je sors avant que le matin n'ôte le voile de sa face
de lumière,

  « Et quand l'étoile fuyant à l'horizon regarde comme
un œil louche (que l'on ne voit qu'à demi);

  « Je sors sur mon vigoureux coursier , à la course
plus rapide que l'élan du faucon ,

  « Misk, à la robe noire comme la nuit noire la plus
obscure,

  « Au front étoilé, au dos si beau, aux élégantes balzanes

(a) Voy. vol. I, note 35, pag. 480.

« Excepté à la main droite; car ce n'est pas un ardjel (ou n'ayant qu'un pied balzané).

« Il semble, en marchant, paré de blanches manches tombantes;

« Et ses sabots, durs comme le roc Yazboul, ne se ternissent jamais.

« Aperçoit-il une troupe de bêtes sauvages s'enfuir effrayées,

« Il se lance comme le trait du destin imprévu.

« Il sait toujours mettre aux abois le premier des coureurs sur l'arène,

« Que ce premier ait ses ancêtres aux nobiliaires, ou n'en ait pas.

« Il est habitué à culbuter le brave en son armure;

« Et je ne prodigue Misk qu'aux chasses et aux batailles.

« Oui, Misk est la ressource de la caravane, et l'ornement de ma demeure;

« Sa face promet la sécurité et la bénédiction; il a reçu le cachet de la haute noblesse. »

Et puis Hoçâm, mon bel alezan sans une seule tache, sans un poil blanc. Qui eût juré par le nom du Très-Haut que Hoçâm était sans égal, n'eût pu devenir coupable de péché par suite de serment imprudent. C'est ce Hoçâm que j'ai voulu indiquer en parlant des nuances chevalines. Misk mourut de la maladie qui a sévi sur les chevaux de l'Yémen en **728** de l'hégire (= **1327 — 1328** de J. C.); Śakr succomba avec lui dans la même nuit et dans la même heure. Śakr était comme Misk, supérieur par la pureté du sang, la noblesse des formes, et toutes les qualités les plus admirées et les plus admirables; Śakr, magnifique isabelle; sa robe miroitait et souriait au regard. Il semblait que c'était lui qu'un poëte avait voulu vanter dans ce vers:

« L'œil ne cesse de contempler en lui tant de beauté, que pour le trouver encore plus beau. »

C'est Śakr que j'ai décrit dans une assez longue pièce de vers; j'ai dit:

« Ṣakr aux formes que l'on aime comme on aime ce
que l'on pare soi-même ;

« Aux qualités instinctives surprenantes pour tout
œil qui le contemplait. »

Hoçâm et Ṣakr, que nous sachions, ont à peine eu quelques
émules parmi les chevaux des rois, dans le passé, ou dans les
temps actuels. Nous n'avons pas connu, soit des yeux, soit par
les récits, d'aussi belles natures hippiques. Ils étaient tous
deux ma joie et mon bonheur; j'étais avec eux dans mes séjours, dans les voyages, dans les repos; je leur prodiguais à
tous deux des trésors de soins et d'attentions, quand tout à
coup les yeux jaloux les ont frappés et que la main du Dieu de
bienveillance les a saisis aux flancs. Alors, en moi, la douleur,
les regrets ont été le double des joies que j'avais goûtées. Et
j'ai dit :

« Ah ! chacun subit les épreuves de l'infortune. Quel
est celui que le sort jamais ne brutalise ? »

Dans nombre de vers j'ai exhalé ma peine, et tracé le pané-
gyrique de Misk et de Ṣakr. Telle la poésie que j'ai commencée
ainsi :

« Je concentre mes chagrins en mon cœur, mais ils
n'y peuvent rester ; je dérobe aux regards ma douleur,
mais toujours elle se trahit.

« Je pleure, mais les larmes ne me soulagent point,
fût-ce des larmes de sang qui m'inondent la face.

« Ma tristesse à propos de Misk, mon noble coursier,
est au suprême ; à propos de Ṣakr, ce noble sang, ma
tristesse est plus suprême encore.

« Dès que j'aperçois un coursier de haute race, le
souvenir de leur supériorité amène des larmes qui
arrosent mes joues.

« O Ṣakr ! où est-il l'isabelle qui te ressemblerait ?
O Misk ! où est-il le noir coursier qui serait comme
toi ?

« Oui, je vous pleurerai tous les deux, tant qu'il se
pourra trouver une larme sous ma paupière; car j'ap-

préciais si bien tout ce que vous aviez de perfections! »

J'ordonnai d'inhumer mes deux beaux coursiers. On leur disposa un double tombeau à Zébîd, du côté de la porte de Chabârik (à l'est de la ville), et je fis écrire en épitaphe les vers que je viens de citer.

Mais Dieu me remplaça mes deux coursiers perdus par un autre qui les surpassa encore. A Ṡakr succéda Tâdj (la Couronne), Tâdj, le diadème des chevaux, à robe isabelle claire et pure, aux qualités parfaites, aux signes que l'on aime, aux instincts et à la conformation admirables, à la force puissante, à l'œil ardent et fier, enfant de famille des chevaux des rois et des grands. Issu des contrées de l'Orient, par sa lignée il remontait à Ra'd. Tâdj était la ressemblance complète de Ṡakr en formes et en qualités; c'en était comme le frère, et j'ai dit de lui :

« Tâdj a magnifiquement remplacé Ṡakr; il descend de Ra'd, ce sang généreux, coursier des familles des rois;

« C'est le lacet qui atteint les bêtes sauvages le jour où on se lance aux grandes chasses; c'est le front de l'escadron, le jour où l'on se rue sur la foule ennemie. »

Dans la terrible épizootie de l'Yémen, ai-je dit, Misk et Ṡakr succombèrent. Nachouân aussi succomba, coursier de pur sang, doué des plus nobles dons. Aucun cheval n'avait fait preuve d'une solidité plus robuste et plus infatigable que lui pendant toute la durée du siége que poursuivirent les révoltés contre Taïzz (ville forte et importante du Djibâl). Dans la place tous les chevaux avaient péri, excepté Nachouân. Lorsqu'il eut succombé à l'épizootie, je le fis inhumer, et je fis tracer sur son tombeau deux vers d'un de nos poëtes, le faḳih (savant juriste) Aḥmed fils de Felîtah :

« Tu étais, ô Nachouân, irréprochable, et irréprochable tu es passé à ceux qui sont passés.

« Par ta généreuse nature tu avais résisté aux plus rudes épreuves, parce que la dure résistance est le privilége des natures généreuses. »

Le tombeau de Nachouân est à Chadjarah, dans le territoire de Taïzz. (Le Dâr el-Chadjarah, demeure ou palais de Chadjarah, est sur les terres de Taïzz.)

En chevaux, j'eus encore Ronaîm, Petit-butin, petit-butineur, issu du plus pur sang et doué des plus brillantes qualités. Il fut à la mêlée dans un combat livré aux perturbateurs à Mauâzabah. Un individu, accourant par derrière sur le cavalier, lance une flèche qui atteint Ronaîm sous l'oreille droite, et la pointe de la flèche vient faire sailllie sur le front de l'animal. Ronaîm s'arrête court et ne bronche pas. Le cavalier retire la flèche, puis continue de combattre sur son cheval jusqu'à ce que la bataille eut mis bas les armes, et sans que Ronaîm eût fait défaut à la moindre exigence de son cavalier.

Parmi les juments que nous nous étions choisies pour montures, que nous avions recherchées avec le plus de soin pour nous-même, il y eut : — Badrah, Somme d'or, talent d'or. (Le badrah valait dix mille drachmes arabes ou dirhem, représentant 6,666 2/3 drachmes attiques.) Badrah était sœur de Tâdj, isabelle, avec les deux crins noirs. Peu de juments étaient aussi belles; je dirais même que Badrah n'eut pas d'égales; c'était la plus noble race, le mérite le plus élevé, l'éducation parfaite; — Dourrah, la Perle, fille de cette belle Badrah et le portrait de sa mère. Dourrah était sœur de Misk, et ne lui cédait en rien pour les qualités brillantes. Elle était connue et renommée sous le nom de Sœur de Misk, Okt el-Misk. C'est elle que j'ai voulu désigner et qualifier dans ce vers d'une poésie assez longue :

« Misk apparut, Misk le coursier introuvable, et sa
sœur qui en est le parfum et l'émanation (raïiâ). »

En raison de ce vers, Dourrah reçut encore le nom de Raïiâ, Eau-douce, émanation. — Kourrat el-Aîn, Fraîcheur de l'œil, bonheur des yeux. — El-Nacim, Zéphir. — Sélâmeh, Salut, conservation. — El-Hamâmah, la Colombe. — Sa'd el-Saoûd, Félicité des félicités.—El-Razâlah, la Gazelle. — El-Touffâhah, la Pomme.—Nâdjiah, Sauvouse. — Feîroûzîah, la Feîroûzienne, de Feîroûz. — El-Yérâah, la Baguette, tige de roseau.—Aroûs,

Fiancée.—El-RaḳḳÂçah, la Danseuse.—Itlâl, Trace.—Farihah,
Gaie, joyeuse. — Leïla, la Belle Leïla. — El-Âmirîah, l'Âmi-
rienne ou de la tribu des Béni Âmir.—El-Moutribah, qui est
en gaieté.—Yâḳoûtah, Gemme. — Solouânah, *solatium*, Con-
solation. — El-Kurdîah, la Kurde. — El-Zahrah, la Fleur.—
Hodjr Ḳâdî, Giron de kâdi. — El-Za'farânah, la Belle Za'farân.
—Djoumah, Semaine.—El-Ḳodaîrâ, Verdette, verdelette, gris
de fer. —El-Maslîah, la Contente.—El-Boûčîah, la Galère.—
El-Djawâlîah, la Choisie, la triée.—Sebâlah, Tunique flottante.
— Safîah, Sophie, pure. — Atîfah, Douce, doucette. — El-
Mekkîah, la Mekkoise.—El-Rawânah, l'Ambleuse, la haquenée.
— El-Chamsah, Image du soleil. — El-Kerzâwîah, la Kerzâ-
wienne. — El-Moudjellîah, la Brillante. — Bint el-Hamâmah,
Fille de Hamâmah, ou fille de la colombe *.

CHAPITRE V.

I.

La jument a une part plus grande, un lot plus considérable
dans les attributions et prérogatives hippiques. D'après Yaḥia
fils d'Abou Koṭeîr, le Prophète a dit : « Prenez, recherchez les
juments; leur dos est le siége de la gloire, et leur ventre est un
trésor. » Une autre glose dit : « Leur dos est le siége de la
sécurité. »

Ḳâled fils d'El-Walîd, le redoutable batailleur dans les premiers temps de l'islamisme, ne combattait que sur une jument,
parce que la jument urine même en courant, et que le cheval
entier retient son urine jusqu'à en crever, et aussi parce que
la jument hennit rarement. D'autre part, la jument est plus
rapide pour les courses dans les incursions. On la préfère pour
ces expéditions de surprises et pour les circonstances où il faut
passer la nuit incognito, pour tous les cas où, dans la guerre,
il est besoin de n'être pas découvert.

II.

Les dispositions naturelles de la jument sont opposées à
celles du cheval : ainsi, la jument reste longtemps debout et

dort peu ; le cheval reste moins de temps debout et dort davantage. La jument de haute race a la chair légèrement souple et tendre, le dos un peu plus aisé et élastique. Le cheval est à l'inverse de ces conditions. En le qualifiant, les Arabes disent : « Cheval dort, jument reste debout. » — La jument de noble sang a l'arrière court, ramassé, les deux membres postérieurs rapprochés : aussi saute-t-elle avec force.

Quant à ce que l'on désire chez la femelle en fait de dispositions que l'on ne recherche point dans le mâle, on aime en elle la longue station à la mangeoire, chose qui répugne dans le mâle. Le vulgaire dit, en manière proverbiale : «Cheval entier, dormeur; mulet, restant longtemps debout. » On aime aussi chez la femelle la presque absence de chair à l'endroit des ornements accessoires de la têtière de la bride, à la lèvre, au djahl, c'est-à-dire aux joues, au tìch, c'est-à-dire sur l'avant-face. On recherche dans la femelle, non dans le mâle, les pieds rapprochés, la petitesse de la racine de la queue ou extrémité de l'échine ; car, si cette partie est large, comme chez le cheval, les membres postérieurs sont moins solidement soutenus, et de là une certaine faiblesse et une disposition aux douleurs dans ces membres. Les reins ou lombes de la jument doivent être plus saillants, ne pas être aussi alongés et étendus que dans le cheval entier. Elle ne doit pas non plus être aussi grasse que le cheval.

Tel est l'ensemble des caractères qui différencient le mâle de la femelle, ils sont ainsi désignés partout.

Et Dieu est la science suprême.

III.

* Les anciens préféraient monter des juments dans les expéditions, excepté en ligne de bataille, pour les attaques de points fortifiés, pour les marches de corps nombreux et dans les grandes masses armées. On préférait les chevaux hongrés pour les embuscades, pour les explorations et les avant-postes, parce

que le cheval hongre est plus résistant et plus dur à la fatigue, plus solide à l'effort.

Nous, comme tous ceux qui ont l'expérience et le savoir de ce qu'est la guerre, nous aimons de préférence le cheval entier. Nous imitons en cela ceux qui se sont vus dans les tourmentes de la bataille, non les molles attaques, dans les feux irritants des mêlées, non dans leurs froideurs, dans ces jours de carnage où l'on avale l'amertume et non la douceur, dans ces moments où l'on veut charger sur l'ennemi et non tourner le dos.

La jument, quelle que soit son excellence, n'a point les allures fermes et fortes du cheval entier, ni la même vigueur à supporter longtemps le poids du fer, des lourdes armures et de son cavalier. Les vers des Arabes ont vanté la jument pour les combats, pour les courses ; nous, nous composons nos réserves hippiques de juments aussi bien que de chevaux, et les uns et les autres sont choisis dans les plus beaux sangs.

Selon certains avis, on doit éviter de monter une jument dans les batailles ; car lorsque la mêlée devient serrée auprès d'elle, que les chevaux se pressent, la jument mollit, faiblit, préoccupée qu'elle peut être du mâle. Mais il arrive aussi que la jument sort plus heureusement du combat, car elle est souvent meilleure alors que les chevaux. Si l'on ne peut faire autrement que de monter une jument pour une expédition, pour une grande guerre, il faudrait que cette jument fût pleine et à son troisième ou quatrième mois de gestation. La monter alors est plus sûr ; les sangles sont plus solides sur elle ; elle est moins peureuse, moins préoccupée du mâle, et cela par la raison qu'elle est en prégnation. Quand elle a son poulain, elle craint pour lui et répugne à tout autre animal et à qui que ce soit. De même encore ne montez pas un cheval entier au milieu de juments, ni une jument au milieu de chevaux entiers *.

CHAPITRE VI.

On distingue cinq variétés de voix ou phonations chez les chevaux. (Buffon désigne aussi et décrit cinq sortes de hennissements.)

1° Le ḥamḥamah ou hennissement de contentement, hennissement d'allégresse, est la voix plus courte et plus légère que le hennissement ordinaire. Le cheval le fait entendre quand il demande la ration; c'est une manière de nasillement (naḥnaḥah) ou phonation nasale et frémissante.

2° La voix aạnn ou nette et simple est le hennissement moyen, pur et net, s'échappant presque entièrement des narines; c'est le hennissement ou śahîl connu et ordinaire.

3° Le śalsâl, hennissement grondant ou tonitruant, est celui dont la phonation est à un ton aigu et très-élevé.

4° Le moudjaldjal ou retentissant est la phonation claire avec hennissement d'affection ou de désir, sans rien d'aigu et sans voix du nez. C'est le plus beau hennissement.

5° La phonation adjachch ou rude est le hennissement âpre qui rappelle un bruit de crachement ou d'éternument qui se mêle à la voix.

Telles sont les diverses phonations dans leur complet.

Et Dieu est la science.

CHAPITRE VII.

De quelques anormalités dans l'organisme. — De la séparation des mains du
fœtus. — Comparaison ou parallèle des diverses sortes de chevaux : —
hédjâzien ; — nedjdî ou nedjdien ; — l'yéménite ; — le syrien ou châmî ;
— le mésopotamien ou djézirî ; — le barkî ou barcéen ; — l'égyptien ou
maśrî, miśrî ; — le ḳafâdjî ou ḳafâdjien ; — le magrébin ou berbère ; — le
zindjî ou de Zanguebar ou de Mascate.

I.

En fait d'excroissances anormales dans l'espèce chevaline,
j'ai vu des chevaux qui avaient à la tête deux cornes inclinées
derrière les oreilles. Nous avons maintes fois opéré l'ablation
de ces productions cornées qui, du reste, poussent à la manière
des cornes normales.

J'ai observé aussi l'hermaphrodisme chez des chevaux.
Ainsi, chez un sujet il y avait la vulve, l'anus, et un seul testicule, mais très-développé. On raconte que l'on a trouvé parfois
un prépuce à la verge du cheval, que parfois il n'y a pas trace
de testicules et qu'ils sont demeurés retenus à l'intérieur du
corps, à peu près comme chez les coqs. L'auteur du *Traité
d'agriculture* dit que le cheval n'a pas de rate, que le chameau
manque de vésicule biliaire, et que, pour cette raison, le chameau souffre très-peu de la soif, attendu qu'il est privé de cet
organe producteur de la chaleur. (Voy. une autre explication,
vol. I, page 82.) Le poisson n'a pas de poumon, parce qu'il ne
respire pas.

II.

Ibn Aḳ̣î el-Djouzâm expose que la séparation des membres
antérieurs ou ongles antérieurs du cheval est une conséquence
de la forme aiguë des ongles des membres postérieurs, et de ce
que, dans le sein de la mère, le cheval est placé les membres
antérieurs pliés sur eux-mêmes, comme en position accroupie. Mais la cause du fait n'est pas là ; elle est en ceci : les
mains sont séparées et détachées l'une de l'autre, parce qu'entre
elles passe le nez et que dans le sein de la mère le fœtus chevalin a la tête qui repose entre les deux mains. Par suite, la
respiration du fœtus brûle cette place ou l'entre-mains. La
séparation des deux pieds a pour raison la position accroupie.

III.

Le parallèle des races et familles chevalines nous donne les
caractères suivants :

1° Le cheval hédjâzien se distingue par la magnificence du
regard, par le beau noir de l'œil, par la finesse du nez et des
lèvres, la longueur des oreilles, la solidité des sabots, l'excellence des paturons et des boulets.

2° Le cheval nedjdî ou nedjdien a pour lui la longue encolure, la sécheresse des joues, la rondeur de la tête, la largeur
des épaules, l'ampleur du ventre, la finesse des membres et
l'épaisseur des cuisses.

3° Le cheval yéménite ou cheval de l'Yémen a la masse du
tronc arrondie et grossière, les membres épais, les épaules
pointues, les flancs grêles, l'encolure brève.

4° Le cheval syrien ou châmî a la beauté des nuances, la
souplesse des ongles, la presque calvitie du front, la grandeur des yeux, la longueur des commissures labiales.

5° Le cheval mésopotamien ou djézîrî a l'excellence de l'arrière-main, la richesse des crins, la largeur de l'avant-jambe

antérieure ou avant-genou, la largeur aussi des épaules, la supériorité de l'œil.

6° Le cheval barḳî ou barcéen est grossier de corps, charnu de poitrail, gros de tête, épais des membres, large des sabots.

7° Le cheval égyptien ou maśrî (et mieux miśrî) se caractérise par la longueur de l'encolure, par l'effilé des oreilles, par la finesse des quatre membres, la longueur des paturons ou doigts, le peu d'abondance des deux crins, la laideur des sabots et le peu de grâce du poitrail chez un grand nombre de sujets.

8° Le cheval ḳafâdjî ou ḳafâdjien a pour traits la rareté du poil au front, la brièveté de la face, la sécheresse des joues, la rondeur des épaules, la ligne bien dressée des jarrets, l'uni des genoux, la délicatesse des lèvres.

9° Le cheval magrébîn ou cheval de Barbarie a l'encolure forte, les quatre membres épais, le genou et le canon arrondis. La plupart des chevaux berbères ont la fierté sur la face, mais les naseaux et les narines manquent d'ampleur.

10° Le cheval zindjî ou de Zanguebar ou de Mascate a le corps épais, l'encolure et la poitrine volumineuses, les épaules petites, le cœur hésitant, c'est-à-dire le manque d'élan dans les circonstances émouvantes. Parmi eux il en est chez lesquels le sang paraît et brille.

Comprenez et sachez toutes ces choses. Dieu le voudra, je l'espère.

CHAPITRE VIII.

De l'appréciation hippique des jeunes animaux équestres. — Époques auxquelles leurs formes acquises persistent. — Du poulain annonçant une
bonne nature. — Monter le poulain à un an et demi. — Du glabre de la
face interne des mains.

I.

Les appréciations et prévisions d'avenir relativement aux
poulains encore au lait et pendant leur existence en liberté, la
reconnaissance anticipée de ce qu'ils acquerront de mérite et
de beauté, ne reposent absolument sur rien de certain, sur
rien d'expérimenté. Le jeune animal change en grandissant;
ce qu'il a de beau se déforme, ce qu'il a de laid s'embellit; les
parties courtes s'alongent, les parties longues sont ensuite
courtes. En un mot, le beau s'enlaidit, le laid s'embellit, ou
même celui-ci devient très-beau et l'autre va jusqu'à l'extrême
laideur.

Les formes ne persistent chez les jeunes poulains que depuis
qu'ils mangent de l'orge et qu'ils grandissent, qu'ils ont laissé
leurs chairs de lait et qu'ils ont acquis ou pris leurs chairs
d'orge, depuis qu'on les monte, qu'on les exerce. Les appréciations et prévisions physiognomoniques n'ont une valeur
positive que lorsque le jeune animal a grandi, a gagné déjà du
corps et des formes, a mangé l'orge, a revêtu les chairs de la
ration. C'est seulement alors que l'on peut prédire avec sûreté
ce que promet son extérieur.

II.

Le poulain qui présage et annonce une nature d'élite, saute après sa mère, joue avec elle, boit avec elle, ne s'en éloigne point, va manger à la ration de la mère dans la même auge. Si le jeune animal est faible, on le reconnaîtra bientôt, surtout à l'âge de trois ans, à l'époque du changement des dents quaternaires, à son maintien, à ses articulations. De même aussi aux quatrième et cinquième années.

Lorsque vous commencez à monter un poulain qui est faible, son dos fléchit et baisse, la sueur arrive rapidement, il s'arrête. Mais quand vous êtes descendu de dessus le poulain, s'il se redresse, s'il fait mine de vouloir partir, s'il change aussitôt de place, alors vous avez un animal d'élite.

III.

Il y a des poulains qui ont la face interne des mains glabre. La cause en est, dit-on, que dans le ventre de la mère la respiration glisse sur cette partie des deux membres, car dans le sein maternel le fœtus est replié sur lui-même ; sa respiration arrive donc entre les deux mains, ce qui empêche qu'elles ne se revêtent de poils. C'est ce fait que les Arabes indiquent par le terme raḥmatân, la double grâce céleste. Quant à moi, je dis que la cause est toute naturelle, qu'il en est ainsi tout naturellement, sans circonstance étrangère qui provoque le résultat. Car nous voyons ce même état glabre aux quatre membres chez le jeune onagre, et même l'ongle de l'âne sauvage a le bord inférieur plus aigu que celui du cheval.

Quant à l'âge auquel il convient de monter le poulain, c'es l'âge d'un an et demi à partir de la naissance.

Sachez et comprenez, Dieu aidant.

CHAPITRE IX.

I.

Pour obtenir des produits de chevaux communs, kadîch (ou guédìch, comme on prononce en Syrie), et de chevaux bikâï ou campagnards, il faut faire saillir par des berzaûn korâçâniens, c'est-à-dire du pays des Roûmî (ou Asie Mineure et États de la Turquie), des sujets bikâï. Par ces alliances on a de bien meilleurs résultats qu'en faisant saillir par des bikâï, des sujets communs du Korâçân. Si une jument berzaûn est fécondée par un animal de somme, on obtient un narl ou naril, cheval *spurius* ou roturier (voy. vol. I, page 79) de belle forme, à chanfrein déprimé.

On rapporte que ce fut un kesra de Perse ou cosroès qui, le premier, imagina de produire les berzaûn. Pour cela, il fit saillir une vache par un cheval, et il avait en vue alors de faire profiter, à l'avantage de la reproduction, la forte membrure et l'énergie dure et résistante de la vache. C'était l'analogue de ce que s'était proposé autrefois Alexandre, qui arriva à avoir les mulets en fécondant par des ânes des sujets chevalins. Or la saillie opérée sur des vaches produisit au kesra des berzaûn de formes arrondies, de membres épais, de tête grosse.

II.

A cause de cette origine ignoble, s'immisça parmi ces rotu-
riers l'intrus des djinn, et il en résulta les soleïmâni et les
râdi qui sont au nombre des montures des djinn, de ceux dont
on dit : « Certains hommes les aperçoivent. » Car les chevaux
de race noble, de pur sang, les djinn ne s'en approchent jamais, ne les montent jamais. Le Prophète n'a-t-il pas dit :
« Les djinn ne se jouent jamais de l'homme qui a dans sa demeure un cheval de pur sang? »

Sachez et connaissez toutes ces choses.

CHAPITRE X.

I

Les meilleurs mulets pour les transports et fardeaux sont
ceux d'Arménie; c'est là que se reproduisent et se trouvent les
mulets les mieux doués. Il en est, là, de très-rapides et de
très-solides. En seconde ligne sont les mulets du Magreb ou
de Barbarie.

Les mulets sont le produit du cheval et de l'âne; et ce qu'il
y a d'étonnant, c'est que chaque organe participe de cette
origine double. Les mulets sont inféconds. Ḳâroûn, dit-on, et
selon d'autres, Afridoûn (39), fut le premier qui obtint des
mulets. Les mulets sont caractérisés par leurs défauts de nature. Mais ils apprennent et reconnaissent les chemins qu'ils
ont parcourus, ne fût-ce qu'une fois.

Pour produire le mulet, il faut faire saillir une ramkah ou
jument sans race par un âne de conformation bien établie et à
longues et larges oreilles. On a ainsi le mulet de haute taille,
de premier rang, de qualités excellentes; et si la jument est
roûmi, ou biḳâï, le résultat est plus sûr et meilleur; on a alors
le mulet de forte construction, à dos et épaules larges, à
membres épais, à énergie dure et résistante sous le faix et la

charge et au travail. Lorsque vous faites monter la jument par
l'âne, vous tenez la main de la jument pour que l'âne ait plus
d'aisance dans les quatre membres ; le mulet sera un mulet de
plus de mérite.

De la fécondation de l'ânesse par le cheval il résulte un mulet
petit, court de tête, à chanfrein concave. Néanmoins il arrive
qu'il n'ait pas ces défauts, bien qu'il n'égale jamais en qualités,
formes, résistance, et bonté de construction, le mulet né d'une
jument. On explique cette différence par ceci : la jument a le
ventre (et l'utérus) plus grandement dilatable ; tandis que le
ventre de l'ânesse ne saurait arriver au même degré de dilatation.

II.

Comme principe de conduite dans le choix des mulets, voici
ce qu'il y a. Le mulet ne doit être ni long, ni court. L'encolure est-elle alongée et lâche, le ventre gros, les épaules larges
et la taille basse, vous n'avez qu'un animal médiocre. Si vous
voulez un mulet applicable à la somme et aux fardeaux, qu'il
soit fortement membré des quatre membres, qu'il ait le dos
vigoureux, l'encolure robuste, les épaules grandes, l'œil net et
clair, l'intérieur de l'œil rouge ; que le tronc soit gros et spacieux, car la respiration sera plus énergique et le sujet sera
plus sûrement libre de mauvaises dispositions, de caprices. —
N'attachez le mulet qu'à l'écart et à distance du cheval, car le
mulet perdrait le cheval.

Les mulets d'Égypte (et évidemment nous désignons mules
et mulets) sont les meilleurs comme montures, et ils doivent
cette qualité à ce qu'ils sont engendrés par des animaux de
l'Égypte même. Ils ont le pas rapide.

Le mulet ramassé est dur à la fatigue, a le pas sûr et solide,
supporte bien la faim et la soif, la chaleur et le froid. Les
mulets alongés et mous ont aussi le pied sûr et solide, s'ils
mangent et boivent bien ; autrement, gardez-vous de vous les
procurer pour votre usage.

III.

En toute espèce d'animaux de service, les produits qui deviennent les meilleurs sont ceux qu'on laisse aux prairies ou pâturages verts, en pleine campagne ; ils se développent au grand air et dans les libres espaces, leurs organes se fortifient, leur ventre s'amplifie, ils deviennent plus robustes. Mais, à mon gré, il faut avant tout, pour avoir de bons résultats, employer des producteurs à forte constitution, à allures belles et prestes, à nature riche et bien douée, des sujets qui présentent les caractères que j'ai signalés.

IV.

Quant aux ânes, les meilleurs sont ceux d'Égypte, ceux du Saïd ou Haute-Égypte. Au second rang sont ceux de l'Yémen, et au troisième ceux du Magreb. Ceux d'Égypte sont renommés comme montures, à cause de leur pas rapide. Parmi eux, celui qui a le col alongé, ou qui est sous poil blanc, est défectueux.

Si un âne brait trop souvent, il faut lui oindre l'intérieur des lèvres avec de l'huile ou du beurre fondu. Tant que l'âne aura du corps gras dans la bouche, il ne braira pas.

Pour les produits des ânes, on a soin de prendre toutes les précautions que j'ai mentionnées et expliquées jusqu'ici relativement aux produits des autres animaux.

Rappelez-vous, et comprenez.

QUATRIÈME EXPOSITION.

La quatrième exposition renferme douze chapitres traitant des caractères qui signalent les animaux sains et bien constitués, et qui par suite doivent guider dans l'achat des animaux bien portants et exempts de défauts et de défectuosités.

CHAPITRE PREMIER.

I.

Nous avons exposé jusqu'ici tout ce qui est à exiger du cheval pour les qualités, les nuances ou robes, l'entraînement, les produits. Nous allons signaler maintenant ce qui caractérise une bonne constitution, et ce qu'il importe de connaître pour l'acquisition d'animaux bien établis et exempts de défectuosités. Cette partie de l'art hippique est nécessaire, indispensable aux vétérinaires et aux dresseurs et éleveurs, surtout lorsqu'on les consulte à propos des achats de chevaux et qu'on leur demande de déclarer si tel animal a ou non quelque défectuosité ou défaut. Bien que j'aie donné déjà en maint endroit de ce livre, en maint chapitre, ce qui a trait à ce point si important, je veux le rassembler ici en une Exposition spéciale, distincte et partant plus simple à saisir et à consulter, plus facile à étudier pour qui voudra y recourir.

II.

Nous parlerons d'abord de ce qui concerne l'extérieur proprement dit, la surface du corps, la peau, ensuite la tête, et successivement, l'un après l'autre, les différents organes, de manière à finir par parler des ongles ou sabots. Par là on arrivera à distinguer ce qui sera normal de ce qui sera anormal ou défectueux.

Pour qu'il y ait l'aspect voulu et correct de l'extérieur de l'individu équestre, la beauté de composition, l'harmonie des organes, il faut que toutes les parties du corps soient de belle forme, d'arrangement bien adapté, de corrélation convenable dans les rapports proportionnels de petitesse et de grandeur, en telle mesure, par exemple, que la tête ne soit pas volumineuse et l'encolure mince, ou que la tête ne soit pas petite et le corps volumineux et court, ou que les mains et les pieds ne soient pas entre eux dans des rapports illégitimes de longueur, de brièveté, de distance, de rapprochement.

Et Dieu est la science parfaite!

CHAPITRE II.

Ensemble général et tournure. — Surface de la peau ; — netteté et densité des poils. — Qu'il n'y ait ni tatouage, ni marques de feu.

I.

Il y a à s'assurer, dans l'ensemble et le découplé, dans l'aspect extérieur, que le cheval n'ait pas le tronc mince, qu'il n'ait pas les flancs trop resserrés, avec le reste du corps et les quatre membres gros et développés ; c'est la preuve de roideur, de pesanteur, et l'animal a à l'intérieur une chaleur exagérée et anormale. Que le cheval n'ait pas non plus un embonpoint considérable, car alors la marche, la course, les efforts seront saccadés et pénibles.

II.

Que les poils du pelage ne soient pas trop peu denses et trop peu serrés ; qu'ils ne soient pas trop discrets ou distants entre eux ; qu'ils ne soient pas écourtés ou repliés ; qu'ils ne laissent pas apercevoir au milieu d'eux comme des furfures, car alors ce peut être la preuve de l'existence dissimulée ou d'une menace d'alopécie, ou d'une serpentine ou alopécie serpigineuse. Si le poil est dur et gros, le cheval est un berzaûn. Qu'au sommet de l'encolure et à la base des crins il n'y ait ni ladre ni autre maladie.

III.

Qu'au chanfrein ou ḳaçabah, ou bien à la lèvre, ou aux ongles, il n'y ait ni tatouage, ni traces d'application du feu, ni enduit ou coloration ou changement artificiel, car tout cela peut cacher du ladre ou autre mal qui reparaîtra plus tard, fût-ce même après un assez long temps. Nous décrirons les caractères de ces incidents pathologiques, en parlant des causes et des symptômes des maladies.

Nous terminons là ce que nous voulions dire de l'examen général de l'ensemble. Nous passons aux défectuosités spéciales, d'abord de la tête, et successivement des autres parties du corps qui suivent.

CHAPITRE III.

I.

La première chose à considérer et examiner, est l'ensemble
de la tête. Elle ne doit être ni grosse par rapport à la masse
générale, ni petite par rapport à la composition harmonique
du corps.

II.

Examinez ensuite les yeux. Qu'ils ne soient ni trop grands,
ni enfoncés dans les orbites, ni inégaux de grandeur. Cette dernière circonstance ne nuit point à la netteté de la vue, mais
elle présente une difformité choquante qui donne au facies de
l'animal quelque chose de répugnant. L'œil grand, limpide,
noir-bleuâtre, a la vue puissante ; l'œil bleu ou ardoisé ne saurait regarder le soleil ni les objets blancs. Un seul œil noir, ou
bien le strabisme, constitue une défectuosité grave. Les cils
blancs, ou gris-ardoise, sont une défectuosité accidentelle due
à l'embonpoint, ou au froid, ou à la neige. L'héméralopie
laisse l'apparence saine des yeux. L'héméralope voit pendant le
jour, mais lorsqu'est venu le soir et que la nuit a commencé,
il ne voit plus rien, il n'aperçoit pas devant lui. Si le blanc (ou

la sclérotique) de l'œil est étendu, et le noir (ou la cornée) rétréci, resserré, cela constitue une grave difformité.

Vous examinez encore si à l'intérieur de la partie supérieure des yeux il n'y a pas quelque chose de bleuâtre ou gris alezané, non pas de bleu pur et vrai et de ton alezan sincère; car ce signe est de mauvais augure et annonce l'apparition prochaine de l'eau oculaire (ou cataracte). Examinez aussi l'ouverture de la pupille; si elle est largement étalée, elle aboutira au relâchement complet et à la perte de la vue. Vous examinez également les angles internes ou voisins du nez, appelés les deux grands mâk ou grands angles; vous regardez s'il s'en écoule quelque liquide, ou quelque humeur abondante, ou des larmes. Si du grand angle il s'étend une production charnue, fixe, qui rappelle la manière cartilagineuse, cette production est l'onglet ou l'onglée, żoufr, c'est-à-dire le ptérygion, maladie détestable.

Si les paupières sont épaisses ou pesantes et tombantes, c'est qu'il y a la psore palpébrale, ou un trichiasis intrapalpébral, ou une névrose de relâchement. Il faut voir enfin que les paupières n'aient pas de cils poussant vers l'intérieur et repliés ou renversés en dedans; c'est (le trichiasis) une maladie de difficile guérison.

Et Dieu sait la vérité de toute chose.

CHAPITRE IV.

I.

Pour explorer l'ouïe, vous criez, grondez ou menacez à l'o-
reille, sur le ton de voix que vous jugez assez haut pour être
entendu du cheval. Si le cheval ne se soumet pas à ce que vous
avez exprimé, ne tourne pas vers vous un coup d'œil et ne
bouge pas les oreilles, soyez sûr qu'il a l'ouïe gravement com-
promise, que quelque chose obstrue ou ferme le conduit auditif, c'est-à-dire que le trou auriculaire est bouché ou embarrassé par quelque excroissance charnue, ou par du cérumen
amassé, ou par un caillou ou un noyau tombé dans l'oreille.
Ces deux derniers corps étrangers s'extraient au moyen d'un
instrument spécial dont nous aurons occasion de parler à propos des opérations manuelles. Si le conduit auditif est embarrassé par une excroissance charnue ou par un autre produit
morbide, la guérison est des plus difficiles.

Dans le cas de surdité, le cheval garde les oreilles portées
ou penchées en arrière; il ne les redresse point lorsqu'on lui
crie vers la tête. La surdité est plus fréquente chez les chevaux
pies que chez les autres.

II.

N'achetez jamais, et laissez complétement de côté : — le cheval k a r k o û c h, c'est-à-dire qui tourne l'intérieur des conques auriculaires vers les yeux ; — le cheval a f r a k, c'est-à-dire ayant les oreilles lâches et flasques comme les oreilles de vache ; — le cheval dont une oreille est plus longue que l'autre ; — le cheval a b d a ou espacé, dont l'intervalle entre les deux oreilles est excessif. Toutes ces dispositions sont des difformités et des défectuosités d'apparence et de fond.

Mais lorsque les oreilles sont dressées vers l'espace inter-oculaire d'ailleurs développé, que le tégument de la conque est fin, que les oreilles sont alongées, que la base, jusque vers le milieu de leur longueur, est mince, que vers le haut elles sont bien ouvertes, que leur extrémité est effilée et parfaitement dressée, que leur consistance est ferme, que les tempes sont douces et souples, que le poil des conques est fin et soyeux, que le cartilage est bien courbé, le cheval est de race noble, de noble qualité.

III.

Voyez aussi la face du cheval. Qu'il n'ait pas le chanfrein concave, c'est-à-dire déprimé, même au degré moindre que la tête camuse. C'est aussi une difformité que le nez bombé, ou le nez enfoncé, par en haut, ou la face grasse et empâtée, ou le chanfrein busqué ou nez de tortue, ou le camard prononcé ou nez de rhinocéros, caractère facile à reconnaitre et que je n'ai pas besoin de décrire. En difformité il y a encore le chanfrein bombé au point de donner une face de chèvre. Si l'os du nez est épais et large, le cheval est un berzaûn, bon à servir de bête de somme. Mais si les naseaux sont larges d'en bas, rétrécis d'en haut, et que le bout extrême du nez soit fin et effilé, le cheval est de race. Toutes les fois que le nez est bien fendu et ouvert par le haut, de manière que la respiration marche vigoureuse, le cheval est un grand coureur.

De plus, les joues ne doivent point être charnues ou empâtées, ni la face se présenter en saillie arrondie, ni les deux os larmiers former un relief large et étendu.

Enfin, que le chanfrein n'offre pas de protubérance ou de saillie dure et épaisse ; car alors il y a dans l'intérieur des fosses nasales, ou une excroissance charnue, ou une production arachnéenne ou polype ou fongosité polypeuse.

Sachez ces choses ; elles vous dirigeront, avec le secours de Dieu.

CHAPITRE V.

I.

Ayez soin d'examiner la langue; car vous pourrez y rencontrer des coupures, des plaies, qui parfois sont produites par
l'animal lui-même. Tel serait le cas où le cheval mord, parce
qu'il a le mal caduc. Lorsque l'attaque le saisit, il se mord la
langue et happe ce qu'il trouve devant lui. Lorsque la langue
est longue et que l'écume échappe de la bouche, le cheval est
de race. Si les lèvres sont flasques et que vous lui donniez à
boire, il les frappe l'une contre l'autre, de manière à vous
laisser entendre un léger claquement ou bruit.

II.

Les molaires trop longues, une molaire surnuméraire, la
langue courte, et le mutisme ou absence de hennissement, sont
autant de défectuosités.

Examinez aussi les dents, et voyez si le cheval n'en a pas
perdu, soit parmi les dents antérieures, soit parmi les mâchelières; ce seraient des défectuosités qui empêcheraient ou gê-
neraient la mastication, et l'animal laisserait sa ration parfois
intacte. Mais si des dents antérieures sont tombées et que l'a-
nimal étant djez', c'est-à-dire âgé de deux ans faits, ne les ait

pas remplacées, elles auront leurs remplaçantes et repousse-
ront. Les mâchelières ne repoussent point. La couleur des dents
ne doit pas avoir changé et tourner au jaune, ou au gris
bleuâtre, ou au noir; ce seraient autant de laideurs, bien qu'il
n'en résulte pas d'inconvénients.

La bouche doit avoir conservé son odeur saine, ne pas avoir
de maléolence comme putride, autrement ce serait un signe
d'ulcération du poumon.

III.

Que la luette et le voile du palais ne descendent pas trop
bas, ne soient pas remplis et comme œdématiés; autrement ce
seraient des signes de iḳâṡ ou jetage du nez, d'humeurs
froides ou écoulement froid par les narines, maladies à re-
douter.

Explorez le dessous de la ganache, s'il s'agit d'un poulain,
ou même d'un cheval d'âge complet. Il ne doit point y avoir
de gonflement ou de tumeur ou de nodosités durs et résistants.
Le cas contraire annoncerait ou la morve, ou la taupe, ou des
concrétions scrofuleuses, ou l'esquinancie.

Vous comprenez ces choses, grâce à Dieu!

CHAPITRE VI.

I.

Pour ce qui est des difformités de l'encolure, si elle a l'extrémité vide de chair, le cheval est faible coureur et dans la course il porte la tête au vent et n'aperçoit pas ce qui est devant lui; grave défaut. La saillie prononcée des épaules est aussi une défectuosité. Lorsque l'encolure est trop cylindriforme et que les muscles qui suivent et accompagnent la base de la crinière jusqu'aux épaules, sont grêles et flasques, le cheval n'est pas coureur et il manque de qualités distinguées. De même encore, si le cou est tombant, courbé.

Si le devant de l'encolure est grand et haut, et si l'encolure est légèrement arquée jusqu'à la tête, le cheval est de haute race; mais il ne faut pas que le cou soit épais, ou grêle, ou court, ou long, comparativement à la tête.

Que le cou ne soit pas lâche et baissé vers le garrot, à la manière des cous de bœufs; qu'il ne soit pas cintré, en arcade de pont, à la manière des chevaux d'Europe; en réalité, il n'en résulte rien de nuisible; mais c'est une laideur qui témoigne d'un cheval sans noblesse de race.

II.

Quant au poitrail, qu'il ne soit ni déformé, ni étroit, ni trop

chargé ou trop dépourvu de chair aux deux saillies antétho-
raciques; que l'une de ces saillies ne soit pas rentrée et l'autre
sortie. Que la poitrine ne soit pas comprimée et comme em-
boîtée par les omoplates; qu'elle n'ait au libbeh ou partie
médiale en bas des deux saillies susdites, ni excroissance, ni
tumeur, ni gonflement.

III.

Pour le toupet, assurez-vous que les crins n'en soient pas
caducs ou dégarnis, ou qu'il n'y ait pas de nodosités dessous,
ou qu'ils ne soient pas mêlés de furfures blancs. Ces circonstances indiquent le harẓaûn ou mal granulé ou duretés qui
se développent dans le bord supérieur de l'encolure, etc., et
aussi l'alopécie; ces deux affections morbides sont plus fré-
quentes chez les chevaux blancs et les chevaux gris.

Et Dieu sait tout!

CHAPITRE VII

Défectuosités des deux mains. — Déviations des différeutes parties des mains.
— Disproportions de longueurs entre les mains et les pieds. — Des veines.
— État de la charnière ou pli du genou. — Tumeurs ou gonflements des
diverses parties de la main. — Mouvements anormaux.

I.

Vous explorerez attentivement la conformation des mains
ou membres antérieurs; si elles sont courtes et que les pieds
soient longs, hors des proportions comparatives voulues, et
que l'arrière-main soit haute et l'avant-main basse et déjetée
en avant, la défectuosité est sérieuse. Il y a défectuosité encore
— si le boulet, en arrière, est long, et si le tendon qui va
l'unir au genou est lâche; — ou si le genou est tout droit et
tout uni; — si l'animal est panard du devant, les genoux et
le travers des boulets tournés en dehors; — s'il s'attrape aux
mains, soit par crainte, soit au bruit; — s'il est cagneux, ayant
les sabots antérieurs tournant en dedans, ce qui est la conséquence du déviement des boulets en dehors; et lorsque le tendon est trop rapproché du sabot, les mains, dans la progression, se tournent l'une vers l'autre; — si les bras et les extrémités des mains sont tout droits, ce qui vient de ce que le
grand tendon est trop court; — si l'animal a un penchant à
sommeiller souvent, car alors il dort trop peu; — ou si, comme
il arrive parfois, une main est moins longue que l'autre; —
ou si, contrairement à la normalité des proportions les plus
ordinaires, les mains sont plus courtes que les pieds, comme
dans les sujets que l'on qualifie de main de belette, yed ibn

irs : cette dernière difformité est repoussante et dénote une
véritable roture d'origine ; — si le coude dévie en dedans, ou
bien en dehors : en ce cas le sabot se pose dans la même direction que lui, difformité choquante et nuisible aussi, car le
cavalier peut à peine être en repos et tranquillité.

II.

Assurez-vous que les veines internes des membres antérieurs n'aient pas déjà pris un développement et une épaisseur au delà des proportions convenables, car il en résulte des
irritations inflammatoires vers les sabots, des gonflements par
infiltrations dans les membres, lorsque l'animal est fatigué ou
a bu.

III.

Examinez le genou. Il ne doit y avoir —par devant, ni gonflement, ni tumeurs, ni grosseurs ; — en arrière ou au ḳifl,
charnière, ou pli du genou, aucune production ou excroissance, ne fût-ce que du volume d'un petit haricot, car ces
productions, par suite de la fatigue et des courses, aboutissent
au ḥoîâm ou exostose du genou, au mechech ou nodosité
tendineuse, et le genou paraît uni et plane.

Quant au boulet, il ne faut pas — qu'il soit plus volumineux
que ne le comporte la régularité ; — ou que l'un des deux soit
plus volumineux que l'autre : cette différence indique un
taḳrîn, ou opposition ou sur-boulet. A l'attache des entraves
ou paturon, la présence d'une tumeur annonce un squirrhe,
ou un développement maladif de la saillie postérieure du
boulet.

IV.

Assurez-vous — si le cheval, en marchant, après avoir battu
le sol avec les deux mains, ne les retourne pas en les ramenant du côté du ventre : c'est ce que l'on nomme le replié, le

repliement, teleffouf; — ou bien si, après les avoir fortement relevées, il les déjette en dehors au point de donner à penser, quand on le regarde, qu'il est enchevêtré de la poitrine, c'est-à-dire difficile, enchevillé, ayant l'enchevillement rhumatismal; — s'il a l'irtihâch ou tremblement d'arc, c'est-à-dire s'il frotte de l'intérieur des paturons, non des sabots (ou ongles; le terme irtihâch se dit de l'arc faible et mince dont la corde, très-tendue et ensuite lâchée, vient heurter le centre mince et large du bois jusqu'à le faire frémir); — ou s'il a le saûladjah, raquette, battement, c'est-à-dire s'il frotte sous la jointure du genou; — s'il a le tarak ou faux battu, c'est-à-dire s'il fausse le mouvement de la main en la ramenant de manière à battre le sol des deux mains ensemble ou d'une seule main.

Toutes ces circonstances sont autant de défectuosités, dont les unes peuvent être guéries et dont les autres sont incurables. Nous distinguerons cette différence quand nous parlerons du traitement des maladies et affections pathologiques du cheval, s'il plaît à Dieu.

CHAPITRE VIII.

Défectuosités des deux pieds, des jarrets, et des cuisses. — Du charnu et des
veines de la cuisse. — État du jarret. — Proportions relatives ; mouvements, et position.

I.

Examinez d'abord les cuisses. — Qu'elles ne soient point
trop dépourvues de chair ; — que les veines de la face interne
de la masse fémorale ne soient pas plus développées qu'elles
ne doivent l'être , autrement ce développement est nuisible, il
amène l'entravement de la cuisse.

II.

Voyez encore — si le tendon de chaque jarret n'est pas ou
trop épais, ou gonflé, ou s'il n'a pas de djaûzah ou noix,
éparvin, jarde, ou vessigon ; — si en appuyant sur le jarret il
cède facilement sous votre main : signe défavorable qui annonce le vessigon, ou l'éparvin , ou la jarde ;—si la pointe du
jarret est trop saillante, c'est-à-dire s'il y a un capelet.

III.

Assurez-vous — que les pieds ne sont pas trop courts par
rapport aux mains ; — qu'un pied n'est pas plus long que
l'autre, ou n'a pas le jarret plus alongé ; — n'est pas trop peu
coudé du jarret ; — ou n'est pas mobile (et ne flageole pas,

n'est pas mou) du jarret, c'est-à-dire ne tourne et ne déjette pas le jarret en marchant ; — que le cheval n'est pas resserré des jarrets, c'est-à-dire clos de derrière, jarreté, n'a pas les pointes des jarrets rapprochées l'une de l'autre ; parfois on ne constate cette difformité que si le cheval marche.

Sachez et comprenez.

CHAPITRE IX.

I.

En défectuosités du dos, il y a le dos monté ou ḳaạs, dont la surface et aussi la place où siége le cavalier sont unies et de niveau, tandis que le garrot est élevé et que l'arrière-siége ou place du cavalier en croupe est au-dessous du dos, du garrot et du lieu de la selle; c'est là ce que l'on veut signifier par le terme arabe ḳaạs. Il n'est pas besoin de plus ample explication.

Le hadam est la gracilité de la cavité pectoro-abdominale. Lorsque les côtes sont courtes et larges, que les hypochondres sont spacieux et protégent bien les reins, le cheval est de race noble et de mérite éminent. Lorsque la chair des côtés ou flancs est bien fournie et remplie, le cheval est excellent. Si la partie supérieure du dos est large, qu'il aille en diminuant en bas jusqu'au point de réunion sous-abdominale, et soit séparé des poumons par un grand espace, le cheval est de qualité distinguée, parce que l'effet de la fatigue porte davantage sur le foie et qu'alors le poumon est plus éloigné de ce dernier. Lorsque le poumon est trop rapproché du foie et le touche, le cheval s'arrête promptement, et cette défectuosité est des plus grandes.

Si la *chaîne* dorsale ou épine dorsale est parfaitement droite, et si les épaules sont comme debout et leurs deux sommets hauts, avec leurs centres cachés ou dissimulés, et si en saisissant les épaules vous les trouvez fermes et fortes, si enfin le poitrail est vaste, le cheval est de qualité excellente. Les chairs du dos se prolongent-elles jusqu'aux flancs et vers la partie inférieure de la cavité pectoro-abdominale, et le cheval est-il large et charnu, il ne se troublera pas dans ses mouvements et ne s'arrêtera pas brusquement. Il y a gibbosité lorsque la place de la sous-couverture et de la selle est en saillie évidente (c'est le dos de carpe ou de mulet), que cette saillie soit forte ou légère.

II.

Enfin vous examinez le garrot. Il ne doit pas avoir trop d'épaisseur; cette circonstance d'épaisseur est défavorable, elle amène promptement les blessures à la suite des moindres courses.

III.

Le zaûr ou la partie sternale de la poitrine et le passage de la sangle, ne doivent pas non plus avoir trop d'épaisseur. Cette épaisseur, qui est une conformation désavantageuse, permet difficilement à la selle de se bien maintenir, la fait reculer, la rejette vers la croupe. Toutes les fois que le passage de la sangle est mince, voûté assez fortement, de manière à ne pas laisser dévier la sangle, et que les côtes sont larges et épaisses, le cheval est de nature supérieure, de noble origine.

IV.

Observez si le ventre ou abdomen est trop gros, ou trop resserré, ou retroussé contre l'échine. Ces conditions mauvaises tiennent ou à une hydropisie, ou à une tympanite, ou à des obstructions. Au nombril, voyez qu'il n'y ait ni tumeur ni grosseur; ce serait le signe du mal-pomme ou dâ el-touffâḥah, c'est-à-dire l'exomphale.

Sachez et comprenez.

Et Dieu est la suprême science.

CHAPITRE X.

En défectuosités des lombes et de la croupe, il y a — la
croupe maḥdoûd, tranchante, lorsque l'arrière-siége ou siége
du cavalier en croupe est plus saillant que la croupe, est
aminci et va en dévalant vers le sommet des hanches, ou le
coup de fouet de la queue; — la croupe plus remontée d'un
côté que de l'autre; cette difformité est naturelle, ou bien est
venue de ce que le poulain, ayant encore les os tendres, a
passé par un endroit resserré dans lequel a été comprimé un
des côtés du corps, ou bien est résultée de frottement contre
un arbre ou contre une pièce de bois, ou bien a été la suite
d'un coup sur la croupe. La croupe qui est alongée, molle et
faible, et celle qui est courte, répugnent.

Les lombes courtes et les mains trop droites et basses sont
des difformités, et ne se rencontrent pas chez un cheval doué
d'une bonne conformation. Amsaḥ ou plates-lombes, reins
plats, se dit du cheval dont les deux saillies des os des îles ne
s'élèvent pas de manière à dépasser la croupe. Cette difformité
est parfois congéniale, et elle se désigne alors par le terme de
yâmoûḳ. On a dit aussi qu'elle est accidentelle et qu'elle provient de ce que l'animal encore jeune et ayant les os tendres
et souples, a passé par un endroit trop étroit. Le tabrakoûn
est la croupe tranchante et alongée. Le ḳaçat désigne la

croupe étroite à la partie postérieure, avec élévation, laxité et étroitesse de la croupe même. (C'est la croupe pointue.) — Telles sont les défectuosités de la croupe.

Dieu seul sait tout.

CHAPITRE XI.

I.

Il faut aussi examiner avec soin si à l'anus il y a quelque fissure, ou quelque tumeur ou gonflement; car ce serait le signe ou l'annonce de quelque fistule, ou d'hémorrhoïdes internes.

A la vulve vous examinez s'il paraît quelque excroissance, ou gonflement, ou tumeur épaisse, car ce serait le signe ou l'annonce de squirrhe, de badjal ou leucorrhée ou catarrhe utérin, ou de douleurs de mauvaise nature. Assurez-vous aussi qu'aux alentours il n'y a pas de marques ou macules blanchâtres, éparses, n'ayant pas le diamètre de la lentille : elles seraient le présage symptomatique du ladre.

II.

Pour le mâle, remarquez bien s'il urine par un jet poussé droit en avant, ou poussé obliquement à droite ou à gauche; cette déviation latérale indique que le cheval ne sera ou n'est pas bon procréateur; car la liqueur spermatique doit être jetée droit en avant jusqu'au plus loin de la matrice (c'est-à-dire de la vulve). Or, la disposition vicieuse dont il est question s'oppose à ce fait. Il faut aussi que l'urine de l'animal — n'exhale pas une odeur trop forte, ou maléolente; — ou ne tourne pas au jaune foncé, ou à une nuance bleuâtre; — ou ne donne pas une odeur d'acide.

Il faut pareillement observer si l'animal, lorsqu'il a fini d'uriner, veut mordre, ou gronde; c'est qu'alors il est atteint d'embarras des voies urinaires, lesquels existaient plus ou moins longtemps auparavant, et que la moindre chose peut renouveler, tels que calculs, dysurie.

III.

Explorez encore les vaisseaux testiculaires. Qu'ils ne commencent pas à prendre un développement au delà du calibre normal, car ce serait un symptôme de varices.

L'absence d'un testicule est aussi une défectuosité.

Telles sont les choses défectueuses des deux issues.

Et Dieu sait tout.

CHAPITRE XII.

Défectuosités des sabots. — État, forme et direction des sabots; — sabots gras; ou secs; petits; déviés; comprimés; étroits; droits, etc.

Les défectuosités du sabot sont celles-ci : — il doit ne pas être petit, serré d'une manière très-apparente, étroit à la fourchette, étroit à la tête ou l'avant de la pince; — ne pas laisser se détacher de lui comme un détritus furfuracé; — ne pas être a ḥ n a f ou tourné en dedans, cagneux : cette déviation se rencontre le plus chez les chevaux barcéens; — ne pas être a ś d a f ou tourné en dehors, panard; — ne pas friser, ou attraper; — ne pas présenter de n e m l a h, trace de fourmi, ou soie, seime en pince ou en pied de bœuf, à l'extérieur, ou bien de f i z a r ou peigne sec, sur le côté;—ne pas être écarté tandis que le paturon est rapproché; — ne pas être petit, ou comprimé, ou rond, ou tout droit; — ne pas être sec et ne pas se fendiller et s'en aller en écailles, car alors le clou de la ferrure ne peut y tenir; — ne pas être tendre ou gras, sinon la portion la plus avancée est mince, et le milieu de la paroi s'en va en détritus ou s'écaille.

Toutes les conditions contraires sont autant de défectuosités graves.

NOTES

ET

ÉCLAIRCISSEMENTS.

Note 1.—Page 1.

Les *noms sublimes*, c'est-à-dire les noms par lesquels les musulmans désignent et caractérisent les perfections et les attributs de Dieu, sont au nombre de quatre-vingt-dix-neuf.

— Mahomet aussi, comme prophète et révélateur, est qualifié chez les musulmans par une série de noms qui sont autant d'appellations honorifiques et pieuses. Ces noms, qui sont en même temps des qualifications, varient de nombre dans les différents auteurs; on en trouve jusqu'à deux cent dix.

Note 2. — Page 2.

Abou Bekr, Omar, Otmân (Osman), Alî, sont les quatre premiers kalifes ou successeurs immédiats de Mahomet. Haçan, et Huceîn ou Hoceîn furent les deux fils aînés d'Alî.

Haçan, après son père, fut proclamé kalife; mais il ne conserva l'autorité que pendant six mois. Il abdiqua en faveur de Moâwiah, et vécut en simple particulier à Médine. Il mourut empoisonné, l'an 49 de l'hégire.

Huceîn, deuxième fils d'Alî, refusa de reconnaître l'autorité de Yézîd fils de Moâwiah, et, par suite, fut obligé de quitter Médine et de se retirer à la Mekke.

Les habitants de Koûfah appelèrent Huceïn dans leur ville et le proclamèrent kalife légitime. Yézîd instruit de la fuite de Huçeïn qui s'était échappé de la Mekke avec soixante-douze cavaliers, tous ses enfants ou proches parents, et avec quelques Arabes à pied, envoya à la poursuite des fuyards, Obeîd Allah à la tête d'un corps de troupes. Les fugitifs furent atteints par ces troupes dans la campagne de Kerbelah, près de Koûfah, et Huceïn fut tué. Il est révéré comme martyr. (Voy. Bibliothèque orientale de D'herbelot, aux mots Hassan, Houssain, Alî.)

—Les disciples directs ou compagnons proprement dits du Prophète, sont les musulmans qui virent Mahomet et entendirent sa parole. Les disciples des disciples, ou les disciples *suivants,* sont ceux qui n'ont pas vu Mahomet et qui n'entendirent que les instructions ou les récits des disciples directs.

Note 3. — Page 3.

Le Kesra, c'est-à-dire le Cosroës, surnommé Anouchirwân, est Cosroës le Grand, contemporain de l'empereur Justinien et de Mahomet. Le surnom d'Anouchirwân dont la forme régulière de composition devrait être Noûch-Rewân et dont le sens est *bonne âme,* débonnaire, fut donné au Kesra aussitôt après que ce prince eut fait tuer Mazdak et, en un seul jour, égorger, dit-on, plus de cent mille sectaires de ce novateur et de sa doctrine. Le dualisme de Mazdak autorisait la promiscuité des sexes, la communauté des biens, etc.

Mahomet naquit à la fin de la quarantième année du règne de Cosroës le Grand. Ce prince régna de 531 à 579.

Ce fut le Kesra Anouchirwàn qui, à la sollicitation de Seïf, fils de Zoû-Yézen, puis de Ma'dì-Kariba fils de Seïf, dernier rejeton des rois arabes himiarites, envoya un corps de troupes dans l'Yémen pour en expulser les Éthiopiens ou Abyssins, lesquels le gouvernèrent en maîtres pendant soixante-douze ans. L'expédition eut lieu en 570 de J. C., quelques mois avant la naissance de Mahomet.

Le Kesra hésitait d'abord à entreprendre cette guerre lointaine ; elle lui paraissait hasardeuse sous le rapport des résultats et sous le rapport de la distance. Il consulta son conseil. Un des officiers présents dit au prince : « Il y a dans les prisons un grand nombre de criminels destinés au dernier supplice ; envoyez-les dans l'Yémen avec ce prince himiarite. S'ils font la conquête du pays, ce sera un nouvel État à ajouter à vos États ; sinon, la perte de ces gens n'est pas une grande perte. »

Le roi goûta cet avis. Il fit sortir des prisons les détenus, et les mit sous les ordres et le commandement d'un d'entre eux appelé Wahraz. Cette troupe fut embarquée sur huit bâtiments maritimes, partit de Médâïn et descendit le Tigre, puis le golfe Persique. Deux de ces bâtiments périrent par une tempête qui les submergea. Les six autres abordèrent sur les côtes du Hadramaût, au sud de l'Arabie. La troupe qui prit terre était de trois mille six cents hommes, et, selon Ibn Koteïbah, de sept mille cinq cents.

La présence d'un rejeton des anciens rois du pays et la confiance qu'inspira l'arrivée de ces troupes inattendues , relevèrent le courage des Arabes qui en peu de temps se réunirent autour de Seïf au nombre de vingt mille hommes. Seïf se joignit alors à Wahraz, et il lui dit : « Mon pied sera toujours près du tien ; nous triompherons ou nous mourrons ensemble. »

Wahraz brûla ses vaisseaux, montrant ainsi à ses troupes qu'il n'y avait plus d'autre voie de salut que la victoire. Puis il marcha du côté de Sanâ.

Sanâ ne fut nommée de ce nom que depuis la conquête abyssinienne ; cette ville portait autrefois le nom d'Auzâl, l'Auzélis de certains historiens. Sanâ était le siége du gouvernement des Abyssins en Arabie.

Le vice-roi abyssin Masroûk, avec une armée de cent mille hommes, alla à la rencontre de Wahraz et de Seïf. Dans les premières escarmouches le fils de Seïf fut tué. Cette perte fut un nouvel aiguillon pour le courage et l'animation du chef persan. Une bataille s'engagea. Wahraz, un moment après l'attaque, dit aux Arabes : « Montrez-moi le roi abyssin. — Voyez-vous, lui dit-on, cet homme monté sur un éléphant, avec une couronne sur la tête et un gros rubis qui brille sur le front? C'est cet homme qui est le roi abyssin. — Bien ! dit Wahraz, attendons. » Quelque temps après il demanda : « Quelle est à présent la monture du roi?—Il est maintenant à cheval, lui dit-on. — En ce cas, attendons encore, » dit Wahraz. Un assez long intervalle de temps s'écoula ; et Wahraz ayant renouvelé la même question, on lui répondit cette fois que le roi était sur une mule. « Vile monture! s'écria-t-il, présage de l'avilissement de la royauté de l'Abyssin. Je vais lui lancer une flèche. Si vous voyez ceux qui l'entourent rester tranquilles, c'est que je l'aurai manqué ; demeurez vous-mêmes fixes à vos postes, jusqu'à nouvel ordre de ma part. Si au contraire vous apercevez ses gens s'agiter en tumulte autour de lui, c'est que je l'aurai atteint. Alors profitez de leur confusion pour les charger avec vigueur. »

A ces mots, Wahraz prit son arc, que personne autre que lui ne pouvait tendre. Il se fit mettre sur les sourcils un bandeau pour assurer la justesse de son coup d'œil, puis il décocha sa flèche. Elle toucha le rubis, pénétra entre les deux yeux de Masroûk, et lui traversa la tête. Il tomba; l'agitation et le désordre se mirent aussitôt parmi les Abyssins. Les Persans et les Arabes, fondant alors sur eux, les dispersèrent et en firent un grand carnage.

Après sa victoire, Wahraz se présenta devant Sanâ pour y faire son entrée. La porte de la ville était basse. « Mon drapeau ne s'inclinera pas, dit-il; qu'on abatte la porte! » A l'instant la porte fut démolie et le général persan entra, la bannière haute. (Caussin de Perceval, *Essai sur l'Histoire des Arabes*, etc., vol. I, page 151 et 152.)

Seîf fut rétabli sur le trône des Ḥimiarites, dont la puissance se releva ainsi pour quelque temps, mais comme tributaire des Perses.

NOTE 4. — Page 3.

Le zourtouḳah, ou l'art des zourâtiḳah ou zourâdiḳah, est la partie de la science hippique qui pose les principes et règles pour gouverner, dresser et soigner les chevaux. Par conséquent, cette partie de la science contient l'art du palefrenier en même temps que l'art de l'écuyer et l'art de l'équitation. On dit aussi zourdoukah et zourtounah. Ce dernier mot me paraît être altéré.

Le dictionnaire de Freytag écrit zartafah, et traduit : *Ars domandi et tractandi equi*. Mais je pense que le mot zartafah, écrit ainsi par une *f*, est également fautif. Je n'ai rencontré le mot écrit que par un ḳ. Il suffit que sur la lettre arabe il manque un des deux points caractéristiques ou diacritiques, pour que le mot présente une *f* au lieu d'un ḳ. Les deux mots sont, dans le traité intitulé : *Ilm el-syâcyeh*, écrits avec toutes les voyelles, et donnent à lire zourdoukah et zourâdikah. Je garde les voyelles, c'est-à-dire les phonétiques de ces deux mots.

Le mot beïtâr, que nous traduisons par vétérinaire, et qui paraît être une prononciation altérée de *veterinarius*, car le *b* et le *v* sont deux lettres sœurs, signifie toujours, en arabe, maréchal vétérinaire, maréchal médecin de chevaux.

Beïtarah est l'art de guérir les maladies des animaux, ce que nous appelons hippiatrie, hippiatrique.

Ce que notre auteur du NÂCÉRÎ nomme « les deux arts, » dans son titre de : *Traité complet des Deux Arts*, ou *la Perfection des Deux Arts*, est donc le beïtarah et le zourtoukah, deux mots qui, d'ailleurs, sont souvent répétés dans le texte arabe.

Je trouve dans le Tezkéreh Dâoûd, ou formulaire pharmacologique ou pharmacopée de Dâoûd, l'emploi du mot zourdoukah. Dâoûd était médecin; et en Orient le médecin a toujours été pharmacien, tout comme le vétérinaire a toujours été maréchal, et le maréchal toujours médecin. A la fin de son Tezkéreh, Dâoûd donne une dissertation sur les oiseaux de chasse, sur l'aviceptologie, et sur le dressage des faucons, etc., pour la chasse. A propos de la détermination des mots médecine, art vétérinaire, ornithopédie, il ajoute le passage que voici : « Beaucoup de Roûm (ou écrivains d'Europe) ont traité des animaux en traitant de l'agriculture, et ont donné à ce genre de composition le nom de zourdouḳah. » En d'autres termes, le zourdouḳah ou la science dite zourdouḳah s'occupe et des animaux et de l'agriculture; c'est donc le *res rustica*, la *maison rustique*, le *prædium rusticum*. Les Arabes auraient-ils donc entendu les mots *res rustica*, et auraient-ils eu le malheur d'en faire zourtouḳah?

Je présente et je présenterai quelques explications de mots, comme je viens de le faire, sauf erreur, dans la pensée qu'elles pourront servir pour quelque autre travail analogue à celui-ci.

NOTE 5. — Page 3.

Selon les Arabes, le premier Hermès vivait dix siècles environ après Adam, c'est-à-dire au second millénaire solaire du monde. Cet Hermès est le même qu'Enoch, l'Idrîs des traditions musulmanes.

Le second Hermès vivait au commencement du troisième millénaire, et est qualifié le *Trois fois Grand* en science et en sagesse : c'est donc le Trismégiste des Grecs et l'Horus des anciens Égyptiens.

Quelques auteurs arabes prétendent qu'il y eut encore un autre Hermès qui existait à une époque intermédiaire aux deux époques des deux Hermès que nous venons d'indiquer. D'après cette allégation, l'Hermès trismégiste serait le troisième Hermès. C'est à ce dernier que l'on attribue le livre appelé Asrâr kélâm Hermès, ou les secrets des paroles d'Hermès, les secrets ou la science intime d'Hermès. Le premier de ces trois savants, philosophes, est dit aussi Hermès el-Harâmeçah, l'Hermès des Hermès.

NOTE 6. — Page 8.

Le sens des divers passages du Koran, cités par notre auteur dans le chapitre auquel se rattache cette note, m'a paru quelque peu répréhensible dans les traductions européennes du Livre sacré des musulmans. La version que je donne de ces passages, a quelque différence avec celle que présentent ces traductions.

Il serait utile que l'on reprît l'explication du Koran et que l'on en fît une nouvelle version. Travail long et pénible, qui demande que celui qui l'entreprendra ait une certaine pratique de l'Orient musulman, ait la connaissance des lois de la société islamique, d'une foule de données historiques, de coutumes et de traditions et d'idées qui courent dans les récits écrits et conduisent les esprits.

Outre le Koran, il faut la traduction des ḥadît ou paroles, pensées et maximes recueillies du Prophète. Car c'est là qu'est réellement le complément de sa physionomie intellectuelle et même physique. Ces deux livres se complètent et s'élucident l'un par l'autre. Le Koran est Mahomet prédicateur, apôtre, législateur; le ḥadît est Mahomet éducateur, pratiquant les mille manières qui règlent la vie de tous les jours. Le ḥadît, ainsi appelle-t-on le recueil des ḥadît ou paroles du Prophète, est la parole du Prophète, disent les musulmans; le Koran est la parole divine, le saint livre proprement dit, la Sainte Écriture. Les pages du Koran ont été, parties par parties, envoyées ou révélées du ciel à Mahomet; car Mahomet s'est déclaré ignorant, c'est-à-dire ne sachant ni lire ni écrire. Il n'avait nul besoin de ces connaissances humaines, puisqu'il n'était que l'intermédiaire entre Dieu et l'humanité pour transmettre aux hommes la révélation définitive, la dernière loi par laquelle Dieu veut que soit régi le monde.

De tout ce que contient le Koran, Mahomet, ainsi le déclare-t-il, n'a pas dit un seul mot d'après lui-même; il n'a dit que ce que Dieu lui a ordonné de dire. Et certes, pour cela faire, Mahomet n'avait en effet nul besoin de savoir lire et écrire.

NOTE 7. — Page 9.

Abou Ẓarr, et non pas Abou Ẓourr, ce qui est une mauvaise leçon, fut un des disciples directs de Mahomet et un des plus révérés. Son nom est Abou Żarr (père de Żarr), Djoundoub fils de Djenâdah, le ŗâfaride ou ŗifâride. Il fut, ainsi qu'Abou Horeïrah, une autorité pour les traditions relatives aux paroles et aux maximes émanées du Prophète. Voy. note 13.

Nous avons eu occasion de parler d'Abou Żarr et de Horeïrah, dans notre premier volume : Prodrome historique, chapitre Iᵉʳ, pag. **78, 96.**

La plupart des noms cités par notre texte arabe du Nâĉérî et auxquels est attribuée la conservation ou transmission de paroles traditionnelles venues du Prophète, étaient des Șahâbî ou compagnons et disciples directs de Mahomet.

Note 8. — Page 9.

Lorsque Moïse fut exposé sur le Nil, la boîte qui contenait l'enfant prophète, disent les Arabes, fut conduite près du rivage à l'endroit où se trouvait la femme du Pharaon. On saisit la boîte flottante ; la femme du Pharaon, émue de pitié, fit recueillir l'enfant et l'adopta. On l'emporta au palais.

Mais la mère de Moïse ignorait ce qu'était devenu son fils ; elle ignorait par qui il avait été recueilli. Elle envoya sa fille chercher et s'enquérir par toute la ville. La jeune fille pénétra jusqu'au palais ; et là, elle vit son frère entre les mains d'une nourrice qui lui présentait le sein. L'enfant refusait opiniâtrément de teter. Alors la jeune fille proposa d'appeler une autre nourrice. On accepta l'offre, et la mère de Moïse vint se présenter pour nourrir l'enfant sauvé des eaux. On assigna une rétribution à la nouvelle nourrice.

C'est à cette circonstance que fait allusion le passage de notre texte : « La Mère de Moïse, pour être nourrice de son propre fils, recevait une rémunération. »

La légende de Moïse par les Arabes est pleine de pittoresque ; elle a les incidents racontés par la Bible et l'Histoire sainte, mais développés et merveilleusement dramatisés... J'ai traduit cette légende, et elle a été publiée dans la **Revue de Paris,** en 1852, mois de février.

NOTE 9. — Page 9.

On appelle divan, les états du compte et les administrations publiques. C'est, proprement dit, ce qui représente le mieux nos ministères.

Aujourd'hui encore, en Orient, les différents ministères portent le nom de divans. Ainsi, le d i w â n - e l - d j é h â d î e h ou divan des choses de la guerre sainte est ce que nous appelons Ministère de la guerre.

Le mot d j é h â d î e h, choses de la guerre sainte, est la forme qualificative dérivée de d j é h â d, la guerre sainte. Aujourd'hui, comme elles l'étaient autrefois, toutes les guerres sont saintes pour les musulmans.

Il y avait les milices libres et les milices enrôlées; et cela commença surtout, régulièrement, à l'époque du kalife Omar; car ce fut lui qui institua les *divans* ou administrations, au moins pour l'armée, dans l'islamisme.

J'ai donné quelques détails à ce sujet et sur les divers sens du mot d î w â n ou divan, dans l'Encyclopédie moderne de MM. Didot, et dans une note assez longue du cinquième volume de ma traduction du *Précis de Jurisprudence musulmane, religieuse et civile*, faisant partie de la grande et belle collection publiée par le ministère de la guerre, sous le titre général : *Exploration scientifique de l'Algérie*. Paris. Victor Masson, et Leclerc et Langlois.

NOTE 10. — Page 9.

Djérir fils d'Abd Allah vivait à l'époque de Mahomet. Ce fut ce Djérir qui, la dixième année de l'hégire, laquelle commença le 9 avril 631 et se termina le 29 mars 632 de J. C., vint à la tête d'une députation des Badjalides présenter la soumission et l'adhésion des Béni Badjîleh à la foi nouvelle.

Mahomet chargea ensuite Djérir d'aller à Tabalah détruire le temple appelé la Ka'bah de l'Yémen et consacré à l'idole

Zoû l-Koloçah. Cette idole était l'objet du culte et des adorations des Béni Katam, tribu sœur de la tribu des Béni Badjîleh.

Au retour de cette expédition, Djérir fut envoyé par Mahomet à un prince himiarite qui avait sa résidence dans les montagnes au sud de Tâïf. Ce prince accueillit Djérir avec bienveillance et embrassa l'islamisme.

Djérir assista à plusieurs batailles dans lesquelles il commandait les troupes badjalides. Il vécut jusqu'au temps du kalifat d'Omar.

Note 11. — Page 9.

Atâ était un affranchi de Maïmoûnah fille de Hâret et une des femmes de Mahomet.

Tous les docteurs musulmans reconnaissent Atâ comme un des jurisconsultes et un des traditionnistes les plus dignes de confiance, les plus sûrs par leur savoir et leur pénétration.

Atâ mourut en 94 de l'hégire (712-713 de J. C.). — El-Ya'fî place la mort d'Atâ en 103 de l'hégire (721-722 de J. C.)

Note 12. — Page 10.

Abd Allah fils d'Abbâs avait treize ans lorsque Mahomet mourut. Par la suite, Abd Allah mérita l'estime et le respect des quatre premiers kalifes. Il se fit admirer par sa pénétration, sa sagacité, l'étendue de ses connaissances. Il fut regardé comme l'interprète le plus habile, le plus profond des idées et des principes du Koran, des pensées et des sentiments du Prophète. La haute science d'Abd Allah lui valut le surnom de bahr, mer.

Il se trouva avec ses trois frères à la fameuse *journée* ou bataille dite *du chameau*, sous les drapeaux du kalife Alî. Abd Allah et ses fils furent élevés aux plus grands honneurs par ce kalife.

Ce n'est pas ici le lieu de donner d'amples détails sur la vie et les actes d'Abd Allah et de ses fils. Nous renvoyons à la première partie des Mémoires historiques sur la dynastie des khalifes abbassides, par M. Quatremère.

Abd Allah mourut en 68 de l'hégire (687-688 de J. C.), à l'âge de soixante et onze ans. En apprenant cette mort, Mohammed fils d'Ali s'écria : « Nous venons de perdre le docteur, le sage de l'Islamisme. »

Le tombeau d'Abd Allah était à Tâïf, et il fut renversé en 1803 par les Wahabites, lors de la guerre de ces ardents réformistes.

Note 13. — Page 10.

Abou Horeïrah, contemporain et disciple de Mahomet, était, ainsi qu'Abou Zarr (voy. note 7), des ehl el-ṡoffah, ou *gens du banc*.

On appelait ainsi des Arabes pauvres, malheureux, sans ressource, sans asile, sans famille, et qui s'abritaient et dormaient pendant la nuit dans la mosquée contiguë à la demeure de Mahomet, à Médine. Pendant le jour, ces indigents, disciples assidus et religieux, restaient presque constamment sur une sorte de banc ou estrade basse en pierre (ṡoffah, d'où notre mot sopha), qui longeait l'extérieur de la mosquée ; c'était devenu leur résidence habituelle.

Tous les soirs, quand Mahomet s'en allait souper, il appelait quelques-uns de ces pauvres gens pour manger avec lui ; et il envoyait les autres souper avec ses principaux disciples les plus aisés.

Les *hommes du banc* recueillirent une foule de paroles, de préceptes, de réflexions, de conseils, qu'ils entendirent de la bouche même du Prophète. Abou Horeïrah est devenu célèbre comme collecteur de ces traditions, à tel point qu'on le surnomma le « vase de la science, le sage de l'Islamisme. »

Note 14. — Page 10.

Le nom complet de Moudjâhed est : Abou l-Haddjâdj Moudjâhed fils de Djobeïr. Il fut imâm, disciple des disciples du

Prophète. Moudjâhed jouit d'une haute réputation comme jurisconsulte et comme explicateur du Koran. Abd Allah fils d'Omar avait un si profond respect, une si profonde vénération pour Moudjâhed, qu'il lui tenait l'étrier et lui arrangeait ses vêtements lorsque ce pieux docteur montait à cheval.

Moudjâhed mourut en **101** de l'hégire (**719-720** de J. C.).

Note 15. — Page 10.

La deuxième année de l'hégire (**623** de J. C.), Mahomet pensa à répondre aux satires et aux épigrammes que débitaient contre lui des poëtes de la Mekke. Il confia le soin de sa défense à trois poëtes de ses affidés, Haçan fils de Tâbit, Abd Allah fils de Rouwahah, et Ka'b fils de Mâlik.

Haçan, le véritable poëte de l'Islamisme naissant, répondit aux Mekkois, les accabla d'allusions mordantes, les déchira de ses traits sarcastiques; il n'épargna pas même l'honneur des femmes. Ka'b suivit l'exemple de Haçan. Ces satires piquèrent vivement les Mekkois.

Abd Allah prit une autre forme. Il s'appliqua surtout à reprocher aux Mekkois leur idolâtrie. Ils furent d'abord moins sensibles à ces objurgations qu'aux diatribes de Haçan et de Ka'b; mais lorsqu'ils se furent convertis, qu'ils eurent embrassé la foi nouvelle, ils souffrirent avec plus de peine qu'on leur rappelât les vers d'Abd Allah fils de Rouwâhah.

Ka'b et avec lui deux autres anṣar ou auxiliaires dévoués à Mahomet, se dispensèrent de prendre part à l'expédition de Taboûk (voy. note 19, ci-après). Le Prophète leur en témoigna son mécontentement; ils se reconnurent coupables; Mahomet les exclut de la communauté musulmane, et défendit même qu'on leur adressât la parole. Les trois excommuniés restèrent ainsi pendant cinquante jours. Enfin leur grâce leur fut annoncée par un verset du Koran, verset qui fut exprès envoyé du ciel, et qui est le cent dix-neuvième du chapitre IX, intitulé l'Immunité ou le Repentir. En voici le sens et la traduction; je dois m'éloigner un peu de la traduction et du sens

que les traducteurs jusqu'ici ont présentés. « Il (Dieu) revint
aussi à ces trois (coupables) qui étaient restés en arrière ; mais
ce fut quand la terre, toute vaste qu'elle est, leur semblait
étroite, quand ils étaient à l'étroit dans eux-mêmes, quand ils
reconnurent qu'il n'y a d'abri contre Dieu qu'en Dieu même.
Il revint à eux afin qu'ils revinssent à lui ; car Dieu se plaît à
revenir aux pécheurs et à faire miséricorde. »

Mahomet leva l'interdit et pardonna aux trois coupables,
puisque Dieu leur pardonnait.

Note 16. — Page 11.

Le poëte Lébîd, dont nous avons dit quelques mots dans
notre prodrome historique (vol. I), vivait à l'époque de Mahomet. Lébîd était très-avancé en âge lors de la promulgation
de la religion islamique. Il embrassa la foi mahométane ; et de
ce moment sa verve poétique s'éteignit. Il semblerait que les
idées et les vues que la religion lui apporta, lui déroutèrent
l'imagination et le style.

Lébîd est auteur d'une des moallakât ou poëmes dorés. Nous
avons parlé de ces poëmes, et nous en avons donné quelques
extraits dans notre premier volume. Voy. chap. IX, pag. 248,
249 et suivantes.

—Le dédain que le poëte Alkamah, dans les vers que nous
avons cités, exprime pour les travaux de culture, est un trait
qui caractérise essentiellement les Arabes du désert, les Bédouins errants ou habitant sous les tentes et loin des terres
cultivées. Encore aujourd'hui, le véritable Arabe bédouin a peu
d'estime pour l'Arabe agriculteur, qu'il accuse d'avoir dégénéré.

J'ai connu, à quelques lieues du Kaire, des stations de Bédouins ayant leurs tentes dressées sur le sable, mais près des
campagnes en culture. Ils se sont décidés à cultiver ; mais rien
au monde ne les déterminerait à quitter la tente et le sable
pour prendre une maison, une hutte bâtie.

Note 17. — Page 18.

Aûdj, ou selon la prononciation égyptienne, Aûg, fils d'O-
nok ou Onâk, est, dans les légendes musulmanes, un géant extraordinaire. Il avait trois mille trois cent trente-trois coudées
et un tiers, de long. Aussi, lors du déluge, il ne fut pas noyé;
souvent il n'avait de l'eau que jusqu'aux genoux.

Il était fils de la première fille débauchée qui ait paru, d'O-
nok, une des filles d'Ève. Onok avait des doigts de trois coudées
de long, munis chacun d'un ongle de fer tranchant comme
une lame affilée d'un couteau.

Le géant Aûdj ou Aûg est la copie renchérie, renforcée du
fameux Og, roi de Basan, et est aussi traité d'Amalécite par les
légendaires musulmans. Aûdj vécut jusqu'à l'époque de Moïse
qui le trouva roi en Palestine et le tua en le blessant au talon.
Aûdj mourut donc comme Achille.

J'ai publié en 1842 quelques légendes dont une parle de ce
redoutable Aûdj.

Note 18. — Page 19.

Wahb fils de Mounabbih est un des traditionnistes dont l'autorité a le plus de valeur aux yeux des musulmans. Il a pour
nom complet : Abou Abd Allah Wahb fils de Mounabbih fils de
Kâmil.

Il naquit dans une bourgade voisine de la ville de Mérou, et
par conséquent était d'origine persane. Il fut des sahâbî ou disciples directs de Mahomet, et il mourut en 114 de l'hégire
(732 de J. C.).

Note 19. — Page 22.

L'expédition de Taboûk eut lieu la neuvième année de l'hégire (630 de J. C.).

Des marchands syriens qui vinrent à Médine annoncèrent
qu'une armée considérable de Romains et d'Arabes chrétiens

se disposait à marcher contre les musulmans et se réunissait à
Balkâ. Mahomet résolut d'aller à la rencontre de l'ennemi. Le
Prophète appela donc tous les musulmans à la guerre sainte.
On se prépara, et trente mille hommes se trouvèrent sous les
armes.

On partit. Après de grandes fatigues on arriva à Taboûk, lieu
situé à mi-chemin entre Médine et Damas. On y campa. Mais
on apprit bientôt que la nouvelle apportée par les marchands
syriens était fausse. Les musulmans s'emparèrent de deux petites villes et reçurent la déclaration de vassalité de Youḥanna
seigneur d'Aïlah sur la mer Rouge, au fond du golfe Elanite.
Youḥanna s'engagea à payer trois cents dînâr ou deniers d'or.

Après avoir séjourné vingt et quelques jours à Taboûk, Mahomet ramena son armée à Médine.

Note 20. — Page 26.

Alexandre surnommé Zoû l-Ḳarneîn, c'est-à-dire le bicorne,
qui pour les Arabes musulmans diffère essentiellement d'A-
lexandre le Macédonien fils de Philippe, est un des cent vingt-
quatre mille prophètes qu'admet la science islamique.

Alexandre le bicorne, contemporain d'Abraham (lequel
le rencontra en Arabie à peu de distance de la Mekke), fut un
des quatre grands rois conquérants qui subjuguèrent le monde
entier. Ces quatre rois sont, disent les légendes arabes,
Alexandre le bicorne, Salomon, Nemrod, et Boḳt Naṡṡar (Nabu-
chodonosor).

Alexandre le bicorne avait à ses ordres la lumière et les ténèbres pour le protéger et l'aider dans ses expéditions. Il avait
deux drapeaux, l'un blanc, l'autre noir, et selon qu'il déployait
l'un ou l'autre, il faisait, à son gré, jour ou nuit à l'endroit où
l'armée se trouvait. Par là, il épouvantait ses ennemis et les
mettait sans peine en déroute.

Deux générations d'hommes s'éteignirent pendant la durée
de sa vie. Dieu avait dit à ce conquérant prophète : « Je t'en-

voie contre toutes les nations, jusques aux quatre extrémités
du monde. »

Des régions extrêmes ou limites de la terre, Alexandre passa
aux régions centrales, au delà des pays des Perses. Les populations qui crurent à sa parole, furent traitées avec douceur, les
autres furent égorgées.

Alexandre fut roi pendant quatorze ans. Il bâtit douze villes
qu'il appela toutes du nom d'Alexandrie. Il mourut à Chahra-
zoûr, en Chaldée ; son corps fut déposé dans un coffre d'or et
porté à la mère de ce roi prophète, à Alexandrie d'Égypte, où
il fut enterré.

Alexandre le bicorne était de naissance obscure, et son premier nom fut Marzabân. Il descendait de Yoûnân le père des
Grecs ou Ioniens.

On ne sait pas précisément pourquoi Alexandre reçut le surnom de bicorne. Les uns prétendent que ce sobriquet lui vint
de ce qu'il avait deux éminences sur la tête, d'autres de ce qu'il
avait deux cornettes à sa couronne, d'autres de ce qu'il avait
deux longues tresses de cheveux pendantes, d'autres de ce qu'il
subjugua l'univers, de l'orient réel à l'occident réel, etc...

Note 21. — Page 35.

La reine de Sabâ, disent les légendaires musulmans, s'appelait Bilķîs, ou Balķamah. Elle vint rendre visite à Salomon
lorsque ce prophète, qui avait parcouru pieusement le territoire
sacré de la Mekke, s'était transporté à Sanâ, dans l'Yémen.

Bilķîs était fille d'une djinnah ou djinn femelle et du roi Zoû
Chark. Salomon, pendant qu'il séjourna à Sanâ, envoya une
lettre à Bilķîs et appela cette reine à la foi au vrai Dieu. La
belle Sabéenne répondit à l'invitation du prophète hébreu ;
mais auparavant elle lui expédia une ambassade en grand appareil.

« Bilķîs, dit la légende musulmane, fit choisir cinq cents
jeunes garçons qu'elle revêtit d'un splendide costume de jeunes
filles : des bracelets d'or, des colliers d'or, des pendants d'o-

reilles relevés de pierreries. Ils montèrent de magnifiques chevaux ornés de selles et de brides couvertes de gemmes et d'or,
parés de housses de soie. Puis, cinq cents jeunes filles sous le
costume de jeunes garçons, montées sur des chevaux ordinaires,
et vêtues de cafetans et de ceintures simples. »

Salomon reçut l'ambassade avec la dignité et l'imposant d'un
grand roi..... Les Yéménites retournèrent à Sabâ, et ils décrivirent à leur reine tout ce qu'ils avaient vu de la sagesse, de
l'intelligence et de la majesté de Salomon. Quelques jours
après, Bilķîs se mit en route avec une suite nombreuse et brillante, escortée d'une immense armée. Salomon averti de l'arrivée des Sabéens, déploya toute sa magnificence.

Le prophète hébreu s'éprit d'amour pour la belle reine sabéenne, et il l'épousa. Le mariage fut consommé. Puis le prophète enseigna à sa nouvelle épouse les principes de la vraie
foi religieuse, et Bilķîs devint ainsi musulmane, c'est-à-dire résignée à la volonté du vrai Dieu. Peu de temps après, le prophète
retourna en Judée. Mais tous les mois, transporté par les vents
et les génies ou djinn et ins, il allait passer trois jours à Mâreb,
siége et capitale de Bilķîs. Il eut un fils de la reine sabéenne ;
mais l'enfant royal vécut peu de temps.

Bilķîs mourut sept ans et sept mois après Salomon, et ses
restes mortels furent transportés et inhumés à Tadmôr ou Palmyre.

<h3 style="text-align:center">NOTE 22. — Page 38.</h3>

Le mot d i c h â r, et plus communément, d o u c h â r, n'est ni
persan, ni turk, ni mogol, ni arabe. Il paraît être un mot kurde ;
et il ne se trouve dans l'arabe d'Égypte surtout, que depuis l'époque de Salâḥ el-Dîn (Saladin).

D o u c h â r î veut dire chef ou directeur de haras.

Le sens de la phrase dans laquelle est employé ce mot m'avait
fait soupçonner la véritable signification de d o u c h â r, haras.
M. de Quatremère qui a réuni et disposé les éléments d'un
vaste dictionnaire arabe-français, le plus complet qui existe,
m'a communiqué quelques passages ou exemples arabes

dans lesquels ce mot douchâr a évidemment le sens de
haras. Aucun dictionnaire arabe, en Europe, n'est com-
parable au dictionnaire manuscrit de M. de Quatremère. S'il
est vrai, malheureusement, que la bibliothèque magnifique et
les papiers scientifiques de M. de Quatremère sont achetés par
l'Allemagne, c'est une perte irréparable pour les lettres fran-
çaises.

Le gouvernement aurait rendu le plus éminent service aux
études arabes, qui commencent à déchoir en France, en pu-
bliant le dictionnaire de M. de Quatremère. Une modique dépense, fractionnée par année, aurait conduit ce travail à bonne
fin. Tous les autres dictionnaires ne sont que de pauvres vo-
cabulaires auprès de l'œuvre dont nous parlons.

Ces sortes de publications sont des œuvres qui font époque
et pour lesquelles les gouvernements ne perdent jamais rien,
parce qu'ils peuvent plus aisément qu'un éditeur libraire attendre la vente complète; et cette vente est toujours forcée;
ce n'est qu'une affaire de temps.

NOTE 23. — Page 112.

Dans les traductions du Koran, le terme de sâfinât n'a pas
été compris. Le sens véritable est celui qu'indique notre auteur.
La dernière traduction publiée en français, confond, comme
les autres précédentes, le mot sâfinât, avec le mot sâfin, et
dit : « Des chevaux magnifiques, debout sur trois de leurs
pieds et touchant à peine la terre avec l'extrémité du quatrième. » Il s'agit de mille chevaux qui furent amenés devant
Salomon. Il n'est guère probable, je présume, que tous ces
mille chevaux se tenaient un pied posé sur la pince. La moindre
réflexion aurait fait penser qu'il ne s'agissait point de cette
position qui d'ailleurs s'observe, parfois et par moments, chez
tous les chevaux et surtout chez les chevaux qui souffrent du
pied qu'ils tiennent soulevé sur le bord de la pince, mais qu'il
s'agissait d'une qualification distinctive, qualification de noblesse équestre.

Du reste, les dictionnaires ne donnent pas l'explication suffisante de sâfinât ; ils ne donnent que la racine du mot.

NOTE 24. — Pages 150 et 341.

La bourgade de Ḳâdécieh, frontière occidentale de l'Irâḳ, était éloignée de la ville de Ḥirah d'environ douze lieues, et se trouvait entre le Ḳandaḳ Sâboûr (ou Fossé de Sapor, ainsi appelé du nom de Sapor, roi des Perses, qui l'avait fait creuser afin d'arrêter les incursions des musulmans), et El-Aṭiḳ ancien bras ou canal du Forât ou Euphrate.

.....Les musulmans arrivèrent à Ḳâdécieh ; ils étaient commandés par Sa'd fils d'Abou Waḳḳâs. Il avait été revêtu de ce commandement et chargé de la conduite de la guerre de l'Irâḳ par le ḳalife Ọmar, la quatorzième année de l'hégire (635, ère chrétienne).

Les troupes de Yezdidjerd, alors roi de Perse, occupaient les forteresses et les villes situées sur les deux rives de l'Euphrate. Les Arabes pillaient, saccageaient les environs de Ḥirah et les contrées à droite du fleuve...

Les troupes persanes, au nombre de cent vingt mille hommes, étaient sous les ordres de Roustam. Roustam avait une grande réputation militaire. Yezdidjerd était à Médâïn (Ctésiphon), résidence des rois de Perse.

Quatorze envoyés musulmans se rendirent à Médâïn afin d'être conduits en présence de Yezdidjerd. « La figure noble et vénérable des plus âgés, dit M. Caussin de Perceval dans son Essai sur l'histoire des Arabes (vol. III, pag. 475), la contenance fière et martiale des plus jeunes, la simplicité de leurs costumes, leurs manteaux rayés, leurs sandales, les fouets minces qu'ils tenaient à la main, la beauté et la vigueur de leurs chevaux, frappèrent de surprise le peuple que la curiosité avait attiré autour d'eux. »

Yezdidjerd les ayant fait introduire en sa présence, leur adressa d'abord, par le ministère d'un interprète, quelques questions indifférentes. Il voulut savoir comment ils nommaient leurs manteaux, leurs fouets, leurs sandales. Ils répondirent : B o u r d, s o û t, et Na' l. L'analogie de son, entre ces mots arabes, et des mots persans exprimant des idées d'enlèvement, d'incendie, et de lamentation, parut d'un si fâcheux augure au monarque et à ses officiers, qu'ils changèrent de couleur.

« Quel motif vous amène ici? dit ensuite Yezdidjerd ; et « pourquoi votre nation s'est-elle armée contre nous? » No'mân, fils de Moukarrin, prenant la parole au nom de ses collègues, répliqua : « Dieu nous a prescrit, par la bouche de son « prophète, d'étendre sur tous les peuples la domination de « l'Islamisme. Nous obéissons à cet ordre, et nous vous disons : « Devenez nos frères en adoptant notre foi, ou consentez à « nous payer tribut, si vous voulez éviter la guerre. »

« Les discordes qui, depuis quelques années, ont troublé la « Perse, dit Yezdidjerd, vous ont inspiré de l'audace. Mais nous « sommes en état aujourd'hui de vous faire sentir notre puis- « sance, comme vous la sentiez autrefois, quand les garnisons « de nos frontières suffisaient pour vous arrêter ou vous « châtier. Qu'êtes-vous pour vous attaquer à notre empire? De « toutes les nations du monde, vous êtes la plus pauvre, la « plus désunie, la plus ignorante, la plus étrangère aux arts « qui sont la source de la force et de la richesse. Si une fausse « présomption s'est emparée de vous, ouvrez les yeux et cessez « de vous livrer à des illusions trompeuses. Si la misère et le « besoin vous ont fait sortir de vos déserts, nous vous accor- « derons des vivres et des vêtements, nous traiterons généreu- « sement vos chefs, et nous vous donnerons un roi qui vous « gouvernera avec douceur et avec sagesse. »

Les députés gardèrent quelques instants le silence. L'un d'eux le rompant bientôt : « Mes compagnons, dit-il, sont l'é- « lite des Arabes. Si, par un ménagement dont la délicatesse « les porte à user envers un auguste personnage, ils hésitent « à te répondre et à t'exprimer franchement leur pensée, je « vais le faire pour eux et parler avec la liberté d'un Bédouin. « Ce que tu as dit de notre pauvreté, de nos divisions, de notre

« état de barbarie, était juste naguère. Oui, nous étions si mi-
« sérables, que l'on voyait, parmi nous, des individus apaiser
« leur faim en mangeant des insectes et des serpents, quelques-
« uns faire mourir leurs filles pour ne pas partager leurs ali-
« ments avec elles. Plongés dans les ténèbres de la superstition
« et de l'idolâtrie, sans lois et sans frein, toujours ennemis les
« uns des autres, nous n'étions occupés qu'à nous piller, à
« nous détruire mutuellement. Voilà ce que nous avons été.
« Nous sommes maintenant un peuple nouveau. Dieu a sus-
« cité au milieu de nous un homme, le plus distingué des Arabes
« par la noblesse de sa naissance, par ses vertus, par son génie,
« et l'a choisi pour être son envoyé et son prophète. Par l'or-
« gane de cet homme, Dieu nous a dit : « Je suis le Dieu
« unique, éternel, créateur de l'univers. Ma bonté vous envoie
« un guide pour vous diriger. La voie qu'il vous montre vous
« sauvera des peines que je réserve dans une autre vie à
« l'impie et au criminel, et vous conduira près de moi dans le
« séjour de la félicité. » La persuasion s'est insinuée peu à
« peu dans nos cœurs; nous avons cru à la mission du pro-
« phète; nous avons reconnu que ses paroles étaient les pa-
« roles de Dieu, ses ordres les ordres de Dieu, la religion qu'il
« nous annonçait, et qu'il nommait l'islamisme, la seule vraie
« religion. Il a éclairé nos esprits, il a éteint nos haines, il
« nous a réunis en une société de frères sous des lois dictées
« par la sagesse divine. Puis il nous a dit : « Achevez mon
« œuvre, étendez partout l'empire de l'Islamisme. La terre
« appartient à Dieu, il vous la donne. Les nations qui embras-
« seront votre foi seront assimilées à vous-mêmes; elles joui-
« ront des mêmes avantages et seront soumises aux mêmes
« devoirs. A celles qui voudront conserver leurs croyances,
« imposez l'obligation de se déclarer vos sujettes, et de vous
« payer un tribut, en échange duquel, vous les couvrirez
« de votre protection ; mais celles qui refuseront d'accepter
« l'islamisme, ou la condition de tributaires, combattez-les jus-
« qu'à ce que vous les ayez exterminées. Quelques-uns d'entre
« vous tomberont dans la lutte : à ceux qui y périront, le pa-

« radis ; aux survivants, la victoire. » Telles sont les destinées
« de puissance et de gloire vers lesquelles nous marchons avec
« confiance. A présent tu nous connais ; c'est à toi de choisir,
« ou l'islamisme, ou le tribut, ou la guerre à mort. »

« Si je n'avais égard à votre qualité de députés, répliqua
« Yezdidjerd, je vous ferais ôter la vie à l'instant. » En ache-
vant ces mots, il ordonna d'apporter un sac rempli de terre,
et faisant une allusion ironique au tribut qu'on osait lui demander : « Voici, dit-il aux musulmans, tout ce que vous aurez
« de moi. Retournez vers votre général, apprenez-lui que
« Roustam ira, sous peu de jours, l'enterrer, lui et toute son
« armée, dans le fossé de Kâdécîeh ; qu'il passera de là en
« Arabie, et châtiera votre nation plus sévèrement que ne l'a
« fait jadis mon ancêtre Sâbour. Que l'on charge ce sac,
« ajouta-t-il, sur les épaules du chef de la députation, et qu'on
« pousse ces hommes hors des murs de Médâïn. » Âċim, fils
d'Amr, s'empressa de se présenter pour recevoir le fardeau.
Loin de s'en montrer humilié, il l'éleva sur sa tête avec un air
de satisfaction qui parut à Yezdidjerd une marque de stupidité.

A peine les Arabes étaient partis, que Roustam, informé des
détails de la conférence et de la manière dont elle s'était terminée, comprit aussitôt le présage qui avait excité la joie
d'Âċim. Il fit courir après les députés pour leur arracher cette
terre qu'ils emportaient comme un gage que le ciel leur avait
donné du succès de leurs armes contre la Perse. Mais déjà ils
avaient pris tant d'avance, qu'on les poursuivit vainement. Ils
atteignirent Codays (où se trouvait Sa'd), et Âċim, déposant
le sac devant son général, s'écria : « La terre des Persans est
« à nous ! »

Roustam s'étant enfin décidé à mettre son armée en mouvement, s'avança vers l'Euphrate..... Il campa ensuite près de
Hîrah..... Il avait marché jusqu'alors avec beaucoup de lenteur. Il avait espéré, d'ailleurs, que les ennemis, soit par impatience, soit par la difficulté de subsister longtemps dans le
même lieu, viendraient à sa rencontre ou se dissémineraient,
et peut-être même rentreraient en Arabie. Mais voyant qu'ils

conservaient avec constance leur position menaçante de Kâdécîeh, il résolut d'aller leur livrer bataille, et porta son camp en
vue de Kâdécìeh, sur le bord de l'ancien bras de l'Euphrate,
El-Atîk, du côté opposé à celui qu'occupait l'avant-garde de
Sa'd.

Ensuite Roustam entra en conférence avec quelques chefs
ou officiers de l'armée musulmane. Les pourparlers n'abou-
tirent qu'à déterminer le jour et le lieu de la bataille.

Les Perses résolurent de traverser l'Atîk et d'aller ainsi
trouver les musulmans. Les troupes des Perses furent rangées
en bataille. Trente-trois éléphants chargés de tours de guerre
furent distribués sur différents points de l'armée. Les musulmans se préparèrent aussi au combat... L'action s'engagea par
des combats singuliers. Mais bientôt l'affaire devint générale.
On se battit jusqu'à la nuit, il y eut un grand nombre de morts,
mais le succès resta incertain. Ce fut la journée d'Armât.

Le lendemain, dès l'aurore, les musulmans, ayant enterré
leurs morts et remis leurs blessés aux soins des femmes qui
étaient derrière eux à Odaîb, à quatre milles de distance au
sud-ouest de Kâdécìeh, se préparaient déjà à recommencer l
lutte, lorsqu'ils reçurent un secours inattendu. Il était com-
mandé par Hâchem, neveu de Sa'd. Roustam était privé, ce
jour-là, du secours de ses éléphants, dont les tours en bois
avaient été renversées et brisées la veille. En outre, les musulmans imaginèrent de lancer contre la cavalerie persane des
chameaux couverts de longues pièces d'étoffes flottantes. L'aspect étrange de ces animaux ainsi accoutrés effaroucha les chevaux persans, plus encore que la vue des éléphants n'avait
effrayé les chevaux arabes. Ces circonstances contribuèrent à
donner le dessus aux musulmans dans cette seconde journée,
appelée journée d'Aghwât. Les Persans y perdirent, avec leurs
meilleurs officiers, dix mille soldats, dont ils laissèrent les
cadavres sans sépulture.

La journée d'Amâs, la troisième de cette grande bataille, fut
encore plus chaude et plus sanglante que les deux premières.
L'armée de Sa'd, que le reste des troupes ramenées de Syrie

par Hâchem avait rejointe dès le matin, y combattit celle de
Roustam avec un surcroît d'ardeur et d'acharnement. Les éléphants, dont les tours avaient été réparées, portèrent d'abord
du désordre dans une partie des troupes musulmanes. Enfin
l'un d'eux fut tué; un second ayant eu un œil crevé et l'extrémité de la trompe coupée, devint furieux, et, sortant de la
mêlée, se mit à courir de droite et de gauche sur le champ de
bataille. Les autres éléphants, blessés par les flèches des archers
arabes, et saisis d'une fureur semblable, s'élancèrent à sa suite;
et cette bande formidable, après avoir erré quelque temps in ·
certaine entre les deux armées, se tourna contre les Persans,
enfonça leurs lignes, se jeta dans l'Atik, le franchit, et s'enfuit
dans la direction de Médâïn. Le combat, que ce spectacle avait
un instant suspendu, se renouvela bientôt avec une telle opi-
niâtreté, que la nuit même ne put l'interrompre. Le bruit
confus du choc des armes, des cris des hommes, des hennissements des chevaux, fit nommer cette nuit laylat-el-harîr,
la nuit du grondement. Elle fut fatale aux Persans, et les premières lueurs du jour suivant éclairèrent leur entière déroute.
Roustam fut tué, et plus de la moitié de ses soldats tomba sous
les coups des vainqueurs, qui s'emparèrent du grand étendard, direfch kâwiân, l'oriflamme de la Perse. (Caussin de
Perceval, voy. ci-dessous note 39.)

Les débris de l'armée persane se dispersèrent; ils échappèrent
à la poursuite des Arabes..... Cette bataille de Kâdécîeh, une
des plus terribles de l'islamisme, et où le nombre des musulmans était de moitié inférieur à celui des Persans, fut livrée le
premier mois de la quinzième année de l'hégire (février-mars
636, ère chrét.).

Jusqu'alors aucune victoire n'avait procuré aux musulmans,
dit M. Caussin, une aussi grande quantité de butin. Sa'd, après
en avoir mis de côté le cinquième pour le trésor public, donna
d'abord la valeur do six mille dirhem (ou deniers d'argent) à
chaque cavalier, et celle de deux mille dirhem à chaque fan-
tassin.

Puis, tout le reste et même encore le cinquième ou quint

légal mis en réserve par Sa'd, fut distribué, d'après l'ordre
d'Omar, le kalife, à tous les soldats. Des lots furent même
accordés à ceux qui n'avaient pu assister aux trois jours de
combat, et à ceux aussi qui savaient de mémoire quelque portion assez considérable du Koran.

Le célèbre Amr, fils de Ma'dî Kariba, et dont nous avons
parlé (vol. I, page 285 et suiv.), assistait à Kâdécîeh; et si l'on
en croit l'auteur de l'Arânî ou Livre des Chants, Amr était alors
plus que centenaire.

Les musulmans, sous la conduite de Sa'd, continuèrent leurs
conquêtes. — Basrah fut fondée, et peu après Koûfah (en l'an 16
ou 17 de l'hégire = 638-639 de J. C.).

Médâïn était alors au pouvoir des musulmans.

NOTE 25. — Page 153.

La litière appelée sirkîn est un mélange de crottin desséché,
de débris de paille hachée et de terre sablonneuse ou de sable.
On étale tous les soirs cette litière sous le cheval pour lui servir
de lit à l'endroit où l'animal est attaché habituellement. Le
matin on retire cette litière, on la ramasse en tas à l'écart, ou
bien on l'étend en une couche peu épaisse, à quelque distance,
afin qu'elle puisse sécher pendant la journée.

On ne fait jamais d'autre litière en Égypte; jamais le cheval
ne se couche sur de la paille. Nulle part d'ailleurs on ne garde
de paille entière. Elle est toujours hachée par l'instrument
même qui sert à dépiquer l'orge ou le blé.

NOTE 26. — Page 154.

Rarement les boutiques des Arabes ont leur plan de niveau
avec le sol de la rue. Ce ne sont guère que des enfoncements ou
loges peu spacieuses prises dans la partie inférieure de la maison.
Le plus souvent elles n'ont tout au plus que deux mètres de
profondeur et un peu plus de largeur. L'aire est à un mètre et
plus, au-dessus de la rue. Ce sont donc autant d'estrades sur

lesquelles on étale une natte, un tapis commun, et où se trouvent deux ou trois coussins.

C'est de ces sortes d'estrades que notre auteur veut parler, et de dessus lesquelles on peut facilement enfourcher le poulain ou le cheval, sans le secours de l'étrier.

Note 27. — Page 167.

Sanâ est une des principales et des plus importantes villes de l'Yémen. C'était jadis le siége de l'empire himiarite.

Zamar est à deux étapes de Sanâ.

Près de Zamar sont deux autres bourgs, Zamoûrân et Dâlân, réputés comme ayant les plus belles femmes de l'Yémen.

Zamar, nom d'une forteresse de Sanâ.

Note 28. — Page 178.

Ardchîr, roi de Perse, dont il est question dans notre auteur, mourut en 238 de l'ère chrétienne. Il fut le fondateur de la dynastie persane des Sassanides. Voyez le nom *Ardschir* dans la Bibliothèque orientale de d'Herbelot.

—Les mouloûk el-tawâïf sont les princes qui héritèrent des conquêtes d'Alexandre, surtout les Arsacides, rois des nations diverses qui formaient l'empire des Parthes. Voy. Essai sur l'histoire des Arabes, etc., par M. Caussin de Perceval; vol. Ier, pag. 98, note.

J'ignore ce qu'est le prince que notre auteur nomme Balaûfar.

Note 29. — Page 179.

Mouąlla est cité au Nobiliaire de notre premier volume, p. 410. Là le poëte propriétaire de ce cheval est appelé Achkar fils de Hamir, et ici Achar fils de Hamrân. Je crois cette dernière leçon préférable.

NOTE 30. — Page **197**.

L'auteur du Kitâb el-feroûciah est Dâoûd le neddjâride ou de la tribu des Béni Neddjâr fils de Mohammed. En son temps, disent les chroniques, il n'y eut pas de plus habile connaisseur que Dâoûd, en chevaux et en art hippique, dans tout l'univers.

Il vivait pendant le kalifat d'El-Manṣoûr (Almanzor), deuxième kalife de la dynastie des Abbâcides, et qui régna de **753** à **775** de notre ère, ou de **136** à **159** de l'hégire.

NOTE 31. — Page **219**.

Hichâm, dixième kalife de la dynastie des Omeïiades, succéda à son frère Yézîd et fut le quatrième fils d'Abd el-Mélik, qui eut le pouvoir kalifal. Hichâm régna dix neuf ans et huit ou neuf mois. Il mourut en **125** de l'hégire $=$ **743** de l'ère chrétienne.

Ce prince, quoiqu'il fût d'une extrême avarice, avait un grand nombre de chevaux ; il en nourrissait quatre mille dans ses écuries particulières. Voy. Bibliothèque orientale de d'Herbelot, au mot : Hescham.

NOTE 32. — Page **220**.

Les m o u h â d j e r étaient les fugitifs, les émigrés, c'est-à-dire les disciples de Mahomet qui, avec lui, s'étaient enfuis de la Mekke à Médine.

Du mot h e d j r a h, fuite, qui est de la même racine verbale que mouhâdjer, nous avons fait le terme hégire.

Les t â b i' sont les *suivants*, c'est-à-dire les disciples indirects, ceux qui n'ont pas vu le Prophète, qui ont vu seulement les disciples directs du Prophète. Voy. note 2.

NOTE 33. — Page **244**.

Le m i z r est une boisson fermentée et enivrante, dont on

fait usage dans la haute Égypte, le Sennâr, le Soudan oriental.
Il est analogue au boûza, que l'on prépare en Égypte avec de
l'orge ou du blé concassé, ou du pain grillé et broyé, et qu'on
laisse fermenter.

Le mizr se fait avec du doukn, *holcus doura*, *pennisethum
typhoideum*, espèce de mil, qu'on laisse d'abord germer dans
l'eau. Ensuite on le fait sécher, et on le broie pour en obtenir
une pâte que l'on agite ensuite avec une pâte de farine simple
de doukn non germé. On dépose ce mélange dans des vases et
on l'y abandonne pendant deux jours. Il s'aigrit; on y verse
alors un peu d'eau; on pétrit à consistance de pâte molle et
presque liquide; puis on y ajoute un peu de levain, et enfin
on verse le tout dans des spathes de doûm ou daûm (*Borassus
flabelliformis*) trouées en forme d'écumoires. On reçoit à part le
premier liquide qui sort de ces sortes de filtres, et ensuite on
presse entre les mains la spathe pour exprimer le reste du liquide.

On jette le marc aux volailles, qui le mangent.

Le dinzâyé est presque identique au mizr; il n'en diffère
que parce qu'on ne laisse fermenter la pâte où l'on a mis le
levain que durant une journée ou une nuit. Pour préparer le
dinzâyé, les personnes qui ont quelque aisance prennent très-
souvent du blé, ou du doukn mondé, au lieu de doukn ordinaire.

Quant au goût, le mizr est légèrement amer et aigre; le dinzâyé est aigre seulement. Le dinzâyé a une consistance assez
épaisse. Pour l'usage, on en prend un *morceau*, après une
nuit ou une journée de fermentation; on l'agite et le pétrit
dans de l'eau jusqu'à ce qu'il y soit bien répandu. Souvent on
mêle du miel au morceau de pâte avant de le pétrir comme je
viens de l'indiquer. L'eau dans laquelle cette pâte s'est dissé-
minée, suspendue, se prend comme boisson rafraîchissante.

Selon Tacite, les anciens Germains préparaient une liqueur
fermentée, avec l'orge ou le blé. *Potui humor ex hordeo aut
frumento in quamdam similitudinem vini corruptus.*

Il y a encore le oumm bulbul, mère rossignol, qui est le

vin du Soudan. J'en ai indiqué la préparation dans ma traduction d'un voyage au Soudan oriental, 1ᵉʳ vol., note G, p. 426.
Voyage au Darfour. Paris, Benjamin Duprat.

NOTE 34. — Page 269.

L'ardjel, c'est-à-dire pris d'un seul *pied*, balzan d'un seul
pied, est évidemment ce qu'en hippologie française on nomme
arzel, et, en Espagne, *argel*.

M. Cardini, dans son estimable Dictionnaire d'hippiatrique
et d'équitation, à la fin de l'article *Robe*, dit : « Nous présu-
mons que cette dernière dénomination (arzel) est la même que
celle d'*argel* qui est donnée en Espagne aux chevaux offrant
cette particularité (d'un pied balzané), et qui sont considérés
comme des chevaux malheureux, d'où ce vieux dicton :
« Gardez-vous du cheval arzel. » Il est à remarquer qu'en
espagnol, le mot *argel* désigne la ville d'Alger. »

« Les hippiatres appellent arzel le cheval qui a les pieds de
derrière blancs, avec le chanfrein blanc ou l'étoile. »

Le nom d'argel, Alger, n'a aucune similitude étymologique
avec *argel* pris comme qualification du cheval ayant un ou
deux pieds de derrière blancs. En passant d'une langue dans
une autre, surtout anciennement, les mots étaient défigurés
par ceux qui les entendaient et qui les transcrivaient sans les
comprendre et après les avoir mal saisis et, par suite, estropiés.
Argel, pour dire Alger, est de ce nombre. Nous avons fait de
même ou à peu près, en disant Alger ; car l'original est Al-
djézâïr ou, plus simplement, Al-Gézâïr.

Des deux mots arabes amîr al-bahr, commandant de la
mer ou sur mer, n'avons-nous pas fait *amiral*, en nous arrêtant après l'article du second mot, article que l'on a cependant
laissé dans le nom français. On a abandonné le reste de l'appellation, c'est-à-dire bahr, parce que probablement on ne savait
comment le prononcer et moins encore l'écrire. Ainsi, amiral
ne veut dire étymologiquement, que *commandant de la*. Le
mot mer a été mis de côté.

NOTE 35. — Page 329.

L'art de la divination par le sable ou l'amomancie, c'est à-
dire l'art de la divination par le frappement du sable, est encore en grand honneur et en grande confiance parmi les Arabes
et surtout dans les contrées du Soudan ou Nigritie, depuis la
mer Rouge jusqu'à l'océan Atlantique. Un Barnâwî ou noir du
Barnau, que j'ai vu souvent pratiquer son art d'amomancien,
à Alexandrie en Égypte, a une réputation et une clientèle con-
sidérables.

Les trois figures ou combinaisons amomanciques dont veut
parler notre auteur, sont les quinzième, septième et neuvième
de celles que l'art peut extraire, et ont les dispositions suivantes :

$$
\begin{array}{ccc}
\bullet \quad \bullet & \bullet \quad \bullet & \bullet \quad \bullet \\
\bullet & \bullet & \bullet \\
\bullet & \bullet & \bullet \quad \bullet \\
\bullet & \bullet & \bullet
\end{array}
$$

La première présage victoire, succès, réussite dans une en-
reprise, rétablissement d'un malade, délivrance d'un prisonnier et d'une femme enceinte.

La seconde annonce la disparition des soucis, l'arrivée prochaine d'un absent impatiemment attendu, la solution favorable d'affaires chanceuses.

La troisième présage tantôt bonheur, tantôt malheur. Ainsi,
elle promet recouvrement d'argent, défaite d'un ennemi ; mais
elle annonce également la mort d'un malade, la prison pour
celui qui est cité devant une autorité, devant un chef.

Les figures qu'extrait l'art de l'amomancie sont au nombre
de seize, et chacune d'elles a ses significations ominiques.
Pour procéder à l'extraction des figures, on étale par terre une
couche de sable fin, et avec le bout du doigt index on y
marque quatre séries de petites fossettes rangées sur quatre

lignes, et en faisant aller le doigt de la gauche à la droite,
mais sans compter, et selon la forme de disposition que voici :

Ensuite, on repasse le doigt dans les fossettes et on efface
les fossettes paires, excepté la dernière, qu'on ne doit jamais
effacer. On réunit ensuite à part, les fossettes restées intactes
au bout de chaque ligne, et dans l'ordre et la position relative
où elles sont restées, et soit qu'il y en ait une, soit qu'il y en
ait deux à la fin de chaque série ou ligne.

On obtient ainsi une des seize figures que l'art a trouvées et
qu'il explique.

Pour de plus amples détails à ce sujet, je renvoie au Voyage
au Soudan oriental, que j'ai traduit de l'arabe ; vol. I, pag. 359
et suivantes. Paris, 1845. Benjamin Duprat, éditeur, etc., rue
du Cloître-Saint-Benoît, 7.

NOTE 36. — Page 348.

Les Arabes possèdent assez souvent un cheval, une maison,
une terre, en commun. Chacun des copropriétaires en a telle
ou telle portion, c'est-à-dire l'un un tiers par exemple, un
autre un huitième, un autre un quart, un quatrième le reste.
Les produits, quels qu'ils soient, sont partagés au prorata, ou
selon des conventions déterminées et acceptées par les copropriétaires.

Chaque chose ainsi possédée est considérée comme ayant
vingt-quatre parties ou vingt-quatre kîrât. Ainsi, celui des
possédants qui a un tiers dit : J'ai huit kîrât ; celui qui a un
huitième dit : J'ai trois kîrât ; celui qui a un quart dit : J'ai six
kîrât ; il resterait alors pour un quatrième propriétaire, sept
kîrât, ou sept vingt-quatrièmes.

NOTE 37. — Page 359.

Le nom Tobba', au pluriel : Tabâbiạh, est une dénomination générique désignant plusieurs souverains himiarites. Le
Kitâb el-ansâb ou Livre des généalogies, d'Ibn Ạbd Rabboh,
dit qu'il y eut dix rois himiarites qui portèrent le titre de Tobba'. Ce nom est, pour l'empire himiarique, ce qu'est le nom
des Césars pour Rome, celui des kesra, c'est-à-dire des Cosroës,
pour la Perse. Voy. *Essai sur l'histoire des Arabes*, par
M. Caussin de Perceval.

Ce fut à l'époque de la rupture de la fameuse digue de Mâreb qu'eut lieu l'inondation qui, selon les vieux récits, obligea
les Yéménites à une émigration considérable. Ce grand évé-
nement, qui fut comme le déluge de l'Yémen, poussa hors de
l'Arabie, jusqu'à l'Irâk, des tribus nombreuses.

La première station des émigrés qui suivirent Ạmr Mouzeïkiâ,
fut dans la contrée habitée par les descendants de Ạkk fils de
Ọdṭân. Je cite ce dernier mot avec intention ; c'est afin de relever l'erreur générale, absolue, des orientalistes et de leurs
livres et même de presque tous les livres arabes eux-mêmes,
qui, au lieu de Ọdṭân, disent ou écrivent Ạdnân. Le tracé en
lettres arabes est le même, excepté les points diacritiques de la
troisième lettre du mot. Comme peu de gens savent assez bien
les généalogies arabes, comme peu d'Arabes même les plus
ulémas ou savants du monde, en savent ce qu'il leur faudrait
en savoir, comme les anciens livres sont sans points diacritiques la plupart du temps, et qu'alors Ạdnân et Ọdṭân ont
exactement le même tracé arabe, comme enfin tout le monde
des Orientaux et des orientalistes, qui ont l'arabe pour usage
ou pour travail, connaît le mot Ạdnân parce qu'il est le nom
du vingt et unième aïeul de Mahomet, on a lu et écrit Ạdnân,
au lieu de Ọdṭân, sans autre examen.

C'est dans quelques feuilles d'un vieux manuscrit des généalogies d'Ibn Ạbd Rabboh, feuilles d'une ancienne écriture
jaunie par le temps, feuilles lues, relues, ponctuées, marquées

et munies de toutes les voyelles et de tous les signes distinctifs,
par un érudit soigneux, scrupuleux, attentif, minutieux, c'est
là que j'ai rencontré la rectification ou leçon qui donne Odtân et non Adnân pour père de Akk.

Le dictionnaire ou Kâmoûs arabe dit expressément, d'ailleurs,
à la racine verbale akk, que l'individu appelé Akk est fils de
Odtân, lequel Odtân ne doit pas être confondu avec Adnân.

Pour l'histoire de la rupture de la digue de Mâreb et pour ce
qui a trait à Amr Moureïkiâ, voy. l'*Univers pittoresque*, volume
Arabie, page 60 et suivantes. L'auteur de ce volume, à l'imitation des orientalistes arabisants, mais pas assez arabes, d'Europe, appelle à tort Amr, du nom d'Amrou. Pourquoi ne pas
corriger les vices ou les erreurs? Amrou n'existe pas en lecture
arabe. Pas un seul Arabe, savant ou ignorant, n'a jamais prononcé ou fait entendre ce nom Amrou. Le *ou* final ou plutôt ce
qui, dans le tracé arabe, représente ou a l'air de représenter
ce que les bouches européennes ont la bonté d'articuler *ou*, est
simplement un signe qui distingue le nom Amr du nom Omar,
dans le tracé scriptural seulement. On dit, en arabe, d'un individu nul ou à peu près : « Il est comme le *ou* de Amr, » c'est-
à-dire il n'a pas de valeur réelle, il ne sert que de figure,
c'est un figurant sans signification et sans nom.

Note 38. — Page 364.

Doumlouäh est une petite place forte, ayant citadelle ou
castel, à tel point que l'on dit en manière de proverbe : « Fort
comme Doumlouäh. » C'est en raison de cela que les rois de
l'Yémen y tenaient ou conservaient leurs trésors. Niebuhr et
Büsching indiquent que cette place est à peu de distance de
Taïzz. Abou l-Féda cite aussi Doumlouäh. On lit encore Doum-
louwwah. Mais j'ai préféré la leçon Doumlouäh parce que le
mot est écrit dans notre manuscrit, avec voyelles et signes distinctifs qui en précisent la lecture et la prononciation.

—— Taïzz fut une ville assez considérable; c'est aussi un nom
de district dans le Djibâl. La ville est au pied du mont Sabbar.

a un mur d'enceinte et une forteresse sur l'escarpement du mont. Taïzz fut autrefois célèbre, eut des mosquées remarquables, des palais; aujourd'hui elle est presque ruinée.

Taïzz est à cinq jours de marche d'Aden, et à trois jours de Sanâ.

NOTE 39. — Page 394.

Kâroûn est le Coré de la Bible. Il fut célèbre, disent les musulmans, par sa richesse et son avarice. Il était, disent-ils encore, cousin germain de Moïse. Ce fut Kâroûn qui engagea et décida les Israélites à se faire un Dieu, et qui, pour obtenir et représenter une idole, déposa des bijoux sous terre et les transforma en un veau d'or. Car ce Kâroûn avait les secrets de l'alchimie, et par eux s'était acquis de grands trésors, à tel point qu'il lui fallait quarante chameaux pour les porter. Ces secrets lui avaient été enseignés par un proche parent de Moïse.

Kâroûn devenu riche, de pauvre qu'il était, se soumettait avec peine aux ordres de Moïse, et refusa enfin de payer la dîme de ses biens selon que le prescrivait la loi de Dieu. Kâroûn souleva même une révolte et répandit des calomnies qui nuisirent à l'autorité de Moïse.

Moïse se plaignit à Dieu, et Dieu permit à son prophète de punir à son gré ce coupable révolté. Moïse commanda à la terre de s'entr'ouvrir sous les pieds de Kâroûn, qui soudain fut englouti.

Mais une tradition ajoute que Kâroûn vit ses trésors, puis sa tente, puis sa famille s'abîmer sous terre peu à peu; que lui-même fut englouti lentement, et que lorsqu'il l'était déjà jusqu'aux genoux, il demanda pardon à Moïse par quatre fois; Moïse demeura inflexible. Dieu apparut quelque peu de temps après à son prophète, et lui dit : « Tu as refusé à Kâroûn le pardon qu'il t'a demandé quatre fois. S'il me l'eût demandé une seule fois, je n'aurais pas refusé. »

— Afridoûn ou Ferîdoûn fut le septième roi de Perse, de la première dynastie. Il mit en déroute Zohak, ce tyran qui avait usurpé la couronne de Perse. Ce fut un simple forgeron appelé

Gaou ou Kaw qui décida la victoire; il avait attaché son tablier de peau au sommet d'une lance, et sous cet étendard assembla et excita la population contre Zohak. Au jour de la bataille, ce tablier fut le drapeau du ralliement et le signe de l'enthousiasme. Afrîdoûn en reconnaissance de la conduite du forgeron fit orner et enrichir le tablier de pierres précieuses; cet exemple fut suivi par tous les successeurs de ce prince, et ainsi la valeur de ce singulier drapeau s'éleva à des sommes extraordinaires. C'est cet étendard que les Arabes prirent à la bataille de Ḳâdécìeh, et qu'ils se partagèrent (voy. note 24).

Ferîdoûn, disent les récits arabes, inventa la thériaque, et fut le premier qui dompta des éléphants.

Kaw ou Gaou continua la guerre contre les provinces révoltées, et les ramena toutes à l'obéissance. Pendant vingt années encore, par de nouvelles conquêtes à l'occident, il agrandit l'empire de Ferîdoûn. Le tablier était partout le drapeau des armées; la victoire semblait s'y être attachée, et il devint l'oriflamme de la Perse.

Gaou, après ses conquêtes, se retira à Ispahan sa patrie, dont il eut le gouvernement, ainsi que de toute la province. Il mourut après avoir joui pendant dix ans de cette autorité et des avantages qui y étaient attachés.

On conte que Ferîdoûn régna cinq cents ans.

TABLE DES MATIÈRES.

PREMIÈRE EXPOSITION. Elle comprend vingt chapitres : — Sur la guerre sainte ; — sur les races chevalines ; — sur les analogies entre le cheval et l'homme ;
sur les différences entre l'un et l'autre ; — sur les produits chevalins ; — sur la durée de l'existence et les
dentitions ; — sur les vaisseaux à saigner ; — sur les

Pages.

INDEX

DES

NOTES ET ÉCLAIRCISSEMENTS.

ERRATA.

Je ne signale pas des erreurs de points dans des mots ou termes arabes ; ainsi, le mot Zâd a parfois un point et il ne doit pas en avoir ; le mot iḫlîl ; pag. 75, ne doit pas avoir de point sous l'*i* initial.

Page 111, ligne 3 ; au lieu de *toute à longueur*, lisez : toute la longueur. — Page 115, ligne 24 ; après *volontiers*, il faut un guillemet. — 128, dernière ligne ; retrancher *de*. — 153, ligne 26 ; au lieu de *sarkin*, lisez : sirkin. — 247, ligne 15 ; au lieu de : *le paturon ou lieu*, lisez : les paturons ou lieux. — 307, ligne 7 ; la première lettre, *l*, manque. — 312, au commencement de l'avant-dernière ligne ; la lettre *q* manque. — 326, ligne 20 ; au lieu de mouawwad, lisez : mouawwad. — 332, ligne 28 ; au lieu de : le cavalier kaçâf, lisez : le cavalier de Kaçâf. — 353, ligne 4 ; dernier mot ; lisez : Étoilé. — 355, dernière ligne ; lisez : jument. — 368, ligne 26 ; lisez : remarquèrent. — 373, ligne 6, *a fine* ; lisez : indiqué. — 376, ligne 11 ; au lieu de *important*, lisez : emportant. — 391, ligne 27 ; au lieu de *c'es*, lisez : c'est. — 392, § 1 ; au lieu de bikâÿ, il faut : bikâÿ. — 412, ligne 8, *a fine* ; au lieu de : *opposition*, lisez : apposition. — 447 ; un *a* manque à la fin de la ligne 20.

Paris. — Imprimerie de Madame veuve BOUCHARD-HUZARD, rue de l'Éperon, 5.